U0255673

YUMI CAIHOU
YINGYANG YU PINZHI

玉米采后
营养与品质

刘景圣 著

中国农业出版社
北　京

本书由国家公益性行业（粮食）科研专项"玉米食品品质变化机理研究与品质评价体系构建"（201313011－3）、国家玉米产业技术体系专项（CARS－02）和全国粮食行业科技创新领军人才基金（LL2018201）资助。

《玉米采后营养与品质》

序

　　玉米是世界第一大粮食作物，2021 年产量达到 11.29 亿 t，2012 年以来，玉米也成为我国第一大粮食作物。我国玉米种植主要集中在北方春播区、黄淮海夏播区、西南山地区和西北灌溉区，形成玉米四大优势产区。2021 年播种面积为 4 332 万 hm²，玉米产量达 2.73 亿 t，占全国粮食总产量的 40%，在保障把饭碗牢牢端在中国人自己手里并且盛着中国自己的粮上发挥了巨大作用，是真正意义上的国家粮食安全的压舱石。

　　玉米是产量最大、产业链最长、综合利用水平最高的重要粮食资源，广泛应用于食品、深加工和饲料等领域。玉米中含有丰富的淀粉、蛋白质、脂肪、膳食纤维、维生素等营养组分，还含有类胡萝卜素和酚酸等多种活性成分，是营养健康食品开发的主要粮食资源，在保障人们营养健康和大健康产业发展中发挥重要作用。

　　《玉米采后营养与品质》一书是作者在主持国家公益性行业（粮食）科研专项、国家自然科学基金、国家"863"计划、国家科技支撑计划等多项国家重大项目或课题的研究中形成的理念和思路，也是作者及其研究团队多年来取得成果的凝练和总结。作者 20 多年来一直从事玉米营养特性、加工特性和食用品质以及精深加工等方面的研究工作，发表了 150 多篇高水平学术论文，取得了 60 多项科研成果，先后荣获国家科技进步二等奖 1 项，省部级科技进步一等奖 6 项。特别是作者作为全国粮食行业科技创新领军人才，领衔的科技部"玉米和杂粮精深加工技术创新与产业化应用"重点领域创新团队，长期活跃在国内粮食加工学科前沿，为我国粮食产业科技进步和健康发展做出了积极贡献，在国际上也产生了一定的影响。

作者在深入分析国内外玉米采后营养与品质研究进展的基础上，系统研究了玉米采后主要营养组分变化以及质构特性变化，揭示玉米采后品质变化机理，探究不同储藏条件对玉米营养与加工特性的影响，通过对不同地区不同品种玉米特性的研究，探讨玉米营养特性、玉米淀粉特性等与玉米食品品质的相关性，筛选适合玉米食品加工的专用品种，建立玉米原粮、主食专用粉和玉米食品的品质评价体系，为制定玉米采后质量控制标准规范和构建玉米食品品质评价体系，以及开展玉米精深加工关键技术研究与产品开发提供重要的理论依据。

该书系统全面、思路新颖、数据翔实，是一部有关粮食营养和品质评价方面为数不多的研究论著。该书可供高等学校的学生、学者、粮食精深加工领域相关科研人员，以及从事粮食加工产业的从业人员学习参考。

刘景圣是吉林农业大学一级教授，是我早年的入室弟子，毕业后一直躬耕于食品营养及深加工领域，取得可喜的成绩。晚近，虽然承担了副校长及国家实验室主任等工作，但并没有影响其在本专业领域中的理论创新、工程实践和梯队建设！看到这累累硕果，油然而生"雏凤清于老凤声"的喜悦感慨系之是为序！

中国工程院院士　李玉

2022 年 5 月 19 日

《玉米采后营养与品质》

前　言

　　玉米是我国重要的粮食作物。玉米采后主要涉及干燥、仓储、加工、消费等环节，玉米中的淀粉、脂肪及蛋白质等营养组分会随处理条件和储藏条件的变化而发生变化，从而影响玉米籽粒及玉米加工食品的品质。因此，研究玉米采后主要营养组分变化以及质构特性变化，揭示玉米采后品质变化机理，根据新采收玉米后熟特性设计小型智能通风储粮仓，探究不同储藏条件对玉米营养与加工特性的影响，通过对不同地区不同品种玉米特性的研究，分析玉米营养特性、玉米淀粉特性等与玉米食品品质的相关性，筛选适合玉米食品加工的玉米品种，建立玉米原粮、主食专用粉和玉米食品的品质评价体系，对玉米采后质量控制标准和品质评价体系的构建、推动我国玉米食品加工业的健康持续发展具有重要意义。

　　作者及其研究团队在玉米精深加工领域深耕 20 余年，先后主持了国家"863"计划现代农业领域重大专项"玉米绿色供应链技术创新与装备研制"、国家自然科学基金项目"鲜食玉米品质变化机理及质构特性研究"、国家"十二五"科技支撑计划项目"玉米主食工业化生产关键技术及其产业化示范"、国家公益性行业（粮食）科技专项"玉米食品品质变化机理研究与品质评价体系构建"、国家"十三五"重点研发计划重点专项"方便即食食品制造关键技术开发研究及新产品创制"、国家自然科学基金项目"玉米后熟过程淀粉与蛋白质互作对加工品质影响机理研究"、吉林省"双十"工程重大专项"杂粮健康主食加工关键技术研究与产品开发"、吉林省省长基金重大项目"玉米淀粉生产结晶麦芽糖及其糖醇产业化关键技术研究"等多项国家和省部级重大科研项目，获得了国家科技进步二等奖（2019 年），中国食

1

品科学技术学会科技进步一等奖（2020年），农业部中华农业科技进步一等奖（2015年），吉林省科技进步一等奖（2010、2014、2018和2021年）。在 *Food Chemistry*、*Food and Function*、*Journal of Integrative Agriculture*、《食品科学》、《中国粮油学报》等学术期刊发表文章150余篇。

本书内容包括五章：第一章为概述，介绍了全球和我国的玉米种植、产量、消费情况、加工应用以及玉米采后营养与品质研究存在的问题和研究趋势；第二章为鲜食玉米品质变化与质构特性研究，介绍了鲜食玉米采后品质变化、采后质构变化对食用品质的影响以及加工过程鲜食玉米的品质变化；第三章为玉米的储藏特性，介绍了新采收玉米后熟特性、小型智能通风储粮仓的设计以及不同储藏条件对玉米营养与加工特性的影响；第四章为主栽品种玉米加工适宜性研究，介绍了国内主栽玉米品种的营养特性、淀粉结构及加工适宜性，第五章为玉米食用品质评价，介绍了玉米原粮、主食专用粉和玉米食品的品质评价。本书是在作者研究团队多年研究成果的基础上撰写的，内容上更加突出系统性、创新性和前沿性。本书旨在为玉米采后质量控制提供有益的参考和指导，为玉米食品品质评价体系的构建提供理论依据。可作为高等院校相关研究领域研究者的指导书，也可作为从事粮食领域研究和开发生产工作者的参考书。

参与本书资料整理和试验研究的主要成员有郑明珠、蔡丹、刘回民、张浩、修琳、许秀颖、赵城彬、刘美宏、吴玉柱、曹勇、王浩、代立刚、何煜、李昊、孙雪迎、苏慧、解慧、畅鹏飞、林楠、江南、程国栋、杨琪等，他（她）们为本书研究内容、书稿整理做出了自己的贡献，同时在撰写过程中参考了国内外有关专家学者的著作与论文，在此一并表示感谢。感谢国家玉米产业技术体系专项资金的资助和体系各综合试验站为相关试验提供的大量试验材料和大力配合。

由于受研究材料、研究手段、研究方法及作者水平有限，本书难免存在疏漏，敬请广大读者批评指正。

著　者

2021 年 12 月 26 日

《玉米采后营养与品质》

目　录

序

前言

第三章 玉米的储藏特性

第四章　主栽品种玉米加工适宜性研究

第五章　玉米食用品质评价

第一章　概　述

　　玉米（*Zea mays* L.）是禾本科一年生草本植物，俗称苞谷、苞米棒子、玉蜀黍、珍珠米等。玉米历史悠久，栽培历史距今已有 4 500～5 000 年，原产地是墨西哥或中美洲，1494 年哥伦布把玉米带回西班牙后，逐渐传至世界各地。在全球主要作物中，玉米因用途广、种植简单等优势，种植面积迅速扩大，由1961 年的 10 556 万 hm² 扩大到 2020 年的 20 198 万 hm²，增长幅度 91.34%，2007 年超越水稻，成为世界种植面积第二大作物（图 1-1）。随着玉米遗传改良的科技进步，单产水平快速提高，由 1961 年的 1.94 t/hm² 提高到 2020 年的5.75 t/hm²，增长幅度 196.39%，单产位居首位，是水稻、小麦和大豆的 1.25倍、1.66 倍和 2.10 倍（图 1-2）。玉米总产量由 1961 年的 20 503 万 t 提高到2020 年的 116 235 万 t，增长幅度 466.92%，2001 年成为世界总产量第一大作物，2020 年玉米总产量是水稻、小麦和大豆的 1.54 倍、1.53 倍和 3.29 倍（图 1-3）。玉米作为重要的粮、经、饲作物，在世界农业经济中占有重要的战略地位。

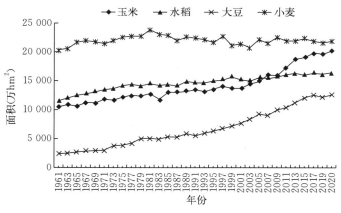

图 1-1　1961—2020 年世界主要作物种植面积

（数据来源：FAO）

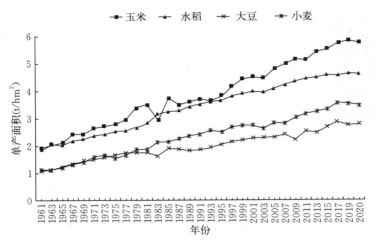

图1-2 1961—2020年世界主要作物单产

（数据来源：FAO）

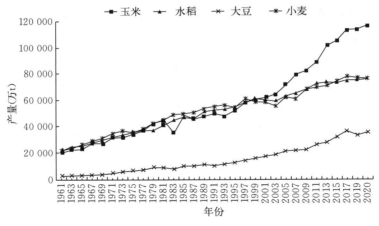

图1-3 1961—2020年世界主要作物总产量

（数据来源：FAO）

第一节 玉米种植区域分布

一、 世界玉米种植区域分布情况

玉米是世界上种植最广泛的作物之一，在全球170余个国家和地区均有种植。从地理位置和气候条件看，世界玉米集中产区主要分布在北半球温暖地区（美国、中国等，播种期在4～6月份，收获期在9～10月份），以北美洲种植面积最大，亚洲、欧洲、非洲和拉丁美洲次之。

据联合国粮食及农业组织（FAO）统计，近 40 年，全球玉米种植面积从 1979 年 12 368 万 hm² 增加到 2020 年 20 198 万 hm²，增长幅度达 63.31％（图 1-4）。2020 年全球玉米种植面积排名前五的国家分别为中国、美国、巴西、印度、阿根廷（图 1-5），约占全球种植面积的 54.70％。

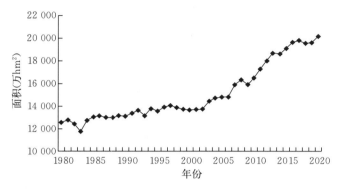

图 1-4　1979—2020 年全球玉米收获面积

（数据来源：FAO）

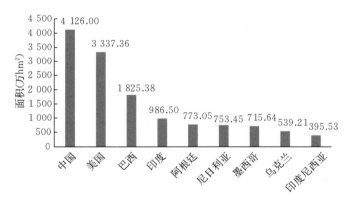

图 1-5　2020 年全球主要国家玉米收获面积概况

（数据来源：FAO）

二、　中国玉米种植区域分布情况

2011—2021 年我国玉米年播种面积整体呈先增加后下降再上升趋势（图 1-6），种植面积变化幅度为 3 677 万～4 497 万 hm²，2015 年达到顶峰，之后随着供给侧结构调整，播种面积呈现逐渐下降的趋势，2020 年播种面积为 4 126 万 hm²，较 2015 年下降 371 万 hm²，下降幅度为 8.24％。2021 年播种面积为 4 332 万 hm²，较 2020 年增加 206 万 hm²，增加幅度为 5.0％。

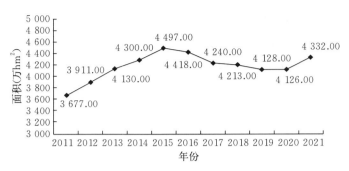

图 1-6　2011—2021 年我国玉米播种面积变化

（数据来源：国家统计局）

中国玉米种植主要分布在北方春播区、黄淮海平原夏播区、西南山地区、西北灌溉区、南方丘陵区、青藏高原区六大区域。

北方春播区主要包括黑龙江、吉林、辽宁、内蒙古、陕西和山西省中部、河北北部，是我国玉米种植面积最大的区域，其中东北三省和内蒙古是我国北方春玉米区重要区域，2020 年播种面积占全国玉米面积的 39.48%。黄淮海平原夏播区包括北京、天津和山东，河北及河南大部，江苏、安徽的淮北地区，是我国重要的玉米产区，2020 年播种面积占全国的 31.65%。西南山地区包括四川、云南、贵州、陕西南部、广西、湖南、湖北的西部丘陵山区和甘肃的部分地区，其中四川、云南和贵州占该区域玉米种植的绝大部分，2020 年三省播种面积占全国播种面积的 10.03%。西北灌溉区包括新疆、甘肃的河西走廊和宁夏的河套灌区，2020 年种植面积占全国的 5.74%。南方丘陵区包括广东、海南、福建、浙江、江西、台湾、江苏、安徽南部、广西、湖南、湖北东部，以鲜食玉米为主，2020 年种植面积占全国的 0.65% 左右。青藏高原区包括青海省和西藏，2020 年播种面积约占全国的 0.06%。

北方春播区、黄淮海夏播区、西南山地区和西北灌溉区被称为我国玉米生产四大优势产区（以下简称"四大优势产区"），年播种面积占全国的 90% 左右，其中北方春播区和黄淮海夏播区的播种面积一直位居前两位（图 1-7）。2010—2020 年北方春播区种植面积呈现先升高后下降的趋势，2016 年受国家玉米临时收储制度改革影响，东北三省和内蒙古调整种植结构，较 2015 年种植面积减少 5.79%；随后 2017 年后继续降低并趋于稳定，2020 年为 1 629 万 hm²。黄淮海夏播区和西南山地区播种面积缓慢增加并趋于稳定，2020 年分别为 1 306 万 hm² 和 414 万 hm²。西北灌溉区播种面积一直比较稳定，2010—2020 年平均播种面积为 223 万 hm²。

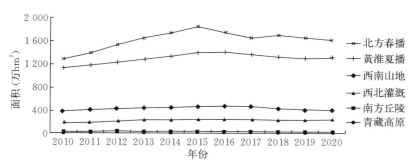

图 1 - 7　2010—2020 年四大主产区玉米播种面积

（数据来源：国家统计局）

第二节　玉米产量情况

一、全球玉米产量情况

近年来，全球玉米年均总产量约 11.6 亿 t，约占全球粮食总量的 30%～35%。据 FAO 统计，2011—2020 年，全球玉米总产量从 88 777 万 t 增加到 116 235 万 t，增长幅度达 30.93%（图 1 - 8）。全球玉米生产集中度比较高，2020 年产量位于前列的国家分别是美国、中国、巴西、阿根廷、乌克兰等，其中，美国和中国的产量超过世界总产量的一半，占比 53.5%，分别为 3.60 亿 t、2.61 亿 t（图 1 - 9）。

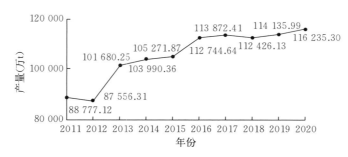

图 1 - 8　2011—2020 年全球玉米产量

（数据来源：FAO）

全球玉米生产的发展主要体现在种植面积扩大和单产水平提高。2011 年以来，全球玉米单产从 5.14 t/hm² 提高到 2020 年的 5.75 t/hm²，年均增长率 1.25%（图 1 - 10）。2020 年全球玉米单产水平排名前列的国家或地区包括美国、欧盟、阿根廷、乌克兰、中国等（图 1 - 11）。美国是世界玉米单产水平最高的国家，2011 年至今单产水平持续增加，年均增长率 1.77%，2016 年达到最高的 11.74 t/hm²，约为全球平均水平的 2 倍。

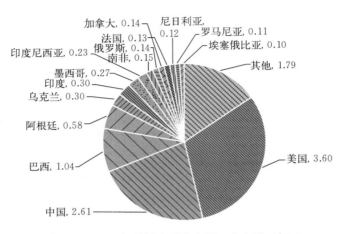

图1-9 2020年世界主要生产国玉米产量（亿t）

（数据来源：FAO）

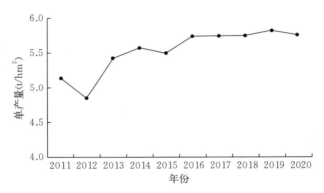

图1-10 2011—2020年全球玉米单产

（数据来源：FAO）

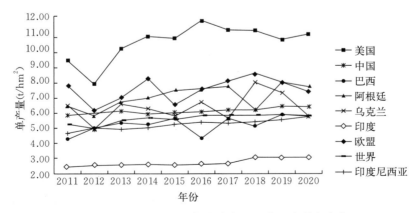

图1-11 2011—2020年全球主要国家玉米单产变化

（数据来源：FAO）

二、 我国玉米产量情况

(一)产业发展概况

2011—2021 年，我国玉米总产量变化幅度为 21 132 万～27 255 万 t，其中 2021 年总产量达到最高，为 27 255 万 t，2016 年开始下降。因国家取消收储保护价，导致玉米面积逐年下降，进而导致总产量总体呈现下降趋势，到 2018 年我国玉米总产量降为 25 717 万 t，较 2015 年降低 782 万 t，下降幅度为 2.95%，2019 年后总产量有回升趋势，到 2021 年玉米总产量达到顶峰，为 27 255 万 t（图 1-12）。

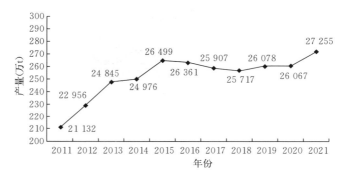

图 1-12　2011—2021 年我国玉米总产量

（数据来源：国家统计局）

(二)我国四大优势产区玉米总产量变化

2010—2020 年，四大优势产区玉米总产量的变化趋势基本呈现上升趋势（图 1-13）。受 2016 年玉米临时收储政策改变影响，北方春播区玉米播种面积明显下降及干旱影响，2016 年后产量呈下降趋势，2018 年达到近些年最低，2019 年恢复到 2016 年水平。黄淮海夏播区和西南山地区均在 2017 年总产量达到最高，依次为 7 949 万 t 和 2 422 万 t，西北灌溉区在 2020 年达到近 4 年来最高的 1 794 万 t。

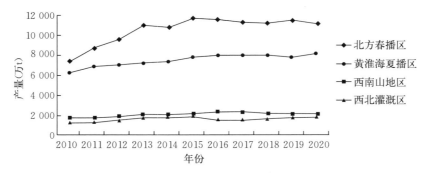

图 1-13　2010—2020 年四大优势产区玉米总产量的变化

（数据来源：国家统计局）

2020 年，北方春播区玉米产量占全国的 42.80%，黄淮海夏播区占 31.09%，西南山地区占 8.53%，西北灌溉区占 6.88%，其他占 10.70%。总体来看，北方春播区和黄淮海夏播区所占比重大，两区玉米产量占全国的 73.89%（图 1-14）。

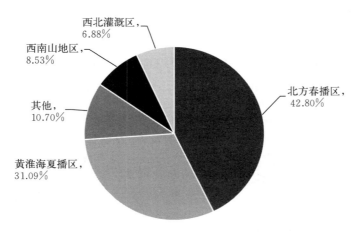

图 1-14　2020 年四大优势产区玉米总产量占全国的百分率

（数据来源：国家统计局）

（三）中国玉米单产变化情况

2011—2021 年我国玉米平均单产为 6.04 t/hm²，变化幅度为 5.75～6.32 t，单产增加幅度较小（图 1-15），但年际波动较大，整体表现为 2 个阶段：一是 2011—2013 年，单产呈现逐渐增加趋势，变化幅度为 5.75～6.02 t/hm²；二是 2014—2020 年，2014 年单产下降幅度较大，然后呈现逐步增高、趋于平缓提高趋势，变化幅度为 5.81～6.32 t/hm²，2020 年达到最高 6.32 t/hm²。

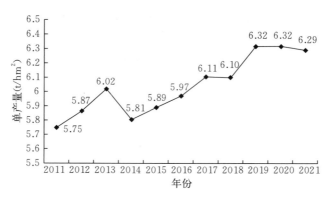

图 1-15　2011—2021 年我国玉米单产情况

（数据来源：国家统计局）

第三节 玉米消费情况

一、 全球玉米消费情况

进入21世纪以来，全球玉米消费呈持续增长态势，2000年，全球玉米消费量为4.78亿t，到2021年，增长到11.82亿t，21年间增加了7.04亿t，年均增长率达到了4.41%。（图1-16）。

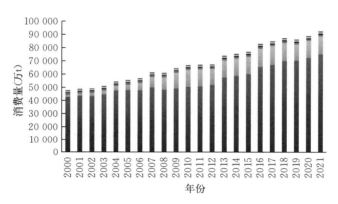

图1-16 全球玉米消费情况（2000—2021年）

（数据来源：美国农业部经济研究局饲料展望报告）

2021年玉米消费量占全球消费总量的前五位的国家分别为美国（26.7%）、中国（24.9%）、欧盟（6.8%）、巴西（6.2%）和墨西哥（3.7%），合计占比68.3%。其中，2021年作为饲料原料消费7.54亿t，占消费总量的63%；其余消费主要用于食用、种用和工业原料消费，其中工业消费约占80%。

美国和中国是全球最大的两个玉米消费国，2019年美国和中国的玉米消费量分别为3.16亿和2.94亿t，两国玉米消费量之和占全球消费总量的52%，此外，欧盟、巴西和墨西哥的玉米消费量也相对较大，2021年分别达到7980万、7250万和4420万t，占全球的6.7%、6.1%和3.7%。

（一）食用玉米消费情况

2000—2021年，全球食用玉米（包括用玉米生产高果糖玉米糖浆，葡萄糖，淀粉，饮料和制造业用酒精，麦片及其他产品）消费量呈现较大的变化幅度，没有明显的规律，但总体上呈增长的态势（图1-17）。食用玉米消费量从2000年的0.34亿t增加到2021年的0.36亿t，21年仅增长0.02亿t，年均增长率为0.3%，年平均消费量为0.37亿t。2008年食用玉米消费量最低，为0.33亿t，2016年和2017年消费量最高，均超过0.36亿t。

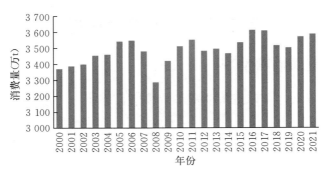

图1-17　全球食用玉米消费情况（2000—2021年）

（数据来源：美国农业部经济研究局饲料展望报告）

（二）工业玉米消费情况

工业玉米消费指用玉米生产淀粉、酒精和淀粉深加工产品（本文中工业玉米消费特指生产燃料用酒精玉米的消费，淀粉、饮料和制造业酒精玉米消费归为食用玉米消费）。2000—2021年，全球工业玉米消费总体呈现增长态势，2000—2010年这十年间呈现快速增长的态势，全球工业玉米消费总量从2000年的0.16亿t增加到2010年的1.27亿t，10年间增长了1.11亿t，年均增长率达到23.0%，年平均消费量为0.62亿t（图1-18）。工业玉米消费量占食用、种用与工业玉米消费量的比例从2000年的31.8%增加到2010年的78.0%。2010—2021年，工业玉米消费呈先缓慢增长后下降态势，2017年达到消费顶点，消费量为1.42亿t，之后呈下降趋势，2019年降低到1.23亿t，2020—2021年工业玉米消费量稳步增长，2021年工业玉米消费量达到1.37亿t。

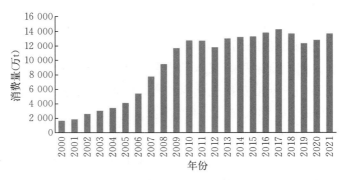

图1-18　全球工业玉米消费情况（2000—2021年）

（数据来源：美国农业部经济研究局饲料展望报告）

（三）种用玉米消费情况

2000—2011年，全球种用玉米消费呈现缓慢增长的态势，消费量从57.02万t增加到78.71万t，11年间增加了19.43万t，年均增长率达到2.97%，年平均消费量为 66.97 万 t（图 1-19）。2011—2021 年，呈现缓慢下降并维持在稳定水平态势，每年变化不大，平均每年 84.06 万 t。

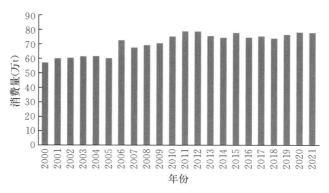

图 1-19 全球种用玉米消费情况（2000—2021 年）

（数据来源：美国农业部经济研究局饲料展望报告）

二、 中国玉米消费情况

随着经济的发展和人民生活水平的不断提高，我国玉米消费量在过去 30 多年间持续增长，消费领域也不断增多。近 5 年来，我国玉米消费量从 2014 年的 1.79 亿 t 增长到 2019 年的 2.93 亿 t，5 年时间增长了 1.14 亿 t，年均增长率达到了 10.4%，年平均消费量为 2.27 亿 t，其中 2018 年我国玉米消费量达到了历史最高点，即 2.98 亿 t，实现了近 3 亿 t 的玉米消费量。2019 年，受环保政策倒逼、非洲猪瘟疫情和叠加猪周期影响，我国玉米消费量出现大幅下滑，同比降低了 4 979 万 t。从消费领域看，饲用玉米消费量占比最大，2019 年占 66.7%，工业玉米消费量其次，占 26.5%，食用玉米和种用玉米消费量占比较低，分别占 6.36% 和 0.42%（图 1-20）。

图 1-20 我国玉米消费情况（2014—2019 年）

（数据来源：《饲用谷物市场供需状况报告》第 206 期、246 期）

（一）食用玉米消费情况

2014—2019 年，我国食用玉米消费量呈现缓慢增长态势，由 1 800 万 t 增长到 1 870 万 t，5 年时间增长了 70 万 t，年均增长率达到了 0.77%，年平均消费量为 1 836 万 t。食用玉米消费占我国玉米消费比重由 2014 年的 10.0% 下降到 2019 年的 6.3%，原因为我国玉米消费的基数增长过快，导致我国食用玉米消费量虽然增长，但是占比却表现为下降趋势（图 1-21）。

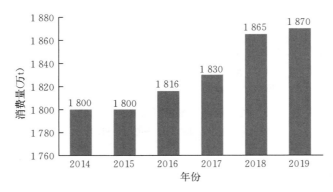

图 1-21　我国食用玉米消费情况（2014—2019 年）

（数据来源：《饲用谷物市场供需状况报告》第 206 期、246 期）

随着我国人民生活水平的不断提高，对主食的多样化提出了新要求，具备营养、健康、低脂等指标的食品越来越成为 21 世纪人类的首选，鲜食玉米（主要指甜玉米、糯玉米和甜加糯玉米）由于具有口感佳、营养物质丰富等优点，需求与日俱增，种植面积不断增加。截至 2019 年，我国鲜食玉米种植面积已突破 147 万 hm²。《全国种植业结构调整规划（2016—2020 年）》也明确提出我国要适当发展鲜食玉米产业，鲜食玉米产业未来发展潜力巨大，将成为我国玉米消费新的增长点。

（二）饲料玉米消费情况

2014—2021 年，由于养殖业的快速发展，我国生猪与禽类养殖规模不断扩大，导致我国饲用玉米消费呈现高速增长态势，7 年间由 1.11 亿 t 增长到 2.1 亿 t，增长了 0.99 亿 t，年均增长率达到了 9.5%，年平均消费量为 1.61 亿 t。饲用玉米消费占我国玉米消费比重由 2014 年的 62.2% 增长到 67.7%（图 1-22）。

（三）工业玉米消费情况

2014—2019 年，受国家高补贴政策与市场利润双重驱动，我国玉米深加工产业快速发展，导致我国工业玉米消费呈现爆发式增长态势，五年间，我国玉米工业消费量由 4 820 万 t 增长到 7 800 万 t，增长了 2 980 万 t，年均增长率达到了 10.1%，年平均消费量为 6 502 万 t（图 1-23）。

政策高补贴刺激，推动玉米深加工企业开工率高位运行。2015 年我国因为连

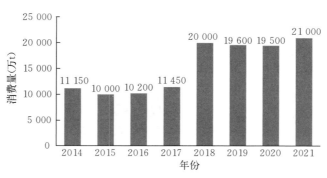

图 1 - 22　我国饲用玉米消费情况（2014—2021 年）

（数据来源：《饲用谷物市场供需状况报告》第 206 期、246 期；中国淀粉工业协会）

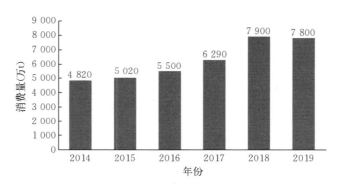

图 1 - 23　我国工业玉米消费情况（2014—2019 年）

（数据来源：《饲用谷物市场供需状况报告》第 206 期、246 期）

续 8 年的托市政策出现了"高库存、高价格、高进口"的玉米"三高"现象，导致我国于 2016 年取消了玉米托市的最低收购价政策。为了降低库存压力，我国东北三省一区（辽宁、吉林、黑龙江和内蒙古自治区）相继出台了玉米深加工补贴政策（东北三省一区财政厅网站）。据统计，辽宁和黑龙江给予玉米深加工企业的补贴标准分别是 100 元/t 和 300 元/t，吉林省和内蒙古的补贴标准均为 200 元/t。2017 年黑龙江省 10 家饲料企业和 21 家玉米深加工企业，总共获得 17.7 亿元收购补贴，累计补贴玉米收购数量 590 万 t。

市场高额利润的驱动，导致我国玉米深加工企业产能呈现爆发式增长。由于 2016 年后我国玉米取消最低收购价政策，实行价补分离的生产者补贴政策，使得我国商品玉米价格快速回落，下游玉米深加工企业利润进入修复期，再叠加政府的高额补贴的驱动，导致我国玉米深加工企业产能迅速扩张。根据国家粮油信息中心数据显示：2014 年我国玉米深加工企业产能是 4 080 万 t，到 2019 年提高到了 12 350 万 t，5 年时间我国玉米深加工企业产能提高了 8 270 万 t，成为我国大量玉米去库存的重要支撑（图1-24）。

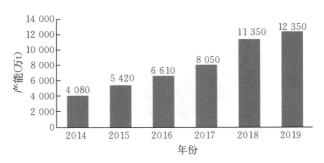

图1-24 我国玉米深加工产能情况（2014—2019年）

（数据来源：国家粮油信息中心）

（四）种用玉米消费情况

2014—2019年，受农业供给侧改革和单粒播种的普及双重影响，我国玉米种用消费呈现缓慢下跌态势，消费量由148万t下降到123万t，5年时间消费量下降了25万t，年平均递减率达到了3.63%，年平均消费量为136万t。我国玉米种用消费占我国玉米消费比重由2014年的0.83%下降到2019年的0.42%（图1-25）。

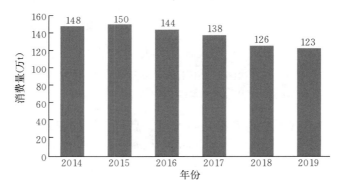

图1-25 我国种用玉米消费情况（2014—2019年）

（数据来源：《饲用谷物市场供需状况报告》第206期、246期）

第四节 玉米加工应用领域

一、全球玉米加工应用领域

（一）产业发展概况

玉米是全球产量最大、产业链最长、综合利用水平最高的重要粮食资源。鲜、糯玉米果穗可直接食用，或经简单加工制作成冷冻食品或罐头产品。成熟的玉米籽粒需要经过破碎、分离、提取与转化等工序加工成为主食食品以及燃料乙醇、玉米淀粉、玉米油、玉米蛋白、变性淀粉、淀粉糖、糖醇、乙醇、有机酸、聚乳酸等玉米深加工产品。目前，全球玉米深加工消费占比最多的国家是美国，其次是中国（图1-26）。

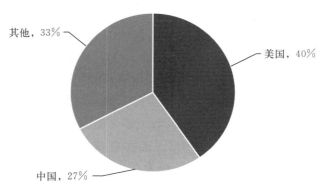

图1-26　加工用消费占比及各国深加工情况占比

（二）全球玉米食品加工情况

最早，玉米在北美、亚洲、非洲等区域作为主粮被大量消费。随着食品工业的发展，玉米在食品领域的应用不断扩大，通过湿磨和干磨工艺处理后，得到玉米粉和玉米淀粉等初级产品，并在此基础上可进一步加工为不同种类的食品，如图1-27所示。

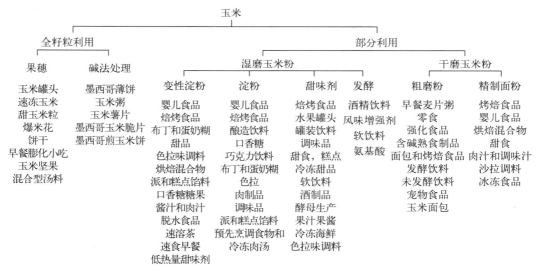

图1-27　玉米在食品中的应用

1. 鲜食玉米

甜玉米是目前最受欢迎的鲜食玉米品种，尤其是在欧美等国家，产品除了鲜食外，还可加工成玉米粒或玉米罐头。近年来，东南亚国家消费者也逐渐开始选择甜玉米。过去 10 年间，美国甜玉米年产量为 9 979 万～13 154 万 t，年产值为 7.5 亿～8.5 亿美元，其中直接作为鲜食玉米食用占 74%，用于食品加工占 26%。中国、韩国、日本等国鲜食玉米品种主要为糯玉米。中国现已成为世界上最大的鲜食玉米生产和消费国。全球鲜食玉米的主要供应商有 Seneca Foods（美国）、Van Groningen&Sons（美国）等。

2. 玉米主食

玉米是墨西哥、巴西和阿根廷等国家的传统食品原料。成熟的玉米籽粒经过去皮、去胚、干磨等工艺制成玉米粉，进一步加工成全谷物类、粥类、蒸煮食品、玉米卷饼、玉米脆片和玉米方便主食等。2019 年，美国用于食品加工的玉米消费量为 540 万 t，仅占玉米消费总量的 1.6%。而在全球范围内，玉米直接食用的消费占比不足 10%。玉米粉及其制品的主要生产商主要分布在美国和墨西哥两个国家，其中代表性企业有 Gruma（墨西哥）、嘉吉（美国）、Grupo Bimbo（墨西哥）、Grupo Minsa（墨西哥）。

（二）玉米深加工情况

玉米是最适合作为工业原料的粮食作物，也是加工程度最高的粮食作物。玉米深加工的特点是加工空间大，产业链长，产品种类丰富，包括酒精、淀粉、变性淀粉、功能性糖醇、氨基酸、玉米油等多个系列，这些深加工产品具有极高的附加值，成为玉米经济的主要支柱产品。以世界上玉米产量和深加工量第一的美国为例，开发玉米产品就有 3 000 多个，深加工消费玉米量从 1999 年的 4 810 万 t 增长到 2019 年的 16 818 万 t。

1. 燃料乙醇

燃料乙醇是玉米深加工主要的产品类型。据美国可再生燃料协会（RFA）统计，2021 年世界燃料乙醇产量 8 092 万 t，占同期全球车用汽油消费总量 60%。目前美国和巴西是全球燃料乙醇生产和消费最大的国家，欧盟和中国次之（图 1-28）。美国和巴西生产的燃料乙醇占世界总产量的 83%，但两国生产原料不同，美国 95% 的燃料乙醇来自玉米，而巴西来自甘蔗。2021 年美国玉米燃料乙醇产量为 4 444 万 t，占全球总产量的 55%。

玉米生产燃料乙醇主要有干磨和湿磨处理两种方法。1995—2015 年，美国干法乙醇工艺的粮单耗下降了 10%，电单耗下降了 38%，水单耗下降了 51%，净能量产出投入比逐渐提高达到 2.6～2.8，技术进步显著，成本迅速降低。燃料乙醇关键效率指标的提升得益于工艺技术、装备与生物技术集成。杜邦公司在 2016 年公布了一种名为"Synerxia"的新型发酵系统，由酵母与海藻糖酶复配而成，可将海藻糖转化为可发酵糖，降低发酵成熟醪的残糖，提高 2% 的乙醇产率。

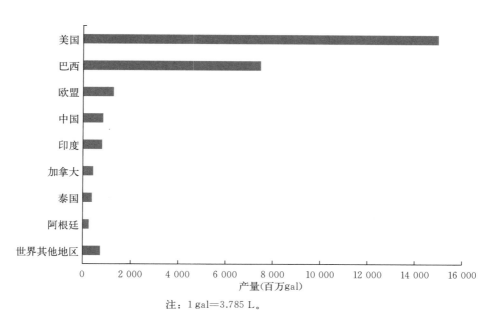

注：1 gal=3.785 L。

图 1-28 2021 年主要国家和地区的燃料乙醇产量

（数据来源：美国可再生燃料协会）

2. 玉米淀粉

成熟的玉米籽粒经过湿磨工艺处理可以获得玉米淀粉。除了作为天然淀粉使用，大部分玉米淀粉被用于制备改性淀粉、甜味剂和乙醇等深加工产品。传统方法生产玉米淀粉的第一步为二氧化硫浸泡，但存在浸泡时间久、生产成本高、产物中可能存在亚硫酸残留等弊端，因此发明了环保高效的浸泡技术，包括高压浸泡技术（用压强提高的方式加快玉米的吸水速度）和酶解法，从而代替亚硫酸浸泡。但目前玉米淀粉的工业生产依然主要采用二氧化硫浸泡。

玉米淀粉可通过改性制备成为变性淀粉，以提高其加工品质和特性。目前国际上淀粉改性方法主要包括化学法和物理法两种，化学改性方法包括稳定化（官能团替代）、交联作用、酸改性（稀化）、氧化、糊精化、接枝共聚和多重改性；物理改性方法包括热处理（预胶化、热湿处理、退火等）和非热处理（超声波、机械搅拌、超高压、脉冲电场等）。目前，世界变性淀粉的年产量已接近 900 万 t，其中美国 350 万 t，欧洲 200 万 t，日本 60 万 t，泰国 50 万 t，中国 180 万 t。以美国为例，用于造纸的变性淀粉约占 60%，食品占 20%，纺织占 10%。全球淀粉市场的主要企业包括嘉吉（美国）、宜瑞安（美国）、泰莱（英国）、ADM、Riddhi Siddhi（印度）和 Gulshan Polyols（印度）、诸城兴贸（中国）。

3. 玉米淀粉糖

玉米生产淀粉糖需使淀粉分子通过酸或酶的作用降解。利用热量和压力将淀粉

17

糊化和液化为粗水解物，在酶的作用下进一步糖化成淀粉糖水解产物，将混合物纯化并蒸干至固体。酸转化、酸-酶转化和酶-酶转化三种类型的淀粉转化工艺通常用于淀粉糖生产，通常使用的酶包括葡糖淀粉酶、真菌 α-淀粉酶、支链淀粉酶、细菌 α-淀粉酶、β-淀粉酶和葡萄糖异构酶。2016 年，美国用于生产玉米衍生产品的玉米消耗量是 2 770 万 t，年产玉米淀粉糖 1 212 万 t，包括葡萄糖浆、高果糖浆、高麦芽糖浆、右旋糖、玉米糖浆固体和麦芽糖糊精。玉米淀粉糖生产集中在北美、欧洲、日本、东南亚和印度等区域。

4. 有机酸类

玉米淀粉生产的有机酸包括柠檬酸、乳酸、苹果酸、衣康酸、草酸等，其中柠檬酸产量最大。微生物发酵法生产柠檬酸具有众多优点，可在低温、低 pH 和高糖条件下发酵培养。目前，用于工业化生产的微生物类型仅为曲霉类与酵母类，其中黑曲霉液体深层发酵生产柠檬酸是该行业的主流技术。玉米淀粉和木薯淀粉依旧是柠檬酸液体发酵的主流培养基成分。柠檬酸发酵原料处理主要有两个发展方向：一是淀粉糖的精细化分析处理；二是对传统玉米粉原料的高效预处理。

柠檬酸的全球产能从 2006 年的 170 万 t 增长到 2015 年的 269 万 t。2017 年，全球柠檬酸生产企业约有 12 家，总产量为 254.4 万 t 左右。国外企业包括泰莱（英国）、ADM（美国）、嘉吉（美国）和 Jungbunzlauer（瑞士），其总产量约占世界柠檬酸总产量的 30%。中国是柠檬酸产量大国，出口量第一；欧洲是除中国以外全球柠檬酸第二大生产地区，柠檬酸生产企业的经济和技术实力比较雄厚，一般都是集研发和生产一体化的跨国集团。美国是柠檬酸的生产大国和消费大国，每年生产柠檬酸约 25 万 t，柠檬酸消费量约为 35 万 t，美国的三大柠檬酸生产商成三足鼎立之势，其中 ADM 为规模最大的生产厂家。

5. 氨基酸类

微生物发酵玉米淀粉是生产氨基酸的主要方法。2018 年，全球氨基酸产量超过 800 万 t，中国是氨基酸生产和消费大国，年产量与年产值均居于全球前列，其中梅花生物科技集团是世界上最大的味精生产企业之一。全球氨基酸生产代表企业还包括味之素（日本）、Degussa（德国）、Kyowa Hakko（日本）以及 ADM（美国）等公司。赢创德固赛公司于 2005 年投产了年产量 12 万 t 的装置，2011 年总产能从 20 万 t 增加到 24 万 t，并在 2018 年进一步扩大至 26 万 t，还生产多种蛋氨酸衍生物以及食品和药物级 D-蛋氨酸。

二、 中国玉米加工应用领域

（一）产业情况概述

玉米作为我国第一大粮食作物，是我国重要的粮食资源。2020 年，我国玉米总消费量为 2.9 亿 t，主要用于饲料、食品、深加工三大领域（图 1-29）。我国玉米食品主要包括鲜食玉米和玉米主食两大系列，形成了百余个产品，深加工产品则主要包括淀粉、淀粉糖、酒精、氨基酸和有机酸等多种产品。

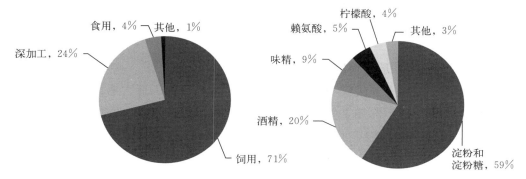

图 1-29 我国玉米总消费以及深加工消费占比

（数据来源：中国淀粉工业协会）

（二）中国玉米食品加工情况

玉米具有较高的营养价值和保健作用。长久以来，广大消费者对于玉米的食用方法依然局限于简单鲜食或粗加工玉米主食。随着食品加工技术的创新，玉米加工食品逐渐呈现精细化和多样化，出现玉米重组米、玉米即食面等新型玉米主食。

1. 鲜食玉米

我国鲜食玉米品种南北差异明显，以广西、广东为代表的南方地区主要种植甜玉米，种植面积占全国 80% 以上，而北方地区主要为糯玉米，种植面积占全国 55% 以上。截止到 2019 年，中国鲜食玉米总种植面积已超过 147 万 hm^2，国审品种超过 56 个，市场消费量达 570 亿穗，成为继玉米饲料和玉米深加工之后又一新兴的玉米产业。

目前，甜玉米主要以玉米穗、甜玉米粒、甜玉米罐头、鲜食玉米沙拉等形式在市场上销售，其中真空包装的整穗加工约占 60%，速冻切粒包装形式占 15%。糯玉米每年产量约 200 亿穗，其中 20% 不经加工直接鲜穗消费，30% 直接速冻贮藏用于反季节消费，其余约 50% 的糯玉米采用蒸煮后真空包装形式。全国鲜食玉米生产加工企业已发展到 1 800 余家，其中大中型企业占 15%，主要包括广东宏安食品有限公司、甘肃黄羊河集团食品有限公司、河北德力食品有限公司、吉林省农嫂食品有限公司、黑龙江原野食品有限公司等。

2. 玉米主食

玉米籽粒经粉碎制成粉可加工成为玉米饼、玉米糁和玉米面条等传统主食。此外，还是新型玉米主食品和玉米休闲食品的主要原料，现市场上已经有的产品有玉米重组米、玉米挂面、高筋改性玉米粉、玉米馒头、玉米饺子、玉米脆片等。玉米加工专用粉的研制是目前玉米主食品开发的重点。吉林农业大学、中国农业科学院农产品加工研究所等采用玉米粉生物改性、质构重组场辅助生物修饰、多级变温挤出和玉米粉老化控制关键技术，解决了玉米粉加工特性差的问题，开发了系列玉米主食专用粉，并在长春中之杰食品有限公司等中型食品企业进行成果转化与应用。

（三）中国玉米深加工情况

我国玉米深加工企业规模不断扩大，拥有玉米综合加工能力亚洲第一、世界第三的大型企业。在玉米深加工研发方面，节能、减排等技术已在发展中国家处于领先地位。2021年我国深加工玉米消耗量为6 390万t。

我国玉米淀粉产能集中度较高。从区域分布来看，华北黄淮、东北和西北是玉米淀粉产能最集中的区域，也是我国玉米主产区。从各省玉米淀粉产能所占比例来看，山东是全国最大的淀粉生产区，占全国总产量的48%；山东、河北、黑龙江、宁夏、吉林、陕西6省（区）产量均超过100万t，合计占全国的88%（图1-30）。

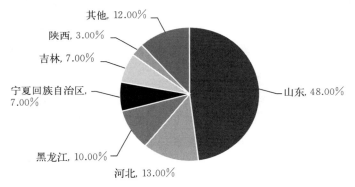

图1-30　国内玉米淀粉企业产能区域分布

（数据来源：中国淀粉工业协会）

我国玉米深加工产品多达几百余种，主要产品类型有玉米淀粉及淀粉糖、氨基酸、有机酸和玉米酒精等几大类。

1. 玉米淀粉

玉米淀粉的加工主要有干法和湿法两种，玉米淀粉生产企业多数采用的是湿法加工。2020年，玉米淀粉年产量超过100万t的企业集团有10家，产量累计占比超过61%。其中，诸城兴贸是最大的玉米的淀粉生产企业，产量达到426万t，市场占有率13.2%。此外还有山东巨能金玉米、宁夏伊品、河北玉峰和中粮生物科技股份有限公司等（图1-31）。

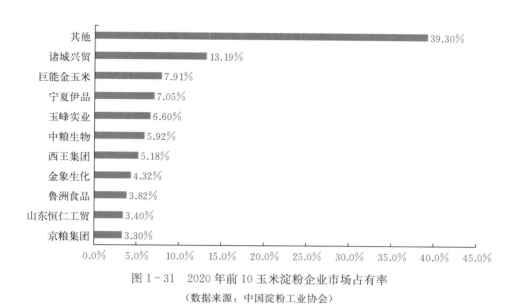

图 1-31 2020 年前 10 玉米淀粉企业市场占有率

（数据来源：中国淀粉工业协会）

2. 变性淀粉

近年来，我国变性淀粉的消费需求整体呈增长趋势，近 7 年的复合增长率约 3%。从产区来看，我国变性淀粉生产主要集中在山东、广西、浙江、广东、江苏和江西，这六个省份变性淀粉产量占总产量的 88% 以上。根据中国淀粉工业协会统计数据（图 1-32），2020 年变性淀粉产量为 175.11 万 t，比 2019 年略减少 0.67 万 t，同比略下降 0.38%，其中产量 10 万 t 以上的品种有复合变性淀粉、氧化淀粉、阳离子淀粉、醋酸酯淀粉、磷酸酯淀粉和预糊化淀粉，这六种产品产量约占变性淀粉总产量的 77.57%（图 1-33）。

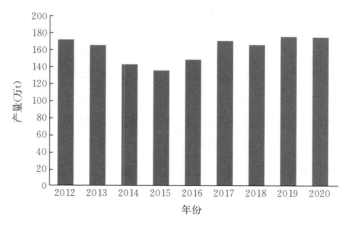

图 1-32 2012—2020 年中国变性淀粉产量

（数据来源：中国淀粉工业协会）

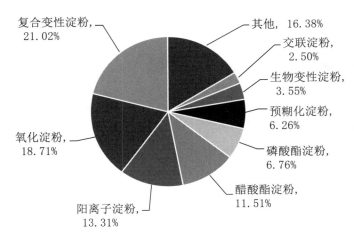

图 1-33 中国变性淀粉产量分布

（数据来源：中国淀粉工业协会）

3. 糊精

淀粉在受到加热、酸或淀粉酶作用下发生分解和水解时，首先转化成为小分子的中间物质，即糊精，主要分为干糊精、麦芽糊精、环糊精三种。麦芽糊精生产方式有三种，包括酸法、酸酶法和全酸法，其中酸法产品生产过程较为困难。由于在各领域的应用量较小，麦芽糊精的整体需求量较低，中国淀粉工业协会数据显示2017 年中国麦芽糊精厂家数量为 13 家，2018 年减少至 11 家，主要有西王集团有限公司、诸城东晓生物科技有限公司、沂水大地玉米开发有限公司、秦皇岛骊骅淀粉股份有限公司、孟州市金玉米有限责任公司、嘉吉生化有限公司等企业。

4. 淀粉糖

通过酸法、酸酶法和双酶法可将玉米淀粉降解为淀粉糖系列产品。我国淀粉糖产品种类丰富，液体糖以果葡糖浆、麦芽糖浆和葡萄糖浆为主，固体糖以结晶葡萄糖、麦芽糊精为主（图 1-34）。据协会报表企业统计，2020 年，淀粉糖总产量1 562 万 t，比上年增长 8.97%（图 1-35）。其中，液体淀粉糖产量 1 025 万 t，比上年增长 4.12%；固体淀粉糖产量 536 万 t，比上年增长 18.98%（图 1-36）。从地区情况看，淀粉糖生产主要集中在原料产区和市场应用区。山东省、广东省及河北省的产量超过 100 万 t，位居前三位。

5. 糖醇（功能性糖）

糖醇的应用领域非常广泛，主要应用于食品、药品、日化产品及其他化工原料。近年来，作为无糖食品配料及医疗配料的需求日益增长。大多数糖醇的传统制备方法是在高温高压条件下以镍做催化剂对糖进行加氢反应得到的，其生产速度快，易于大规模生产，但反应条件苛刻，副反应多，污染大。近年来出现了用生物

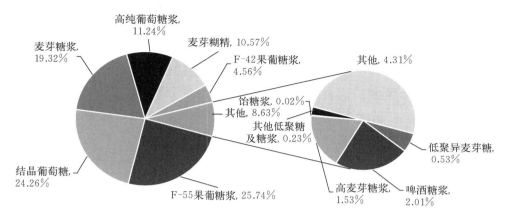

图 1-34 2020 年淀粉糖各品种所占比重

（数据来源：中国淀粉工业协会）

说明：液体淀粉糖包括果葡糖浆、麦芽糖浆、高纯葡萄糖浆、高麦芽糖浆、啤酒糖浆、低聚异麦芽糖、发酵葡萄糖、饴糖浆；固体淀粉糖包括结晶葡萄糖、麦芽糊精、结晶果糖。

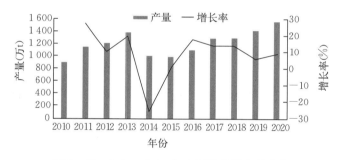

图 1-35 2010—2020 年中国淀粉糖产量变化

（数据来源：中国淀粉工业协会）

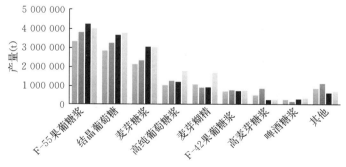

图 1-36 2017—2020 年淀粉糖各品种产量年度变化

（数据来源：中国淀粉工业协会）

合成糖醇的方法，主要包括酶法和微生物法。这两种方法安全、环境友好且产物特异性高，但目前生产能力还较低，生产成本也较高。根据中国淀粉工业协会数据，2020 年全国糖醇总产量为 137.46 万 t，比上年增长 9.08％（图 1 - 37）。山东天力药业有限公司、罗盖特（中国）营养食品有限责任公司、山东同创生物技术有限公司是我国玉米糖醇的代表性企业，2020 年产量分别为 46.06 万、21.2 万和 18 万 t，分别占总产量的 33.5％、15.4％、13.1％，产量前三企业占全年总产量的 62％。

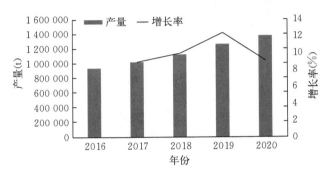

图 1 - 37　2016—2020 年我国糖醇产量变化

（数据来源：中国淀粉工业协会）

6. 酒精及燃料乙醇

燃料乙醇是玉米深加工最主要的代表性产品。目前，我国玉米酒精产能可达到 800 多万 t，2019 年实际产量 300 多万 t，其中 50％用于工业乙醇，10％左右用于汽车燃料。近几年，新技术的开发应用增强了玉米燃料乙醇产业的盈利能力，如在乙醇干法工艺中引入湿法研磨工序，提高出酒率与提油率。玉米酒精和燃料乙醇的代表性企业包括中粮生化能源（肇东）有限公司、河南天冠企业集团有限公司、中兴能源（内蒙古）有限公司和吉林燃料乙醇有限责任公司等。

第五节　我国玉米采后营养与品质研究存在的问题和研究趋势

一、玉米营养与品质研究存在的主要问题

我国地域辽阔，玉米种植区域分布广泛，根据玉米的生态适宜性，主要分为四大优势产区，包括北方春玉米区、黄淮海夏播区、西南山地区和西北灌溉区。玉米是我国第一大粮食作物，对国家粮食安全起着举足轻重的作用。但我国玉米在采后营养与品质研究等领域仍存在明显短板，制约了玉米精深加工产业的高质量发展。

（一）目前，玉米多为混种储藏，缺乏单质化或同质化储粮

由于我国玉米种植区域广泛、种类多样，生长环境差异大，导致玉米采后储藏条件也存在差异，虽然采后籽粒的生理代谢、营养与品质变化总体规律趋同，但不同种植区域和不同品种的玉米采后营养特性、加工特性和食用品质明显不同。目前，玉米采后仓储主要为多品种混合储藏模式，缺乏针对不同品种的单质储粮，不能满足开展不同品种玉米采后营养品质变化方面的长期跟踪试验研究。

（二）玉米干燥方式不科学，品质评价指标不全面

受玉米种植区域和主栽品种差异的影响，玉米采后水分含量不同（含水量28%～40%），目前，国家粮食安全储藏标准中规定，玉米水分含量≤14%方可达到安全储藏要求。因此，玉米采收后需进一步依靠机械烘干方式降低水分。然而，仅通过水分含量变化无法准确判断烘干方式对玉米营养品质和加工特性的影响，亟待开展系统深入的研究，制定科学合理的玉米烘干、储藏新的技术标准和操作规范，建立玉米原粮品质评价体系。

（三）不同储藏条件对玉米采后营养和加工特性的影响机制不明确

玉米采后水分含量较高，籽粒具有较强的生命活动和呼吸强度，而且胚部组织疏松，具有较强的吸湿性。储藏条件的变化对玉米营养和食用品质会产生很大影响，玉米采后主要组分变化快、易霉变、长期储藏品质易劣变。目前，玉米储藏过程营养组分变化规律及其对玉米食用品质影响机制尚不明确，是玉米仓储和精深加工产业发展的重大科学技术问题。

（四）玉米的加工适宜性研究不深入，评价体系不健全

我国玉米品种繁多，营养和加工特性差异大，不同产地背景、不同玉米品种的基础数据缺乏，没有针对不同加工用途的专用品种开展系统深入的鉴选和加工适宜性研究，无法有效指导玉米精深加工技术研究与产品开发。

二、 我国玉米采后营养与品质研究趋势和展望

近年来，玉米已成为我国第一大粮食作物。随着科技的发展，现代食品加工对玉米原粮的品质特性及加工特性提出了更多的要求。玉米采后加工专用品种的鉴选、干燥条件优选、储藏条件精准控制等将成为玉米加工产业的重要需求。

（一）玉米采后组分变化对营养特性的影响研究

开展玉米采后的营养组分、水分变化和迁移、呼吸作用、代谢相关酶活性等变化规律研究，揭示玉米采后主要营养组分合成/分解途径、转化过程及对玉米营养特性的影响机制。建立玉米采后营养和品质变化基础数据库，为玉米精准加工利用提供重要依据。

（二）不同干燥方式和储藏条件对玉米营养特性和食用品质的影响研究

开展不同干燥方式对玉米营养组分、质构变化、加工特性、消化特性的影响研究，明确不同干燥方式对玉米加工特性和营养品质变化的影响机制，为制定新的玉米干燥技术标准和规范提供理论基础；开展玉米储藏过程中淀粉、蛋白质和脂质等大分子组分变化及结构性质表征，揭示储藏条件对玉米营养和食用品质的影响机理，为玉米全谷物食品等营养健康食品研发提供可靠理论和技术保障。

（三）加快加工专用品种的培育和鉴选，推动全产业链协同创新

目前，加工专用品种缺乏成为限制玉米在食品、深加工等领域技术升级和产品开发的关键问题。因此，应加强对现有玉米品种的鉴选，建立现有品种营养特性、加工特性等数据库，明确其适宜加工的领域。为推动玉米全产业链多环衔接多学科协同创新，促进玉米加工产业高质量发展提供有力的理论依据和技术支撑。

参考文献

曾智勇，2022. 我国玉米生产现状分析及建议 [J]. 粮油与饲料科技（3）：4-8.

代瑞熙，徐伟平，2022. 中国玉米增产潜力预测 [J]. 农业展望，18（3）：41-49.

陈瑞佶，张建，刘兴舟，等，2019. 中国玉米种植分布与气候关系研究 [J]. 农学学报，9（8）：58-68.

侯聪，2009. 黄淮海地区玉米生产及市场形势分析 [J]. 种业导刊（12）：16-18.

邹成林，郑德波，谭华，等，2019. 广西玉米生产现状及发展对策探究 [J]. 南方农业，13（8）：139-141.

李如珍，施啸奔，2017. 东北地区玉米收储制度改革浅议 [J]. 粮食与饲料工业（11）：1-4，8.

刘超，邢怀浩，朱满德，2020. 收储制度改革与我国玉米市场格局的时空演变 [J]. 价格理论与实践（5）：65-68，175.

杨慧莲，韩旭东，郑风田，2017. 全球主产国（地区）玉米生产、贸易、消费及库存状况对比——基于 1996/1997—2016/2017 产季数据测算 [J]. 世界农业，17（6）：28-35，236.

李少昆，2021. 玉米单产有望较快增长 [J]. 农产品市场（9）：25-25.

路子显，2021. 近六十年我国玉米产业发展、贸易变化与未来展望 [J]. 黑龙江粮食（9）：9-14.

邢嘉，2020. 玉米临时收储政策及其改革 [J]. 现代商业（25）：27-28.

亢斌杰，2013. 国际玉米市场价格形成机制研究 [J]. 时代金融（6）：275-277.

李圣军，2017. 世界玉米产销格局及其演变 [J]. 中国粮食经济（8）：30-36.

闫重波，2022. 浅谈鲜食玉米种植的发展前景及栽培管理技术 [J]. 河南农业（7）：42-43.

郭春爱，2016. 中国玉米消费分析与展望 [J]. 农业展望，12（8）：72-76.

李茂，马梦璐，王淑伟，2017. 实现玉米深加工业的健康发展 [J]. 食品安全导刊（27）：64.

韩冬青，国强，孙朋朋，等，2018. 玉米临时收储价格取消的影响分析 [J]. 环渤海经济瞭望（6）：38-39.

吕小妹，王利强，李慧蓉，2009. 玉米综合深加工应用的研究进展 [J]. 农产品加工（学刊）（8）：51-53，57.

李建军，2006. 我国玉米加工业发展特点和方向 [J]. 中国·城乡桥 (5)：56.

马先红，张文露，张铭鉴，2019. 玉米淀粉的研究现状 [J]. 粮食与油脂，32 (2)：4-6.

徐微，刘玉兵，2020. 变性淀粉的制备方法及应用研究进展 [J]. 粮食与油脂，33 (9)：8-11.

佟毅，2019. 中国玉米淀粉与淀粉糖工业技术发展历程与展望 [J]. 食品与发酵工业，45 (17)：294-298.

曾煜，赵泳瑜，2012. 柠檬酸的特性、现状与生产及存在问题与建议 [J]. 养殖技术顾问 (5)：88-89.

樊洁，韩烨，周志江，等，2013. 微生物发酵法生产糖醇的研究进展 [J]. 食品与发酵科技，49
    (5)：94-98.

第二章 鲜食玉米品质变化与质构特性研究

第一节 概　　述

一、 鲜食玉米种植分布情况

鲜食玉米是指在乳熟期采收，食用其鲜嫩果穗的一类特用玉米，主要包括甜玉米、糯玉米和甜糯玉米，具有营养价值高、口感好、附加值高、低脂高纤维等优点。目前我国鲜食玉米种植面积已突破 147 万 hm²，成为全球第一大鲜食玉米生产国和消费国。

（一）我国鲜食玉米种植分布情况

2000 年之前，我国并没有"鲜食玉米"这一明确概念，一直将甜玉米、糯玉米等与高油、高淀粉、高赖氨酸等类型混称为特用玉米。直至 2002 年，农业部全国农业技术推广服务中心组织专家制定国家玉米品种区域试验及审定办法，提出应根据玉米的收获物和用途，将玉米品种分为籽粒玉米、鲜食玉米和青贮玉米 3 种类型分别进行试验，此时"鲜食玉米"才被国家正式确定和发展起来。

同时，我国鲜食玉米也进入快速发展阶段。2002 年以前，我国仅有 2 个鲜食玉米品种通过国审：苏玉糯 1 号、沪玉糯 1 号。经"十五"到"十三五"4 个五年规划的科技攻关及产业推广，2001—2019 年我国鲜食玉米国审品种达 226 个，其中糯玉米（含甜加糯）141 个，占国审鲜食玉米总数的 62.4%。种植面积也随之快速扩大，由 21 世纪初的不足 7 万 hm²，发展至目前的 147 万 hm² 以上。此阶段我国创制积累了大批优异种质资源，一批优良鲜食玉米品种也得以大面积推广应用。

广东和吉林是最先发展的两个鲜食玉米主产省。"十三五"以来，随着我国新一轮种植结构调整，催生了南方如云南、广西、四川等成为我国鲜食玉米种植大省，黑龙江成为北方种植大省，江苏、浙江、湖北等成为中部主要种植省份。

我国地域辽阔，南北纬度日照长短和温度差异较大，玉米种植从北到南、从东到西非常广泛。从片区来看，东北地区、西北地区和华北黄淮海地区都有大量种植。从玉米种植区域的播种期来看，分为春玉米和夏玉米。从玉米种植发育来看，分为早熟品种、中熟品种和晚熟品种。早熟品种生育期春播 85～100 d、夏播 70～85 d，中熟品种生育期春播 100～120 d、夏播 85～95 d，晚熟品种生育期春播 120～150 d、夏播 96 d 以上。由鲜食玉米上市时间对比可知：云南芒市、瑞丽可全年供应鲜食玉米，广东、海南上半年可供应，其他地方都是季节性供应。

受传统饮食结构影响，不同地区的玉米品种存在一定差异性，北方地区主要以鲜食糯玉米为主，南方地区以鲜食甜玉米、超甜玉米为主，在早期形成了"南甜北糯"的种植和产业格局。近年来，"大城市周边"，如京津冀、长三角、珠三角等地成为鲜食玉米生产和消费中心，如京津冀是鲜食玉米消费大市场，也是重要的研发创新中心，品种多向中高端发展，以甜加糯型为主，并且在全国多省市均设有种植基地，保障市场周年供给。与此同时，"南甜北糯"的格局也逐渐被甜、糯、甜加糯三足鼎立的分布模式替代。

（二）国外鲜食玉米种植情况

甜玉米在国外市场被归为果蔬类农产品，已成为一种大众化蔬菜，市场需求量很大。目前全世界甜玉米主要生产国有美国、法国、匈牙利、西班牙、加拿大、泰国、巴西等。

美国是世界上甜玉米研究和利用最早的国家，如 1836 年美国育成世界上第一个甜玉米品种达林早熟（Darling early），成为很多重要甜玉米品种的前身；1931 年制成世界上第一筒甜玉米罐头；1959 年育成第一个超甜玉米品种伊利诺斯 Xtra；20 世纪 70 年代末，首先育成加强甜玉米。目前美国也是世界最大的甜玉米生产国和消费国，种植面积约 43 万 hm^2，甜玉米鲜售和加工产值分别占鲜售蔬菜和加工类蔬菜的第 4 位和第 2 位。美国年产甜玉米罐头和甜玉米食品 400 万 t，速冻甜玉米 10 万 t，产量非常大。法国是欧洲最主要的甜玉米生产国，生产量占欧洲的 85%，速冻玉米占欧洲的 70%。

泰国近年来甜玉米育种研究发展很快，形成本国特色的超甜玉米系列，如泰国太平洋种子公司推出的超甜玉米 5 号及 ATS 系列优良品种。同时泰国甜玉米生产量和出口量稳步增加，2017 年泰国甜玉米罐头年出口量已近 21 万 t，出口产值近 2 亿元。

越南、缅甸、老挝、哈萨克斯坦为代表的"一带一路"沿线国家，甜玉米速冻粒和罐头十分畅销。越南鲜食玉米种植面积常年超过 17 万 hm^2，果穗通常是以鲜食的状态进行销售和加工。我国的糯玉米早年常出口越南，深受当地居民认可，有一定的受众基础。近几年来，我国培育的系列糯玉米品种，通过在越南进行种植示范，田间表现非常突出，产量和品质表现都非常优异，受到了当地居民的喜爱。其中，京科糯 2000 的生长周期仅 65 d，产量能达到近 2 000 kg/667 m^2，是当地种植水稻的 2～3 倍。目前，该品种在越南的种植得到了很大的推广，据统计，该品种的种植总面积已达到越南全国玉米种植总面积的六成以上，而且预估其种植面积还会进一步扩大。

二、 鲜食玉米的品质特征

鲜食玉米不仅口感香嫩，而且营养丰富，含有维生素、氨基酸、矿物元素、膳食纤维等，是一种营养丰富、美容保健的优质食品。

（一）鲜食玉米的营养品质

鲜食玉米的品质主要分为两大类：用于评价食用的感官品质，也称为外观品质；用于评价健康的营养品质，色泽、口感、香气和柔嫩性的好坏可以反映其食用品质的优劣。

氨基酸、蛋白质、淀粉、脂肪、维生素等营养成分是衡量鲜食玉米营养品质的标准。鲜食玉米平均含氨基酸 8.30%，其中赖氨酸含量比普通玉米高 74%，平均含蛋白质 10.6%，比普通玉米高 3%～6%，籽粒中的水溶性蛋白和盐溶性蛋白的比例较高，而营养价值不高的醇溶蛋白的比例较低。因而糯玉米籽粒的蛋白质品质好，大大改善了籽粒的食用品质。

鲜食玉米的食用品质即指食味及蒸煮品质，要求煮熟后的鲜食玉米口感柔嫩、散发玉米香气，有良好的香甜口味，要同时具备黏、香、甜的特征。鲜食玉米食用时的适口性、咀嚼性以及口感的香甜度等与籽粒中的主要组成成分有显著关系。在鲜食玉米采后加工和贮藏过程中，鲜食玉米的品质会发生变化，从而导致鲜食玉米食用品质的下降。鲜食玉米中含有丰富的淀粉，淀粉含量和水分含量的变化在蒸煮过程中会影响淀粉的糊化，经完全糊化的淀粉，在较低温度下自然冷却会使在糊化时被破坏的淀粉分子氢键发生再度结合，使部分分子重新变成有序排列，这是淀粉的老化现象。淀粉的糊化与食用品质密切相关，同时，鲜食玉米在蒸煮后的贮藏过程中，硬度、口感等食用品质变化与淀粉老化的过程也有着密切的关系，淀粉老化会对鲜食玉米的质构特征产生显著影响。在贮藏过程中，随着碳水化合物组成成分的变化，其风味与口感发生变化，其中最主要的是糖向淀粉的转化。

（二）鲜食玉米采后品质变化

1. 鲜食玉米采后含水量变化

含水量是鲜食玉米的重要组成成分，采后鲜食玉米失水会造成失重和新鲜度下降。在一定范围内，鲜食玉米的风味品质与鲜食玉米的水分含量呈正相关性，鲜食玉米的水分含量下降超过 5%将使玉米失去鲜食的食用价值，因此防止鲜食玉米籽粒中水分散失成为玉米保鲜的重要因素。事实上，鲜食玉米采后水分含量会明显下降，所以在水分急剧下降阶段之前，及时采取保鲜措施，是鲜食玉米保鲜的关键。

2. 鲜食玉米氨基酸和蛋白质含量变化

甜玉米采收期蛋白质含量的变化规律是先上升后下降，变化幅度不大，但不同品种间差异较大。普通玉米的蛋白质含量低于普甜、超甜玉米，超甜玉米蛋白质含量最高，能够达到 18 g/100 g 干物质。这是因为，游离氨基酸向蛋白质转化的速率：普通玉米＞普甜玉米＞超甜玉米。有研究报道，乳熟期甜玉米所含的优质蛋白高于普通玉米，色氨酸与赖氨酸的含量也比普通玉米高。

3. 鲜食玉米淀粉含量变化

由于糖不断地向淀粉转化，乳熟期玉米的淀粉含量呈直线上升趋势。这种转化会使鲜食玉米的风味和口感大打折扣。所以，淀粉含量影响着鲜食玉米的适宜采收期。不同类型玉米淀粉含量存在显著差异，淀粉积累速度和积累时间：普通玉米＞普甜玉米＞超甜玉米。同一时期的糯玉米淀粉含量高于甜玉米，授粉后 20～30 d 淀粉积累速率最快。采收期甜玉米和糯玉米直链淀粉含量呈下降趋势，糯玉米的下降幅度大于甜玉米，授粉后 30 d 时两者的直链淀粉含量无显著差异；采收期甜玉米和糯玉米支链淀粉增加，甜玉米的积累量和积累速率明显低于糯玉米。

4. 鲜食玉米可溶性糖含量变化

为了保证鲜食玉米良好的感官品质，采收鲜食玉米一般选在总糖含量最高的时候。可溶性糖总量在授粉后开始增加，达到最大值后下降，并且，蔗糖是可溶性糖存在的主要形式。不同类型玉米间可溶性糖含量变化存在很大差别，普通玉米在授粉后 10 d，可溶性糖含量即达到了最大值并开始下降，而甜玉米要滞后的多，并且可溶性糖下降速率：普通玉米＞普甜玉米＞超甜玉米。也就是说，超甜玉米维持高糖的时间比其他类型的玉米要长，所以超甜玉米适宜的采收期要长于其他类型玉米。

糯玉米的可溶性糖含量在授粉后 18～30 d 均呈下降趋势，与甜玉米相比水分含量下降快，可溶性糖含量递减快，说明灌浆速度快，生产应用上表现为适采期短。甜玉米各个时期的可溶性糖含量均显著高于糯玉米。低温处理条件下可以显著延缓总糖的下降，从而延长玉米的保鲜时间。而糯玉米在低温条件下的保鲜时间要比甜玉米长。

三、 鲜食玉米加工现状

鲜食玉米具有普通玉米没有的独特风味，集色、香、味、黏于一身，营养价值远高于普通玉米，更符合当今营养学家倡导的天然、粗食的饮食理念。适合开发全谷物营养健康食品，是重要的食品加工原料。但鲜食玉米存在采收季节性强、采后品质变化快、采后保鲜难度大等问题，严重制约了鲜食玉米产业的发展。因此，真空包装鲜玉米、速冻玉米等产品应运而生。

（一）国外鲜食玉米加工研究现状

美国从 20 世纪 30 年代开始将甜玉米用于罐头的加工，现已逐步发展为颇具规模的甜玉米加工业，包括玉米罐头、速冻玉米、玉米笋和玉米浆等。目前，美国是世界上最大的甜玉米生产国和出口国。据报道，美国年产甜玉米罐头 70 多万 t，速冻甜玉米 45 万 t，其中 1/3 的产品进入国际市场。而日本是最大的甜玉米进口国家，年进口量在 8 万 t 左右。美国的糯玉米加工主要以鲜食、罐头和加工玉米淀粉为主。D. M. Barrett 等人利用蒸汽漂烫不同品种的鲜玉米，研究热烫时间和品种对速冻玉米品质的影响。结果表明，超甜玉米中的脂肪氧化酶漂烫 4 min 后失去活性，而甜玉米中的脂肪氧化酶需 6 min 才能完全失活，抑制过氧化酶的活性需 8 min。随着漂烫时间的延长，玉米的籽粒硬度先增加后减小。

（二）国内鲜食玉米加工研究现状

我国鲜食玉米加工研究与生产起步较晚，在 20 世纪 80 年代才有相关报道。

阎建国发明了有关鲜玉米保鲜专利。将食用胶喷在鲜玉米表面，形成一层保护胶膜，有效防止了水分散失。将玉米棒和喷胶板放入 −30 ℃ 的冷柜中，待其完全冻结后，取出并将玉米棒装袋封口，放入 −20 ℃ 冷柜贮藏备用。这种冻贮的玉米可贮存 6～10 个月，且保留玉米原有的营养成分。

冯凤琴等人研究了真空包装甜玉米加工过程中预热和杀菌条件对产品质量和贮藏期的影响。结果表明：预热和杀菌采用高压热处理（120 ℃）时，都会使甜玉米的蔗糖含量下降、色泽变暗、变红，预热对甜玉米品质影响最大。经常压预热和杀菌的甜玉米在冷藏条件（4～6 ℃）下，其品质在较长时间内（3～6 个月）基本保持不变。

李清华研究出了一种嫩玉米蒸煮保鲜方法。将鲜玉米蒸煮 5～10 min 后，然后放入烘干设备中将其烘干，再进行真空包装。该法未添加任何防腐剂，可以保存一年，烘干后的玉米煮软再食用时，口感与鲜玉米一致。

刘毅提出了两次杀菌保鲜玉米的加工方法。第一阶段：杀菌温度 80～90 ℃，时间 25～30 min，压力 0.12～0.21 MPa；第二阶段：杀菌温度 106～120 ℃，时间 30～40 min，压力 0.12～0.21 MPa，可以将霉菌和酵母菌完全杀死，以确保保鲜期。

王向前将鲜玉米浸入保鲜液 10～15 min，然后沥干，进行真空包装，123 ℃ 灭菌 10～15 min。该法加工的玉米可在常温下长期贮存，延长了鲜玉米的货架期。

林长知研究了一种果味型鲜嫩即食玉米的加工方法。将食用盐和山梨酸按 1:1 混合配制成保鲜液，再加入所需的果味，作为鲜玉米的浸泡液，浸泡 15 min，然后再真空包装、熟制、灭菌，即为含有各种果味的即食玉米成品，可以常温保存 10 个月。

刘春泉等人发明了一次蒸煮灭菌常温保存的玉米软罐头加工工艺。该发明的关键加工在 6 h 内完成、玉米穗包装前须真空脱水、蒸煮杀菌一次，从而缩短了加工时间，节省能源，降低生产成本。经该法处理的产品不添加任何添加剂和防腐剂，可以在常温下保存 10～12 个月，产品仍具有玉米特有的风味。

刘春菊等人对即食玉米加工的工艺参数进行了优化。对比分析了沸水烫漂和蒸汽烫漂对玉米籽粒的影响，并考察了不同烫漂时间对玉米籽粒中氧化酶失活程度的影响，摸索最佳烫漂方法和时间。结果表明，蒸汽烫漂的营养损失小于沸水烫漂。蒸汽烫漂 15 min 时酶失活检测为阴性，玉米口感较好。试验得出最优杀菌条件为：杀菌温度 125 ℃，杀菌时间 19 min，对实际生产具有指导意义。

本章主要对鲜食玉米采后水分含量、蛋白质含量、淀粉含量、可溶性糖含量以及质构等特性变化进行研究，探讨鲜玉米采后品质变化规律。在此基础上，明确鲜食玉米采后营养成分变化及相互作用关系，揭示鲜食玉米采后品质变化机理，为鲜食玉米贮藏保鲜和加工技术研究提供理论依据，为延长鲜食玉米加工时限和建立质量控制与评价体系提供技术支撑，促进我国鲜食玉米的产业发展。

第二节　鲜食玉米采后营养品质变化

一、 材料与方法

（一）材料

试验材料为"垦糯 1 号"鲜糯玉米，选择相同的播种时间和栽培管理，在授粉期选取抽穗吐丝 2 cm 左右的玉米挂牌标记。乳熟期 25 d 后采摘，选取苞叶完整且大小一致，籽粒排列紧密，皮薄基本无秃尖，无虫咬和无损伤果穗，作为试验原料。

（二）试验方法

1. 水分变化及分布

（1）样品分组

选择完好的鲜食玉米 12 穗当天用于试验，每 3 穗随机分为一组，共 4 组，分别在温度设置为 5 ℃、10 ℃、15 ℃、25 ℃的冷藏柜保存，48 h 内每隔 4 h 测一次。

（2）籽粒含水量的测定

采取恒重法测定籽粒的水分含量。

$$水分（\%）=\frac{w_1-w_2}{w_1-w_0}\times100$$

式中：w_0 为铝盒质量（g）；w_1 为玉米样品及铝盒质量（g）；w_2 为烘干后玉米样品及铝盒质量（g）。

（3）横向弛豫时间 T_2 的采集及反演

采用低场核磁共振技术测定玉米在贮藏过程中的水分变化。

选取玉米样品，每组 3 个样，置于永久磁场中心位置的射频线圈的中心，重复测定 3 次。利用硬脉冲自由感应衰减信号（free induced decay，FID）调节共振中心频率，然后进行多脉冲回波序列（Carr - Purcell - Meiboom - Gill，CPMG）扫描试验。采样点数 $TD=241\ 614$，重复采样等待时间 $T_w=2\ 000.000$ ms，回波时间 $TE=0.151$ ms，累加次数 $NS=16$，回波数（echo count）$=8\ 000$。

（4）玉米 MRI 成像测定

采用 YOMINGMR2 IMAGING 核磁共振成像系统对样品进行扫描选层成像。将采摘的新鲜玉米样品，放置在一个泡沫保温盒（10 cm×6 cm×5 cm）中，然后将样品盒放在磁场中射频线圈的中心位置，射频线圈的直径 15.6 cm。采用自旋回波脉冲序列获得玉米的 T_2 加权像（T_2 - weighted）。重复时间 $TR=1\ 000$ ms，回波时间 $TE=20$ ms，视野 $FOV=16$ cm，切层厚度为 10 mm；数据矩阵 1 024×128，傅里叶变换（FFT）后生成矩阵 512×512 的空间分布图像，最后所得图像均以标准 JPG 的格式保存。

（5）数据处理

利用 T_2^* _ FitFrm 软件调用 CPMG 序列拟合计算出 T_2 值，重复试验 3 次，数据取其平均值。采用 SPSS22.0 软件进行数据分析，用 GraphPad Prism6 软件做分析图表。

2. 鲜玉米果穗呼吸强度的测定

采用静止法测定，分析呼吸桶中气体成分，根据气体中 CO_2 的体积计算鲜食玉米的呼吸强度。气相色谱条件：色谱柱 plot - Q（键合的聚苯乙烯-二乙烯基苯色谱柱）0.25 μm×0.25 mm×30 m，热导池检测器；载气为 H_2，外标法定量。进样口温度 100 ℃，柱温 40 ℃，检测器 110 ℃。

鲜玉米准确称重后，分别放在 25 ℃、15 ℃、10 ℃、5 ℃ 恒温环境中的已准确测定容积 25 L 的塑料呼吸桶内，桶用硅胶塞密封，每隔 4 h 测定 CO_2 释放量，测定前一小时将鲜食玉米放入桶内，密封。测定时用气体进样针取 1 mL 气样，每个样品取三针进行 CO_2 的测定。

$$呼吸强度 = \frac{x(CO_2) \times V}{m \times t}\ [mL/(kg \cdot h)]$$

式中：$x(CO_2)$ 为 CO_2 摩尔分数；V 为气体总体积（mL）；m 为玉米质量（kg）；t 为时间（h）。

3. 蛋白质和氨基酸含量测定

选取 60 穗鲜玉米分成 4 组每组 15 穗，分别贮藏于 5 ℃、10 ℃、15 ℃、25 ℃

条件下，再将每组分为 5 小组 A、B、C、D、E，每小组 3 穗，每穗取 1 纵排混合，48 h 内每隔 4 h 取样一次，将取完的样品冷冻干燥，粉碎后备用。

蛋白质的测定采用全自动凯氏定氮仪测定，氨基酸含量测定采用氨基酸自动分析仪测定。

4. 可溶性糖的测定

（1）样品采集

选取 60 穗鲜玉米分成 4 组每组 15 穗，分别贮藏于 5 ℃、10 ℃、15 ℃、25 ℃条件下，再将每组分为 5 小组 A、B、C、D、E，每小组 3 穗，每穗取 1 纵排混合，48 h 内每隔 4 h 取样一次，将取完的样品冷冻干燥，粉碎后用于可溶性糖含量的测定。

（2）样品的处理

滴加 2 mL 超纯水于 500 mg 冻干粉碎后的玉米样品中，混匀；经超声波提取 20 min 后经 8 000 r/min 高速离心 10 min 后，取上清液加入等体积乙腈混匀，静止 30 min 后 8 000 r/min 离心 10 min，再经 0.22 μm 滤膜过滤，待进样分析。

（3）色谱条件

色谱柱：Agilent Zorbax carbohydrate 柱（4.6 mm×250 mm×5 μm），流动相为乙腈-水（80：20，V/V）；柱温：25 ℃；检测池温度：35 ℃；流速：1 mL/min，进样量：20 μL，采用外标法定量。

（4）数据处理

采用 SPSS22.0 软件进行数据分析，用 GraphPad Prism6 软件做分析图表。

5. 淀粉含量和结构的变化研究

（1）淀粉含量的测定

选取 60 穗鲜玉米分成 4 组每组 15 穗，分别贮藏于 5 ℃、10 ℃、15 ℃、25 ℃条件下，再将每组分为 5 小组 A、B、C、D、E，每小组 3 穗，每穗取 1 纵排混合，48 h 内每隔 4 h 取样一次，将取完的样品冷冻干燥，粉碎、脱脂后备用。

1）总淀粉含量的测定。采用爱尔兰 Megazyme 公司总淀粉测定试剂盒测定。样品真空冷冻干燥后，打粉过 120 目筛，称取 2.0 g 左右样品用滤纸包好放入索氏抽提器中，加入乙醚 30 mL，加热回流 4 h，去除样品中的粗脂肪。用总淀粉试剂盒测定鲜食玉米中的总淀粉含量，步骤如下：

① 准确称取样品 100 mg（精确到 0.000 1，两个平行样）于 15 mL 离心管中，正确标号后置于试管架上；

② 加入 5 mL 80％乙醇溶液，85 ℃水浴 5 min，其间用涡流混合器充分混合，再加入 5 mL 80％乙醇，混合均匀，2 000 r/min 离心 10 min，弃去上清液；

③ 重复步骤②

在每一个试管里 2 mL 2 mol/L 的 KOH，用磁力搅拌器在冰水浴中搅拌大约

20 min 来重悬淀粉；

在每个试管里加入 8 mL 1.2 mol/L 的醋酸钠缓冲溶液（pH 3.8），磁力搅拌器搅拌，迅速加入 0.1 mL α-淀粉酶、0.1 mL 淀粉葡萄糖苷酶，混合均匀，50 ℃水浴 30 min 并用涡流混合器间歇搅拌；

将离心管中的全部溶液转移到 100 mL 容量瓶中，用蒸馏水彻底清洗离心管并转移到容量瓶中，用蒸馏水定容，充分混匀后取 1 mL 溶液离心（3 000 r/min，10 min）；

取两份上清液各 0.1 mL 至试管中，分别取 3 mL GOPOD 于各个试管中［包括葡萄糖对照（0.1 mL 葡萄糖标准溶液）和试剂空白（0.1 mL 水）］，50 ℃水浴 20 min；

510 nm 下测定样品和葡萄糖对照相对于试剂空白的吸光度值。

结果计算：

$$总淀粉（\%）=\frac{\Delta A\times F\times FV\times 0.9}{W}\times 100 \qquad (2.1)$$

式中：ΔA 为相对于试剂空白读取的吸光度值；F 为吸光光度值转换为葡萄糖（μg）的因子；FV 为最终体积；W 为样品干重对鲜食玉米籽粒的当量。

2）淀粉中直链淀粉/支链淀粉比值及含量的测定。采用爱尔兰 Megazyme 公司直链淀粉/支链淀粉测定试剂盒测定。样品真空冷冻干燥后，粉碎过 120 目筛，称取 2.0 g 左右样品用滤纸包好放入进行索氏抽提器中，加入乙醚 30 mL，加热回流 4 h，去除样品中的粗脂肪。用直链淀粉/支链淀粉测定试剂盒测定鲜玉米中淀粉的直链淀粉/支链淀粉比值，步骤如下：

① 准确称取样品 20 mg（精确到 0.000 1，两个平行样）于 7 mL 离心管中，正确标号后置于试管架上；

② 在通风橱中用移液器加入 1 mL 二甲基亚砜（DMSO），用涡流混合器低速搅拌后置于沸水浴中 1 min 使其完全分散，再强烈搅拌，沸水浴加热 15 min（间歇强烈搅拌），室温静置 5 min；

③ 加入 2 mL 95%乙醇，连续高速搅拌，再加入 3 mL 95%乙醇，加盖倒置摇匀，再搅拌，静置 15 min，用 95%乙醇调平，离心（2 000 r/min，5 min），弃去上清液，将离心管倒扣在滤纸上沥干 10 min 使乙醇挥发；

④ 在通风橱中用移液器加入 1 mL DMSO，用涡流混合器低速搅拌后置于沸水浴中 15 min（间歇搅拌使其完全分散）；

⑤ 用 ConA 溶剂将样品洗入 25 mL 容量瓶中，定容（60 min 内分析），过滤。移取 0.5 mL 该滤液于总淀粉试管中用于总淀粉的测定。再移取 1 mL 该滤液于 2 mL EP 管中，加入 0.5 mL ConA 溶液，加盖轻轻颠倒摇匀（注意防止起泡），室温静置 1 h；

⑥ 离心（20 ℃，18 000 r/min，10 min），移取 1 mL 上清液于 7 mL 离心管中，加入 3 mL 100 mmol/L 醋酸钠溶液（pH 4.5），加盖搅拌，沸水浴 5 min，40 ℃水浴中平衡 5 min；

⑦ 加入 0.1 mL 淀粉葡萄糖苷酶/α-淀粉酶混合液，40 ℃恒温反应 30 min，用醋酸钠缓冲液调平，离心（2 000 r/min，5 min）；

⑧ 移取 1 mL 上清液于直链/支链淀粉测定试管中（两个平行样）；

⑨ 于总淀粉试管中加入 4 mL 醋酸钠缓冲液，加入 0.1 mL 淀粉葡萄糖苷酶/α-淀粉酶混合液，40 ℃恒温反应 10 min，取 1 mL 该溶液于总淀粉测定试管中（两个平行样）；

⑩ 分别向总淀粉测定试管、直链/支链淀粉测定试管、葡萄糖对照试管、试剂空白试管中加入 4 mL GOPOD 试剂，40 ℃恒温反应 20 min，510 nm 处测定吸光度值（用试剂空白调零）。

葡萄糖对照：0.1 mL 葡萄糖标准液（1 mg/mL）＋0.9 mL 醋酸钠缓冲液

试剂空白：1 mL 醋酸钠溶液

结果计算：

$$直链淀粉（\%）=\frac{A_1}{A_2}×6.15÷9.2×100 \tag{2.2}$$

$$支链淀粉（\%）=1-直链淀粉比例（\%） \tag{2.3}$$

式中：A_1 是 ConA 上清液在 510 nm 处的吸光度值；A_2 是总淀粉试样在 510 nm 处的吸光度值；6.15 和 9.2 分别代表 ConA 和总淀粉在提取时的稀释系数。

$$直链淀粉百分含量=直链淀粉比例（\%）×总淀粉（\%） \tag{2.4}$$

$$支链淀粉百分含量=支链淀粉比例（\%）×总淀粉（\%） \tag{2.5}$$

（2）淀粉重均分子量和分子回旋半径的测定

采用 HPSEC - MALLS - RI 系统对玉米淀粉的重均分子量、分子回旋半径等指标进行测定分析，HPSEC - MALLS - RI 系统包括 Agilent 1260（液相色谱）、Wyatt - DAWN HELEOS（十八角度激光散射仪）、Wyatt - Optilab T - rEx（示差折光检测器）。

1）淀粉样品预处理。称取 1 g 干燥原淀粉加入 100 mmol/L 溴化锂（LiBr）的 90%DMSO 中，沸水浴中加热 1 h，磁力搅拌 24 h 使其均匀，4 000 r/min 条件下离心 10 min，取上清液过 0.45 μm 滤膜，将滤液装在样品瓶中待测。

2）标准样品预处理。称 40 mg 葡聚糖标样加入 10 mL 含有 50 mmol/L LiBr 的 90%DMSO 中，沸水浴中磁力搅拌加热 1 h，室温下磁力搅拌溶解 24 h，4 000 r/min 条件下离心 15 min，取上清液过 0.45 μm 滤膜，将滤液装在样品瓶中待测。

3）测试条件。柱温箱 60 ℃，流速 0.5 mL/min，折光指数增量（dn/dc）为 0.074 mL/g，检测波长 658.0 nm，进样量为 200 μL。

（3）数据处理与分析

采用 Astra6.1、DPS v3.01、SPSS22.0 软件进行数据分析，用 GraphPad Prism6 软件做分析图表。

6. 淀粉合成关键酶活性的测定

（1）样品分组

选取 60 穗鲜玉米分成 4 组每组 15 穗，分别贮藏于 5 ℃、10 ℃、15 ℃、25 ℃ 条件下，再将每组分为 5 小组 A、B、C、D、E，每小组 3 穗，每穗取 1 纵排混合，48 h 内每隔 4 h 取样一次，置于 -40 ℃条件下保存，用于可溶性淀粉合成酶（SSS）、颗粒结合型淀粉合成酶（GBSS）、淀粉分支酶（SBE）、淀粉脱分支酶（DBE）酶活性的测定。

（2）粗酶液的提取

参照程方民等的方法，并略做改进。称取 3.0 g 籽粒样品加 10 mL 提取缓冲液，冰浴磨成匀浆，取 100 μL 匀浆加 1.5 mL 缓冲液，微离心（1 000 r/min，4 ℃ 离心 3 min），沉淀用缓冲液悬浮后用于 GBSS 活性测定，剩余匀浆 10 000 r/min，4 ℃离心 30 min，收集上清液。

提取缓冲液：最终浓度为 Tricine - NaOH（pH 7.5）100 mmol/L，$MgCl_2$ 8 mmol/L，乙二胺四乙酸（EDTA）2 mmol/L，甘油 125 mL/L，聚乙烯吡咯烷酮（PVP - 40）10 g/L，β-巯基乙醇 50 mmol/L。

（3）淀粉合成酶活性的测定

参照 Nakamura 等的方法，并略做改进。取 80 μL 酶粗提取液加入 36 μL 反应液Ⅰ，30 ℃反应 20 min 后，沸水浴 1 min 终止反应，冰浴中冷却；加 20 μL，30 ℃ 反应 20 min 后，沸水浴 1 min 终止反应，10 000 r/min 离心 10 min。取上清液 60 μL 与 43 μL 反应液Ⅲ，30 ℃反应 10 min 后，测定 $OD_{340 nm}$ 值。以 20 μL 煮沸的粗酶液 作为对照，酶活性以每分钟增加 0.001 OD 值为一个酶单位 [U/(g·min)]。

反应液Ⅰ：反应液最终浓度为 HEPES - NaOH（pH=7.5）50 mmol/L，腺苷 二磷酸葡萄糖（ADPG）1.6 mmol/L，支链淀粉（Amylopectin）0.7 mg，二硫苏糖 醇（DTT）15 mmol/L。

反应液Ⅱ：反应液最终浓度为 HEPES - NaOH（pH=7.5）50 mmol/L，磷酸烯 醇式丙酮酸（PEP）4 mmol/L，KCl 200 mmol/L，$MgCl_2$ 10 mmol/L，PK 1.2 U。

反应液Ⅲ：反应液最终浓度为 HEPES - NaOH（pH=7.5）50 mmol/L，葡萄 糖（Glucose）10 mmol/L，$MgCl_2$ 20 mmol/L，烟酰胺腺嘌呤二核苷酸磷酸（NADP）2 mmol/L，HK 1.4 U，葡萄糖六磷酸脱氢酶（G - 6 - PD）0.35 U。

（4）淀粉分支酶和淀粉脱分支酶活性的测定

1）淀粉分支酶活性的测定

鲜食玉米粗酶液的提取参考 Nakamura 的方法，并略做修改。取贮藏在－40 ℃条件下冷冻的玉米籽粒，称取 3 g 左右鲜食玉米籽粒于研钵中，去除种皮和胚芽，加入 HEPES－NaOH，pH 7.5（其中含有 5 mmol/L EDTA，1 mmol/L DTT，2 mmol/L KCl，1%的聚乙烯吡咯烷酮）的提取缓冲液 10 mL，冰浴条件下进行研磨，所得匀浆于 4 ℃、10 000 r/min 离心 10 mim，取上清液即为粗酶液，于 4 ℃下保存备用。

在反应过程中先取 300 μL 的粗酶液加入 300 μL 的 HEPES－NaOH（pH 7.5）的提取液稀释 2 倍后，从中取 100 μL 稀释后的粗酶液于试管中，加入 1 300 μL 提取缓冲液，再加 120 μL 的 0.75%可溶性淀粉，混匀，在 37 ℃恒温水浴中反应 20 min 后置于沸水浴中 1 min 终止反应。加 2 mL 浓度为 0.2%的盐酸溶液，再加 150 μL 碘液（0.1% I_2－1% KI）显色 10 min 后用蒸馏水稀释 2 倍，测定波长为 660 nm 处的吸光度值。另取 1 支试管，加入粗酶液后立即置于沸水浴中 1 min，将酶液灭活。再按以上步骤加入各种溶液，作为对照。淀粉分支酶活性以波长 660 nm 的吸光度值下降百分率表示，以每降低 1‰碘蓝值为一个酶活性单位〔U/（g·min）〕，所有测定均重复 3 次。

淀粉分支酶活性公式：　　　$酶活性 = \dfrac{A_0 - A}{A_0 \times FW \times T} \times 100‰$ 　　　　（2.6）

式中：A_0 为灭活后样品在 660 nm 处的吸光度值；A 为样品在 660 nm 处的吸光度值；FW 为称取的鲜食玉米质量（g）；T 为酶反应时间（min）。

2）淀粉脱分支酶活性的测定

鲜食玉米粗酶液的提取参考 Nakamura 的方法，并略做修改，取贮藏在－40 ℃条件下冷冻的玉米籽粒，称取 3 g 左右鲜食玉米籽粒于研钵中，去除种皮和胚芽，加入 MES－NaOH（pH 6.5，其中含有 5 mmol/L $MgCl_2$，2 mmol/L EDTA，50 mmol/L β-巯基乙醇和 12.5%的甘油）的提取缓冲液 10 mL，冰浴条件下进行研磨，所得匀浆于 4 ℃、10 000 r/min 离心 10 mim，取上清液装于小清瓶中即为粗酶液，放于 4 ℃下保存备用。

称取支链淀粉 30 mg 加入最粗酶液 600 μL，再加入最终浓度为 50 mmol/L 的 MES－NaOH（pH 6.5）缓冲液 600 μL，置于 30 ℃恒温水浴中恒温反应 2 h，反应完全后取出迅速冷却，加入浓度为 1 mol/L Na_2CO_3 溶液 600 μL 终止反应，之后采用 3,5-二硝基水杨酸法测定还原糖。在以上条件下反应，将每分钟水解支链淀粉生成 0.01 pmol 的还原糖（以麦芽糖计）的酶量定义为 1 个酶活力单位（U）。

淀粉脱分支酶活性公式：　　　$酶活性 = \dfrac{(KB + B) \times V_1}{V_2 \times M \times T \times V_3}$ 　　　　（2.7）

式中：B 为酶促反应 540 nm 的吸光度；K 为麦芽糖标准曲线的斜率；V_1 为酶液灭活后总体积（μL）；V_2 为反应体系中酶液体积（μL）；V_3 为在 540 nm 处测定吸光度值时所取的反应液体积（μL）；M 为麦芽糖的分子量（$\mu g/\mu mol$）；T 为反应时间（min）。

麦芽糖标准曲线的绘制：在一定条件，淀粉脱分支酶能够水解支链淀粉中的 α - 1,6 糖苷键，生成部分还原糖，在碱性环境下还原糖与 3,5 - 二硝基水杨酸共热，显棕红色，在一定的范围内，还原糖的量与棕红色物质的颜色深浅成线性关系，在 540 nm 测定该棕红色物质的吸光度值，制得麦芽糖标准曲线，通过线性方程进而计算出淀粉脱分支酶的活力。

1 mg/mL 麦芽糖标准液：准确称取 100 mg 分析纯麦芽糖，置于小烧杯中，用少量蒸馏水将其完全溶解后，定量转移到 100 mL 容量瓶中，用蒸馏水定容至刻度线，摇匀，储存在冰箱中备用。

取 7 支 25 mL 具塞比色管，标号为 0～6，按表 2 - 1 加入试剂。将各管摇匀后放入沸水浴中加热 5 min，取出后用冰水冷却至室温，加蒸馏水定容至 25 mL，混匀。在 540 nm 处，以 0 号试管作为对照，分别测定 1～6 号试管的吸光度值，将吸光度值作为横坐标，麦芽糖含量作为纵坐标，绘制标准曲线。

表 2 - 1 麦芽糖溶液的配制

	0	1	2	3	4	5	6
麦芽糖（mL）	0	0.2	0.6	1.0	1.4	1.8	2.0
蒸馏水（mL）	2.0	1.8	1.4	1.0	0.6	0.2	0
3,5 - 二硝基水杨酸（mL）	2.0	2.0	2.0	2.0	2.0	2.0	2.0

二、 数据与结果分析

（一）鲜玉米采后玉米籽粒含水量、水分分布和迁移变化规律

含水量是鲜玉米的重要组成成分，鲜食玉米贮藏过程中水分的变化是导致鲜食玉米食用品质降低的原因之一。鲜食玉米籽粒和穗轴都含有一定量的水分，籽粒中的水分是不均匀分布的，研究采后籽粒的水分含量和贮藏期鲜食玉米中水分分布和迁移情况对鲜食玉米品质的保证有重要意义。

1. 鲜玉米采后籽粒含水量变化

对贮藏在 5 ℃、10 ℃、15 ℃、25 ℃ 条件下的鲜食玉米中水分含量进行测定，并对 4 个贮藏温度条件下的水分含量测定结果进行了比较，结果见图 2 - 1。

由图 2 - 1 可知，在不同贮藏条件下，籽粒中水分含量均呈下降趋势。贮藏过

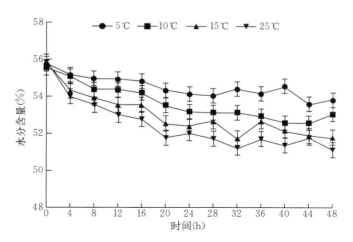

图 2-1 不同贮藏条件下玉米籽粒含水量的变化

程中，15 ℃和 25 ℃条件下籽粒含水量下降较大，48 h 后水分含量分别下降了 7.2%、9.9%，5 ℃和 10 ℃条件下籽粒水分含量变化略有下降，但变化相对稳定，48 h 后水分含量分别下降了 3.4%、4.3%，25 ℃贮藏 8 h 时水分含量为 53.5%，15 ℃贮藏 16 h 时水分含量为 53.2%，10 ℃贮藏 20 h 时水分含量 53.8%，5 ℃贮藏 24 h 时水分含量为 54.1%，说明 5 ℃和 10 ℃贮藏条件下可以减少水分的流失。

2. 鲜玉米采后水分分布和迁移变化

不同贮藏条件下鲜玉米水分分布研究采用低场强核磁共振技术测定鲜玉米水分分布和迁移变化。

（1）不同贮藏温度下鲜食玉米中水分状态的变化

1）鲜食玉米中水分状态测定。根据氢质子核磁共振的原理，弛豫时间的长短反映了氢质子的束缚程度和水分的流动性。弛豫时间越长，其束缚程度越小，流动性越大；弛豫时间越短，其束缚程度越大，流动性越小。对 4 个温度下的鲜食玉米核磁共振反演图进行了测定，选择 25 ℃条件下，贮藏 8 h 的鲜食玉米核磁共振反演图谱作为特征图，结果见图 2-2。

反演图谱是以横向弛豫时间（T_2）为横坐标，以 NMR 信号量为纵坐标绘成。T_2 反映水分的自由度，T_2 值越小说明水与底物结合越紧密，T_2 值越大说明水分越自由，通过图 2-2 鲜食玉米反演图谱可以发现有三个明显的谱峰，认为鲜食

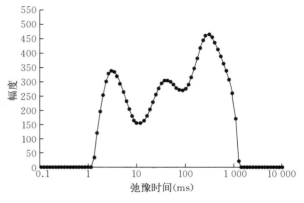

图 2-2 鲜食玉米 NMR 反演图谱

41

玉米中存在三种不同状态的水，T_{21} 在 1～10 ms，表征的是结合水，即玉米中存在能与非水组分淀粉、蛋白质或其他大分子物质紧密结合的水，T_{22} 在 10～100 ms，表征的是半结合水，即存在玉米组织中显微和亚显微结构与膜所阻留住的水，T_{23} 在 100～1 000 ms，表征的是自由水，即存在于玉米中分子流动性大的游离水。反演图谱中弛豫时间对应峰的面积用 M 表示，反演图谱的积分面积正比于相应的质子数。

2）不同贮藏温度下鲜食玉米中结合水 T_{21} 和 M_{21} 的变化。对贮藏在 5 ℃、10 ℃、15 ℃、25 ℃ 条件下鲜食玉米中结合水的弛豫时间和质子密度进行测定，并对 4 个贮藏温度条件下的 T_{21} 和 M_{21} 测定结果进行了比较，结果见图 2-3。

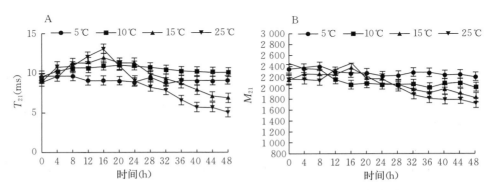

图 2-3　不同贮藏条件下玉米弛豫时间 T_{21} 和质子密度 M_{21} 的变化

A. 弛豫时间　B. 质子密度

由图 2-3A 可以看出，5 ℃ 和 10 ℃ 条件下，随着贮藏时间的增加结合水弛豫时间都有不同程度的下降，但幅度都较小，说明该温度条件下，结合水变化情况并不明显，程度不显著。15 ℃ 和 25 ℃ 条件下结合水的弛豫时间在 16 h 前先增加后减小呈下降趋势。分析图 2-3B 可知，结合水 M_{21}（T_{21} 对应组分的面积）在 5 ℃ 和 10 ℃ 条件分别下降了 3.5% 和 4.9%，变化较小，15 ℃ 和 25 ℃ 条件下结合水 M_{21} 在 16 小时前呈先增加后下降的趋势，48 h 时下降了 6.1% 和 7.6%，比低温贮藏结合水质子密度变化大。产生这种现象是由于鲜食玉米在采摘脱离植株后还没有达到完熟状态，与水有关的化学或物理反应还没有完成，在贮藏前期水分与玉米中的淀粉、蛋白质等大分子结合力度逐渐增强，与周围结构结合得更加紧密。随着贮藏时间的延长，鲜食玉米逐渐失水，不同状态的水分按照自由度大小逐渐散失，自由水的自由度较大，容易去除，半结合水和结合水自由度低于自由水，在大部分自由水散失后才开始缓慢下降。

3）不同贮藏温度下鲜食玉米中半结合水 T_{22} 和 M_{22} 的变化。对贮藏在 5 ℃、10 ℃、15 ℃、25 ℃ 条件下鲜食玉米中半结合水的弛豫时间和质子信号幅度进行测定，并对 4 个贮藏温度条件下的 T_{22} 和 M_{22} 测定结果进行了比较，结果见图 2-4。

由图 2-4 可以看出，5 ℃ 和 10 ℃ 条件下，随着贮藏时间的增加，半结合水质

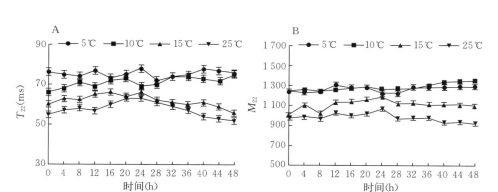

图 2-4　不同贮藏条件下玉米弛豫时间 T_{22} 和质子密度 M_{22} 的变化

A. 弛豫时间　B. 质子密度

子密度变化较平稳，48 h 分别增加了 4.6% 和 5.3%，变化幅度不大，说明在两个低温条件下，半结合水量增加不明显。15 ℃ 和 25 ℃ 条件下半结合水的弛豫时间 T_{22} 呈先上升后下降的趋势，质子密度 48 h 时分别增加了 7.3% 和 8.9%，说明半结合水的流动性增大。在玉米贮藏过程中，高温条件下玉米进行物化反应，淀粉颗粒外面的薄层水与直链淀粉和支链淀粉表面的羟基氢质子快速交换，造成了半结合水的增加。随着贮藏时间的延长，玉米逐渐失水，半结合水向自由水和结合水迁移，造成半结合水的下降。

　　4）不同贮藏温度下鲜食玉米中自由水 T_{23} 和 M_{23} 的变化。对贮藏在 5 ℃、10 ℃、15 ℃、25 ℃ 条件下鲜食玉米中自由水的弛豫时间和质子密度进行测定，并对 4 个贮藏温度条件下的 T_{23} 和 M_{23} 测定结果进行了比较，结果见图 2-5。

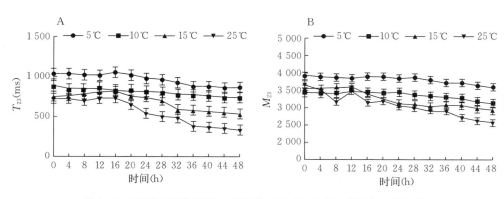

图 2-5　不同贮藏条件下玉米弛豫时间 T_{23} 和 M_{23} 质子密度的变化

A. 弛豫时间　B. 信号幅度

　　由图 2-5A 可以看出，自由水弛豫时间 T_{23} 也整体呈下降趋势，低温较高温贮藏的弛豫时间大，质子密度也高，5 ℃ 和 10 ℃ 弛豫时间和质子密度变化相对较稳定，自由水 M_{23} 在 5 ℃ 和 10 ℃ 条件分别下降了 6.5% 和 7.7%，变化较小。15 ℃ 和

25℃在贮藏过程中弛豫时间和质子密度均呈下降趋势，质子密度M_{23}在48 h时下降了10.6%和11.8%，比低温贮藏自由水变化大。鲜食玉米在贮藏过程中逐渐失水，自由水在贮藏过程中发生散失和迁移变化，低温贮藏下自由水的散失较少，变化较稳定。

（2）鲜食玉米不同位置核磁成像及灰度值的变化

鲜食玉米横截面不同位置取点图及不同位点灰度值随贮藏时间的变化见图 2-6 和图 2-7。

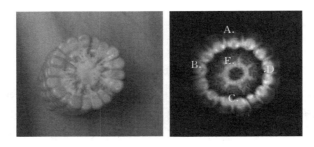

图 2-6　鲜食玉米不同部位取点图

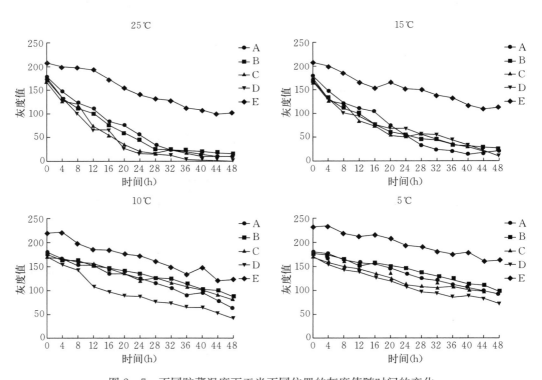

图 2-7　不同贮藏温度下玉米不同位置的灰度值随时间的变化

　　质子密度像反映了样品内所有氢质子的情况，在鲜食玉米中上、下、左、右、中各取 1 个像素点观察各位置信号量的变化规律，各位置不同干燥时间的灰度值的大小与水分的信号量成正比，由图 2-7 可知，随着贮藏温度的升高，时间的延长，A、B、C、D 四个部位灰度值 5 ℃下降了 10.43％，10 ℃下降了 18.78％，15 ℃下降了 80.60％，25 ℃下降了 90.17％。E 点灰度值 5 ℃下降了 9.23％，10 ℃下降了 17.63％，15 ℃下降了 50.29％，25 ℃下降了 60.16％。鲜食玉米各部分的信号量均呈下降趋势，且四周（A、B、C、D）信号量减小的速率明显比中心（E）减小得快，说明随着贮藏时间的延长，鲜食玉米周围组织水分失水速率较中间组织失水速率快，低温条件下贮藏水分迁移变化较缓慢。

　　（3）鲜食玉米中水分 MRI 成像测定

　　由鲜食玉米不同部位灰度值测定结果可知，高温条件下玉米横断面中水分的变化较快，为了更直观地观察鲜食玉米横断面在贮藏过程中水分的分布和变化情况，对 25 ℃条件下贮藏的鲜食玉米中自由水、结合水和总水量的分布进行了像素评价，结果见图 2-8。

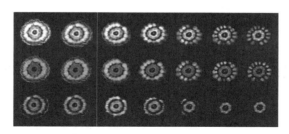

图 2-8　不同贮藏时间下玉米截面 MRI 成像图

注：列 1 到列 7 分别为贮藏 0 h、8 h、16 h、24 h、32 h、40 h、48 h；

由上到下，行 1：总水量分布，行 2：结合水分布，行 3：自由水分布

　　根据 T_2 加权成像原则，含水率高的部分信号区域显亮，含水率低的部分信号区域显暗。图 2-8 中第一行表示玉米中总水量的分布和变化，随着贮藏时间的增加，样品信号变小，亮度减弱，贮藏过程中玉米粒水分损失最大。第二行为玉米中结合水的分布和变化，在 16 h 出现了结合水增多的趋势，主要发生在玉米粒部分。随后结合水总量也随着时间的增加而减小。第三行为玉米中自由水的分布和变化，自由水空间分布趋于集中。随着贮藏时间的增加，自由水主要集中在玉米芯中，玉米粒内的自由水几乎消失。

　　鲜食玉米在贮藏过程中，水分含量随着贮藏时间的延长逐渐呈下降的趋势，低温条件下水分较高温贮藏变化慢。鲜食玉米中自由水、半结合水和结合水的弛豫时间 T_{23}、T_{22}、T_{21}，质子密度 M_{23}、M_{22}、M_{21} 在低温（5 ℃和 10 ℃）条件下贮藏变化也比较缓慢。表征结合水的 T_{21} 在 16 h 前呈增加的趋势，在鲜食玉米横切面的

MRI 成像图中也可以看出，在贮藏 16 h 时，玉米粒部位的结合水的亮度有所增加，与 T_{21} 的变化一致。表征自由水的 T_{23} 在不同条件下贮藏均呈下降趋势，在鲜食玉米横切面的 MRI 成像图中也可以看出自由水逐渐减少，玉米粒和玉米棒区域的亮度逐渐降低，进一步验证了鲜食玉米中水分的弛豫时间和质子密度的变化。低温条件下水分含量和迁移速度较高温贮藏变化慢。

随着贮藏时间的增加，鲜食玉米中总水量逐渐减少，整个鲜食玉米横切面的 MRI 图像信号变小，亮度减弱，玉米籽粒水分损失最大，在贮藏 48 h 时，玉米穗轴的水分信号明显亮于玉米籽粒区域，这种现象与图 2-7 相符，鲜食玉米在贮藏过程中周围组织水分失水速率较中间组织失水速率快，自由水主要集中在玉米芯中，玉米籽粒内的自由水几乎消失。鲜食玉米中的水分不仅通过种皮散失，同时水分主要向穗轴迁移，穗轴通过玉米棒根部与苞叶相连，水分通过穗轴到苞叶向外散失。低温贮藏的过程中，水分迁移速度比较缓慢，可以延长鲜食玉米的贮藏时间。

（二）鲜玉米采后呼吸强度的变化

鲜食玉米的含水量不仅与贮藏温度和时间有显著关系，同时也影响着籽粒的呼吸强度的变化。籽粒的含水量和不同的贮藏温度是导致呼吸强度变化高低的重要原因，也是影响鲜食玉米贮藏保鲜的重要因素。

对贮藏在 5 ℃、10 ℃、15 ℃、25 ℃条件下的鲜食玉米的呼吸强度进行测定，并对 4 个贮藏温度条件下的呼吸强度测定结果进行了比较，结果见图 2-9。

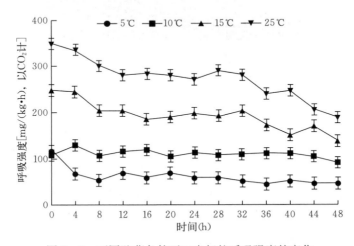

图 2-9　不同贮藏条件下玉米籽粒呼吸强度的变化

由图 2-9 可知，贮藏温度对鲜食玉米呼吸强度影响很大，经相关性分析，贮藏温度与呼吸强度显著正相关，相关系数 $r=0.893^*$。5 ℃、10 ℃、15 ℃、25 ℃条件下初始呼吸强度分别为 102、104、247、352 mg/(kg·h)（以 CO_2 计）。随着贮藏时间的延长，48 h 时呼吸强度分别为 55、56、143、208 mg/(kg·h)（以 CO_2 计）。

5 ℃、10 ℃、15 ℃、25 ℃贮藏条件下，鲜食玉米呼吸强度分别下降了 47、48、104、142 mg/(kg·h)（以 CO_2 计）。贮藏温度为 5 ℃和 10 ℃时，鲜食玉米的呼吸强度变化幅度小于 15 ℃和 25 ℃。5 ℃和 10 ℃条件下鲜食玉米的呼吸强度差异不显著（$P > 0.05$），15 ℃与 10 ℃和 5 ℃条件下呼吸强度均差异显著（$P < 0.05$）；25 ℃与 10 ℃和 5 ℃的呼吸强度差异极显著（$P < 0.01$）。在贮藏 48 h 内，呼吸强度为 25 ℃>15 ℃>10 ℃>5 ℃，这说明将鲜食玉米贮藏在 10 ℃和 5 ℃条件下，能显著地抑制鲜食玉米的呼吸强度的变化。

（三）鲜玉米采后不同贮藏条件下蛋白质和氨基酸含量变化

1. 不同贮藏温度下蛋白质含量的变化

对贮藏在 5 ℃、10 ℃、15 ℃、25 ℃条件下的鲜食玉米的蛋白质含量进行测定，并对 4 个贮藏温度条件下的测定结果进行了比较，结果见表 2-2。表中数值是蛋白质总量占绝干玉米粉的量，单位是％。

表 2-2　不同贮藏条件下蛋白质含量测定结果（％）

时间（h）	5 ℃	10 ℃	15 ℃	25 ℃
0	8.42	8.45	8.36	8.64
4	8.51	8.57	8.63	8.66
8	8.70	8.33	8.52	8.69
12	8.35	8.45	8.46	8.61
16	8.50	8.19	8.21	8.55
20	8.66	8.03	8.13	8.67
24	8.97	8.23	8.46	8.26
28	8.65	8.37	8.10	8.61
32	8.37	8.16	8.26	8.24
36	8.16	8.26	8.59	8.16
40	8.46	8.24	8.63	8.20
44	8.27	8.01	8.26	8.60
48	8.75	8.30	8.17	8.46

由表 2-2 可知，贮藏温度对总蛋白含量没有影响。因此在影响鲜玉米品质的因素中可以忽略蛋白含量的影响。

2. 不同贮藏温度下氨基酸含量的变化

氨基酸是构成蛋白质的基本单元，由于不同贮藏条件对鲜食玉米中蛋白质含量没有影响，因此试验对 25 ℃贮藏温度条件下的氨基酸含量进行测定，16 种氨基酸含量变化趋势结果见表 2-3。

表 2-3　不同贮藏条件下氨基酸含量测定结果（%）

序号	时间(h)	天冬氨酸	苏氨酸	丝氨酸	谷氨酸	脯氨酸	甘氨酸	丙氨酸	缬氨酸	蛋氨酸	异亮氨酸	亮氨酸	酪氨酸	苯丙氨酸	组氨酸	赖氨酸	精氨酸	总和
																		检测项目及结果
1	0	0.61	0.30	0.44	1.80	0.81	0.32	0.76	0.44	0.15	0.30	1.12	0.31	0.40	0.32	0.23	0.34	8.64
2	4	0.60	0.32	0.44	1.80	0.81	0.32	0.75	0.44	0.16	0.32	1.12	0.30	0.40	0.31	0.24	0.36	8.66
3	8	0.59	0.31	0.45	1.81	0.82	0.32	0.74	0.44	0.17	0.34	1.13	0.29	0.41	0.31	0.23	0.36	8.69
4	12	0.60	0.32	0.43	1.81	0.82	0.32	0.72	0.44	0.16	0.32	1.12	0.29	0.41	0.32	0.23	0.34	8.61
5	16	0.59	0.30	0.43	1.77	0.80	0.32	0.71	0.44	0.16	0.29	1.11	0.29	0.40	0.33	0.24	0.35	8.55
6	20	0.58	0.30	0.43	1.80	0.82	0.31	0.71	0.44	0.16	0.30	1.14	0.31	0.41	0.32	0.22	0.33	8.57
7	24	0.60	0.29	0.43	1.79	0.82	0.31	0.69	0.44	0.16	0.30	1.11	0.25	0.42	0.32	0.23	0.34	8.45
8	28	0.58	0.30	0.43	1.82	0.82	0.31	0.70	0.44	0.16	0.30	1.14	0.29	0.41	0.30	0.21	0.35	8.47
9	32	0.61	0.30	0.44	1.83	0.81	0.33	0.71	0.46	0.20	0.32	1.14	0.32	0.42	0.33	0.23	0.37	8.79
10	36	0.59	0.30	0.43	1.80	0.82	0.31	0.72	0.44	0.16	0.30	1.13	0.29	0.41	0.33	0.22	0.37	8.51
11	40	0.59	0.30	0.43	1.77	0.80	0.32	0.72	0.44	0.16	0.30	1.11	0.29	0.40	0.33	0.24	0.35	8.55
12	44	0.58	0.30	0.43	1.82	0.82	0.31	0.71	0.44	0.16	0.30	1.11	0.31	0.41	0.32	0.22	0.33	8.57
13	48	0.60	0.29	0.43	1.79	0.82	0.31	0.69	0.44	0.16	0.30	1.11	0.25	0.40	0.30	0.22	0.34	8.45

在 25 ℃条件下，各种氨基酸的含量基本保持不变。在影响鲜玉米品质的因素中可以忽略氨基酸含量的影响。

（四）鲜玉米采后不同贮藏条件下可溶性糖含量变化

鲜食玉米中的糖主要有蔗糖、葡萄糖和果糖，可溶性糖含量对于鲜食玉米的甜味质量具有重要的影响，鲜食玉米中可溶性糖含量的变化直接影响了鲜食玉米的食用品质。

1. 不同贮藏温度下果糖含量的变化

对贮藏在 5 ℃、10 ℃、15 ℃、25 ℃条件下鲜食玉米中的果糖含量进行测定，并对 4 个贮藏温度条件下的果糖含量测定结果进行比较，所得结果见图 2-10。

由图 2-10 可以看出，贮藏温度为 25 ℃时，随着贮藏时间的延长，果糖含量呈现下降趋势，24 h 后，含量基本稳定。5 ℃和 10 ℃贮藏条件下，果糖含量随着贮藏时间的延长，呈现先降低（16 h 为拐点）后增加趋势并于 28 h 后趋于稳定，28 h后，5 ℃和 10 ℃条件下鲜食玉米中的果糖含量最高。15 ℃贮藏条件下，在贮藏 4 h时，果糖含量呈现大幅度增加，然后下降，贮藏时间在 8 h 以后与初始含量相仿，随着贮藏时间的延长，变化不明显，趋于稳定状态，高于 25 ℃贮藏条件下果糖的含量。经相关性分析，贮藏温度与果糖含量显著相关，相关系数 $r=0.827^{*}$。整个贮藏过程中，5 ℃条件下果糖由 8.2 mg/g 下降到 7.7 mg/g，下降了 6.1%；10 ℃

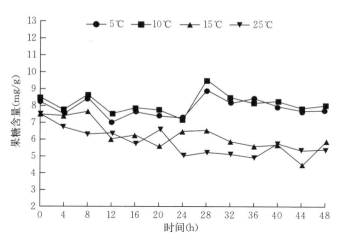

图 2-10 不同温度下果糖含量的变化

条件下果糖由 8.4 mg/g 下降到 7.9 mg/g，下降了 6.0％；15 ℃ 条件下果糖由 8.5 mg/g下降到 5.8 mg/g，下降了 31.8％；25 ℃ 条件下果糖由 8.5 mg/g 下降到 5.4 mg/g，下降了 36.5％。5 ℃和 10 ℃贮藏条件会适当延缓果糖含量的下降。

2. 不同贮藏温度下葡萄糖含量的变化

对贮藏在 5 ℃、10 ℃、15 ℃、25 ℃条件下鲜食玉米中的葡萄糖含量进行测定，并对 4 个贮藏温度条件下的葡萄糖含量测定结果进行比较，所得结果见图 2-11。

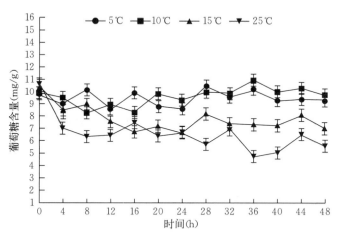

图 2-11 不同温度下葡萄糖含量的变化

根据图 2-11 可知，不同贮藏温度下，鲜食玉米中葡萄糖含量的变化趋势亦明显不同，对比图 2-10 果糖的变化趋势发现，鲜食玉米在 4 个贮藏温度下，葡萄糖含量的变化趋势与果糖含量的变化趋势相同。即贮藏温度为 25 ℃时，随着贮藏时间的延长，葡萄糖含量呈现下降趋势，24 h 后含量基本稳定。5 ℃贮藏条件下，葡萄糖含量随着贮藏时间的延长，整体呈先下降后升高的趋势，32 h 后趋于稳定。10 ℃贮藏条件下，葡萄糖含量随着贮藏时间的延长，先呈下降趋势，16 h 为拐点，16 h 后呈现增加趋势并于 28 h 后趋于稳定。15 ℃贮藏条件下，葡萄糖含量在贮藏 4 h 时呈现大幅度增加，然后下降，随着贮藏时间的延长，贮藏时间在 28 h 以后变化不明显，趋于稳定状态。经相关性分析，贮藏温度与葡萄糖含量显著相关，相关系数 $r=0.728^*$。5 ℃、10 ℃和 15 ℃葡萄糖含量均高于 25 ℃贮藏条件。整个贮藏过程中，5 ℃条件下葡萄糖含量由 9.7 mg/g 下降到 9.3 mg/g，下降了 4.1%；10 ℃条件下葡萄糖含量由 10.2 mg/g 下降到 9.6 mg/g，下降了 5.9%；15 ℃条件下葡萄糖含量由 10.3 mg/g 下降到 8.0 mg/g，下降了 22.3%；25 ℃条件下葡萄糖含量由 10.5 mg/g 下降到 6.6 mg/g，下降了 37.1%。5 ℃和 10 ℃贮藏条件会适当延缓葡萄糖向淀粉的转化进程，但鲜食玉米采后葡萄糖糖的含量总体呈逐渐下降的趋势，表明采后的糖代谢仍然以合成代谢为主，葡萄糖向淀粉的合成进程仍占据主导地位。

3. 不同贮藏温度下蔗糖含量的变化

对贮藏在 5 ℃、10 ℃、15 ℃、25 ℃条件下鲜食玉米中的蔗糖含量进行测定，并对 4 个贮藏温度条件下的蔗糖含量测定结果进行比较，所得结果见图 2-12。

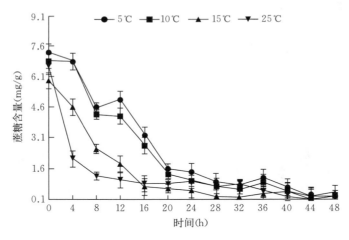

图 2-12　不同温度下蔗糖含量的变化

由图 2-12 可知，四个贮藏温度下，蔗糖含量均呈下降趋势。5 ℃条件下蔗糖含量由 7.2 mg/g 下降到 0.4 mg/g，下降了 94.4%，10 ℃条件下蔗糖含量由 6.8 mg/g 下降到 0.3 mg/g，下降了 95.5%，15 ℃条件下蔗糖含量由 6.5 mg/g 下降到 0.2 mg/g，下降了 96.9%，25 ℃条件下蔗糖含量由 5.8 mg/g 下降到 0.1 mg/g，下降了 98.2%。这表明，采后蔗糖向果糖、葡萄糖的转化仍在进行，导致蔗糖含量逐步下降。25 ℃贮藏 8 h 前蔗糖含量下降幅度较大，8 h 后含量基本稳定，8 h 时蔗糖含量为 1.24 mg/g。15 ℃条件下 16 h 前蔗糖含量下降幅度较大，16 h 后含量基本稳定，16 h 时蔗糖含量为 0.94 mg/g。5 ℃和 10 ℃条件下 24 h 前蔗糖含量下降幅度较大，24 h 后含量基本稳定，24 h 时蔗糖含量 1.19 mg/g 和 1.16 mg/g。在 5 ℃和 10 ℃条件下贮藏 24 h 后，蔗糖含量达到与 25 ℃贮藏 8 h 蔗糖接近的含量，充分说明 5 ℃和 10 ℃条件下贮藏可以延缓蔗糖的分解。经相关性分析，贮藏温度与蔗糖含量显著相关，相关系数 $r = 0.804^*$。方差分析得出，5 ℃和 10 ℃贮藏温度之间蔗糖含量差异不显著（$P > 0.05$），15 ℃与 10 ℃、5 ℃贮藏温度之间蔗糖含量均差异显著（$P < 0.05$）；25 ℃与 10 ℃、5 ℃贮藏温度之间蔗糖含量差异极显著（$P < 0.01$）。

4. 不同贮藏温度下可溶性总糖含量的变化

对贮藏在 5 ℃、10 ℃、15 ℃、25 ℃条件下的鲜食玉米中可溶性总糖含量进行测定，并对 4 个贮藏温度条件下的可溶性总糖含量测定结果进行了比较，所得结果见图 2-13。

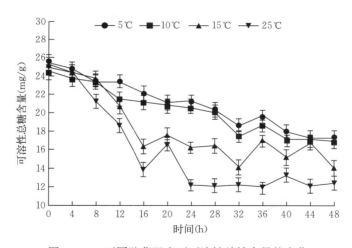

图 2-13　不同贮藏温度下可溶性总糖含量的变化

可溶性总糖的变化是由各可溶性糖分变化的总和决定的，所以可溶性总糖的变化趋势并不与各可溶性糖分的单独变化趋势相一致。根据图 2-13 可知，鲜食玉米中可溶性总糖的含量在不同贮藏温度下，随着贮藏时间的延长均呈现下降趋势，5 ℃和 10 ℃贮藏条件下，随着贮藏时间的延长，可溶性糖含量变化差距不大，但都高于 15 ℃和 25 ℃，说明低温可以明显延缓可溶性总糖含量的下降。5 ℃条件下可溶性总糖含量由 25.4 mg/g 下降到 17.3 mg/g，下降了 31.8%；10 ℃条件下可溶性总糖含量由 24.5 mg/g 下降到 16.1 mg/g，下降了 34.3%；15 ℃条件下可溶性总糖含量由 25.2 mg/g 下降到 14.0 mg/g，下降了 44.4%；25 ℃条件下可溶性总糖含量由 25.0 mg/g 下降到 12.4 mg/g，下降了 50.4%。表明 5 ℃和 10 ℃贮藏条件可以显著延缓可溶性总糖含量的下降趋势。25 ℃贮藏 8 h 时可溶性总糖含量为 21.17 mg/g。

5 ℃和 10 ℃条件下 24 h 时可溶性总糖含量 21.09 mg/g 和 20.79 mg/g，在 5 ℃和 10 ℃贮藏条件下贮藏 24 h，可溶性总糖含量达到与室温贮藏 8 h 可溶性总糖接近的含量，延缓了可溶性总糖的下降。经相关性分析，贮藏温度与可溶性总糖含量显著相关，相关系数 $r = 0.734^*$。

（五）鲜玉米采后淀粉含量和结构的变化研究

1. 不同贮藏温度下淀粉含量的变化

（1）不同贮藏温度下总淀粉含量的变化

对贮藏在 5 ℃、10 ℃、15 ℃、25 ℃条件下的鲜食玉米中总淀粉含量进行测定，并对 4 个贮藏温度条件下的总淀粉含量测定结果进行了比较，结果见图 2-14。

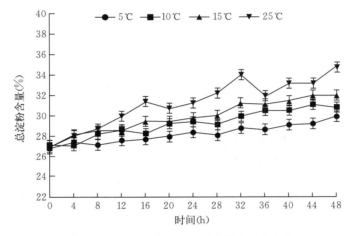

图 2-14　不同贮藏温度下总淀粉含量的变化

由图 2-14 可知，随着贮藏时间的延长，总淀粉含量均增加。整个贮藏过程中，5 ℃和 10 ℃条件下总淀粉含量呈较平稳的上升趋势，15 ℃和 25 ℃条件下总淀粉含量增加较快。贮藏到 48 h 时，5 ℃贮藏条件下总淀粉含量由 26.8% 上升到 29.9%，上升了 11.56%；10 ℃贮藏条件下总淀粉含量由 27.1% 上升到 30.8%，上升了 13.65%；15 ℃贮藏条件下总淀粉含量由 26.8% 上升到 31.9%，上升了 19.02%；25 ℃贮藏条件下总淀粉含量由 26.9% 上升到 34.7%，上升了 28.99%。贮藏在 5 ℃和 10 ℃条件下总淀粉含量增幅小于 15 ℃和 25 ℃贮藏条件。同时，15 ℃和 25 ℃贮藏 8 h 时的总淀粉含量为 28.52% 和 28.69%，5 ℃和 10 ℃贮藏 20～24 h 时，总淀粉含量为 28.39% 和 28.93%，与 15 ℃和 25 ℃贮藏 8 h 时总淀粉含量接近。表明 5 ℃和 10 ℃条件下可以抑制鲜食玉米总淀粉的合成，控制总淀粉含量的变化，但在贮藏期间各个温度条件下总淀粉含量变化总体均呈增加趋势，说明低温只是延缓了总淀粉含量的变化，并不能改变其变化的规律。经相关性分析，贮藏温度与总淀粉含量显著相关，相关系数 $r = 0.958^*$。

（2）不同贮藏温度下支链淀粉含量的变化

对贮藏在 5 ℃、10 ℃、15 ℃、25 ℃条件下的鲜食玉米支链淀粉含量进行测定，并对 4 个贮藏温度条件下的支链淀粉含量测定结果进行了比较，结果见图 2 - 15。

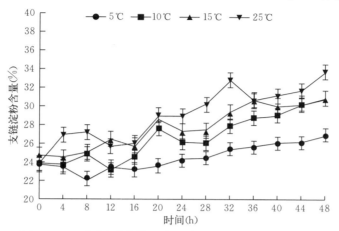

图 2 - 15　不同贮藏条件下支链淀粉含量随时间变化曲线

由图 2 - 15 可知，25 ℃条件下的支链淀粉含量变化较 15 ℃迅速，而 10 ℃ 和 5 ℃条件下支链淀粉含量变化最为缓慢。在贮藏期间各个温度条件下支链淀粉含量变化总体均呈上升趋势。5 ℃贮藏条件下支链淀粉含量由 23.7％上升到 26.9％，上升了 13.5％；10 ℃贮藏条件下支链淀粉含量由 24.7％上升到 30.9％，上升了 25.1％；15 ℃贮藏条件下支链淀粉含量由 23.9％上升到 30.8％，上升了 28.87％；25 ℃贮藏条件下支链淀粉含量由 23.9％上升到 33.7％，上升了 41.01％。25 ℃条件下贮藏 8 h 时，支链淀粉含量出现第一个峰值，支链淀粉含量为 28.2％，在 10 ℃条件下贮藏，达到相同支链淀粉含量发生的时间为 20 h 左右，支链淀粉含量为 28.6％，此结果与可溶性淀粉合成酶（SSS）和淀粉分支酶（SBE）活性变化一致。通过对 4 个温度下支链淀粉随时间变化的趋势可以看出，10 ℃ 和 5 ℃贮藏条件下可以抑制鲜食玉米支链淀粉的合成，较长时间地保持鲜食玉米的品质。经相关性分析，贮藏温度与支链淀粉含量显著相关，相关系数 $r＝0.949^*$。

（3）不同贮藏温度下直链淀粉含量的变化

对贮藏在 5 ℃、10 ℃、15 ℃、25 ℃条件下的鲜食玉米直链淀粉含量进行测定，并对 4 个贮藏温度条件下的直链淀粉含量测定结果进行了比较，结果见图 2 - 16。

由图 2 - 16 可知，25 ℃条件下，随着贮藏时间的延长，直链淀粉含量总体呈下降趋势。直链淀粉含量 5 ℃下降了 5.68％，10 ℃下降了 7.85％，15 ℃下降了 61.06％，25 ℃下降了 69.02％，表明低温条件可以延缓鲜玉米直链淀粉的合成进程，抑制了直链淀粉的分解，使直链淀粉含量的变化更加平稳。经二因子相关性分析，贮藏温度与直链淀粉含量显著相关，相关系数 $r＝0.936^*$。

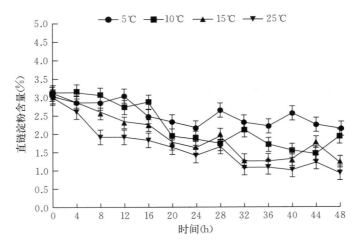

图 2-16　不同贮藏条件下直链淀粉含量随时间变化曲线

（4）不同贮藏温度下直链淀粉/支链淀粉比值的变化

对贮藏在 5 ℃、10 ℃、15 ℃、25 ℃条件下的直链淀粉/支链淀粉比值进行测定，并对 4 个贮藏温度条件下的直链淀粉/支链淀粉比值结果进行了比较，结果见图 2-17。

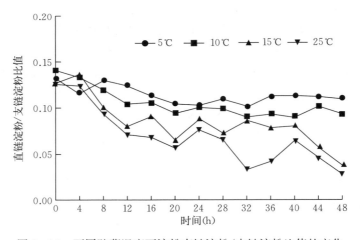

图 2-17　不同贮藏温度下淀粉直链淀粉/支链淀粉比值的变化

由图 2-17 可以看出，随着时间的延长，直链淀粉/支链淀粉比值为 5 ℃＞10 ℃＞15 ℃＞25 ℃，但在 4 个温度下的直链淀粉/支链淀粉比值总体均呈下降的趋势，表明鲜食玉米采后直链淀粉在淀粉合成酶的作用下，逐渐向支链淀粉转化，贮藏温度越高转化越迅速，转化率越高。

2. 不同贮藏温度下淀粉重均分子量和分子回旋半径的变化

（1）鲜食玉米淀粉重均分子量（Mw）和分子回旋半径（Rz）的检测

对贮藏在 5 ℃、10 ℃、15 ℃、25 ℃条件下的淀粉重均分子量和分子回旋半径测定，选择25℃条件下，贮藏8h的鲜食玉米淀粉示差检测器和多角度激光散射仪信号图谱。

图2-18为鲜食玉米淀粉的检测色谱图，B代表示差检测器检测信号，H代表多角度激光散射仪检测信号。由图2-18可知，在10～20 min所出现的峰型为鲜食玉米淀粉的响应，由于溶液中LiBr的存在，导致示差折光检测器检测到的淀粉峰型偏小，局部放大10倍后的峰型如图2-18所示。

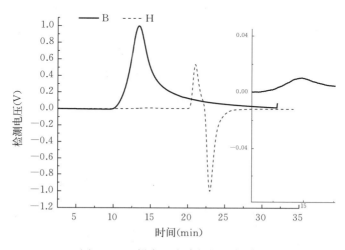

图2-18　鲜食玉米淀粉样品色谱图

（2）不同贮藏温度下淀粉重均分子量的变化

对贮藏在5℃、10℃、15℃、25℃条件下鲜食玉米淀粉重均分子量（Mw）进行测定，并对4个贮藏温度条件下的Mw结果进行了比较，结果见图2-19。

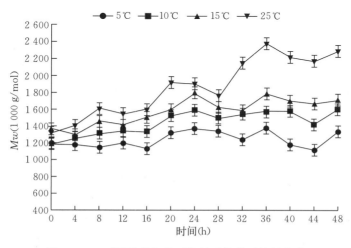

图2-19　不同贮藏条件下淀粉重均分子量的变化

由图 2-19 可知，5 ℃和 10 ℃条件下淀粉重均分子量的变化呈现逐渐升高的趋势。15 ℃和 25 ℃条件下淀粉重均分子量的变化较 5 ℃和 10 ℃条件下较为活跃，整体也呈上升趋势。淀粉重均分子量 5 ℃条件下上升了 12.75%，10 ℃条件下上升了 13.62%，15 ℃条件下上升了 15.92%，25 ℃条件下上升了 73.92%。25 ℃条件下贮藏 8 h 时，淀粉重均分子量出现第一个峰值，而在 10 ℃条件下贮藏，达到相同淀粉重均分子量发生的时间为 20~24 h，与支链淀粉的变化一致。在贮藏的各个阶段，较高温度下的淀粉 Mw 均高于较低温度下的淀粉 Mw，低温有抑制淀粉 Mw 增加的作用，但低温只是延缓了淀粉重均分子量的变化，并不能改变其变化的规律。

（3）不同贮藏温度下淀粉分子回旋半径的变化

对贮藏在 5 ℃、10 ℃、15 ℃、25 ℃条件下鲜食玉米淀粉分子回旋半径（Rz）进行测定，并对 4 个贮藏温度条件下的 Rz 结果进行了比较，结果见图 2-20。

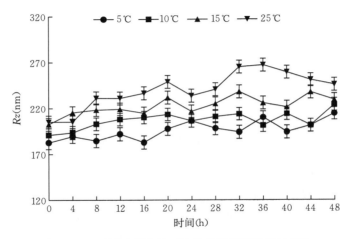

图 2-20　不同贮藏条件下淀粉分子回旋半径的变化

由图 2-20 可知，4 个温度条件下淀粉分子回旋半径的变化总体呈现上升的趋势。在贮藏的各个阶段，较高温度下的淀粉 Rz 均高于较低温度下的淀粉 Rz，5 ℃和 10 ℃条件下变化比较平缓。5 ℃条件下上升了 5.68%，10 ℃条件下上升了 6.41%，15 ℃条件下上升了 13.41%，25 ℃条件下上升了 16.95%。由此可知低温有抑制淀粉 Rz 增大的作用，但低温只是延缓了淀粉分子回旋半径的变化，并不能改变其变化的规律。

（六）不同贮藏条件下淀粉合成关键酶活性变化

鲜食玉米采后贮藏过程中，淀粉的合成与相关酶活性的变化紧密相关。在植物中主要是由可溶性淀粉合成酶（SSS）、颗粒结合型淀粉合成酶（GBSS）、淀粉分支酶（SBE）和淀粉脱分支酶（DBE）这四类酶催化并完成淀粉的合成反应，SSS 和 SBE 通过一系列的催化作用协同进行支链淀粉的生物合成，DBE 对支链淀粉的分支结构进行修饰，GBSS 控制催化合成直链淀粉。

1. 不同贮藏条件下 SSS 酶的活性变化规律

对贮藏在 5 ℃、10 ℃、15 ℃、25 ℃条件下的鲜食玉米中 SSS 活性进行测定，并对不同温度条件下 SSS 酶的活性测定结果进行了比较，结果见图 2 - 21。

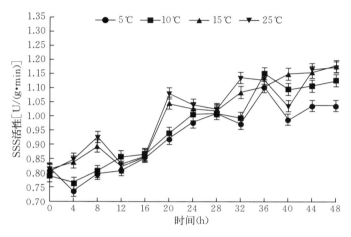

图 2 - 21　不同贮藏温度下 SSS 酶活性随时间的变化

由图 2 - 21 可以看出，随着贮藏温度的升高、贮藏时间的延长，SSS 酶活性呈升高趋势，且均出现了若干峰值。15 ℃和 25 ℃条件下 SSS 活性第一个峰值发生在 8 h，5 ℃和 10 ℃贮藏的 SSS 活性达到与 15 ℃和 25 ℃条件下相同的 SSS 活性，发生的时间在 20～24 h；SSS 活性第二个峰值发生在 20 h，5 ℃和 10 ℃贮藏的 SSS 活性达到与 15 ℃和 25 ℃条件下相同的 SSS 活性，发生的时间在 36～40 h，这不仅说明 5 ℃和 10 ℃条件下贮藏可以延缓 SSS 活性变化的出峰时间，抑制 SSS 酶活性，同时也说明在 5 ℃和 10 ℃条件下贮藏有效推迟了 SSS 对淀粉合成作用 2 倍的时间。

2. 不同贮藏条件下淀粉合成酶活性的变化

对贮藏在 5 ℃、10 ℃、15 ℃、25 ℃条件下的鲜食玉米中淀粉合成酶（GBSS）活性进行测定，并对 4 个贮藏温度条件下的 GBSS 活性测定结果进行了比较，结果见图 2 - 22。

由图 2 - 22 可知，贮藏过程中 GBSS 活性为 5 ℃＞10 ℃＞15 ℃＞25 ℃，15 ℃和 25 ℃条件下的 GBSS 酶活性变化活跃，整体呈现下降趋势，25 ℃条件下酶活性下降的幅度比较大。由此可知低温可以抑制 GBSS 的酶活性，从而延缓了淀粉的形成进程。

3. 不同贮藏条件下 SBE 活性的变化

对贮藏在 5 ℃、10 ℃、15 ℃、25 ℃条件下的鲜食玉米中 SBE 活性进行测定，并对 4 个贮藏温度条件下 SBE 酶的活性测定结果进行了比较，结果见图 2 - 23。

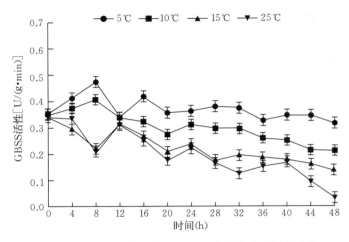

图 2 - 22　不同贮藏温度下 GBSS 酶活性随时间的变化

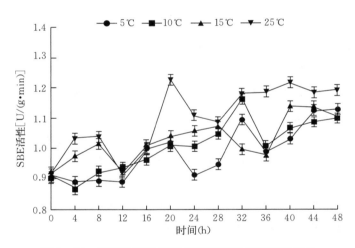

图 2 - 23　不同贮藏温度下 SBE 酶活性随时间的变化

由图 2 - 23 可知，随着贮藏温度的升高、贮藏时间的延长，SBE 酶活性均增加。15 ℃和 25 ℃条件下 SBE 活性第一个峰值发生在 8 h，5 ℃和 10 ℃贮藏的 SBE 活性达到与 15 ℃和 25 ℃条件下 SBE 活性相同的酶活性，发生的时间与 SSS 酶活性一样，也在 20～24 h。这说明 5 ℃和 10 ℃条件下贮藏可以延缓 SBE 活性变化的出峰时间，抑制 SBE 酶活性，同时也说明低温条件下贮藏有效延长 SBE 对淀粉合成作用 2 倍的时间，与 SSS 酶活性变化一致。

4. 不同贮藏条件下 DBE 活性的变化

对贮藏在 5 ℃、10 ℃、15 ℃、25 ℃条件下的鲜食玉米中 DBE 的活性进行测定，并对四个贮藏温度条件下的 DBE 的活性测定结果进行了比较，结果见图 2-24。

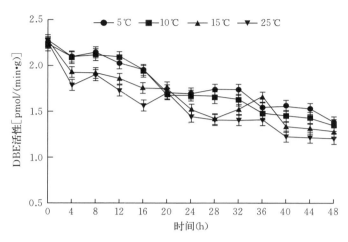

图 2-24　不同贮藏温度下 DBE 酶活性随时间的变化

随着贮藏温度的升高、贮藏时间的延长，4 个温度条件下 DBE 酶活性均降低。随着贮藏时间的延长，5 ℃ 和 10 ℃ 条件下的 DBE 酶活性高于 15 ℃ 和 25 ℃，表明低温可以抑制 DBE 酶的活性变化。

三、　小结

贮藏温度对鲜食玉米水分含量和呼吸强度的变化有显著影响（$P<0.05$）。随着水分含量的下降，鲜食玉米呼吸强度逐渐减弱，贮藏在 5 ℃ 和 10 ℃ 条件下鲜食玉米的水分含量和呼吸强度变化不大。低温贮藏有利于鲜食玉米水分含量和呼吸强度保持稳定。不同贮藏温度下可溶性糖含量随时间延长逐渐下降，由于呼吸作用要分解一些糖分供给自己能量的消耗，所以贮藏温度越低，呼吸强度变化平稳，可溶性糖含量下降得越慢，越不易分解和转化，有利于保持鲜食玉米的品质。

相关研究表明，玉米采后的蔗糖、还原糖（果糖、葡萄糖）含量都有较大下降，采后可溶性糖向淀粉转化的合成代谢仍然占据主导地位。本研究中，5 ℃ 下贮藏的鲜食玉米果糖含量下降了 6.1%，葡萄糖含量下降了 4.1%，蔗糖含量下降了94.4%，可溶性总糖含量下降了 31.8%；10 ℃ 下贮藏的鲜玉米果糖含量下降了7.1%，葡萄糖含量下降了 5.9%，蔗糖含量下降了 95.5%，可溶性总糖含量下降了 34.3%；15 ℃ 下贮藏的鲜食玉米果糖含量下降了 34.1%，葡萄糖含量下降了22.3%，蔗糖含量下降了 96.9%，可溶性总糖含量下降了 44.4%，25 ℃ 下贮藏的鲜食玉米果糖含量下降了 36.4%，葡萄糖含量下降了 37.1%，蔗糖含量下降了98.2%，可溶性总糖含量下降了 50.4%，不同温度下贮藏，均是蔗糖含量下降幅度最大。由此可知，在贮藏过程中鲜食玉米可溶性糖含量的下降主要是由蔗糖引起的。通过分析蔗糖含量的变化可知，25℃贮藏8h前蔗糖含量下降幅度较大，8h后含量基本稳定，5℃和10℃贮藏条件下，蔗糖的下降量需要24h才能达到与高温下贮藏8h时蔗糖量相同，表明低温不仅可以抑制可溶性糖含量的下降，还可以在较长时间内保持鲜食玉米的品质。

可溶性糖、淀粉含量和结构与相关酶活性间的互相作用关系分析：贮藏过程中，鲜玉米在各温度下随着时间的延长，总淀粉含量和支链淀粉含量及淀粉的 Mw 和 Rz 均呈增加和上升的趋势，直链淀粉含量逐渐减小。这说明鲜玉米采后，支链淀粉一直处于合成状态，总淀粉的增加亦是由支链淀粉增加引起的，代谢总体表现为合成代谢大于分解代谢。而代谢是由相关酶引起的一系列的生化反应。在探讨的4种与淀粉代谢相关酶中，可溶性淀粉合成酶（SSS）和淀粉分支酶（SBE）的活性均呈上升趋势，SSS 主要与支链淀粉积累速率密切相关，SBE 是合成支链淀粉关键酶之一，这两种酶皆为促进支链淀粉合成的重要酶；随着贮藏时间的延长酶活提高，与支链淀粉含量增加结果相一致。另两种酶淀粉脱分支酶（DBE）和颗粒结合淀粉合成酶（GBSS）活性呈下降趋势，其中 DBE 主要作用在支链淀粉 $\alpha-$（1，6）糖苷键，去掉支链淀粉的分支链，改变支链淀粉聚合度和分子量的大小，从而对支链淀粉的结构起到修饰作用，从总淀粉 Mw 和 Rz 皆增加来看，DBE 活性呈下降趋势与该结果亦相符；GBSS 是直链淀粉合成关键酶，随着贮藏时间延长，酶活力降低，这与直链淀粉呈下降趋势相符。淀粉的合成需要糖，在研究过程中发现，鲜玉米采后籽粒中可溶性糖含量呈下降趋势，考察的葡萄糖、果糖和蔗糖含量均随贮藏时间的延长而下降，其中蔗糖下降的最明显，4个贮藏温度由低到高，蔗糖含量下降分别为94.4%、95.5%、96.9%、98.2%。这亦证明鲜玉米采后，籽粒中的代谢表现为合成代谢大于分解代谢。无论从淀粉、相关酶和可溶性糖的指标来看，贮藏温度的降低有助于延缓淀粉和糖的变化，其中5℃和10℃的贮藏温度相比较变化不明显。

第三节　鲜食玉米采后质构变化对食用品质的影响

一、材料与方法

（一）材料

试验材料为"垦糯1号"鲜食糯玉米，选择相同的播种时间和栽培管理，在授粉期选取抽穗吐丝2cm左右的玉米挂牌标记。乳熟期25d后采摘，选取苞叶完整且大小一致，籽粒排列紧密，皮薄基本无秃尖，无虫咬和无损伤果穗，作为试验原料。

（二）试验方法

1. 质构特性的测定

（1）加工前鲜食玉米质构特性测试

分别取置于 5 ℃、10 ℃、15 ℃和 25 ℃条件下鲜食玉米果穗，各温度条件下果穗每组取 3 穗，每隔 4 h 取样一次，每次取其中一竖行完整的籽粒，并选取 10 粒籽粒进行测试。测试条件为：P/2 探头，测前速率：1 mm/s，测试速度：1 mm/s，测后速度：10 mm/s，穿刺距离：3.2 mm。

（2）加工后鲜食玉米质构特性测试

分别取置于 5 ℃、10 ℃、15 ℃和 25 ℃条件下玉米穗，各温度条件下果穗每组取 3 穗，每隔 4 h 取样一次，每次取其中一竖行完整的籽粒。并选取 10 粒籽粒于 121 ℃、0.1 MPa，15 min 蒸熟后，自然冷却到 60 ℃进行测试。选用 P/36R 探头，启动力（触发值）为 5 g，测前速率设置为 1 mm/s，测试速率和测后速率为 2.0 mm/s，压缩比设置为 75%，两次压缩间隔时间设置为 5 s。

2. 感官评定

请食品科学专业的评判员严格按照感官评定指标和评分标准进行评分，取评分的平均值。要求评定成员独立完成样品评定（表 2-4）。

表 2-4　感官评分标准表

指标	满分	评分标准
硬度	5分	用牙齿穿透样品所用的力，样品硬（4~5）、样品较硬（3~4）、样品软硬适中（2~3）、样品较软（1~2）、样品软（0~1）
黏性	5分	样品在口中有黏牙的感觉，黏牙（4~5）、较黏牙（3~4）、黏性适中（2~3）、有点黏牙（1~2）、不黏牙（0~1）
弹性	5分	正常咀嚼时的力度咬一下样品而不使其破裂时，样品恢复到原来状态的程度很好（4~5）、较好（3~4）、中等（2~3）、较差（1~2）、很差（0~1）
风味	5分	具有鲜食玉米特有的清香气，甜味正常（4~5）、甜味较好（3~4）、适中（2~3）、较小（1~2）、很小（0~1）
内聚性	5分	样品咀嚼 20 次后有很大粒感（4~5）、较大粒感（3~4）、较小粒感（2~3）、几乎无粒感（1~2）、成糊状（0~1）
咀嚼性	5分	将样品咀嚼到可吞咽状态时咀嚼次数大于 50 次（4~5）、介于 40~50 次（3~4）、介于 30~40 次（2~3）、介于 20~30 次（1~2）、小于 20 次（0~1）
综合品质	30分	很好（25~30）、较好（20~25）、中等（15~20）、较差（10~15）、很差（5~10）

3. 数据处理与分析

试验数据采用 SPSS22.0 软件进行相关性分析，用 GraphPad Prism6 软件做分析图表。

二、 数据与结果分析

（一）不同贮藏温度下鲜食玉米质构特性的变化

1. 不同贮藏温度下鲜食玉米加工前质构特性的变化

（1）不同贮藏温度下鲜食玉米加工前果皮硬度的变化

对贮藏在 5 ℃、10 ℃、15 ℃、25 ℃条件下鲜食玉米果皮硬度进行测定，并对4 个贮藏温度条件下的果皮硬度随时间的变化结果进行了比较，结果见图 2-25。

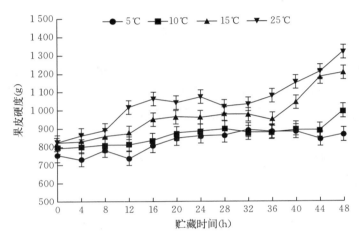

图 2-25　不同贮藏条件下果皮硬度的变化

由图 2-25 可知，随着贮藏时间的延长，5 ℃和 10 ℃条件下果皮硬度变化较平稳，15 ℃和 25 ℃条件下果皮硬度均呈上升趋势，5 ℃和 10 ℃条件下鲜食玉米的果皮硬度差异不显著（$P>0.05$），15 ℃与 10 ℃和 5 ℃条件下果皮硬度均差异显著（$P<0.05$）；25 ℃与 10 ℃和 5 ℃的果皮硬度差异极显著（$P<0.01$）。在贮藏 48 h时，5 ℃贮藏条件下果皮硬度由 758 g 上升到 869 g，上升了 14.6%；10 ℃贮藏条件下果皮硬度由 790 g 上升到 993 g，上升了 25.69%；15 ℃贮藏条件下果皮硬度由819 g 上升到 1 207 g，上升了 47.37%；25 ℃贮藏条件下果皮硬度由 823 g 上升到1 319 g，上升了 60.26%。整个贮藏过程中果皮硬度为 25 ℃>15 ℃>10 ℃>5 ℃。5 ℃和 10 ℃条件下贮藏到 20～24 h 时果皮硬度为 861 g 和 882 g，果皮硬度与 25 ℃条件下贮藏 8 h 时 884 g 相接近。这说明在 5 ℃和 10 ℃贮藏条件下能显著地减缓鲜食玉米硬度在贮藏期的变化。

（2）不同贮藏温度下鲜食玉米加工前果肉坚实度的变化

对贮藏在 5 ℃、10 ℃、15 ℃、25 ℃条件下鲜食玉米果肉坚实度进行测定，并对 4 个贮藏温度条件下的果肉坚实度随时间的变化结果进行了比较，结果见图 2-26。

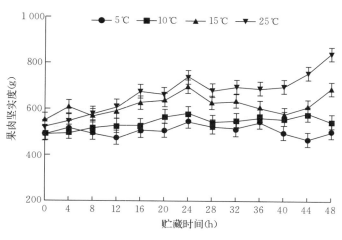

图 2-26　不同贮藏条件下果肉坚实度的变化

由图 2-26 可知，在整个贮藏期间，15 ℃和 25 ℃条件下籽粒坚实度呈上升趋势，5 ℃和 10 ℃条件下的鲜食玉米籽粒坚实度变化较平稳，两个温度下果肉坚实度差异不显著（$P > 0.05$），15 ℃和 25 ℃条件下籽粒果肉坚实度均增加。在贮藏 48 h 时，5 ℃贮藏条件下果肉坚实度由 492 g 上升到 506 g，上升了 2.8%；10 ℃贮藏条件下果肉坚实度由 493 g 上升到 546 g，上升了 10.7%；15 ℃贮藏条件下果肉坚实度由 550 g 上升到 691 g，上升了 25.63%；25 ℃贮藏条件下果肉坚实度由 523 g 上升到 842 g，上升了 60.9%。10 ℃条件下贮藏到 20~24 h 时果肉坚实度为 583 g，与 25 ℃和 15 ℃条件下贮藏 8 h 果肉坚实度 579 g 相接近，5 ℃和 10 ℃条件下贮藏可减缓鲜食玉米果肉坚实度的变化，进而表明 5 ℃和 10 ℃条件下贮藏可减缓鲜食玉米籽粒内部成分的变化。

2. 不同贮藏温度下鲜食玉米加工后质构特性变化

（1）不同贮藏温度下鲜食玉米加工后硬度的变化

果皮的硬度直接影响鲜食玉米的食用口感，因此对贮藏在 5 ℃、10 ℃、15 ℃、25 ℃条件下鲜食玉米硬度进行测定，并对 4 个贮藏温度条件下的硬度随时间的变化结果进行了比较，结果见图 2-27。

硬度是使样品达到一定变形所需要的力。由图 2-27 可知，15 ℃和 25 ℃条件下贮藏，鲜食玉米籽粒的硬度随时间的延长变化明显，增加较大，5 ℃和 10 ℃条件下，玉米籽粒的硬度变化较平稳，硬度差异不显著（$P > 0.05$）。整个贮藏过程中，5 ℃贮藏条件下硬度由 3 916 g 上升到 5 178 g，上升了 32.22%；10 ℃贮藏条件下硬度由 3 988 g 上升到 5 760 g，上升了 44.4%；15 ℃贮藏条件下硬度由 4 569 g 上升到 7 047 g，上升了 54.23%；25 ℃贮藏条件下硬度由 5 045 g 上升到 9 478 g，上升了 87.9%。5 ℃和 10 ℃条件下贮藏，加工后鲜食玉米的硬度在 20~24 h 时为

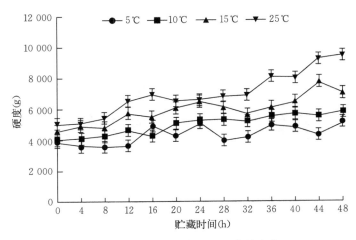

图 2-27 不同贮藏条件下硬度的变化

5 109 g，与 25 ℃条件下贮藏 8 h 的硬度值 5 387 g 相接近，说明 5 ℃和 10 ℃条件下贮藏可减缓鲜食玉米加工后硬度的增加。

（2）不同贮藏温度下鲜食玉米加工后黏性的变化

黏性是测定时探头由于测试样品的黏着作用所消耗的功，反映了咀嚼时样品对牙齿、舌头等接触面黏着的性质。对贮藏在 5 ℃、10 ℃、15 ℃、25 ℃条件下鲜食玉米黏性进行测定，并对 4 个贮藏温度条件下的黏性随时间的变化结果进行了比较，结果见图 2-28。

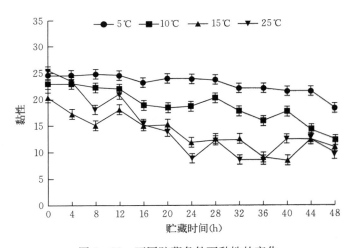

图 2-28 不同贮藏条件下黏性的变化

由图 2-28 可知，15 ℃和 25 ℃条件下，黏性呈下降趋势，两个温度下的黏性值下降均达到了显著水平（$P<0.05$）。10 ℃条件下黏性呈缓慢下降趋势，5 ℃变化较平稳，变化趋势不明显，5 ℃和 10 ℃条件下贮藏鲜食玉米加工后的黏性差异

不显著（$P>0.05$）。整个贮藏过程中，5 ℃条件下贮藏鲜食玉米黏性由 24.6 下降到 18.2，下降了 25%；10 ℃贮藏条件下鲜食玉米黏性由 22.9 下降到 12.3，下降了 45.45%；15 ℃贮藏条件下鲜食玉米黏性由 20.3 下降到 10.9，下降了 46.3%；25 ℃贮藏条件下鲜食玉米黏性由 25.4 下降到 9.6，下降了 62.2%。鲜食玉米中支链淀粉的含量多少决定了鲜食玉米黏性的变化，5 ℃和 10 ℃贮藏比 15 ℃和 25 ℃黏性值高，10 ℃贮藏鲜食玉米加工后的黏性在 20~24 h 时为 18.6，与 25 ℃条件下贮藏 8 h 时黏性值 18.1 g·s 相接近，说明 10 ℃贮藏可以抑制鲜食玉米黏度的下降，这也与硬度变化相一致。

（3）不同贮藏温度下鲜食玉米加工后咀嚼性的变化

对贮藏在 5 ℃、10 ℃、15 ℃、25 ℃条件下鲜食玉米咀嚼性进行测定，并对 4 个贮藏温度条件下的咀嚼性随时间的变化结果进行了比较，结果见图 2-29。

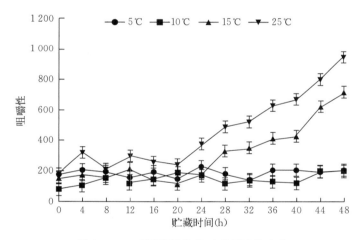

图 2-29 不同贮藏条件下咀嚼性的变化

由图 2-29 可知，15 ℃和 25 ℃条件下，咀嚼性整体呈上升趋势。5 ℃和 10 ℃条件下咀嚼性变化较平稳。说明低温贮藏可以抑制鲜食玉米咀嚼性的变化。

（4）不同贮藏温度下鲜食玉米加工后弹性的变化

弹性是样品经过第一次压缩以后能够再恢复的程度，对贮藏在 5 ℃、10 ℃、15 ℃、25 ℃条件下鲜食玉米弹性进行测定，并对 4 个贮藏温度条件下的弹性随时间的变化结果进行了比较，结果见图 2-30。

由图 2-30 可以看出，15 ℃和 25 ℃条件下的弹性随着时间的延长呈下降趋势，下降较明显，5 ℃和 10 ℃贮藏比 15 ℃和 25 ℃弹性值高。5 ℃贮藏条件下弹性下降了 17.9%，10 ℃下降了 10.8%，15 ℃下降了 35.9%，25 ℃下降了 36.1%，5 ℃和 10 ℃贮藏比 15 ℃和 25 ℃弹性值降幅小，说明 5 ℃和 10 ℃贮藏可以延缓鲜食玉米弹性的下降。

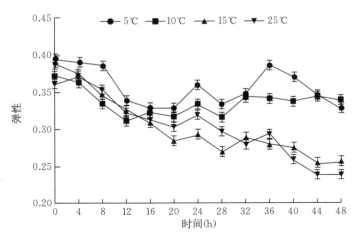

图 2-30　不同贮藏条件下弹性的变化

（5）不同贮藏温度下鲜食玉米加工后回复性的变化

回复性反映的是鲜食玉米受压，同时迅速恢复形变的能力。对贮藏在 5 ℃、10 ℃、15 ℃、25 ℃条件下鲜食玉米回复性进行测定，并对 4 个贮藏温度条件下的回复性随时间的变化结果进行了比较，结果见图 2-31。

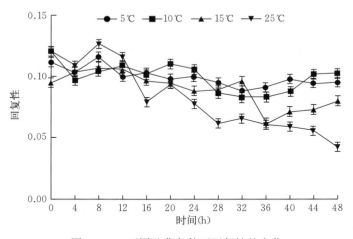

图 2-31　不同贮藏条件下回复性的变化

由图 2-31 可知，不同贮藏条件下鲜食玉米回复性的变化，由图 2-31 可知，15 ℃和 25 ℃条件下的回复性随着时间的延长呈下降趋势，下降较明显，5 ℃和 10 ℃贮藏比 15 ℃和 25 ℃回复性好。5 ℃贮藏条件下回复性下降了 18.1%，10 ℃下降了 16.6%，15 ℃下降了 22.2%，25 ℃下降了 66.6%，5 ℃和 10 ℃贮藏比 15 ℃和 25 ℃回复性降幅小，说明 5 ℃和 10 ℃贮藏可以延缓鲜食玉米回复性的下降。

（二）鲜食玉米加工前后质构特性相关性分析

在不同贮藏条件下，鲜食玉米加工前后的质构特性间的相关性分析结果见表2-5。

表2-5 鲜食玉米加工前后质构特性的相关参数分析

	硬度	黏性	咀嚼性	弹性	回复性
果皮硬度	0.929**	0.354	0.734**	−0.765**	−0.342
果肉坚实度	0.432	−0.642**	0.829**	−0.233	−0.462

注：* 在0.05水平上显著；** 在0.01水平上显著。

由表2-5相关性分析可知，鲜食玉米果皮硬度与熟制后质构特性指标硬度、咀嚼性呈极显著正相关，相关系数分别为$r=0.929**$、$r=0.734**$，与弹性呈极显著负相关（$r=-0.765**$）。果肉坚实度与黏性呈极显著负相关（$r=-0.642**$），与咀嚼性呈极显著正相关（$r=0.829**$）。

对5℃、10℃、15℃和25℃条件下加工前后鲜食玉米质构特性参数进行测定，在贮藏过程中，鲜食玉米加工后的硬度、咀嚼性、弹性和回复性均与果肉坚实度和果皮硬度有显著相关性，随着贮藏温度的升高，时间的延长，果皮硬度和果肉坚实度变大，鲜食玉米硬度和咀嚼性增大，弹性和回复性减小，鲜食玉米的食用品质下降。

（三）不同贮藏条件下鲜食玉米感官评价

根据表2-4感官评分标准，鲜食玉米在贮藏期间感官评价得分情况变化见图2-32。

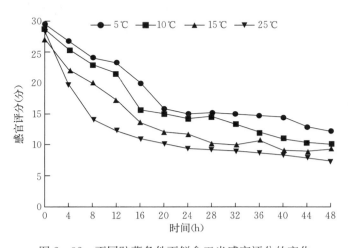

图2-32 不同贮藏条件下鲜食玉米感官评分的变化

由图2-32可知，随着贮藏时间的增加，鲜食玉米的感官评分值呈现逐渐下降的趋势。鲜食玉米采后室温贮藏时间一般为6～8 h，在25℃贮藏条件下的鲜食玉米在 8 h 的感官评价为 14.9 分。在 5 ℃贮藏条件下的鲜食玉米在 20 h 和 24 h 的感官评分为 15.9 分和 15.1 分，在 10 ℃贮藏条件下的鲜食玉米在 20 h 和 24 h 的感官评分为 15.0 分和 14.8 分，在 5 ℃和 10 ℃条件下贮藏 20～24 h，鲜食玉米食用品质保持较好，与 25 ℃贮藏条件相比，5 ℃和 10 ℃条件下贮藏能明显延缓鲜食玉米感官品质的劣变，鲜食玉米蒸煮后食用品质较好。

（四）鲜食玉米组分与质构特性相关性分析

1. 水分、可溶性总糖和淀粉含量与鲜食玉米加工前质构特性的相关性分析

结合第二节中鲜食玉米采后水分含量、可溶性总糖和淀粉含量变化的研究结果，对水分、可溶性总糖、总淀粉、支链淀粉、直链淀粉含量及鲜食玉米加工前质构特性指标间的相关性进行分析，结果见表 2-6。

表 2-6 水分、可溶性总糖和淀粉含量与加工前质构特性的相关分析

	水分含量	总淀粉含量	支链淀粉含量	直链淀粉含量	可溶性总糖含量
果皮硬度	−0.765**	0.276	0.186	0.093	−0.921**
果肉坚实度	0.254	0.633**	0.746**	0.266	−0.615*

注：* 在 0.05 水平上显著；**在 0.01 水平上显著。

由表 2-6 相关性分析可知，鲜食玉米果皮硬度与水分含量和可溶性总糖含量呈极显著负相关，相关系数为 $r=-0.765^{**}$、$r=-0.921^{**}$，与淀粉含量的相关性较差。果肉坚实度与总淀粉含量和支链淀粉含量呈显著正相关，相关系数分别为 $r=0.633^{**}$、$r=0.746^{**}$，与可溶性糖含量呈显著负相关，相关系数为 $r=-0.615^*$。

2. 水分、可溶性总糖和淀粉含量与鲜食玉米加工后质构特性的相关性分析

结合第二节中鲜食玉米采后水分、可溶性总糖和淀粉含量变化的研究结果，对水分含量、可溶性总糖含量、总淀粉、支链淀粉、直链淀粉含量与鲜食玉米加工后的质构特性指标间的相关性分析结果见表 2-7。

表 2-7 水分、可溶性总糖和淀粉含量与加工后质构特性的相关分析

	硬度	黏性	回复性	咀嚼性	弹性
总淀粉含量	0.355	0.565*	−0.359	0.549*	−0.107
支链淀粉含量	0.597	0.878**	−0.424	0.696*	−0.476
直链淀粉含量	−0.137	−0.218	−0.245	0.345	−0.232
水分含量	−0.885**	0.558*	−0.763*	−0.641*	0.538*
可溶性总糖含量	−0.335	−0.243	0.229	−0.143	0.221

注：* 在 0.05 水平上显著；**在 0.01 水平上显著。

由表 2-7 相关性分析可知，水分含量与黏性、弹性呈显著正相关，相关系数分别为 $r=0.558^*$、$r=0.538^*$，与硬度、回复性、咀嚼性呈显著负相关，相关系

数分别为 $r=-0.885^{**}$、$r=-0.763^{*}$、$r=-0.641^{*}$。而硬度、咀嚼性与鲜玉米总淀粉含量和支链淀粉含量呈正相关。总淀粉含量与黏性、咀嚼性呈显著正相关，相关系数分别为 $r=0.565^{*}$、$r=0.549^{*}$，支链淀粉含量与黏性呈极显著正相关（$r=0.878^{**}$），与咀嚼性呈显著正相关（$r=0.696^{*}$）。鲜食玉米加工后质构特性参数与可溶性总糖含量的相关性不明显。

3. 水分、可溶性总糖和淀粉含量与鲜食玉米感官评价的相关性分析

结合第二节中鲜食玉米采后水分含量、可溶性总糖和淀粉含量变化的研究结果，对水分、可溶性总糖、总淀粉、支链淀粉、直链淀粉含量及鲜食玉米感官评价间的相关性进行分析，结果见表 2-8。

表 2-8　水分、可溶性总糖和淀粉含量与感官评价的相关分析

	水分含量	总淀粉含量	支链淀粉含量	直链淀粉含量	可溶性总糖含量
硬度	-0.825^{**}	0.092	0.154	-0.052	-0.921^{**}
黏性	0.552	0.762^{**}	0.793^{**}	0.146	0.015
弹性	-0.653^{*}	0.113	0.105	-0.064	-0.212
风味	0.782^{**}	0.078	0.065	0.021	0.923^{**}
内聚性	-0.572^{*}	0.673	0.592	-0.113	-0.626^{*}
咀嚼性	-0.681^{*}	0.637	0.723	-0.234	-0.587^{*}
综合评分	0.793^{*}	0.834^{**}	0.792^{**}	0.056	-0.817^{**}

由表 2-8 相关性分析可知，鲜食玉米感官评定中硬度与水分含量和可溶性总糖含量呈极显著负相关，相关系数为 $r=-0.825^{**}$、$r=-0.921^{**}$。黏性与总淀粉含量和支链淀粉含量呈极显著正相关，相关系数为 $r=0.762^{**}$、$r=0.793^{**}$。风味与水分含量和可溶性总糖含量呈极显著正相关，相关系数为 $r=0.782^{**}$、$r=0.923^{**}$。水分含量、总淀粉和支链淀粉含量及可溶性总糖含量与综合评分显著相关。

鲜食玉米中水分含量、总淀粉含量、支链淀粉含量均与加工后鲜食玉米质构特性参数有相关性，对硬度、黏性、咀嚼性、回复性和弹性均有影响。低温条件下，鲜食玉米中水分下降缓慢、总淀粉和支链淀粉含量上升缓慢，鲜食玉米的硬度和咀嚼性增长缓慢，黏性降低缓慢，有利于鲜食玉米保持较好的食用品质。鲜食玉米中水分和淀粉含量是影响鲜食玉米品质变化的主要因素。

鲜食玉米在不同贮藏条件下，其籽粒会发生一系列的生理生化变化，玉米中主要成分的含量和结构也会发生变化，这些变化都会对鲜玉米和鲜食玉米的质构特性和感官特性产生影响，Martinez - Herrera 等在研究玉米的物性指标（硬度、咀嚼性、回复性）时发现，玉米蒸煮前的贮藏温度是影响物性指标变化的主要原因。本研究发现，随着贮藏温度的升高和贮藏时间的延长，果皮硬度与鲜食玉米熟制后的

硬度、咀嚼性呈极显著正相关，与弹性呈极显著负相关，鲜食玉米果皮硬度、果肉坚实度呈上升趋势，这与鲜食玉米硬度、咀嚼性和弹性的变化规律相符合，贮藏过程中，随着果皮硬度的逐渐变大，蒸煮后鲜食玉米的硬度、咀嚼性增加，弹性减小；果肉坚实度与黏性、弹性、回复性呈极显著负相关，与硬度、咀嚼性呈显著正相关。贮藏过程中，随着果肉坚实度的增加，蒸煮后鲜食玉米的黏性降低，咀嚼性增加。研究显示，低温条件下贮藏可以使鲜玉米果皮硬度和果肉坚实度变化较小，有利于提高鲜食玉米在贮藏期间的口感。

三、 小结

水分、可溶性糖和淀粉含量与鲜食玉米加工前质构特性相关性分析得出，随着贮藏温度的升高和贮藏时间的延长，鲜食玉米果皮硬度、果肉坚实度呈上升趋势，果皮硬度与玉米籽粒水分呈极显著负相关，这与玉米籽粒水分呈下降趋势相符合，随着籽粒中水分散失，玉米籽粒果皮变硬；果肉坚实度与总淀粉和支链淀粉含量呈显著正相关，果肉坚实度随着总淀粉含量和支链淀粉含量的增加而增大。这与总淀粉和支链淀粉含量呈增加趋势相符，研究显示，低温条件下贮藏可以抑制鲜玉米淀粉的合成，减少玉米籽粒水分的散失，使鲜玉米果皮硬度和果肉坚实度变化较小，有利于提高鲜食玉米在贮藏期间的口感。

鲜食玉米水分含量与加工后鲜食玉米的黏性、弹性呈显著正相关，与硬度、回复性、咀嚼性呈显著负相关，贮藏过程中，硬度、回复性、咀嚼性呈上升趋势，这与玉米籽粒水分呈下降趋势相符合，随着籽粒中水分散失，鲜食玉米硬度和咀嚼性增加。贮藏过程中，黏性和弹性呈下降趋势，而黏性和弹性与鲜食玉米水分含量呈正相关，随着籽粒中水分散失，水分含量下降，这与黏性和弹性在贮藏过程中呈下降趋势相符。在4个温度条件下鲜食玉米的水分含量及品质指标均具有显著相关性，说明水分含量是导致硬度、咀嚼性、黏性、弹性和回复性变化的主要原因。水分含量对硬度和黏性起主导性作用。同时低温贮藏，果皮硬度和果肉坚实度，以及质构分析（TPA）结果鲜食玉米的硬度和咀嚼性增长缓慢，黏性降低缓慢，与感官评价结果相符。

随着贮藏温度的升高和贮藏时间的延长，鲜食玉米质构特性指标表现为硬度、咀嚼性呈上升趋势，而硬度、咀嚼性与鲜食玉米总淀粉含量和支链淀粉含量呈正相关，鲜玉米中总淀粉和支链淀粉含量随着贮藏温度的升高和贮藏时间的延长呈上升趋势，这与TPA测试中硬度、咀嚼性的上升相符。黏性与鲜食玉米支链淀粉含量呈显著正相关，弹性、回复性与鲜食玉米支链淀粉含量呈负相关。贮藏过程中支链淀粉含量的上升，有利于鲜食玉米黏性的增加。低温贮藏，鲜食玉米总淀粉和支链淀粉增加缓慢，TPA结果鲜食玉米的硬度和咀嚼性增长缓慢，黏性降低缓慢，有利于鲜食玉米食用品质的保持，这也与感官评价结果相符。

第四节　淀粉糊化老化对鲜食玉米食用品质的影响

一、 材料与方法

（一）材料

试验材料为"垦糯 1 号"鲜食糯玉米，选择相同的播种时间和栽培管理，在授粉期选取抽穗吐丝 2 cm 左右的玉米挂牌标记。乳熟期 25 d 后采摘，选取苞叶完整且大小一致，籽粒排列紧密，皮薄基本无秃尖，无虫咬和无损伤果穗，作为试验原料。

（二）试验方法

1. 鲜食玉米淀粉的提取

玉米→0.2％亚硫酸浸泡 50 h→去皮、去胚→粉碎→过滤→滤液 4 000 r/min 离心 20 min→倒掉上清液刮去上层黄色蛋白部分→反复离心直至表层黄色蛋白全部去除→40 ℃烘干→研磨过 100 目筛备用。

2. 淀粉热特性的测定

（1）差示扫描量热法（DSC）

用标准铟金属校正 DSC，以空的密封坩埚作为参比。在 DSC 专用坩埚中准确称取 5 mg 淀粉样品（干基），并使其分布均匀，按 1：2（$W_样/W_水$）的比例加入蒸馏水，压盖密封，在 20 ℃下平衡过夜。以 10 ℃/min 的升温温度，从 30～180 ℃进行测定，使用仪器自带的分析软件得出热力学参数。每个样品重复测试 5 次，结果取平均值。

（2）低场强核磁共振法

首先将标准放入 15 mm 测试管中平衡 5 min，利用自由感应衰减（FID）序列调节信号平衡，分别取置于 5 ℃、10 ℃、15 ℃和 25 ℃条件下保存 8 h 后的玉米粒，每个温度下取 10 粒，然后将不同温度下玉米粒在水浴锅中分别加热到 50 ℃、55 ℃、60 ℃、65 ℃、70 ℃、75 ℃、80 ℃、85 ℃、90 ℃、100 ℃取出，冷水浴降温后放入核磁共振（NMR）测试管中，利用 CPMG 序列测试样品的自旋-自旋弛豫时间（T2）。每个样品重复测试 3 次。测试条件为：采样点数（TD）为 120 012，采样带宽（SW）为 200，回波时间（TE）为 0.2，回波个数（NECH）为 3 000，累加次数（NS）为 256。测试结束后进行反演。

3. 老化过程中淀粉热特性及质构特性的测定

（1）淀粉热特性测定

分别置于 5 ℃、10 ℃、15 ℃和 25 ℃条件下，玉米在 121 ℃、0.1 MPa、15 min 蒸熟，保存 8 h 后，在每个温度下从玉米穗上取其中完整的籽粒，分别放置在 4 ℃条件下贮藏，在不同保存时间点（1.5 h、2.5 h、4.5 h、8 h、12 h、24 h、2 d、

3 d、4 d、5 d、6 d）取样保存，样品冻干后，石英研磨，过 40 目筛，利用 DSC 测定老化情况，以 10 ℃/min 的升温温度，从 30～180 ℃进行测定，使用仪器自带的分析软件得出热力学参数。每个样品重复测试 5 次，结果取平均值。

（2）鲜食玉米老化过程中质构特性测定

分别置于 5 ℃、10 ℃、15 ℃和 25 ℃条件下保存 8 h 后，在 121 ℃、0.1 MPa、15 min 蒸熟，在每个温度下从玉米穗上取其中完整的籽粒，分别放置在 4 ℃条件下贮藏，每次选取 30 粒籽粒，利用 TPA 测试在不同保存时间点（1.5 h、2.5 h、4.5 h、8 h、12 h、24 h、2 d、3 d、4 d、5 d、6 d）鲜食玉米老化过程中的质构情况。选用 P36R 探头，启动力（触发值）为 5 g，测前速率设置为 1 mm/s，测试速率和测后速率为 2.0 mm/s，压缩比设置为 75％，两次压缩间隔时间设置为 5 s。

4. 数据处理与分析

试验数据采用 SPSS22.0 软件进行相关性分析，用 GraphPad Prism6 软件做分析图表。

二、 数据与结果分析

（一）不同贮藏温度下鲜食玉米淀粉热特性的变化

不同贮藏温度下鲜食玉米起始糊化温度（$T0$）、峰值糊化温度（Tp）、终止糊化温度（Tc）和焓值（ΔH）随时间的变化见表 2-9。

表 2-9　不同贮藏温度下鲜食玉米淀粉热特性参数

贮藏温度	时间 (h)	起始糊化温度 T_0 （℃）	峰值糊化温度 Tp （℃）	终止糊化温度 Tc （℃）	焓值 ΔH （J/g）
	0	70.15±0.19	74.83±0.14	83.90±1.43	15.41±0.23
	4	70.26±0.22	74.75±0.31	83.73±1.47	15.86±0.32
	8	71.11±0.24	75.23±0.08	83.37±0.98	15.27±0.34
	12	71.69±0.08	75.76±0.17	83.63±0.75	15.88±0.28
	16	71.73±0.31	75.75±0.23	83.74±1.23	15.91±0.21
	20	71.95±0.43	76.23±0.42	83.67±0.92	15.97±0.19
5 ℃	24	71.33±0.45	76.36±0.45	83.84±1.54	16.04±0.22
	28	71.56±0.37	76.75±0.09	84.12±2.08	16.17±0.24
	32	71.64±0.39	77.13±0.13	84.17±1.37	16.13±0.30
	36	72.16±0.41	77.36±0.23	84.41±1.25	16.22±0.18
	40	71.36±0.57	78.15±0.54	84.27±0.88	16.37±0.41
	44	71.85±0.45	78.63±0.67	84.67±1.52	16.38±0.24
	48	72.39±0.34	78.56±0.35	84.64±2.04	16.46±0.17

（续）

贮藏温度	时间 （h）	起始糊化温度 T_0 （℃）	峰值糊化温度 T_p （℃）	终止糊化温度 T_c （℃）	焓值 ΔH （J/g）
10 ℃	0	70.83±0.93	74.36±0.54	83.13±0.26	15.52±0.11
	4	70.96±0.36	74.65±1.34	83.16±0.14	15.43±0.21
	8	70.81±1.23	74.82±0.54	83.22±0.27	15.68±0.24
	12	71.19±0.34	75.05±0.32	83.39±0.35	15.79±0.28
	16	71.63±0.48	75.01±0.81	83.68±1.32	15.85±0.31
	20	71.55±0.31	75.67±0.83	83.78±1.27	15.91±0.22
	24	72.03±0.51	75.54±1.56	84.19±1.65	16.25±0.12
	28	72.25±0.42	76.36±0.34	84.32±2.10	16.58±0.23
	32	72.24±0.47	76.13±0.42	85.28±2.54	16.66±0.36
	36	72.43±0.14	76.96±0.43	83.47±1.21	17.34±0.19
	40	72.12±0.05	77.25±0.36	86.09±1.17	17.13±0.18
	44	72.67±0.34	77.89±0.16	86.76±0.56	17.32±0.21
	48	72.73±0.35	78.56±0.18	86.96±0.31	17.87±0.24
15 ℃	0	71.13±0.75	74.86±1.02	82.03±0.93	15.57±0.32
	4	71.21±0.48	74.62±1.03	82.32±0.07	15.24±0.34
	8	71.34±0.39	74.98±2.12	82.14±0.24	15.78±0.28
	12	72.23±0.22	75.05±0.82	83.02±0.31	16.29±0.35
	16	72.85±0.32	75.34±0.25	83.38±0.37	16.65±0.33
	20	72.58±0.26	75.58±0.35	84.18±0.78	17.31±0.31
	24	73.09±0.08	75.43±0.64	84.69±0.06	17.67±0.24
	28	73.75±0.13	75.76±0.75	84.75±0.13	18.06±0.27
	32	74.14±0.42	76.04±0.27	84.79±0.35	18.11±0.31
	36	74.23±0.33	77.21±0.57	85.21±0.32	18.25±0.28
	40	74.72±0.45	77.45±0.48	86.61±0.57	18.57±0.31
	44	74.37±0.42	78.21±0.39	86.86±0.82	18.54±0.23
	48	75.32±0.82	78.83±0.31	87.94±0.21	18.78±0.32
25 ℃	0	72.70±1.23	75.77±0.15	82.12±0.41	15.98±0.25
	4	73.61±1.02	75.87±0.18	82.34±0.89	16.31±0.26
	8	73.83±1.34	75.25±0.34	82.33±0.82	16.63±0.21
	12	74.07±0.82	76.06±0.27	83.32±0.83	16.89±0.26
	16	74.39±0.46	76.12±0.82	84.27±0.25	17.04±0.33
	20	75.34±0.29	76.08±0.48	84.38±0.08	17.37±0.32
	24	75.89±0.08	77.12±0.21	85.12±0.17	17.69±0.26
	28	75.75±0.03	77.43±0.19	86.05±0.03	18.01±0.40

(续)

贮藏温度	时间 (h)	起始糊化温度 T_0 (℃)	峰值糊化温度 T_p (℃)	终止糊化温度 T_c (℃)	焓值 ΔH (J/g)
25 ℃	32	76.67±0.34	78.14±0.72	86.11±0.07	18.36±0.32
	36	76.84±0.21	78.21±0.45	86.79±1.34	19.84±0.25
	40	77.46±0.61	78.27±0.82	87.12±1.26	19.55±0.21
	44	77.73±0.82	78.98±0.58	88.01±0.45	19.42±0.22
	48	77.86±0.93	78.47±0.37	88.33±0.42	20.11±0.31

淀粉在糊化过程中，淀粉颗粒受热吸水膨胀，分子内和分子内的氢键断裂，淀粉分子扩散，在DSC分析图谱上表现为吸热峰，由表2-9可以看出，4个温度下贮藏的淀粉随时间的增加均出现单一的吸热峰。5℃和10℃贮藏温度下，随着贮藏时间的而延长，玉米淀粉的 T_0、T_p、T_c 和 ΔH 变化不大；15℃和25℃条件下，T_0、T_p、T_c 和 ΔH 随贮藏时间的增加逐渐变大。5℃和10℃贮藏条件下鲜食玉米淀粉的焓值和糊化温度均低于15℃和25℃。5℃下焓值增加了1.05 J/g，10℃下焓值增加了2.35 J/g，15℃下焓值增加了3.21 J/g，25℃下焓值增加了4.13 J/g，这是由于鲜食玉米采后支链淀粉在高温条件下合成迅速，含量逐渐增高，淀粉中含有数量较多的双螺旋链，以及颗粒结晶区内相邻支链淀粉双螺旋链具有较强的相互作用力，在相转变过程中双螺旋链的解开和融化需要较高的能量，导致淀粉焓值增加。

（二）鲜食玉米糊化过程中水分状态的变化

1. 鲜食玉米糊化过程中结合水弛豫时间 T_{21} 和质子密度 M_{21} 的变化

对贮藏在5℃、10℃、15℃、25℃条件下的鲜食玉米糊化过程中的结合水质子密度和弛豫时间进行测定，并对4个贮藏温度条件下的 T_{21} 和 M_{21} 测定结果进行了比较，结果见图2-33。

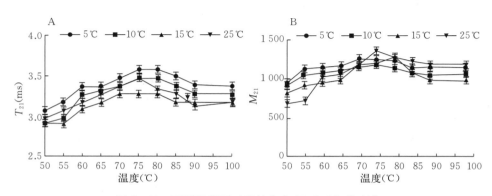

图2-33　不同温度下玉米结合水 T_{21} 和 M_{21} 的变化

由图 2 - 33 可以看出，4 个温度下，鲜食玉米 T_{21} 和 M_{21} 变化均在温度达到 80 ℃前上升，80 ℃后开始下降并平稳。当玉米在水中加热的温度逐渐升高时，淀粉受热，水分子进入淀粉粒的非晶体部分，与游离的亲水基发生结合，此时淀粉颗粒通过氢键结合部分水分子，随着温度的升高，淀粉吸收大量的水分，与淀粉结合的水急剧增加，因此弛豫时间 T_{21} 及其质子密度 M_{21} 均表现出增加的趋势。

2. 鲜食玉米糊化过程中自由水弛豫时间 T_{22} 和质子密度 M_{22} 的变化

对贮藏在 5 ℃、10 ℃、15 ℃、25 ℃条件下的鲜食玉米糊化过程中的自由水质子密度和弛豫时间进行测定，并对 4 个贮藏温度条件下的 T_{22} 和 M_{22} 测定结果进行了比较，结果见图 2 - 34。

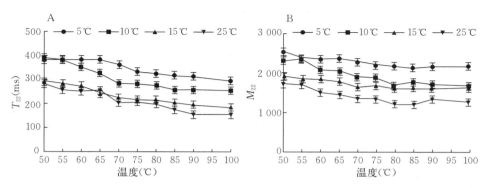

图 2 - 34　不同温度下玉米自由水 T_{22} 和 M_{22} 的变化

淀粉颗粒在加热条件下吸水膨胀，淀粉不可逆地迅速吸收了大量的水分，从卷曲的螺旋结构开始转变成伸展结构，越来越多的羟基暴露在外面，于是自由水与该羟基以氢键结合，造成 T_{22} 和 M_{22} 的减少，最终以悬浮液形式存在的淀粉粒变为黏稠的胶体溶液，淀粉液黏度增加，继续加热膨胀到极限的淀粉颗粒开始破碎，最终生成胶状分散物。

（三）淀粉含量及直链淀粉/支链淀粉比值与淀粉热力学性质的相关性分析

在不同贮藏条件下，对鲜食玉米淀粉热特性参数与总淀粉、支链淀粉和直链淀粉含量间的相关性分析结果见表 2 - 10。

表 2 - 10　鲜食玉米淀粉热力学参数与淀粉含量的相关参数

	直链淀粉含量	支链淀粉含量	总淀粉含量	直链淀粉/支链淀粉
起始糊化温度 T_0	0.105	0.183	0.415	−0.252
峰值糊化温度 T_p	0.113	0.237	0.430	−0.117
终止糊化温度 T_c	0.211	0.326	0.528	−0.361
焓值 ΔH	0.391	0.803*	0.792*	−0.742*

注：* 在 0.05 水平上显著；** 在 0.01 水平上显著。

从表2-10中可以看出，焓值与支链淀粉含量、总淀粉含量呈显著正相关，相关系数分别为 $r=0.803^*$、$r=0.792^*$，与直链淀粉/支链淀粉比值（直/支比值）呈显著负相关（$r=-0.742^*$）。起始糊化温度 T_0、峰值糊化温度 Tp、终止糊化温度 Tc 与淀粉含量和直/支比值相关性不大。Chung 等研究了不同稻米中起始温度、峰值温度、终止温度和糊化焓值的差异与稻米直链淀粉含量、分子量、直链淀粉/支链淀粉的比例以及支链淀粉中长链的数量有关。糊化温度与支链淀粉的链长分布有关，长链的数量越多，糊化温度越高，长链需要更高的温度来解开，所以糊化过程中需要吸收更多的热量。本研究中鲜食玉米焓值随着支链淀粉含量增加、直/支比的下降而增加。由第三节可知，5 ℃和10 ℃贮藏条件下，鲜食玉米支链淀粉含量、直/支比的变化较稳定，与淀粉糊化焓值的变化结果相符。

（四）鲜食玉米老化过程中淀粉热特性的变化

对贮藏在5 ℃、10 ℃、15 ℃、25 ℃条件下的鲜食玉米老化过程中淀粉热特性进行测定，测定结果见表2-11。

表2-11 不同老化时间鲜食玉米热特性参数

贮藏条件	时间	起始糊化温度 T_0（℃）	峰值糊化温度 Tp（℃）	终止糊化温度 Tc（℃）	焓值 ΔH（J/g）
5 ℃	1.5 h	65.77±0.65	70.26±0.62	80.24±0.33	11.95±0.34
	2.5 h	65.62±0.53	70.34±0.68	80.33±0.86	11.85±0.32
	4.5 h	66.18±1.52	71.26±0.47	81.36±1.06	11.98±0.45
	8 h	65.98±1.87	71.62±0.68	82.23±1.32	12.32±0.26
	12 h	67.12±0.83	72.31±0.63	81.36±1.27	11.11±0.51
	24 h	66.83±0.46	71.87±0.29	82.17±1.79	13.96±0.37
	2 d	68.26±1.46	73.21±0.39	81.94±1.41	14.99±0.52
	3 d	67.37±1.45	72.18±0.32	81.93±0.38	14.21±0.22
	4 d	68.24±1.32	73.13±0.84	81.27±0.31	14.32±0.34
	5 d	69.23±0.75	74.29±1.65	82.11±0.57	14.76±0.28
	6 d	69.87±0.59	75.36±1.39	82.87±0.58	14.82±0.29
	7 d	68.12±0.04	76.64±1.32	82.49±0.49	14.94±0.31
10 ℃	1.5 h	65.37±1.12	70.28±2.12	80.59±1.19	11.86±0.22
	2.5 h	65.67±1.21	70.57±0.41	80.63±0.31	12.38±0.34
	4.5 h	66.34±0.23	71.84±0.52	81.73±0.41	12.65±0.35
	8 h	66.26±0.33	72.23±0.78	82.74±0.26	13.94±0.42
	12 h	67.04±0.45	72.73±0.47	81.67±0.31	12.55±0.51
	24 h	68.93±0.54	73.34±0.48	83.21±0.27	13.83±0.27
	2 d	69.42±0.68	74.32±0.51	84.32±1.36	13.91±0.43

（续）

贮藏条件	时间	起始糊化温度 T_0 （℃）	峰值糊化温度 T_p （℃）	终止糊化温度 T_c （℃）	熔值 $\triangle H$ （J/g）
10 ℃	3 d	67.93±1.42	73.98±0.29	84.92±0.17	14.03±0.39
	4 d	69.29±1.11	75.13±0.83	83.22±0.32	15.45±0.39
	5 d	69.37±1.09	74.53±0.71	82.83±0.28	13.85±0.32
	6 d	69.63±0.47	75.42±0.49	83.42±0.31	14.89±0.41
	7 d	69.52±0.53	75.29±0.46	83.62±0.71	16.97±0.34
15 ℃	1.5 h	66.16±1.23	72.54±0.85	82.43±1.53	12.02±0.33
	2.5 h	66.37±1.16	71.87±0.57	83.56±0.93	13.56±0.45
	4.5 h	66.88±0.16	71.96±0.47	83.39±0.28	14.78±0.54
	8 h	67.56±0.35	72.55±0.44	82.82±0.44	14.73±0.33
	12 h	67.34±0.73	73.54±0.54	82.37±0.53	14.91±0.45
	24 h	68.63±0.39	73.27±0.66	83.29±0.64	15.13±0.23
	2 d	69.14±0.48	75.21±0.47	83.14±0.58	16.58±0.33
	3 d	68.73±0.53	74.95±0.83	84.38±0.77	18.03±0.41
	4 d	68.29±0.11	74.83±0.39	84.55±0.83	17.36±0.25
	5 d	69.24±0.34	74.72±0.49	85.81±0.98	19.54±0.34
	6 d	68.65±0.55	75.42±1.20	84.49±0.57	17.78±0.12
	7 d	69.21±0.92	74.74±0.99	83.89±0.33	21.94±0.54
25 ℃	1.5 h	67.13±1.32	73.43±1.12	85.42±0.88	12.56±0.34
	2.5 h	68.37±1.45	74.67±1.32	85.63±0.49	15.98±0.43
	4.5 h	68.32±0.68	73.63±1.21	85.59±0.23	16.63±0.33
	8 h	68.51±0.72	74.32±0.34	84.58±0.41	15.43±0.24
	12 h	69.59±0.77	75.84±0.72	86.32±0.65	17.67±0.34
	24 h	68.42±0.66	74.87±0.45	87.12±0.77	16.89±0.23
	2 d	69.34±0.82	75.38±0.29	88.32±0.39	18.95±0.45
	3 d	69.74±0.29	74.42±0.71	89.38±0.81	18.69±0.14
	4 d	67.42±0.78	75.36±0.67	87.75±0.30	19.76±0.25
	5 d	69.43±0.81	74.54±0.89	88.71±0.44	20.51±0.34
	6 d	67.43±0.16	78.42±0.21	86.53±0.82	22.87±0.32
	7 d	68.27±0.73	75.44±0.47	87.82±0.19	24.97±0.45

　　淀粉糊回生时分子重排形成晶体结构，要破坏这些晶体结构使淀粉分子重新熔融需要外加能量，因此回生后的淀粉糊在 DSC 分析中出现吸热峰，且吸热峰的大小随回生程度的增加而增大，由此可估测淀粉回生程度的大小。由表 2-11 可以看出，不同贮藏温度下鲜食玉米随贮藏时间的延长，老化熔值均增加，熔值的变化为

25 ℃＞15 ℃＞10 ℃＞5 ℃。5 ℃下焓值增加了 2.99 J/g，10 ℃下焓值增加了 3.11 J/g，15 ℃下焓值增加了 5.92 J/g，25 ℃下焓值增加了 7.41 J/g，在同一时间点，5 ℃和 10 ℃贮藏条件下鲜食玉米淀粉焓值低于 15 ℃和 25 ℃贮藏。分析认为低温贮藏条件下，回生淀粉中支链淀粉分支链的重排有序化程度低，形成的结晶较脆弱，所以容易熔融，焓值较小。15 ℃和 25 ℃条件下鲜食玉米中支链淀粉含量多，支链淀粉难以老化，所以造成 15 ℃和 25 ℃贮藏条件下的老化焓值高于 5 ℃和 10 ℃贮藏。

（五）不同贮藏温度下鲜食玉米老化过程中质构特性的变化

1. 不同贮藏温度下鲜食玉米老化过程中硬度的变化

对贮藏在 5 ℃、10 ℃、15 ℃、25 ℃条件下的鲜食玉米老化过程中硬度进行测定，并对 4 个贮藏温度条件下的硬度随老化时间的测定结果进行了比较，结果见图 2-35。

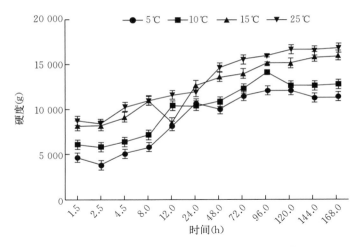

图 2-35　不同贮藏温度下硬度随时间的变化

由图 2-35 可以看出，不同温度下鲜食玉米老化过程中硬度总体呈上升趋势，随着时间的延长，15 ℃和 25 ℃条件下硬度增加较快，硬度值大于 5 ℃和 10 ℃。5 ℃条件下贮藏鲜食玉米硬度由 4 608.4 g 上升到 7 291.6 g，上升了 58.2%；10 ℃条件下贮藏鲜食玉米硬度由 6 153.4.4 g 上升到 8 958.8 g，上升了 45.59%；15 ℃条件下贮藏鲜食玉米硬度由 8 261.4 g 上升到 15 755.3 g，上升了 90.7%；25 ℃条件下贮藏鲜食玉米硬度由 8 721.5 g 上升到 16 464.3 g，上升了 88.8%。贮藏在 10 ℃条件下的鲜食玉米老化过程中硬度的增加幅度小于 15 ℃和 25 ℃。表明在 10 ℃贮藏条件下鲜食玉米硬度增加缓慢，有利于保持鲜食玉米的品质。

2. 不同贮藏温度下鲜食玉米老化过程中咀嚼性的变化

对贮藏在 5 ℃、10 ℃、15 ℃、25 ℃条件下的鲜食玉米老化过程中咀嚼性进行测定，并对 4 个贮藏温度条件下的咀嚼性随老化时间的测定结果进行了比较，结果见图 2-36。

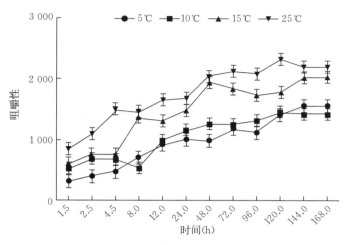

图 2-36　鲜食玉米老化过程中咀嚼性的变化

由图 2-36 可以看出，不同贮藏温度下鲜食玉米在老化过程中的咀嚼性均增加，5 ℃增加了 1 248 g，10 ℃增加了 904 g，15 ℃增加了 1 424 g，25 ℃增加了 1 354 g，10 ℃贮藏条件下鲜食玉米老化过程中的咀嚼性增加较小。

3. 不同贮藏温度下鲜食玉米老化过程中弹性的变化

对贮藏在 5 ℃、10 ℃、15 ℃、25 ℃条件下的鲜食玉米老化过程中的弹性进行测定，并对 4 个贮藏温度条件下的弹性随老化时间的测定结果进行了比较，结果见图 2-37。

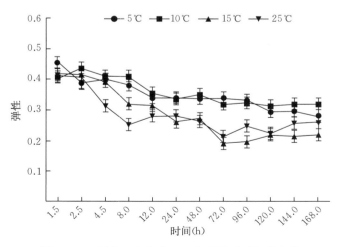

图 2-37　鲜食玉米老化过程中弹性随时间的变化

由图 2-37 可以看出，不同贮藏温度下老化过程中鲜食玉米弹性总体呈上升趋势，随着时间的延长，5 ℃和 10 ℃条件下弹性值下降较 15 ℃和 25 ℃慢。5 ℃条件下贮藏鲜食玉米弹性由 4 608.4 g 上升到 7 291.6 g，上升了 58.2%；10 ℃条件下贮藏鲜食玉米硬度由 6 153.4 g 上升到 8 958.8 g，上升了 45.59%；15 ℃条件下贮藏鲜食玉米硬度由 8 261.4 g 上升到 15 755.3 g，上升了 90.7%；25 ℃条件下贮藏鲜食玉米硬度由 8 721.5 g 上升到 16 464.3 g，上升了 88.8%。

4. 不同贮藏温度下鲜食玉米老化过程中回复性的变化

对贮藏在 5 ℃、10 ℃、15 ℃、25 ℃条件下的鲜食玉米老化过程中的回复性进行测定，并对 4 个贮藏温度条件下的回复性随老化时间的测定结果进行了比较，结果见图 2-38。

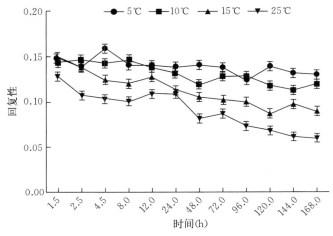

图 2-38　鲜食玉米老化过程中回复性随时间的变化

由图 2-38 可以看出，不同温度下老化过程中鲜食玉米回复性总体呈下降趋势，5 ℃条件下贮藏鲜食玉米老化过程中的回复性由 0.15 下降到 0.13，下降了 13.3%；10 ℃条件下由 0.14 下降到 0.11，下降了 21.4%；15 ℃条件下由 0.15 下降到 0.09，下降了 40%；25 ℃条件下由 0.13 下降到 0.06，下降了 53.8%。随着时间的延长，5 ℃和 10 ℃贮藏条件下鲜食玉米老化过程中回复性值下降较 15 ℃和 25 ℃小。

（六）鲜食玉米淀粉老化焓值与质构特性的相关性分析

在不同贮藏条件下，鲜食玉米老化焓值与鲜食玉米老化过程中质构特性指标间的相关性结果见表 2-12。

表 2-12　焓值与质构特性的相关参数

	硬度	咀嚼性	弹性	回复性
焓值 ΔH	0.673*	0.647*	−0.572*	−0.523*

注：* 在 0.05 水平上显著；** 在 0.01 水平上显著。

由表 2-12 可知，鲜食玉米老化过程中质构特性参数硬度、咀嚼性与老化焓值呈显著正相关，弹性、回复性与老化焓值呈显著负相关，老化过程中，硬度、咀嚼性呈上升趋势，弹性、回复性呈下降趋势，这与鲜食玉米老化焓值的变化规律相符，低温条件下保存鲜食玉米在老化过程中焓值变化不明显，高温条件下的焓值显著高于低温条件，可以说明鲜食玉米在低温条件下老化程度缓慢，质构特性变化不明显，有利于长时间的保存。

差示扫描量热法（DSC）主要是测试物质的热特性，包括晶体的形成和崩解发生的吸放热、玻璃化转变温度的检测等。淀粉在糊化和老化过程中伴随着能量的变化，DSC 可测定淀粉糊化和老化过程中的相转变。糊化后的淀粉在 DSC 曲线中不出现吸热峰，而当淀粉老化重排后形成晶体，要破坏这些晶体结构，需要外加能量使其重新熔融，此时，用 DSC 分析，则出现吸热峰，且吸热峰的大小随着老化程度的增加而增大，因此可通过 DSC 分析估测淀粉的老化程度。

Mccleary 等研究表明支链淀粉分子长短链的分布情况影响着糊化温度、峰值温度、终值温度，短链越高淀粉越易糊化，长链含量多糊化温度越高；本研究发现，鲜食玉米淀粉在贮藏过程中，水分含量下降，支链淀粉分子网状结构增加，越不易糊化，这与本研究中 5 ℃和 10 ℃条件下的焓值和糊化温度均低于 15 ℃和 25 ℃相符合。

淀粉糊化是淀粉颗粒不可逆的溶胀和水合作用的过程，同时淀粉结构由有序状态向无序状态转变。淀粉乳中水分子影响淀粉糊化，水的流动性在很大程度上反映了淀粉的糊化程度和性质。Akemi 认为核磁共振（NMR）是研究淀粉糊化过程中水-淀粉作用动力学的重要方法。NMR 可以检测不同分子移动状态下的自旋-自旋弛豫时间（T_2）。淀粉在糊化过程中水分子的移动性降低，T_2 也变短，而且认为 T_2 的缩短意味着水和大分子的相互作用。利用 NMR 研究了玉米、小麦、大米和马铃薯淀粉的糊化性质，结果出现两个不同的 T_2 值，认为淀粉糊化时水存在"结合"和"自由"两种状态。在蒸煮过程中，自由水的游离程度随着糊化度的增加趋于减弱，不同状态的水渐渐与有机物结合。

淀粉在糊化过程中大量吸水，淀粉分子间的氢键破坏，从无定型区扩展到有秩序的辐射状胶束区域，结晶区氢键开始裂解，分子结构开始发生伸展，其后颗粒继续扩展至巨大的膨胀性网状结构，淀粉中晶体态和非晶体态的淀粉分子间的氢键断裂，淀粉分子分散在水中形成亲水性胶体溶液，淀粉与水分的结合力度增加，自由水下降，结合水含量上升，因此，结合水弛豫时间 T_{21} 及其质子密度 M_{21} 有一个明显的上升过程，而自由水弛豫时间 T_{22} 和质子密度 M_{22} 呈下降趋势。

温度范围 50～80 ℃为典型的淀粉糊化温度区域，因此可以推断该变化是由淀粉糊化造成的，淀粉颗粒在加热条件下吸水膨胀，从卷曲的螺旋结构开始转变成伸展结构，越来越多的羟基暴露在外面，于是自由水与该羟基以氢键结合形成结合水，造成 M_{21} 的增加，M_{22} 的减少。

淀粉的老化可以分短期老化和长期老化两个阶段，直链淀粉的胶凝有序和结晶引起短期老化，该过程可以在糊化后较短的时间（几小时或十几小时）内完成；而长期的老化（以天计）则主要是由支链淀粉外侧短链的重结晶所引起，该过程是一个缓慢长期的过程。淀粉老化所放出的热量应与老化淀粉再糊化所吸收的热量相等，因此老化后的淀粉吸热峰的大小随老化程度增加而增大，老化焓值越小，老化速率越慢，老化程度越小。淀粉老化会对淀粉类深加工产品的质构、功能及应用产生显著影响，淀粉类产品在贮藏过程中发生的黏稠度、凝胶强度、硬度、口感、透明度、黏弹性等功能特性变化均与淀粉老化的动态过程有着密切关系，老化会对淀粉质食品的质构、感官特征产生显著影响。本研究中，老化焓值与鲜食玉米硬度和咀嚼性正相关，可以说明是淀粉的老化导致了鲜食玉米硬度和咀嚼性的增加，在5 ℃和10 ℃条件下贮藏的鲜食玉米淀粉焓值小，老化速度较慢，适合长期保存。

三、 小结

支链淀粉含量、总淀粉含量及直/支比与鲜食玉米淀粉热特征参数有一定的相关性，并且随着糊化的进行，鲜食玉米中结合水增加，自由水减少。高温贮藏比低温贮藏老化焓值高，老化程度大。老化过程中淀粉焓值与质构特性有显著关系，测定老化过程中鲜食玉米的质构特性结果可知，硬度和咀嚼性均随着老化焓值的升高而增加，造成鲜食玉米口感变差。低温条件下贮藏控制鲜食玉米老化的进行，可以较长时间保证鲜食玉米的质量。

第五节　鲜食玉米加工

目前，鲜食玉米的蒸煮熟化方法为高温蒸汽漂烫和热水处理，而这些传统漂烫方法漂烫时间较长，造成产品营养成分和风味物质大量流失，严重破坏了鲜食玉米的食用品质。为了获得高品质的产品，需采用漂烫新技术。近年来涌现出许多新的漂烫方法，微波漂烫作为一项新技术，因其具有热穿透力强、加热速度快、营养物质损失少、能耗低和易于控制等优点而被广泛研究和应用。

本节以鲜食玉米为研究对象，利用微波-蒸汽结合灭菌的方法，研究不同微波条件对鲜食玉米食用品质和加工品质的影响；通过物性测定仪分析不同蒸煮条件下的质构变化，着重探索微波场熟化鲜食玉米的最佳工艺条件，以期为微波辅助鲜食玉米熟化的工业化生产提供参考。

一、 材料与方法

（一）材料

试验材料为"垦糯 1 号"鲜食糯玉米，选择相同的播种时间和栽培管理，在授粉期选取抽穗吐丝 2 cm 左右的玉米挂牌标记。乳熟期 25 d 后采摘，选取苞叶完整且大小一致，籽粒排列紧密，皮薄基本无秃尖，无虫咬和无损伤果穗，作为试验原料。

（二）试验方法

1. 微波辅助鲜食玉米的熟化工艺流程

原料采摘→原料预处理→装入真空袋→微波预热→真空封口→高温灭菌→快速冷却→成品

2. 微波预热功率对鲜食玉米的影响

微波功率选取为 1 000 W、700 W、550 W、400 W，加热到 90 ℃ 的预热温度，根据样品各部位的温度分布情况、籽粒含水率的变化及能量消耗，选择最适微波条件。

3. 灭菌时间对鲜食玉米的影响

微波预热组、蒸汽对照组的灭菌温度均为 121 ℃，蒸煮时间初步选定为 10 min、13 min、16 min、19 min、22 min、25 min。蒸煮完毕后，冷却，通过物性测定，根据两个不同处理的 TPA 指标、剪切指标、细菌总数，分别确定出两个试验组的高温灭菌时间。

4. 真空包装条件对鲜食玉米的影响

分别选择真空度为 0.070 MPa、0.076 MPa、0.082 MPa、0.088 MPa 进行封口，检测真空度对鲜玉米的包装情况和胀袋率的影响。

二、 数据与结果分析

（一）微波预热功率对鲜食玉米的影响

选取微波功率为 1 000 W、700 W、550 W、400 W，预热温度 90 ℃，根据样品的各部位的温度分布情况、籽粒含水率的变化及能量消耗，确定最适微波条件，结果如图 2 - 39、图 2 - 40 所示。

由图 2 - 39、图 2 - 40 可以看出，随着微波功率的增大，玉米籽粒含水量急剧下降。微波功率对玉米穗不同部位温度变化的影响结果表明，在微波预热的过程中，玉米穗各部位基本呈现相同的温度变化趋势，即预热初期，籽粒温度＞玉米的表面温度＞玉米轴的中心温度，随着加热时间的延长，玉米轴的中心温度迅速升高，整个玉米穗形成从玉米轴中心到表面的温度梯度；比较不同微波功率下玉米穗

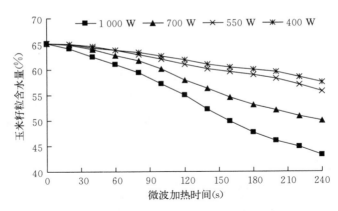

图 2 - 39　微波功率对玉米籽粒含水量的影响

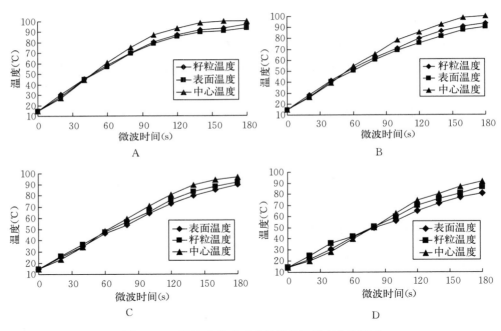

图 2 - 40　微波功率对玉米各部位温度变化的影响

A. 1 000 W　B. 700 W　C. 550 W　D. 400 W

各部位的温度变化曲线可知，随着微波功率的降低，整个玉米的升温速率显著下降，玉米穗各部位的温度分布梯度也显著增加，整个玉米穗受热不均匀。可以看出：利用功率为 1 000 W 加热 130 s，玉米的籽粒温度可以达到 90 ℃，此时籽粒含水量为 52.2%；选取功率为 700 W，140 s 可以达到最佳预热温度，籽粒含水量为56.3%；选取功率为 550 W，180 s 可以达到 90 ℃，籽粒含水量为 59%；选取功率为 400 W 进行预热时，240 s 可以达到 90 ℃，籽粒含水量为 57.5%。综合考虑籽粒含水量、能量消耗对鲜食玉米品质的影响，微波预热功率选为 550 W。

（二）灭菌时间对鲜食玉米的影响

由表 2-13、表 2-14 可知，随着灭菌时间的延长，两个试验组籽粒的剪切力和硬度均减小，呈现相同的变化趋势；玉米籽粒的弹性随着灭菌时间的增加而增加。这可能是由于灭菌后期，淀粉充分糊化，形成凝胶而引起的。通过比较两个试验组不同灭菌时间的质构特性，可以看出，微波预热组的各项指标要略小于蒸汽对照组，这可能是微波加热使玉米中的淀粉预糊化并实现初步灭菌，钝化玉米组织中酶的活性；由于微波预热组的样品冷点温度较高，在灭菌升温的过程中，传热较快，大量蒸汽可以使已预热玉米样品充分受热，还有助于杀死部分微生物。随着杀菌时间的延长，样品的褐变现象越严重，表现为籽粒色泽发暗变褐。综合考虑两个试验组样品的质构特性、感官评价得出：微波预热组的灭菌时间为 22 min，蒸汽对照组的灭菌时间为 24 min，并分别对其细菌总数进行测定，结果依次为 2.0×10^2 cfu/g、2.3×10^2 cfu/g，均符合鲜食熟玉米的国家标准。

表 2-13　不同灭菌时间对玉米籽粒剪切力的影响

高温灭菌时间	剪切力（g）	
（min）	微波预热组	蒸汽对照组
13	1 937.936±120.358	1 950.481±138.562
16	1 900.632±143.126	1 932.735±116.026
19	1 860.763±123.668	1 890.435±124.358
22	1 809.745±131.738	1 835.376±127.215
24	1 717.524±110.245	1 722.764±108.438
26	1 654.752±95.021	1 700.542±90.352

表 2-14　不同灭菌时间对玉米籽粒 TPA 指标的影响

时间	硬度（g）		咀嚼性		弹性	
（min）	微波预热组	蒸汽对照组	微波预热组	蒸汽对照组	微波预热组	蒸汽对照组
13	4 202.130±137.191	4 393.336±132.562	213.44±30.582	230.889±42.615	0.328±0.043	0.330±0.038
16	3 999.107±158.786	4 211.131±104.379	182.545±46.384	167.055±36.672	0.417±0.044	0.360±0.029
19	3 916.455±114.375	4 040.954±128.905	193.307±36.679	185.461±24.352	0.428±0.079	0.337±0.015
22	3 889.523±132.561	3 823.360±136.598	177.496±48.528	190.019±33.246	0.512±0.058	0.448±0.070
24	3 638.632±139.561	3 858.655±152.356	182.545±46.384	167.055±36.672	0.495±0.036	0.460±0.029
26	3 294.098±134.523	3 329.623±120.625	142.879±31.630	187.628±25.560	0.451±0.074	0.455±0.053

（三）真空包装对鲜食玉米的影响

真空度是真空封口的关键工艺参数，合理的真空度可以保证产品在杀菌时无残存空气而胀袋，同时可以保证样品的完好性。由表 2-15 可知，当真空度为 0.082 MPa 时，玉米籽粒完好，尚未造成严重挤压破坏，胀袋率低，此时抽真空时间为 16 s，可以达到技术指标的要求，再增加真空度会对籽粒产生破坏，因此，软包装鲜食玉米封口的真空度选为 0.082 MPa。

表 2-15　鲜食玉米的真空包装参数设定结果

真空度（MPa）	抽真空时间（s）	抽真空后样品的情况	胀袋率（%）
0.070	8	袋内空气尚未抽尽	80
0.076	12	袋内空气尚未抽尽	50
0.082	16	玉米籽粒完好	3
0.088	20	玉米籽粒被严重挤压破坏	3

三、 小结

本章系统研究了鲜玉米采后呼吸强度、水分、可溶性糖、总淀粉（直链淀粉、支链淀粉）、糖与淀粉代谢相关酶等随贮藏温度和时间的变化，组分间相互作用及其对质构特性的影响，明确了贮藏条件、成分变化及其相互作用对鲜玉米食用品质的影响机理。本研究成果可以为确定采后最适贮藏保鲜条件和延长加工时限提供可靠的理论和技术依据，为进一步开展鲜食玉米保质保鲜、加工和品质评价研究奠定了良好的基础。

参考文献

陈利容，龚魁杰，李香勇，等，2015. 鲜食糯玉米采后多糖降解代谢变化 [J]. 食品科技，40（11）：342-346.

代立刚，2013. 鲜食玉米贮藏过程中淀粉合成酶活性变化规律研究 [D]. 长春：吉林农业大学.

戴晓武，2002. 玉米籽粒含水量对储藏品质的影响 [D]. 哈尔滨：东北农业大学.

冯凤琴，王世恒，徐仁政，1999. 热处理对真空包装甜玉米品质和储藏期影响的研究 [J]. 农业工程学报，15（4）：216-220.

冯健，刘文秀，林亚玲，等，2011. 淀粉抗回生的研究进展 [J]. 食品科学，3（9）：335-339.

龚魁杰，陈利容，赵全胜，等，2010. 鲜食糯玉米采后糖代谢相关酶活性变化 [J]. 植物生理学通讯，46（11）：1159-1163.

龚魁杰，陈利容，朱立贵，等，2011. 鲜食糯玉米采后与食用品质相关的糖代谢变化 [J]. 食品科技，36（12）：170-173.

何煜，2013. 鲜食玉米贮藏过程中 SBE、DBE 的活性变化规律研究 [D]. 长春：吉林农业大学.

黄斌全，2014. 玉米淀粉合成关键酶 AGPase 和 isoamylase 的功能研究 [D]. 成都：四川农业大学.

李昊，刘景圣，郑明珠，等，2014. 鲜食糯玉米贮藏过程中可溶性糖含量变化的研究 [J]. 中国食物与营养，20 (3)：23 - 27.

李玲，2013. 糯玉米籽粒水分变化规律的研究 [J]. 食品研究与开发，34 (14)：123 - 124.

刘春菊，刘春泉，李大婧，等，2010. 即食玉米加工工艺参数的优化 [J]. 西北农业学报，19 (6)：201 - 206.

刘春泉，宋江峰，李大婧，2010. 鲜食糯玉米的营养及其加工 [J]. 农产品加工，5 (6)：8 - 9.

刘夫国，牛丽影，李大婧，2012. 鲜食玉米加工利用研究进展 [J]. 食品科学，33 (23)：375 - 379.

刘洪明，王军伟，宋朝玉，等，2009. 鲜食糯玉米适宜收获期研究 [J]. 山东农业科学，10 (3)：94 - 95.

刘佳，陈玲，李琳，等，2011. 小麦 A、B 淀粉凝胶质构特性与分子结构的关系 [J]. 高校化学工程学报，25 (6)：1033 - 1038.

马骏，2013. 甜糯玉米保鲜与加工技术研究进展 [J]. 保鲜与加工，13 (4)：60 - 64.

钱菲，张锦胜，金志强，等，2010. 利用核磁共振技术研究大米的浸泡蒸煮过程 [J]. 食品工业科技，11 (3)：119 - 121.

邵小龙，李云飞，2009. 用低场核磁研究烫漂对甜玉米水分布和状态影响 [J]. 农业工程学报，10 (25)：302 - 306.

王浩，刘景圣，郑明珠，等，2017. 鲜食糯玉米贮藏过程中淀粉含量及相关酶活性变化的研究 [J]. 中国粮油学报，32 (3)：6 - 10.

王自布，黄燕芬，吴坤，等，2015. 籽粒淀粉合成酶与淀粉合成的关系研究进展 [J]. 生物技术进展，10 (4)：57 - 60.

徐丽，赵久然，卢柏山，等，2020. 我国鲜食玉米种业现状及发展趋势 [J]. 中国种业 (10)：14 - 18.

徐云姬，顾道健，秦昊，等，2015. 玉米灌浆期不同果穗部位籽粒碳水化合物积累与淀粉合成相关酶活性变化 [J]. 作物学报，41 (2)：297 - 307.

玄宏侠，2013. 我国鲜食玉米的研究现状及发展前景 [J]. 农业与技术，33 (12)：138.

于轩，李才明，顾正彪，等，2013. 淀粉分子结构与 α - 淀粉酶酶解性能的相关性 [J]. 食品与发酵工业，39 (6)：1 - 6.

张大力，张海霞，闫伟红，等，2011. 鲜食玉米物性测定及食用温度研究 [J]. 食品科学，32 (9)：111 - 113.

张鹏，鲁晓翔，陈绍慧，等，2013. 国内外甜玉米保鲜技术研究进展 [J]. 保鲜与加工，13 (2)：61 - 64.

张平，2012. 采收成熟度对不同品种的玉米贮藏过程中碳水化合物含量的影响 [J]. 保鲜与加工，12 (5)：14 - 17.

张晓，高德荣，吕国锋，等，2013. 糯小麦与其他作物淀粉特性的比较研究 [J]. 中国农业科学，46 (11)：2183 - 2190.

张绪坤，祝树森，黄俭花，等，2012. 用低场核磁分析胡萝卜切片干燥过程的内部水分变化 [J]. 农业工程学报，28 (22)：282 - 287.

周会，张军杰，黄玉碧，2006. 淀粉去分支酶研究进展 [J]. 河南农业科学，2 (9)：5 - 8.

朱丹实，2014. 秋红李子贮藏过程中水分迁移对其质构的影响 [J]. 现代食品科技，2 (12)：33 - 34.

Ahmed J, Ramaswamy H S, Ayad A, et al, 2007. Effect of high pressure treatment on rheological, thermal and structural changes in Basmati rice flour slurry [J]. Journal of Cereal Science, 46：148 - 156.

Barrett D M, Garcia E L, Russell G F, et al, 2000. Blanch time and cultivar effects on quality of frozen and stored corn and Broccoli [J]. Journal of Food Science, 65 (3): 534 – 540.

Batey I L, 1982. Starch analysis using thermostable alphaamylase [J]. Starch, 34: 125 – 128.

Blauth S L, Kim K N, Klucinec J, et al, 2002. Identification of mutator insertional mutants of starch – branching enzyme 1 (sbe1) in Zea mays L [J]. Plant Molecular Biology, 48 (3): 287 – 297.

Chang Y H, Lin J H, 2007. Effects of molecular size and structure of amylopectin on the relregradaton thermal properlies of waxy rice and waxy cornslarches [J]. Food Hydrocolloids, 21 (4): 645 – 653.

Chung H J, Liu Q, Lee L, et al, 2011. Relationship between the structure, physicochemical properties and in vitro digestibility of rice starches with different amylase contents [J]. Food Hydrocolloids, 25: 968 – 975.

Denyer K, Johnson P, Zeeman S, et al, 2001. The control of amylose synthesis [J]. Journal of Plant Physiology, 158 (4): 479 – 487.

Duan D X, Donner E, Liu Q, et al, 2012. Potentiometric titration for determination of amylose content of starch – A comparison with colorimetric method [J]. Food Chemistry, 130: 1142 – 1145.

Fan L J, Quan L Y, 2008. Molecular evidence for post – domestication selection in the waxy gene of Chinese waxy maize [J]. Mol Breeding, 22: 329 – 338.

Fertig C C, Podczeck F, Jee R D, et al, 2004. Feasibility study for the rapid determination of the amylose content in starch by near – infrared spectroscopy [J]. European Journal of Pharmaceutical Sciences, 21: 155 – 159.

Garnczarska M, Zalewski T, Kempka M, 2007. Changes in water status and water distribution in maturing lupin seeds studied by MR imaging and NMR spectroscopy [J]. Journal of Experimental Botany, 58 (14): 3961 – 3969.

Ghosh P K, Jayas D S, Gruwel M L H, et al, 2007. A magnetic resonance imaging study of wheat drying kinetics [J]. Biosystems Engineering, 11 (97): 189 – 199.

Goetz J, Koehler P, 2005. Study of the thermal denaturation of selected proteins of whey and egg by low resolution NMR [J]. LWT – Food Science and Technology, 38 (5): 501 – 512.

Gong K J, Chen L R, 2013. Characterization of carbohydrates and their metabolizing enzymes related to the eating quality of postharvest fresh waxy corn [J]. Journal of Food Biochemistry, 37: 619 – 627.

Hacker L M M, Tijiskens O, van Kooten, 2005. Effects of storage temperature and fruit ripening on firmness of fresh cut tomatoes [J]. Post Harvests Biology and Technology, 23 (35): 87 – 95.

Hasnain H, Alexandra M, Robert S, et al, 2003. Three isoforms of isoamylase contribute different catalytic properties for the debranching of potato glucans [J]. Plant Cell, 15: 133 – 149.

Hu X T, Xu X M, Jin Z Y, 2011. Retrogradation properties of rice starch gelatinized by heat and high hydrostatic pressure (HHP) [J]. Journal of Food Engineering, 106: 262 – 266.

Jau M H I, Tang J, Paulson A T, 2000. Texture profile and turbidity of gellan/gelatin mixed gels [J]. Food Research International, 33: 665 – 671.

Lai H M, Hwang S C, 2004. Water status of cooked white salted noodles evaluated by MRI [J]. Food Research International, 3 (37): 957 – 966.

Lima P，2003. Nuclear magnetic resonance and water activity in measuring the water mobility in pintado (*Pseudoplatystoma corruscans*) fish [J]. Journal of Food Engineering，58（1）：59－66.

Mannina L，Segre A，2002. High resolution nuclear magnetic resonance：From chemical structure to food authenticity [J]. Grasas Y Aceites，53（1）：22－33.

Mariotti M，Lucisano M，Pagani M A，2009. The role of corn starch，amaranth flour，pea isolate，and *Psyllium* flour on the rheological properties and the ultrastructure of gluten－free doughs [J]. Food Research International，42（8）：963－975.

Nakamura Y，Umemoto T，Takahata Y，1996. Changes in structure of starch and enzyme activities affected by sugary mutations in developing rice endosperm. Possible role of starch debranching enzyme （R－enzyme）in amylopectin biosynthesis [J]. Phisiologia Plantarum，97：491－498.

Nakamura Y，Yuki K，1992. Changes in enzyme activities associated with carbohydrate metabolism during development of rice endosperm [J]. Plant Science，82：15－20.

Noda T，Takigawa S，et al，2008. Factors affecting the digestibility or raw and gelatinized potato starchs [J]. Food Chemistry，110：465－470.

Pandey M K，Rani N S，Madhav M S，et al，2012. Different isoforms of starch－synthe sizing enzymes controlling amylose and amylopectin content in rice（*Oryza sativa* L.）[J]. Biotechnology Advances，30：1697－1706.

Park I M，Ibanez A M，Zhong F，et al，2007. Gelatinization and pasting properties of waxy andnon－waxy rice sharches [J]. Starch，59：388－396.

Sha K，Qian P，Wang L J，et al，2007. Effect of storage time on the physico－chemical and sensory properties of Man－tou（Chinese Steamed Bread）[J]. International Journal of Food Engineering，3：1－17.

Silva A D，Nievola L M，Tischer C A，2013. Cassava starch－based foams reinforced with bacterial cellulose [J]. Journal of Applied Polymer Science，130（5）：3043－3049.

Simla S，Lertrat K，Suriharn B，2010. Carbohydrate characters of six vegetable waxy corn varieties as affected by harvest time and storage duration [J]. Asian Journal of Plant Science，9（8）：463－470.

Srikaeo K，Furst J E，Ashton J F，et al，2006. Microstructural changes of starch in cooked wheat grains as affected by cooking temperatures and times [J]. LWT－Food Science and Technology，39（5）：528－533.

Straadt I K，Thybo A K，Bertram H C，2008. NaCl－induced changes in structure and water mobility in potato tissue as determined by CLSM and LF－NMR [J]. LWT Food Science and Technology，41（8）：1493－1500.

Suzuki H，Watanabe D，2006. Evaluation of Pretreatment with Pleurotus ostreatus for enzymatic hydrolysis of rice straw [J]. Journal of Bioscience & Bioengineering，100（6）：637－643.

Szymanek M，2011. Effects of blanching on some physical properties and processing recovery of sweet corn cobs [J]. Food Bioprocess Technology. 4：1164－1171.

Tan F J，Dai W T，Hsu K C，2009. Changes in gelatinization and rheological characteristics of japonica rice starch induced by pressure/heat combinations [J]. Journal of Cereal Science，49：285－289.

Wang H，Liu L S，Min W H，et al，2019. Changes of moisture distribution and migration in fresh ear corn during storage [J]. Journal of Integrative Agriculture，18（11）：2644－2651.

Wong K S，Kubo A，Jane J L，et al，2003. Structures and properties of amylopectin and phytoglycogen in the endosperm of sugary－1 mutants of rice [J]. Journal of cereal Science，37：139－149.

Yu S F，Ma Y，Sun D W，2010. Effects of freezing rates on starch retrogradation and textural prooerties of cooked rice during storage [J]. LWT－Food Science and Technology，43（7）：1138－1143.

第三章 玉米的储藏特性

第一节 新采收玉米后熟特性

一、前言

目前玉米产量长期占据我国粮食总产量三成以上的比例，是中国第一大粮食作物，在保障国家粮食安全和满足营养健康需求方面占有举足轻重的地位。新采收玉米是具有生命活动的有机体，采收后储藏一定时间通过籽粒中营养组分进一步的代谢和转化，使其生理生化特性、营养及加工品质逐步达到更加稳定状态，通常将这一过程称为后熟作用。许多谷物例如小麦和稻米均具有明显的后熟特性，完成后熟的谷物其营养和加工特性均得到改善。玉米在后熟过程中会发生生理生化、营养组分与加工特性变化，在后熟过程中淀粉和蛋白质作为主要组分，其含量、结构与性质均会发生改变。对玉米后熟过程中组分变化规律开展研究，发现新收获玉米在后熟初期各项品质特性存在较大变化，对后期安全储藏及品质特性具有重要影响，这些研究主要集中在营养组分含量变化、结构表征及理化性质探究方面。

（一）玉米后熟过程中生理生化变化

新收获玉米同样具有较强的生命活动和呼吸强度，在存放过程中昼夜温湿度变化幅度较大，储藏条件的变化对玉米正常生命活动会造成一定影响，甚至会阻碍正常后熟过程，造成生理损伤以致死亡，从而导致玉米食用和储藏品质下降。长期以来，如何减少玉米采后损失、提高玉米食用品质和储藏稳定性一直是研究人员的重点研究方向。

受到东北地区气候影响，玉米采收时多处于蜡熟期末，还未到达完熟期。籽粒中水分较高，采收后多以剥皮晾晒玉米穗为首要储藏和干燥方式，以此来完成玉米的后熟作用。东北10—12月具有昼夜温差大、相对湿度变化大等特点，选择将相对湿度约为自然条件的平均相对湿度55％，温度为15 ℃、20 ℃和30 ℃。在后熟过程中，温湿度的影响会导致玉米中支链淀粉水解为直链淀粉，含水量高的玉米更易霉变，呼吸强度更强，脂肪和淀粉降低速度较快。玉米中的脂质经过呼吸作用会生成游离脂肪酸和三磷酸腺苷（ATP），因脂质是细胞膜的主要组成成分，所以在呼吸的过程中也会伴随有细胞膜的损坏。最后，玉米当中的相关酶的作用也和温度息息相关，α-淀粉酶和β-淀粉酶作为主要控制玉米中淀粉的酶，其变化将会一定程度影响玉米的生理生化反应。了解和认识储藏条件对新收获玉米可溶性糖和淀粉转化规律的影响，能有效地调节和控制环境条件，达到提高玉米籽粒后熟品质、储藏品质和食用品质的目的。

（二）玉米后熟过程中营养组分与加工特性

在后熟过程中，淀粉、脂肪及蛋白质等营养组分会随储藏条件的变化而变化，从而影响玉米籽粒的品质，因此目前国内外有部分研究人员探索储藏条件对营养组分的影响。张玉荣报道了玉米在后熟过程中，淀粉分子发生聚合作用，影响糊化和分散性能，同时淀粉酶会将淀粉水解成麦芽糖，再分解成葡萄糖，导致玉米中还原糖和非还原糖含量变化，玉米储藏和加工品质受到影响，且玉米呼吸产热增加，导致玉米易受到霉菌的侵染。Ketthaisong等人认为含水率高于15％的玉米其淀粉酶活力加强，淀粉水解程度和还原糖大幅增加，而此时的条件也会加强玉米的呼吸强度，消耗玉米中的淀粉和糖类物质。了解和认识新收获玉米采后营养品质和加工品质变化规律和外界环境对其影响程度，便可以有效地调节和控制环境条件，达到提高玉米籽粒食用和加工品质的目的。

（三）玉米后熟过程中淀粉结构和理化性质

新收获玉米后熟过程中，由于生命活动的进行使淀粉组成和结构发生一系列变化，研究发现新收获玉米在自然储藏一段时间后，其抗性淀粉含量逐渐降低。对新收获玉米进行人工干燥时发现，玉米中直链淀粉含量上升，淀粉糊化温度随着热风干燥温度的升高而升高，凝胶焓值则相反。干燥温度可以改变玉米淀粉的结构，从而导致淀粉功能特性发生变化。通过研究玉米淀粉理化特性与消化特性之间的关系，表明直链淀粉含量、支链淀粉中侧链分子链分布都会影响淀粉功能特性和消化性。玉米中高直链淀粉具有高营养价值，但其消化率低，因此在玉米后熟过程中，监测玉米直链淀粉和总淀粉含量的变化是评判玉米品质和营养价值的重要指标之一。在后熟过程中，受酶的作用淀粉分解转化，在一定的温度范围内，温度越高淀粉酶的活性越大，降解淀粉能力越强，导致淀粉含量下降。玉米后熟过程中淀粉结构和理化性质的改变将直接影响玉米加工特性和食用品质。

（四）玉米后熟过程中蛋白质结构和理化性质

玉米中蛋白质含量约占12％，其中有约75％蛋白质分布在玉米胚乳中，有约20％分布在玉米胚芽里，玉米表皮中仅含有蛋白质约4％。醇溶蛋白和谷蛋白所占比例最大，分别是40％和37％，是玉米主要蛋白质，而清蛋白和球蛋白共占8％～9％，胚乳中的蛋白质组分和玉米粒中的相当，而玉米胚芽中的蛋白质多为球蛋白和清蛋白。后熟过程中，玉米蛋白的天然构象和分子中共价键易受蛋白质自身性质、蛋白质浓度、水分活度、温度和 pH 等因素的影响而改变。巯基和二硫键是玉米蛋白质变化的重要指标，可以反映玉米品质的变化情况。谢宏等人研究发现二硫键含量对玉米淀粉糊化具有一定的影响，谷蛋白含量与二硫键的含量正相关，二硫键通过限制淀粉粒的糊化影响玉米的口感及品质。殷晶晶等人通过研究不同储藏温湿度下对玉米中蛋白质的影响得出的结论为：高温高湿条件会加速巯基氧化为二硫键。后熟过程中的这种变化将会影响到蛋白质的成膜、面筋和凝胶的形成，降低玉米的加工品质。

以新收获玉米郑单 958 和先玉 335 为研究对象，研究玉米后熟过程中代谢酶活性等生理生化变化，分析玉米营养组分与加工特性，对玉米后熟过程中淀粉和蛋白质的结构及理化性质进行研究，进一步了解玉米后熟对淀粉和蛋白结构及理化特性的影响，为玉米采后品质变化和新收获玉米快速利用提供理论基础，对优化玉米后熟期的判断、提高玉米食用品质、降低采后损失具有科技战略意义。

二、 新采收玉米后熟过程中生理生化变化规律研究

（一）材料与方法

1. 材料与试剂

普通玉米品种郑单 958 和先玉 335，种植在中国吉林省辽源市金洲乡（北纬43°03′；东经 125°17′）。2014 年和 2015 年的种植和田间管理条件均相同，玉米在成熟度一致、水分含量为（35±3）%时收获。

蔗糖标准品、果糖标准品、麦芽糖标准品、葡萄糖标准品（色谱纯）。总淀粉试剂盒（K-TSTA 07/11）、己糖激酶试剂盒（MAK091）、异柠檬酸脱氢酶试剂盒（MAK062）、α-淀粉酶（K-CERA 01/12）和 β-淀粉酶试剂盒（K-BETA3 10/10）、乙腈（色谱纯）。PBS 缓冲溶液、聚乙烯吡咯烷酮、愈创木粉、过氧化氢、吐温-20、氢氧化钠、无水乙醇、高锰酸钾，均为分析纯。

2. 仪器与设备

核磁共振仪（NMI20，上海纽迈电子科技有限公司），电子天平（BSA224S，德国赛多利斯有限公司），冻干机（Alpha1-4Ldplus，德国 Christ 公司），高效液相色谱仪（1260，美国 Agilent 公司），酶标仪（Multiskan FC，美国 Thermo 公司），高速冷冻离心机（Z36HK，德国 Hermle Labortechnik GmbH 公司），紫外分光光度计（TU-1810，北京普析通用仪器有限责任公司），超低温冷冻储存箱（ULT2186-4-V47，美国 Thermo 公司），漩涡混合器（XW-80A，上海精科实业有限公司），电热鼓风干燥箱（101A-BT，上海实验仪器厂有限公司），pH 计（PHS-3C，上海精密科学仪器有限公司），超声波清洗器（JK3200B，合肥金尼克机械制造有限公司），电热恒温水浴锅（DZK2-D-1，北京市永光明医疗仪器厂），

近红外谷物分析仪（Infratec TM，丹麦福斯分析仪器有限公司），恒温恒湿培养箱（HWS，宁波东南仪器有限公司），低温冷冻研磨机（JXFSTPRP－Ⅱ，中国上海净信仪器有限公司），果蔬呼吸测定仪（GXH－3051，北京均方理化科技研究所）。

3. 试验方法

（1）样品储藏及处理

根据授粉时间和当地气候条件，结合玉米穗生长发育情况。采收时，玉米所处时期为蜡熟期末，时间为2014年10月3日和2015年10月5日。玉米穗样品分成四组，一组存放在室外自然条件，通风干燥处，实际温、湿度见图3-1。其余三组储藏条件分别为（30±2）℃、（20±2）℃、（15±2）℃，相对湿度均为（55±5）％，恒温恒湿培养箱中，外循环确保空气流通。确保储藏过程中无昆虫和霉菌侵害，定期取样。为减小由于玉米穗之间个体差异导致的误差，选择大小粗细外观基本一致的玉米穗作为试验样品，剥去苞叶存放。

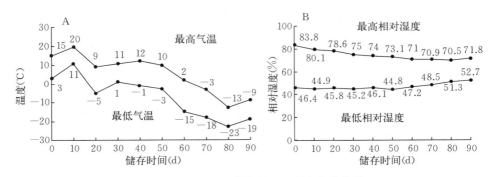

图3-1　室外自然条件的温、湿度变化曲线

A. 温度　B. 相对湿度

取样时间：根据预试验结果，玉米的后熟作用在60 d内基本完成，所以，本研究重点监测采后60 d内的变化。在采后60 d之前，为每10 d取样一次，并在90 d时多取一次样。

玉米籽粒样品：玉米穗顶部、身部、基部三部分组成不均一，在制样过程中，一份样品取10穗玉米，将顶部和基部各三行舍去，其余剥粒混匀，四分法缩分至待测样品量，直接使用；或者放入超低温冷冻储存箱，待用。

玉米原粉样品：将玉米籽粒经低温冷冻研磨机粉碎处理60 s，制成玉米原粉样品，并达到95％通过60目筛，真空冷冻干燥24 h至恒重，待用。试验中所用到玉米粉样品均经过此种处理方法，即以下各指标除特殊说明均为干基结果。

（2）玉米籽粒中水分含量及分布状态

玉米籽粒总水分含量测定采用近红外谷物分析仪测定。水分状态采用低场强核磁共振仪测定。分别取采后储藏不同时间，约3 g玉米籽粒放入到15 mm直径核磁管中。采用 Carr - Purcell - Meiboom - Gill（CPMG）程序测定玉米籽粒中横向弛豫时间 T_2，累加次数（NS）＝16，回波个数（NECH）＝3 000。

（3）呼吸速率测定

采用果蔬呼吸机利用红外吸收原理测定玉米籽粒呼吸速率，将一定量玉米籽粒置于呼吸罐内，密闭 1 h，通过测定罐内 CO_2 浓度增加量，得到玉米籽粒呼吸速率。

（4）呼吸代谢相关酶

1）己糖激酶（HK）活性。采用己糖激酶活性检测试剂盒测定，取已冻干玉米粉样品 10 mg，添加酶提取液体积为 50 μL，其余所加入试剂量与步骤均按照试剂盒描述方法进行测定。

1HK 活力单位的定义为：在 pH 8.0 和室温条件下，每分钟生成 1.0 μmol 还原型烟酰胺腺嘌呤二核苷酸（NADH）所需的酶量。

$$HK \ 活性（mU/mL）=\frac{B×稀释倍数}{t×V} \qquad (3.1)$$

式中：B 为产生 NADH 的量（nmol）；t 为反应时间＝$t_{终止}-t_{起始}$（min）；V 为加入样品体积（mL），本试验中加入样品体积为 0.05 mL。

2）异柠檬酸脱氢酶（IDH）活性。采用异柠檬酸脱氢酶活性检测试剂盒测定，取已冻干玉米原粉样品为 20 mg，酶液提取液体积为 30 μL，其余均按照试剂盒描述方法进行测定。

1IDH 活力单位的定义为：在 pH 8.0、37 ℃条件下，每分钟生成 1.0 μmol NADH 或 NADP 所需的酶量。

$$IDH \ 活性（mU/mL）=\frac{B×稀释倍数}{t×V} \qquad (3.2)$$

式中：B 为产生 NADH 的量（nmol）；t 为反应时间＝$t_{终止}-t_{起始}$（min）；V 为加入样品体积（mL），本试验中加入样品体积为 0.03 mL。

（5）脂肪酸值

玉米脂肪酸值测定按照国标方法进行。

（6）可溶性糖含量测定

同第二章。

（7）α-淀粉酶活和 β-淀粉酶活测定

采用 α-淀粉酶试剂盒（BPNPG7 法）测定玉米籽粒中 α-淀粉酶活性随时间的变化。

1 个酶活力单位定义为：40 ℃条件下，过量耐高温 α-葡萄糖苷酶存在条件下，

1 min 从 BPNPG7 释放 1 μmol 对硝基苯酚所需要的酶量。

采用 β-淀粉酶试剂盒（Betamyl-3法）测定玉米籽粒中 β-淀粉酶活性随时间的变化。

1 个酶活单位定义为：40 ℃条件下，过量耐高温 β-葡萄糖苷酶存在条件下，1 min 从 PNPβ-G3 释放 1 μmol 对硝基苯酚所需要的酶量。

（8）过氧化物酶（POD）活性测定

参考张玉荣等方法，略做修改。（0.500 0±0.001 0）g 已冻干玉米粉样品加入预冷 5 mL PBS 缓冲溶液中（含有 2%聚乙烯吡咯烷酮，pH 7.8），4 ℃条件下振荡提取 20 min，在 5 000 r/min 离心 10 min，将上清液过 0.45 μm 滤膜，待用。酶活测定采用 3 mL 反应体系，分别加入 0.2%愈创木酚溶液 0.95 mL，0.05 mol/L PBS（pH 7.0）缓冲溶液 1 mL，酶液 0.05 mL，0.3%过氧化氢溶液 1 mL，记录 37 ℃、470 nm 波长下 1 min 内的吸光度变化。1 个酶活力单位定义为：37 ℃条件下，在 1 min 内 OD 值增加 0.01 所需要的酶量。

$$POD 酶活性（U/g）= \frac{\Delta A_{470} \times V_0}{0.01 \times V_1 \times t \times W} \qquad (3.3)$$

式中：V_0 为酶液提取总体积（mL）；V_1 为测定用酶液体积（mL）；W 为样品质量（g）；0.01 为 A_{470} 每增加 0.01 为 1 个酶活单位（U）；t 为两次读数时间（min）。

（9）过氧化氢酶（CAT）活性测定

参考张桂莲等方法，略做修改。（0.500 0±0.001 0）g 已冻干玉米原粉样品加入预冷 25 mL PBS 缓冲溶液中（pH 7.0），4 ℃条件下振荡提取 20 min，在 5 000 r/min 离心 10 min，将上清液过 0.45 μm 滤膜，待用。分别向离心管中加入 0.2 mL 酶液，PBS 缓冲溶液（pH 7.5）1.5 mL，蒸馏水 1 mL，0.1 mol/L 过氧化氢 0.3 mL，记录 37 ℃、240 nm 波长下 1 min 内的吸光度变化。1 个酶活力单位定义为：37 ℃条件下，在 1 min 内 OD 值减小 0.1 所需要的酶量。

$$CAT 酶活性（U/g）= \frac{\Delta A_{240} \times V_0}{0.1 \times V_1 \times t \times W} \qquad (3.4)$$

式中：V_0 为酶液提取总体积（mL）；V_1 为测定用酶液体积（mL）；W 为样品质量（g）；0.1 为 A_{240} 每下降 0.1 为 1 个酶活单位（U）；t 为两次计数时间（min）。

（二）数据与结果分析

1. 储藏条件对新收获玉米籽粒水分含量影响

室外自然条件的温湿度变化曲线如图 3-1 所示。10—12 月的自然气候条件具有昼夜温差大、相对湿度变化大的特点。昼夜最高温差可达 17 ℃，最低相对湿度为 46.4%，最高相对湿度 83.8%。在后熟期间，最高温度由收获时的 15～20 ℃降到 60 d 的 2 ℃，80 d 的 -13 ℃。后熟 50 d 之前，最高气温在 10 ℃ 之上，50 d 之后温度迅速降低。

粮食收获后，水分含量影响和改变玉米淀粉的结构和理化特性。因此，水分含量对其食品品质、种用品质和储藏品质影响的研究具有重要意义。玉米安全储藏要求籽粒的水分含量下降至 14% 以下。当水分活度达到 0.70aw 时，可以保障粮食的储藏安全，维持粮食新鲜度和食用及营养品质。在干燥过程中，淀粉性质改变归因于淀粉颗粒周围可利用的水分子。新收获玉米籽粒在恒定条件下储藏，水分呈现显著下降趋势（$P < 0.05$），如图 3 - 2A 和 B 所示。郑单 958 收获时水分含量为 38.85%，先玉 335 收获时水分含量 36.55%。两种玉米在相同条件下，水分下降速度不同，20 ℃ 储藏条件下，先玉 335 失水率高于郑单 958 的失水率。先玉 335 水分含量在储藏 40 d 时下降到 10%，相同时间郑单 958 下降到 14.33%。

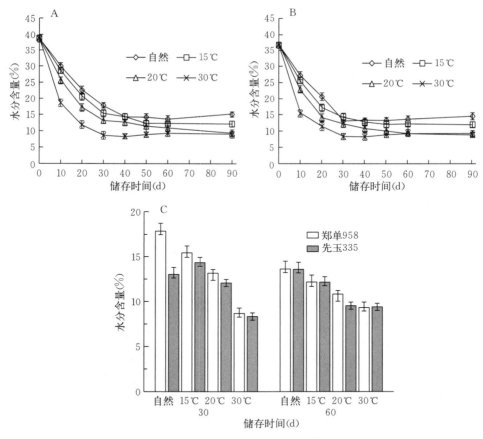

图 3 - 2　水分含量随时间变化曲线
A. 郑单 958　B. 先玉 335　C. 30 d 和 60 d

在 4 种储藏条件下，储藏时间为 30 d 和 60 d 时，两个品种玉米的水分含量的比较如图 3-2C 所示。当储藏至 30 d 时，自然条件、15 ℃和 20 ℃条件下储藏，品种之间水分含量差异显著（$P<0.05$）。郑单 958 玉米水分含量高于先玉 335 玉米的水分含量。30 ℃条件下储藏的两个品种玉米的水分含量最低，差异不显著（$P>0.05$）。分别储藏在自然条件和 20 ℃条件下的先玉 335 玉米水分含量相同，均低于储藏在 15 ℃条件下的水分含量。当储藏至 60 d 时，两个玉米品种间在自然条件下、15 ℃和 30 ℃水分基本保持一致，水分含量顺序为自然条件下储藏水分含量最高，30 ℃条件下储藏水分含量最低，低温降水速率低于高温降水速率。由于水分子在玉米各组织中分布和状态的不同，总的水分含量不能充分说明水分在籽粒各组织中存在状态，对水分子迁移和水分子与生物大分子之间关系的深入理解和研究仍然缺乏，还需进一步深入研究。

2. 储藏条件对新收获玉米水分迁移及分布的影响

传统测量水分质量分数的方法破坏样本的完整性且操作复杂，无法给出水分在籽粒内部分布和运动的信息。低场强核磁共振技术（LF-NMR）可以快速、准确、无损地检测干燥过程食品水分质量分布和迁移，在研究食品加工及储藏过程中大分子变化机理方面具有明显优势。复杂体系中质子弛豫时间的归属及解释已有详细的研究。研究表明，通过 NMR 技术所测定的淀粉体系中质子信号可以变现出几种不同状态，NMR 技术是淀粉大分子微观结构研究有力的工具。

LF-NMR 技术可以利用氢质子在磁场中的自旋-弛豫特性，微观地分析其中的水分状态及与淀粉、蛋白质等大分子结合作用。本研究运用 LF-NMR 技术研究两种玉米籽粒新收获后水分迁移和分布情况，如图 3-3 所示。新收获玉米采后储藏在 20 ℃条件下 10 d 内，籽粒中质子弛豫时间分布曲线中出现四个部分，T_{2b} 和 T_{21} 是质子弛豫发生最快的部分，弛豫时间范围在 0.1～5.0 ms，T_{22} 是中间部分，弛豫时间范围在 5～50 ms。T_{23} 是质子弛豫发生最慢的部分，弛豫时间范围为 50～

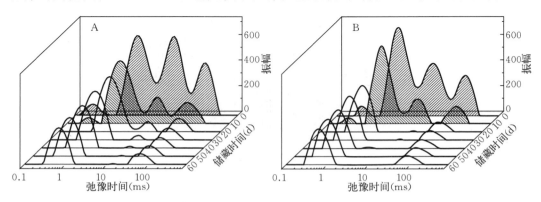

图 3-3 新收获玉米低场强核磁共振弛豫时间分布曲线（20 ℃）

A. 郑单 958 B. 先玉 335

200 ms。T_{2b} 和 T_{21} 为与淀粉和蛋白质等大分子结合最紧密的"结合水"，也可能是大分子的组成部分。T_{22} 为颗粒内部可缓慢交换的"准结合水"。T_{23} 为存在颗粒外部可移动的自由水。新收获玉米籽粒在储藏 10 d 之后，随着时间的延长、水分的迁移，T_2 弛豫时间分布曲线中质子为三种状态，T_{2b} 消失，T_{21} 逐渐减小。通过测定真空干燥后玉米胚芽的 T_2 谱图可以确定，在 50～200 ms 处同时出现为玉米胚芽油中质子信号。

通过峰面积相对含量得出采后 LF - NMR T_2 参数变化，4 种储藏条件下的结果如表 3 - 1 至表 3 - 4 所示。新收获玉米后熟过程中，T_2 弛豫时间和比例呈显著变化（$P<0.05$），表明储藏条件和时间对水分的迁移和分布具有显著影响。T_2 面积呈显著下降趋势（$P<0.05$），表明收获后籽粒中水分含量逐渐下降，这是由于水分不断挥发至空气中。在 10 d 内发现，T_{21} 结合水呈现两个部分，这是根据水分子同大分子结合键的力量大小，分别为紧密的结合水和松散结合水（图 3 - 3）。随着储藏时间的延长，这两种结合水合并为一个峰，20 ℃ 条件下郑单 958 玉米中 T_{21} 弛豫时间从 2.98 ms 逐渐降低到 0.66 ms，先玉 335 玉米的 T_{21} 弛豫时间从 2.98 ms 逐渐降低到 0.59 ms，说明期间籽粒内的氢质子自由度和水分流动性在逐渐降低，与大分子结合力逐渐增强。其余三种条件下储藏，结合水变化规律均相似。郑单 958 玉米中 T_{22} 从 24.20 ms 下降到 13.53 ms，先玉 335 玉米中 T_{22} 从 19.18 ms 逐渐降低到 13.53 ms。T_2 三部分的面积呈显著下降（$P<0.05$），表明储藏过程中各状态的水分含量逐渐下降，A_{21}、A_{22} 和 A_{23} 分别代表三种状态水所占面积相对含量，两种玉米 A_{21} 面积比例采后初期呈显著上升趋势（$P<0.05$），A_{22} 准结合水和 A_{23} 自由水在储藏初期下降很快，郑单 958 的 A_{22} 在储藏 50 d 消失，先玉 335 中 A_{22} 在 40 d 消失。A_{23} 的面积在 20 d 后不再变化，说明籽粒的自由水在 20 d 时挥发完全。

表 3 - 1　自然条件下新收获玉米低场核磁共振弛豫时间 T_2 参数变化 （$n=10$）

样品	储藏时间 (d)	弛豫时间 T_{21} (ms)	弛豫时间 T_{22} (ms)	弛豫时间 T_{23} (ms)	弛豫面积 A_{21} (%)	弛豫面积 A_{22} (%)	弛豫面积 A_{23} (%)
郑单 958	0	2.98±0.26[a]	24.20±1.87[a]	138.49±0.12[a]	0.41±0.02[e]	0.38±0.02[a]	0.20±0.02[a]
	10	2.66±0.02[b]	19.80±0.98[b]	97.70±0.18[b]	0.60±0.04[d]	0.25±0.02[b]	0.15±0.02[bc]
	20	2.36±0.03[c]	17.07±0.04[c]	77.43±0.17[c]	0.71±0.02[c]	0.18±0.03[c]	0.11±0.03[c]
	25	1.87±0.03[d]	15.53±0.06[d]	68.93±0.17[e]	0.73±0.03[bc]	0.12±0.02[d]	0.11±0.02[c]
	30	1.67±0.02[e]	15.2±0.02[d]	68.93±0.16[e]	0.78±0.02[b]	0.08±0.02[d]	0.14±0.01[b]
	40	0.83±0.02[f]	15.2±0.02[d]	77.43±0.08[d]	0.82±0.03[a]	0.01±0.01[e]	0.17±0.02[ab]
	50	0.74±0.04[g]	15.2±0.04[d]	77.43±0.04[d]	0.82±0.04[a]	0.01±0.02[e]	0.17±0.01[ab]
	60	0.65±0.04[h]	15.2±0.02[d]	77.43±0.06[d]	0.82±0.04[a]	0.01±0.02[e]	0.17±0.01[ab]
	90	0.58±0.03[i]	15.2±0.02[d]	77.43±0.04[d]	0.82±0.03[a]	0.01±0.02[e]	0.17±0.02[ab]

（续）

样品	储藏时间 （d）	弛豫时间 T_{21} （ms）	弛豫时间 T_{22} （ms）	弛豫时间 T_{23} （ms）	弛豫面积 A_{21} （%）	弛豫面积 A_{22} （%）	弛豫面积 A_{23} （%）
先玉335	0	2.98±0.26[a]	19.18±1.48[a]	123.28±9.57[a]	0.49±0.02[c]	0.31±0.03[a]	0.18±0.02[a]
	10	2.10±0.12[b]	17.07±1.18[b]	86.97±0.88[b]	0.69±0.01[b]	0.18±0.03[b]	0.12±0.01[b]
	20	1.48±0.06[c]	12.05±0.98[c]	68.93±0.06[e]	0.84±0.02[a]	0.05±0.02[c]	0.11±0.02[b]
	30	1.05±0.06[d]	12.05±0.08[c]	77.43±0.04[c]	0.85±0.02[a]	0.03±0.02[c]	0.12±0.02[b]
	40	0.93±0.04[e]	12.05±0.06[c]	77.43±0.04[c]	0.83±0.01[a]	0.01±0.01[c]	0.16±0.1[a]
	50	0.83±0.02[f]	12.05±0.06[c]	77.43±0.06[c]	0.83±0.01[a]	0.01±0.02[c]	0.16±0.02[a]
	60	0.83±0.04[f]	12.05±0.04[c]	77.43±0.04[c]	0.83±0.01[a]	0.01±0.01[c]	0.16±0.01[a]
	90	0.83±0.02[f]	12.05±0.04[c]	77.43±0.02[c]	0.83±0.02[a]	0.01±0.01[c]	0.16±0.02[a]

注：相同列中不同字母表示差异显著（$P<0.05$）。

表 3-2　15 ℃条件下新收获玉米低场核磁共振弛豫时间 T_2 参数变化（$n=10$）

样品	储藏时间 （d）	弛豫面积 T_{21} （ms）	弛豫面积 T_{22} （ms）	弛豫面积 T_{23} （ms）	弛豫面积 A_{21} （%）	弛豫面积 A_{22} （%）	弛豫面积 A_{23} （%）
郑单958	0	2.98±0.26[a]	24.2±1.87[a]	138.49±0.12[a]	0.41±0.02[c]	0.38±0.02[a]	0.20±0.02[a]
	10	2.36±0.13[b]	13.53±0.53[b]	109.75±0.20[b]	0.71±0.01[b]	0.19±0.04[b]	0.10±0.02[bc]
	20	1.67±0.12[c]	12.05±0.08[c]	77.43±0.17[c]	0.83±0.02[a]	0.07±0.02[c]	0.10±0.01[c]
	30	1.18±0.06[d]	12.05±0.06[c]	77.43±0.16[c]	0.83±0.02[a]	0.03±0.02[cd]	0.14±0.02[b]
	40	0.66±0.06[e]	12.05±0.04[c]	77.43±0.18[c]	0.81±0.01[a]	0.01±0.01[d]	0.18±0.02[a]
	50	0.52±0.02[f]	12.05±0.16[c]	77.43±0.16[c]	0.81±0.01[a]	0.01±0.01[d]	0.18±0.01[a]
	60	0.52±0.04[f]	12.05±0.04[c]	77.43±0.16[c]	0.81±0.01[a]	0.01±0.01[d]	0.18±0.01[a]
	90	0.52±0.02[f]	12.05±0.02[c]	77.43±0.14[c]	0.81±0.02[a]	0.01±0.02[d]	0.18±0.01[a]
先玉335	0	2.98±0.26[a]	19.18±1.48[a]	123.28±9.57[a]	0.51±0.02[c]	0.31±0.03[a]	0.19±0.02[a]
	10	1.87±0.04[b]	13.53±0.98[b]	97.70±0.14[b]	0.72±0.04[b]	0.11±0.04[b]	0.17±0.01[a]
	20	1.18±0.03[c]	12.05±0.04[c]	77.43±0.12[c]	0.84±0.02[a]	0.01±0.01[c]	0.15±0.02[a]
	30	0.74±0.03[d]	10.72±0.06[d]	77.43±0.16[c]	0.83±0.03[a]	0.01±0.02[c]	0.16±0.02[a]
	40	0.66±0.02[e]	10.72±0.45[d]	68.93±0.14[e]	0.81±0.02[a]	0.01±0.02[c]	0.18±0.01[a]
	50	0.66±0.02[e]	10.72±0.48[d]	68.93±0.12[e]	0.81±0.03[a]	0.01±0.01[c]	0.18±0.01[a]
	60	0.52±0.04[f]	10.72±0.08[d]	68.93±0.06[e]	0.81±0.04[a]	0.01±0.01[c]	0.18±0.01[a]
	90	0.52±0.04[f]	10.72±0.12[d]	68.93±0.06[e]	0.81±0.04[a]	0.01±0.01[c]	0.18±0.01[a]

注：相同列中不同字母表示差异显著（$P<0.05$）。

表 3 - 3　20 ℃条件下新收获玉米低场核磁共振弛豫时间 T_2 参数变化（$n=10$）

	储藏时间 (d)	弛豫时间 T_{21} (ms)	弛豫时间 T_{22} (ms)	弛豫时间 T_{23} (ms)	弛豫面积 A_{21} (%)	弛豫面积 A_{22} (%)	弛豫面积 A_{23} (%)
郑单 958	0	2.98±0.26[a]	24.20±1.87[a]	138.49±0.12[a]	0.41±0.02[c]	0.38±0.02[a]	0.20±0.02[a]
	10	1.87±0.02[b]	15.20±0.01[b]	77.43±0.18[b]	0.54±0.01[b]	0.28±0.01[b]	0.18±0.01[a]
	20	1.48±0.13[c]	12.05±0.02[c]	68.93±0.17[c]	0.80±0.01[a]	0.08±0.02[c]	0.12±0.06[a]
	30	1.18±0.06[d]	13.53±0.03[c]	68.93±0.17[c]	0.83±0.02[a]	0.03±0.02[c]	0.14±0.02[a]
	40	0.93±0.12[e]	13.53±0.55[c]	68.93±0.14[c]	0.83±0.01[a]	0.01±0.01[c]	0.15±0.02[a]
	50	0.74±0.12[f]	13.53±0.98[c]	61.36±0.12[d]	0.82±0.01[a]	0.01±0.01[c]	0.16±0.01[a]
	60	0.66±0.12[g]	13.53±0.98[c]	61.36±0.12[d]	0.82±0.01[a]	0.01±0.02[c]	0.16±0.01[a]
	90	0.66±0.12[g]	13.53±0.98[c]	61.36±0.12[d]	0.82±0.01[a]	0.01±0.02[c]	0.16±0.01[a]
先玉 335	0	2.98±0.26[a]	19.18±1.48[a]	123.28±9.57[a]	0.51±0.02[c]	0.31±0.03[a]	0.19±0.02[a]
	10	1.87±0.04[b]	13.53±1.18[b]	123.28±0.04[a]	0.59±0.04[b]	0.23±0.02[b]	0.18±0.01[a]
	20	1.05±0.02[c]	14.20±0.02[b]	68.93±0.04[b]	0.84±0.04[a]	0.01±0.04[c]	0.15±0.02[a]
	30	0.83±0.03[d]	13.53±1.18[b]	68.93±0.03[b]	0.82±0.02[a]	0.01±0.02[c]	0.17±0.01[a]
	40	0.66±0.03[e]	15.20±0.04[b]	77.43±0.02[c]	0.81±0.02[a]	0.02±0.02[c]	0.17±0.01[a]
	50	0.46±0.02[f]	nd	68.93±0.02[b]	0.82±0.03[a]	nd	0.18±0.01[a]
	60	0.46±0.02[g]	nd	68.93±0.02[b]	0.82±0.02[a]	nd	0.18±0.01[a]
	90	0.46±0.02[g]	nd	68.93±0.02[b]	0.82±0.02[a]	nd	0.18±0.01[a]

注：相同列中不同字母表示差异显著（$P<0.05$），nd 代表未检出。

表 3 - 4　30 ℃条件下新收获玉米低场核磁共振弛豫时间 T_2 参数变化（$n=10$）

	储藏时间 (d)	弛豫时间 T_{21} (ms)	弛豫时间 T_{22} (ms)	弛豫时间 T_{23} (ms)	弛豫面积 A_{21} (%)	弛豫面积 A_{22} (%)	弛豫面积 A_{23} (%)
郑单 958	0	2.98±0.26[a]	24.20±1.87[a]	138.49±0.12[a]	0.41±0.02[c]	0.38±0.02[a]	0.20±0.02[a]
	10	1.54±0.06[b]	12.47±0.98[b]	101.48±0.16[b]	0.87±0.04[a]	0.03±0.04[b]	0.20±0.02[a]
	20	0.66±0.08[c]	9.55±0.98[c]	77.43±0.18[c]	0.78±0.04[b]	0.01±0.02[b]	0.20±0.01[a]
	30	0.53±0.04[d]	8.49±0.04[d]	77.43±0.08[c]	0.79±0.02[b]	0.01±0.02[b]	0.20±0.01[a]
	40	0.41±0.04[e]	7.56±0.04[e]	77.43±0.04[c]	0.76±0.04[b]	0.02±0.04[b]	0.22±0.01[a]
	50	0.37±0.02[f]	nd	77.43±0.04[c]	0.80±0.02[b]	nd	0.20±0.02[a]
	60	0.37±0.12[f]	nd	77.43±0.02[c]	0.81±0.02[b]	nd	0.19±0.02[a]
	90	0.37±0.04[f]	nd	77.43±0.02[c]	0.81±0.02[b]	nd	0.19±0.01[a]
先玉 335	0	2.98±0.26[a]	19.18±1.48[a]	123.28±9.57[a]	0.51±0.02[c]	0.31±0.03[a]	0.19±0.02[a]
	10	1.32±0.03[b]	13.50±0.16[b]	100.00±0.18[b]	0.74±0.02[b]	0.13±0.02[b]	0.13±0.02[b]
	20	0.59±0.04[c]	10.72±0.06[c]	77.43±0.18[c]	0.79±0.01[a]	0.02±0.02[c]	0.19±0.01[a]
	30	0.50±0.04[d]	13.53±0.04[b]	77.43±0.04[c]	0.80±0.04[a]	0.02±0.01[c]	0.18±0.02[a]

（续）

储藏时间 （d）	弛豫时间 T_{21} （ms）	弛豫时间 T_{22} （ms）	弛豫时间 T_{23} （ms）	弛豫面积 A_{21} （%）	弛豫面积 A_{22} （%）	弛豫面积 A_{23} （%）
40	0.37 ± 0.16^{e}	13.53 ± 0.06^{b}	77.43 ± 0.06^{c}	0.80 ± 0.04^{a}	0.02 ± 0.02^{c}	0.18 ± 0.01^{a}
50	0.37 ± 0.04^{e}	nd	77.43 ± 0.04^{c}	0.80 ± 0.02^{a}	nd	0.20 ± 0.01^{a}
60	0.37 ± 0.04^{e}	nd	77.43 ± 0.02^{c}	0.80 ± 0.01^{a}	nd	0.20 ± 0.01^{a}
90	0.37 ± 0.02^{e}	nd	77.43 ± 0.02^{c}	0.80 ± 0.01^{a}	nd	0.20 ± 0.01^{a}

（左侧标注：先玉 335）

注：相同列中不同字母表示差异显著（$P<0.05$），nd 代表未检出。

当新收获玉米在四种条件下储藏 60 d 时，由于品种差异，各状态水分变化规律不一致。特别是结合水 T_{21} 变化呈现显著差异（$P<0.05$）。郑单 958 玉米储藏至 90 d 时，结合水 T_{21} 顺序为 0.66 ms（20 ℃）＞0.58 ms（自然条件）＞0.52 ms（15 ℃）＞0.37 ms（30 ℃），这说明 T_{21} 移动变化最大的是 30 ℃ 储藏条件，其次为 15 ℃ 储藏条件，T_{21} 移动最缓慢的是 20 ℃ 储藏条件。先玉 335 玉米储藏至 60 d 时，T_{21} 分别为 0.83 ms（自然条件）＞0.52 ms（15 ℃）＞0.46 ms（20 ℃）＞0.37 ms（30 ℃）。其中，两个品种在 15 ℃ 和 30 ℃ 条件下储藏时，与 T_{21} 的变化相一致。自然条件下，先玉 335 玉米 T_{21} 大于郑单 958 玉米 T_{21}，20 ℃ 条件下，郑单 958 玉米 T_{21} 大于先玉 335 玉米 T_{21}。Hills 等研究表明，质子弛豫时间的变化主要反映的是生物大分子结构状态的改变，而不仅仅是水分子本身的存在状态。在新收获玉米后熟过程中，两种玉米的 T_{21} 随储藏时间延长，逐渐显著下降（$P<0.05$），这表明水分子与大分子，主要是水分子和淀粉分子、水分子和蛋白分子间的结合力在后熟过程中逐渐增强。储藏条件对水分子和大分子之间的结合力存在显著影响，较高的温度 30 ℃ 对其影响最大。

而达到准结合水和自由水全部散失时，不同品种需要时间不同，20 ℃ 储藏条件下，郑单 958 玉米需要多于 60 d，而先玉 335 玉米需要 40 d（图 3-3）。此时，两种玉米籽粒 A_{21} 均占总面积的 82%，这表明当 A_{21} 值为 82% 时，此时玉米籽粒中准结合水和自由水含量极低。A_{21} 值是结合水与胚芽油脂质子信号的比值，所以 A_{21} 值将受到油脂含量的影响。但是，利用 T_2 弛豫时间分布曲线中的准结合水下降程度，判定玉米干燥情况，要比 14% 安全水更准确。研究结果表明，可以利用 LF-NMR 技术研究籽粒中水分状态分布情况，并且可以精确判断新玉米采后干燥进程，是进一步了解籽粒中大分子结构特性变化的有力工具。

3. 储藏条件对新收获玉米呼吸速率影响

呼吸作用是粮食采收后进行的重要生理活动，是影响粮食储藏和品质的重要因素，呼吸强度越大，消化营养物质越多，易为微生物侵害，降低耐贮性。前人研究表明，籽粒呼吸速率受到籽粒成熟度、水分含量、采后条件和品种差异影响。东北地区玉米新收获时籽粒水分含量较高，生命活动旺盛，表层表皮纤维较幼嫩，呼吸强度大。随着水分逐渐降低，玉米表皮逐渐致密，呼吸强度逐渐降低。从表 3-5 可知，采收时，玉米的呼吸速率很高，郑单 958 玉米分别为 1 063.52 mg/(kg·h)（以 CO_2 计，下同）（30 ℃）、1 079.77 mg/(kg·h)（20 ℃）、1 063.52 mg/(kg·h)（15 ℃）、1 026.36 mg/(kg·h)（自然），先玉 335 玉米分别为 924.09 mg/(kg·h)（自然）、938.22 mg/(kg·h)（15 ℃）、924.09 mg/(kg·h)（20 ℃）和 891.81 mg/(kg·h)（30 ℃），郑单 958 玉米呼吸速率普遍高于同时期先玉 335 玉米的呼吸速率。后熟过程中，新玉米呼吸速率呈显著下降趋势（$P < 0.05$），当郑单 958 玉米储藏时间至 30 d 时，四种储藏条件下，呼吸速率的大小分别为 15 ℃>20 ℃>自然>30 ℃储藏条件。较高储藏温度 30 ℃条件下，郑单 958 玉米的呼吸速率下降幅度大于在其他三种储藏条件下玉米的呼吸速率；较低温度 15 ℃储藏条件下，储藏呼吸速率下降幅度最小。当在四种储藏条件下，储藏 50 d 后，玉米的呼吸速率下降缓慢。玉米籽粒中水分状态由自由水、准结合水和结合水构成，当水分含量增高，且自由水增加时，蛋白质分子将处于充分水合状态，酶活性高，从而使呼吸速率增高；当仅有准结合水和结合水存在时，籽粒内酶分子未能处于充分水合状态，表现代谢不活跃。

表 3-5　新收获玉米呼吸速率变化

| | 时间 | 呼吸强度 [mg/(kg·h)，以 CO_2 计] | | | |
	(d)	自然	15 ℃	20 ℃	30 ℃
郑单 958	0	1 026.36±3.14[a]	1 063.52±4.58[a]	1 079.77±3.31[a]	1 063.52±4.09[a]
	10	796.48±3.95[b]	863.79±3.79[b]	803.99±4.10[b]	752.04±3.69[b]
	20	603.33±3.15[c]	678.29±3.42[c]	608.22±3.48[c]	529.91±3.80[c]
	30	98.40±2.49[d]	312.81±2.39[d]	117.65±3.16[d]	93.89±2.97[d]
	40	71.6±2.69[e]	116.33±2.46[e]	81.84±2.76[e]	68.7±2.43[e]
	50	15.47±1.26[f]	9.160±1.48[f]	13.95±1.13[f]	12.82±1.92[f]
	60	2.21±1.04[g]	4.58±1.16[g]	3.26±0.85[g]	2.75±1.17[g]
	90	1.41±0.35[g]	1.37±0.21[h]	2.51±0.25[g]	1.33±0.29[g]
先玉 335	0	891.81±4.84[a]	924.09±4.56[a]	938.22±4.91[a]	924.09±4.73[a]
	10	449.96±3.97[b]	570.21±3.85[b]	476.16±4.07[b]	460.29±3.82[b]
	20	224.09±3.48[c]	251.90±3.49[c]	239.01±3.95[c]	230.37±3.76[c]
	30	41.55±2.73[d]	71.91±2.65[d]	51.62±2.98[d]	40.76±2.84[d]
	40	33.15±2.08[e]	41.68±2.37[e]	36.74±1.47[e]	28.85±2.48[e]
	50	8.84±1.68[f]	4.58±1.49[f]	8.37±1.97[f]	6.87±1.93[f]
	60	2.21±1.16[g]	3.66±1.86[f]	4.65±1.43[g]	2.29±1.41[g]
	90	1.02±0.88[g]	2.75±0.91[f]	0.93±0.19[h]	0.55±0.28[h]

注：相同列中不同字母表示差异显著（$P < 0.05$）。

王若兰等研究表明，小麦处于高于 25 ℃ 条件下储藏时，呼吸速率显著增高，原因是呼吸强度与温度之间关系密切。随着温度增加，加速籽粒内酶促反应，籽粒本身代谢水平增强，进而促进呼吸速率升高。同时，O_2 在水介质中溶解度随着温度升高逐渐增高，从而影响呼吸速率变化。尽管低温储藏能很好抑制玉米穗的呼吸强度，减少高呼吸作用带来的营养损失和转化，但本试验低温 15 ℃ 存放时，呼吸速率反而比同期三个条件下的要高，这表明尽管低温所处环境湿度是相同的，但是籽粒内部水分含量下降较慢，导致水分含量较其他温度条件高。所以，采后立即在 15 ℃ 存放时，并没有达到抑制呼吸作用温度条件，呼吸强度下降缓慢。对于新收获玉米 30 ℃ 条件下储藏时，水分含量下降快，将更有利于呼吸速率下降。

4. 储藏条件对新收获玉米 HK 和 IDH 活性影响

呼吸作用是玉米采后代谢的重要组成部分，是籽粒体内代谢的枢纽，与籽粒的生命活动关系密切。呼吸代谢可通过多条途径进行，以适应多变环境。糖酵解（EMP）-三羧酸循环（TCA）是植物体内有机物氧化分解的主要途径，而戊糖磷酸途径（PPP）等在呼吸代谢中也占有重要地位。己糖激酶（HK）是催化己糖使之磷酸化的酶，己糖＋ATP→己糖-6-磷酸＋ADP，它是糖酵解途径的第一个酶，也是糖酵解途径的限速酶。三羧酸循环中，异柠檬酸脱氢酶（IDH）催化异柠檬酸氧化脱羧生成 α-酮戊二酸，反应脱下的 H 由 NAD^+ 接受，从而生成 $NADH＋H^+$，β-氧化脱羧使六碳化合物变为五碳化合物。这是三羧酸循环中第一次氧化脱羧生成 CO_2 的反应，此反应不可逆，是三羧酸循环中的限速步骤。研究各呼吸途径关键酶活性变化，进而研究新玉米采后呼吸途径变化，可以进一步了解新玉米后熟过程中储藏条件对呼吸作用的影响。

玉米后熟过程中，储藏在四种条件下时，籽粒中 HK 活性变化曲线，如图 3-4A 和 B 所示。郑单 958 玉米，储藏在自然条件下和 15 ℃ 条件下时，HK 活性在 90 d 内均表现为采后初期 0～10 d 下降，中期 10～40 d（15 ℃）或 50 d（自然）上升，之后再下降的趋势，分别由 15.14 mU/mL 上升至 20.11 mU/mL（自然）、20.6 mU/mL（15 ℃）。20 ℃ 储藏条件下，HK 活性在 10 d 下降至 9.8 mU/mL 之后上升至 15.69 mU/mL（20 ℃）。30 ℃ 储藏条件下，郑单 958 玉米在采后初期 10 d 时，HK 活性略有上升。储藏 40 d 之后，HK 活性略有下降，当储藏至 90 d 时，HK 活性为 14.94 mU/mL。

对先玉 335 玉米采后分别储藏在自然条件下、15 ℃ 和 20 ℃ 条件下，HK 活性在采后初期 10 d 时，活性变化呈略有下降趋势，中期时 10～40 d（20 ℃）和 50 d（自然条件和 15 ℃）内均表现上升趋势，HK 活性分别上升至 20.14 mU/mL（自然）、18.54 mU/mL（15 ℃）和 15.71 mU/mL（20 ℃）。30 ℃ 储藏条件下，先玉 335 玉米在初期 10 d 时，HK 活性上升很快；当储藏至 40 d 时，下降至最低，之后

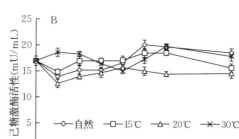

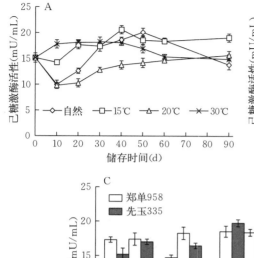

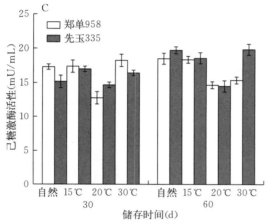

图 3-4　己糖激酶活性随时间变化曲线

A. 郑单 958　B. 先玉 335　C. 30 d 和 60 d

呈上升趋势；当储藏至 90 d 时，HK 活性为 17.97 mU/mL。

　　分别在储藏 30 d 和 60 d 时，对比两个品种四种条件下的 HK 活性。当储藏 30 d 时，两个品种之间除 15 ℃条件，其他三种条件下储藏 HK 活性差异显著（$P<0.05$），郑单 958 玉米在 20 ℃条件下时，HK 活性最低，郑单 958 玉米在自然条件、15 ℃和 20 ℃下储藏 HK 活性差异不显著（$P>0.05$），并且高于 20 ℃条件下储藏时的 HK 活性。而先玉 335 玉米在自然条件和 20 ℃下储藏后 HK 活性差异不显著（$P>0.05$），相较于 15 ℃和 30 ℃条件下储藏 HK 活性降低。

　　当储藏时间达至 60 d 时，郑单 958 玉米的 HK 活性在自然条件和 15 ℃下储藏的 HK 活性差异不显著（$P>0.05$），20 ℃和 30 ℃条件下储藏 HK 活性差异不显著（$P>0.05$），但是前者的 HK 活性高于后者的 HK 活性。先玉 335 玉米中 HK 活性在自然条件，15 ℃和 30 ℃条件下储藏，HK 活性差异不显著（$P>0.05$），均高于 20 ℃条件下储藏的玉米 HK 活性。这些变化说明，不同品种的玉米 HK 活性，在后熟过程中变化存在差异，在 20 ℃条件下储藏的玉米 HK 活性与其他三种条件下储藏的玉米 HK 活性相比较，在 20 ℃条件下储藏的玉米 HK 活性在后熟过程中均保持在较低水平。

两种玉米采后四种条件下，IDH 活性总体呈上升趋势如图 3-5A 和 B 所示。郑单 958 玉米在自然条件下、15 ℃和 20 ℃条件下 IDH 活性 90 d 内均表现上升趋势，分别由 24.94 mU/mL 上升至 38.82 mU/mL（自然）、36.03 mU/mL（15 ℃）和 35.03 mU/mL（20 ℃）。30 ℃储藏条件下，郑单 958 玉米在储藏 20 d IDH 活性上升很快，之后略有下降，当储藏至 90 d 时 IDH 活性为 36.68 mU/mL。先玉 335 玉米在自然条件和 15 ℃条件下储藏 30 d 时，IDH 活性略有下降。储藏 20 ℃条件下，IDH 活性保持不变。三种条件下储藏，IDH 活性在 30～90 d 内均表现上升趋势，分别由 24.38 mU/mL 上升至 35.28 mU/mL（自然）、32.87 mU/mL（15 ℃）和 31.11 mU/mL（20 ℃）。而在 30 ℃储藏条件下，先玉 335 玉米在储藏时间为 30 d 时，IDH 活性上升很快，之后略有下降，当储藏至 90 d 时，IDH 活性为 31.71 mU/mL。

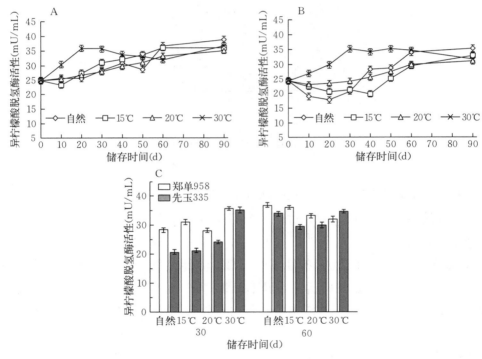

图 3-5　异柠檬酸脱氢酶活性随时间变化曲线
A. 郑单 958　B. 先玉 335　C. 30 d 和 60 d

分别在储藏 30 d 和 60 d 时，对比新收获玉米在四种条件下的 IDH 活性。当 30 d 时，两种玉米的 IDH 活性差异显著（$P < 0.05$），两种玉米储藏在 30 ℃条件下时，籽粒中 IDH 活性最高，郑单 958 玉米自然条件和 20 ℃储藏条件下 IDH 活性差异不

显著（$P>0.05$），并且，IDH 活性低于储藏在 15 ℃ 条件下的 IDH 活性。而先玉 335 玉米储藏在自然条件和 15 ℃ 下的 IDH 活性差异不显著（$P>0.05$），相较于 20 ℃ 条件下籽粒中 IDH 活性低。当储藏时间为 60 d 时，郑单 958 玉米的 IDH 活性发生了变化，储藏在自然条件和 15 ℃ 下 IDH 活性均差异不显著（$P>0.05$），储藏在 20 ℃ 和 30 ℃ 下的 IDH 活性差异不显著（$P>0.05$），但是前者 IDH 活性高于后者 IDH 活性。先玉 335 玉米 IDH 活性同样发生了变化，在自然条件和 30 ℃ 下储藏时，IDH 活性差异不显著（$P>0.05$），在 15 ℃ 和 20 ℃ 条件下储藏时 IDH 活性差异不显著（$P>0.05$），但是前者 IDH 活性高于后者 IDH 活性。后熟过程中，玉米的 IDH 活性这些变化说明，不同品种间的玉米 IDH 活性在较低温度如自然条件和 15 ℃ 条件下变化规律是不同的。当水分含量较大时，高温可以使 IDH 活性升高，但当水分较低时，IDH 活性保持恒定或下降。

5. 储藏条件对新收获玉米脂肪酸值影响

脂肪酸值是玉米贮存安全性指标，两个品种新玉米在 90 d 内的脂肪酸值变化如图 3-6 所示。收获时，两种玉米脂肪酸值最高，郑单 958 玉米脂肪酸值为 52.60 mg/100 g（以 KOH 计，下同），先玉 335 玉米的脂肪酸值为 47.45 mg/100 g，这是由于籽粒中存在较多的游离脂肪酸。

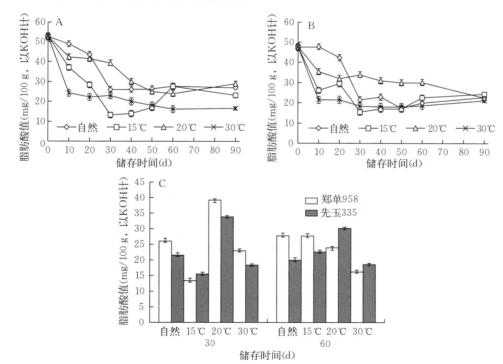

图 3-6　脂肪酸值随时间变化曲线
A. 郑单 958　B. 先玉 335　C. 30 d 和 60 d

采后储藏在 20 ℃条件下，后熟过程中，两种玉米籽粒中脂肪酸值逐渐下降，在储藏 60 d 时，郑单 958 玉米的脂肪酸值下降了 54.54%，先玉 335 玉米的脂肪酸值下降了 49.04%。随着游离脂肪酸进一步合成脂肪以及生物利用，游离脂肪酸值逐渐降低，随储藏时间延长，玉米脂肪酸值逐渐上升。新收获玉米储藏在四种条件下，脂肪酸值变化差异显著（$P<0.05$）。

脂肪酸值通常是表征玉米储藏品质重要的参数，其变化反映了玉米品质劣变程度。在粮油籽粒长期储藏过程中，其脂肪酸值随储藏时间的延长逐渐上升。脂肪在高温高湿下极易发生酸败，致使游离脂肪酸含量增加，脂肪酸值升高，品质发生劣变。脂肪酸值保持在较低水平，可以表明玉米品质较高，适宜储藏。

储藏在较高温度 30 ℃条件下的新收获玉米，采后短期内脂肪酸值下降迅速，储藏 10 d 时，即分别下降至 24.29 mg/100 g（郑单 958）和 21.44 mg/100 g（先玉 335）。继续储藏过程中，脂肪酸值下降缓慢至不变。在较低温度 15 ℃条件下储藏的玉米，脂肪酸值在 30 d 下降到最低，继续储藏脂肪酸值上升显著（$P<0.05$）。特别是对于郑单 958 品种玉米，脂肪酸值的上升表明该储藏条件下对玉米脂肪酸值变化影响较大。在储藏初期 20 d 内，储藏在自然条件下的玉米脂肪酸值下降缓慢，但在 20～30 d 时，脂肪酸值下降很快。

在玉米后熟过程中，脂肪酸值表现显著下降趋势（$P<0.05$），储藏条件影响着脂肪酸值的下降速率和程度。30 ℃储藏条件使玉米脂肪酸值下降速度高于自然条件和 20 ℃条件，15 ℃储藏条件同样使玉米脂肪酸值下降速度高于自然条件和 20 ℃条件，这可能是由于 15 ℃储藏条件下的呼吸速率相较于其他储藏条件下较高，从而消耗了更多的游离脂肪酸。

6. 储藏条件对新收获玉米籽粒中可溶性糖含量影响

由于玉米籽粒品种和生理状态存在差异，导致了可溶性糖种类和含量不同。研究玉米籽粒中可溶性糖含量变化，可以探明新玉米籽粒生理状况，为玉米品质变化提供基础数据。例如，鲜食糯玉米中可溶性糖含量很高，未成熟籽粒中可溶性糖特别是单糖含量较高，并随着储藏时间及成熟度增加其含量下降。本研究运用高效液相色谱仪分析玉米籽粒中可溶性糖含量变化，新玉米籽粒中可溶性糖包括果糖、葡萄糖、蔗糖和麦芽糖，其中果糖、葡萄糖和麦芽糖为还原性糖，蔗糖为非还原性糖。

图 3-7 为郑单 958 和先玉 335 新收获玉米采后四种储藏条件下总可溶性糖随时间变化曲线，可以看出除 15 ℃储藏，其余三种储藏条件下，玉米中可溶性糖含量在前期保持不变，储藏至 30～40 d 时，存在一个上升阶段，之后随之下降。而在15 ℃储藏条件下，可溶性糖含量上升幅度最大，表明在 90 d 内新玉米可溶性糖存在积累高峰。其中，新收获玉米在自然条件下存放，可溶性糖含量收获时 20.88 mg/g

（郑单 958）和 19.28 mg/g（先玉 335），在储藏至 40 d 分别上升至最大为 25.72 mg/g（郑单 958）和 27.96 mg/g（先玉 335）。在 15 ℃ 温度条件存放，存放 60 d（郑单 958）和 20 d（先玉 335）分别上升了 56.90％（郑单 958）和 10.44％（先玉 335）。在 20 ℃ 条件下存放，两个品种均在采后 40 d 分别上升至最大为 29.68 mg/g 和 25.16 mg/g。在 30 ℃ 温度条件下存放，两个品种在采后 40 d（郑单 958）和 30 d（先玉 335）分别上升了 11.88％ 和 46.27％。两个品种玉米存放于不同温度条件下及自然条件下，总可溶性糖含量达到积累高峰所需时间不同，较低温度 15 ℃ 所需时间要大于其他三种条件。而先玉 335 玉米在 15 ℃ 存放时可溶性糖在采后 10 d 即上升至 28.6 mg/g，随后 10～50 d 内含量变化不显著（$P > 0.05$），50 d 以后逐渐降低。

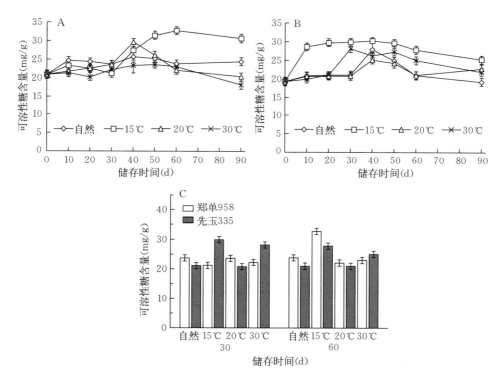

图 3-7　可溶性糖含量随储藏时间变化曲线

A. 郑单 958　B. 先玉 335　C. 30 d 和 60 d

图 3-8 为郑单 958 和先玉 335 玉米储藏在不同条件下，还原糖含量随时间变化曲线。收获时，两种玉米中还原糖含量分别为 10.17 mg/g（郑单 958）和 14.35 mg/g（先玉 335）。郑单 958 玉米储藏在四种条件下，还原糖含量均呈现峰型变化趋势，还原糖含量峰值出现时间分别为储藏 10 d（30 ℃）、30 d（自然）、40 d（20 ℃）和 60 d（15 ℃）。先玉 335 玉米中还原糖含量变化与郑单 958 玉米表现不一致，在 15 ℃ 条件下出现还原糖峰值时间为 30 d，而在自然条件、30 ℃ 和 20 ℃ 条件下存

放，90 d 内呈现先下降后上升再下降趋势，还原糖积累高峰分别出现的时间在 40 d（自然）、30 d（20 ℃）和 30 d（30 ℃）。可溶性糖和还原糖这种动态变化，表明了新收获玉米后熟过程中，蔗糖的分解与利用仍在进行，从而可能使低分子糖继续进行合成或者参与其他生理生化作用。

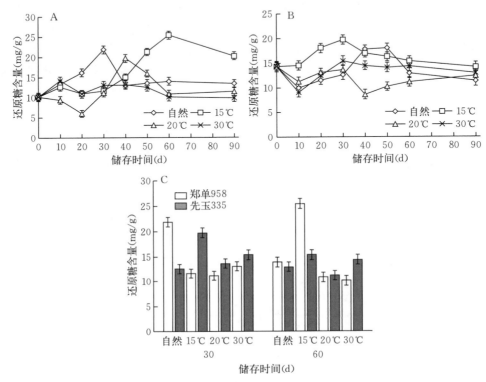

图 3-8　还原糖含量随储藏时间变化曲线

A. 郑单 958　B. 先玉 335　C. 30 d 和 60 d

7. 储藏条件对新收获玉米淀粉酶活性影响

淀粉酶普遍存在于植物中，主要包括异淀粉酶、α-淀粉酶和 β-淀粉酶。淀粉酶活性变化反映着植物重要生理状态，例如萌发的禾谷类种子淀粉酶活性最强，其休眠状态下淀粉酶活性很低。研究新玉米采后淀粉酶活性变化，可以深入了解采后籽粒生理状态，为揭示淀粉转化机理提供理论依据。新收获玉米存放于不同条件下，α-淀粉酶和 β-淀粉酶活性随采后时间变化如图 3-9 和图 3-10 所示。

收获时，郑单 958 玉米籽粒中 α-淀粉酶活性为 13.38×10^{-2} U/g，高于先玉 335 玉米的 α-淀粉酶活 9.12×10^{-2} U/g。在 30 ℃ 条件下存放时，郑单 958 玉米的 α-淀粉酶活呈现极显著上升趋势（$P < 0.01$），在 90 d 时 α-淀粉酶活达到为采收时的 2.58 倍，储藏在其他三种条件下，α-淀粉酶活变化不显著。先玉 335 玉米的 α-

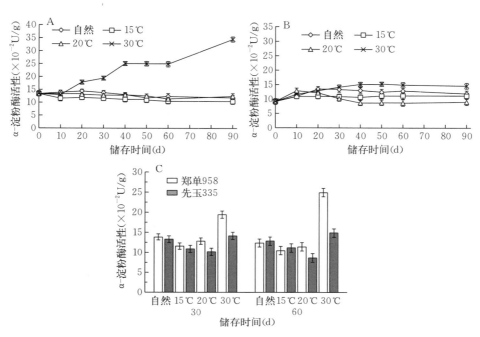

图 3 - 9 α-淀粉酶活性随储藏时间变化曲线

A. 郑单 958　B. 先玉 335　C. 30 d 和 60 d

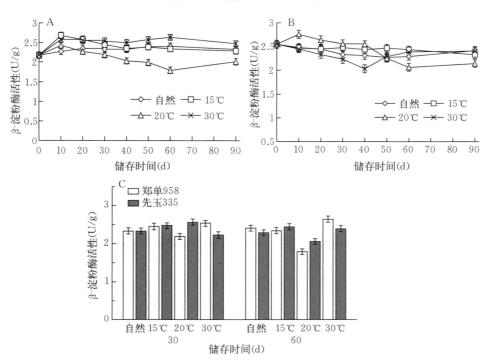

图 3 - 10 β-淀粉酶活性随储藏时间变化曲线

A. 郑单 958　B. 先玉 335　C. 30 d 和 60 d

淀粉酶活变化表现为采后初期存在活性上升阶段，储藏 40 d 之后变化差异不显著（$P>0.05$）。四种储藏条件下，存放 30 d 时，郑单 958 玉米中 α-淀粉酶活性大小顺序为 30 ℃＞自然＝20 ℃＞15 ℃，先玉 335 玉米的 α-淀粉酶活性大小顺序为 30 ℃＞自然＞15 ℃＝20 ℃。四种储藏条件下，存放 60 d 时，郑单 958 玉米中 α-淀粉酶活性大小顺序为 30 ℃＞自然＝20 ℃＝15 ℃，先玉 335 玉米的 α-淀粉酶活性大小顺序为 30 ℃＞自然＝15 ℃＞20 ℃。

两个品种玉米后熟过程中，β-淀粉酶活性变化曲线如图 3-10 所示。当储藏至 10 d 时，郑单 958 玉米 β-淀粉酶活性均小幅度增高，随时间延长，20 ℃储藏条件下，β-淀粉酶活性呈下降趋势，其余三种条件下储藏变化差异不显著（$P>0.05$）。当存放至 60 d 时，郑单 958 玉米四种条件下，β-淀粉酶活性大小顺序为 30 ℃＞自然＞15 ℃＞20 ℃。先玉 335 玉米变化规律与郑单 958 玉米不同，15 ℃条件下，玉米 β-淀粉酶活性基本保持不变，其余三种储藏条件下，β-淀粉酶活性在储藏初期整体呈下降趋势。自然条件下储藏的玉米，β-淀粉酶活性下降幅度较小，20 ℃ 和 30 ℃储藏条件下，β-淀粉酶活性分别在储藏至 60 d 和 40 d 时下降至最低。两种新收获玉米虽然处于相同采后条件下储藏，但由于品种不同，从而具有不同的生化特性，导致淀粉酶变化规律存在差异。

8. 储藏条件对 POD 和 CAT 活性影响

植物体中普遍含有 POD 和 CAT，这两种酶与植物生理代谢作用如植物呼吸作用和光合作用都有关系。在植物生长发育过程中 POD 活性不断发生变化，一般老化组织中活性较高，幼嫩组织中活性较弱。这是因为 POD 能使组织中所含的某些碳水化合物转化成木质素，增加木质化程度，所以 POD 可作为组织老化的一种生理指标。胡元森等研究了玉米籽粒中 CAT 活性在储藏过程中的变化，结果表明玉米在储藏 3 个月和 15 个月后，玉米 CAT 活性稍有降低，27 个月后，玉米 CAT 活性大幅度降低。而对经过热风和真空干燥处理的玉米进行品质评价，对干燥后玉米的品质评价指标进行筛选的结果表明，玉米的 POD 活性可从一定程度上反映玉米的品质变化情况，可作为评判玉米品质变化的指标。CAT 是过氧化物酶体的标志酶，约占过氧化物酶体酶总量的 40%，是催化过氧化氢分解成氧和水的酶。CAT 普遍存在于能呼吸的生物机体内，其酶促活性为机体提供了抗氧化防御。

两种新收获玉米，四种储藏条件下，后熟过程中 POD 活性变化曲线如图 3-11A 和 B 所示。对于新收获的郑单 958 玉米储藏在自然条件下，POD 活性 30 d 内变化差异不显著（$P>0.05$），60～90 d 时略有上升，这可能是由于环境温度低造成的。储藏在 15 ℃ 和 20 ℃条件下，POD 活性在 90 d 内均表现峰型变化，分别由 620 U/g 上升至 920 U/g（15 ℃）和 1 024 U/g（20 ℃）。30 ℃储藏条件下，郑单 958 玉米在初期 10 d 时，POD 活性略有上升，之后呈下降趋势，当储藏至 90 d 时，POD 活性为 258 U/g。对于先玉 335 玉米四种储藏条件下，POD 活性变化均呈下降趋势，四种储藏条件下降的幅度和时间不一致。自然条件下、15 ℃和 30 ℃储藏条件下，POD 活性在采后立即下降，分别由 1 060 U/g 下降至 606 U/g（自然）、572 U/g（15 ℃）和 314 U/g（30 ℃）。20 ℃储藏条件下，先玉 335 玉米在采后初期 20 d 时，POD 活性呈上升趋势，之后下降，当储藏至 90 d 时，POD 活性为 660 U/g。

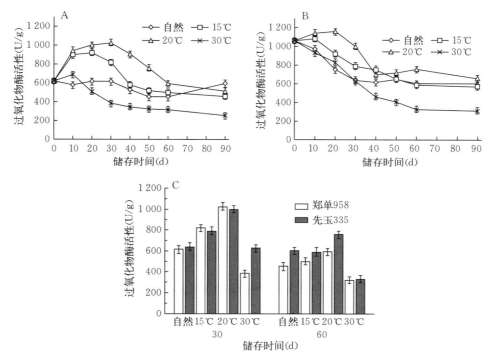

图 3-11　过氧化物酶活性随时间变化曲线

A. 郑单 958　B. 先玉 335　C. 30 d 和 60 d

在储藏至 30 d 和 60 d 时，对比两个品种，四种条件下的 POD 活性（图 3-11C）。当 30 d 时，两种玉米在 20 ℃条件下，POD 活性最高，郑单 958 玉米 POD 活性大小顺序为 20 ℃>15 ℃>自然条件>30 ℃条件。在 30 ℃条件下先玉 335 玉米 POD 活性大于郑单 958 玉米，说明先玉 335 抗温度能力高于郑单 958 玉米。当储藏时间为 60 d 时，郑单 958 玉米 POD 活性转变成自然条件和 15 ℃下 POD 活性差异不显著（$P>0.05$），20 ℃和 30 ℃下，POD 活性差异不显著（$P>0.05$），前者高于后者。先玉 335 玉米 IDH 活性转变成自然条件和 30 ℃下 POD 活性差异不显著（$P>0.05$），20 ℃下 POD 活性最高，30 ℃下 POD 活性最低。30 ℃条件下，POD 活性在两个品种玉米之间无显著差异（$P>0.05$），其他三种条件下，先玉 335 玉米 POD 活性均高于郑单 958 玉米。这些变化说明，不同品种玉米 POD 活性随储藏时间延长，整体呈下降趋势，当储藏时间 30 d 时，两个品种 POD 除较高温度 30 ℃条件下，差异不显著（$P>0.05$），而当储藏时间为 60 d 时，两个品种差异显著（$P<0.05$），郑单 958 玉米中 POD 活性下降幅度高于先玉 335 玉米品种 POD 活性的下降幅度。

两个品种玉米收获后储藏在四种条件下，后熟过程中 CAT 活性变化曲线，如图 3-12A 和 B 所示。两个品种玉米，四种储藏条件下，CAT 活性变化均呈上升趋势（$P>0.05$）。郑单 958 玉米籽粒中的 CAT 活性，由 19.4 U/g 分别上升至 36.6 U/g（自然）、68.36 U/g（15 ℃）、39.2 U/g（20 ℃）和 30 U/g（30 ℃）。较低温度 15 ℃储藏条件下，CAT 活性上升幅度最大。对于先玉 335 玉米，CAT 活性分别由 32 U/g 上升至 57 U/g（自然）、83 U/g（15 ℃）、45 U/g（20 ℃）和 67 U/g（30 ℃）。分别在储藏 30 d 和 60 d 时，对比两个品种，四种储藏条件下的 CAT 活性。当储藏至 30 d 时，两种玉米储藏在 15 ℃条件下时 CAT 活性最高，自然条件、20 ℃和 30 ℃储藏条件下郑单 958 玉米 CAT 活性差异不显著（$P>0.05$）。先玉 335 玉米的 CAT 活性均大于郑单 958 玉米。当储藏时间为 60 d 时，同样的，15 ℃储藏条件下 CAT 活性最高，30 ℃下 CAT 活性最低。四种条件下，CAT 活性在两个品种玉米之间显著差异（$P<0.05$）。这些变化说明，不同品种玉米 CAT 活性随储藏时间延长，

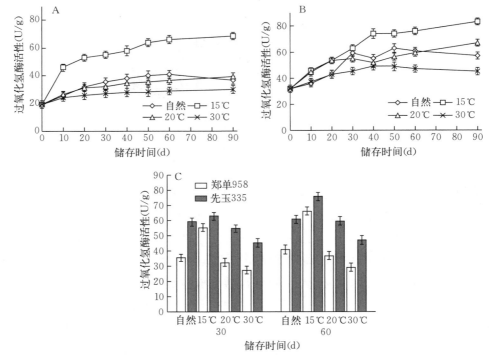

图 3-12　过氧化氢酶活性随时间变化曲线

A. 郑单 958　B. 先玉 335　C. 30 d 和 60 d

整体呈上升趋势，郑单 958 上升幅度低于先玉 335 玉米品种。比较四种储藏条件对玉米籽粒 CAT 活性的影响，保持较低温度 15 ℃下储藏时，玉米籽粒中 CAT 活性最高，表明籽粒内抗氧化防御作用升高。

（三）小结

四种储藏条件下，新收获玉米后熟过程中，籽粒水分含量降低速度存在差异，当 60 d 时，水分含量顺序为自然条件＞15 ℃＞20 ℃＞30 ℃，相同湿度条件下，低温储藏籽粒降水速率低于高温储藏籽粒降水速率。T_2 弛豫时间和水分分布呈显著变化（$P < 0.05$），储藏条件对结合水 T_{21} 的减小有显著影响。后熟过程中，自由水和准结合水相对面积比例逐渐下降至最低，结合水相对面积 A_{21} 比例逐渐增加至最高为 80%～83%。

两种玉米呼吸速率显著下降（$P < 0.05$），30 d 内时呼吸速率下降迅速，15 ℃条件下玉米呼吸速率高于 30 ℃条件下呼吸速率。可溶性糖存在积累高峰，15 ℃条件下可溶性糖含量上升幅度最高。籽粒中还原糖峰值出现时间分别为郑单 958 玉米：10 d（30 ℃）＜30 d（自然）＜40 d（20）＜60 d（15 ℃）；先玉 335 玉米为 40 d（自然），其余条件下为 30 d；HK 在 20 ℃条件下的活性比其他三种条件下低。IDH 活性整体呈上升趋势。脂肪酸值显著降低，30 d 内，15 ℃和 30 ℃储藏下，脂肪酸值下降速率最高。在 30 ℃储藏条件下存放时，郑单 958 玉米中 α-淀粉酶活显著升高（$P < 0.05$），其他三种条件下储藏时，α-淀粉酶活变化无显著差异（$P > 0.05$），先玉 335 玉米的 α-淀粉酶活性在储藏 30 d 之后，各储藏条件下呈稳定状态，活性高低顺序为 30 ℃＞自然＞15 ℃＞20 ℃。POD 活性呈下降趋势，30 ℃储藏条件下，与其他三种条件相比酶活性最低。CAT 活性整体呈上升趋势，15 ℃储藏条件下，与其他三种条件相比酶活性最高。

三、 新采收玉米后熟过程中营养组分及加工特性研究

（一）材料与方法

1. 材料与试剂

材料同第三章第一节，二、（一）1。

试剂：总淀粉试剂盒（K-TSTA 07/11），D-葡萄糖（GOPOD 法）检测试剂盒（K-GLUC）；猪胰 α-淀粉酶（分析纯）；糖化酶（分析纯）；亚硫酸氢钠，醋酸，醋酸钠，分析纯。

2. 仪器与设备

恒温恒湿培养箱（HWS，宁波东南仪器有限公司），低温冷冻研磨机（JXF-STPRP-Ⅱ，中国上海净信仪器有限公司），冻干机（Alpha1-4LDplus，德国 Christ 公司），酶标仪（Multiskan FC，美国 Thermo 公司），高速冷冻离心机

（Z36HK，德国 Hermle Labortechnik GmbH 公司），紫外分光光度计（TU－1810，北京普析通用仪器有限责任公司），容重器（GHT－1000A，上海东方衡器有限公司），超声波振荡器（KQ－300DB，上海精密仪器仪表有限公司），谷物分析仪（Infratec TM，丹麦福斯分析仪器有限公司），电子天平（BSA224S，德国赛多利斯有限公司），质构测试仪（TA－XTplus，英国 SMS 公司），快速黏度分析仪（RVA－TecMasterTM，瑞典 Perten 仪器公司），电热恒温水浴锅（DZK2－D－1，北京市永光明医疗仪器厂），漩涡混合器（XW－80A，上海精科实业有限公司）。

3. 试验方法

（1）样品储藏及处理

同第三章第一节，一、（二）3.（1）。

（2）玉米淀粉提取

淀粉提取参考文献方法，略做修改如下：玉米籽粒浸泡于 20 ℃的 0.2% 亚硫酸氢钠溶液中 48 h，剥去种皮与胚，在 1∶2 料水比条件下进行湿磨。将得到的淀粉浆液在尼龙滤布上进行 100 目和 200 目过滤，保留合并过滤 100 目、200 目之后的浆液，在室温下静止 4 h，将淀粉沉淀在 2 000 r/min 的离心速度下离心 10 min，并用蒸馏水多次洗涤淀粉沉淀，刮去上层黄色部分，重复离心 5 次，得到的玉米淀粉放入 40 ℃鼓风干燥箱中干燥 24 h，将干燥好的玉米淀粉块进行研磨，放入干燥器里室温保存。

（3）容重测定

根据 GB 1353—2009 方法，将新收获玉米籽粒均烘干水分至 18%，采用容重器测量 1 L 容量内玉米籽粒重量，平行 5 次，双试验结果允许差不超过 3 g/L。

（4）千粒重测定

根据 GB 5519—1985 方法，随机数出 5 组 500 粒籽粒，分别称重，取平均值。双试验结果允许差不超过 1.00 g，精确到 0.01 g。

千粒重（干态）＝$W \times (100 - M) \times 1\,000 / 100\,m$

式中：W 为实测试样重量（g）；M 为实际水分百分率（%）；m 为实测试样粒数。

（5）淀粉含量测定

同第二章。

（6）消化特性测定

消化特性试验参考 Englist 方法，略做修改如下：两份 200 mg 淀粉分别放入 15 mL 离心管中，分别加入 6 mL、0.2 mol/L HAc－NaAc 缓冲溶液中，放入 37 ℃水浴平衡 10 min。向离心管中分别加入 2 mL 猪胰 α－淀粉酶液（1 500 U/mL）和 2 mL 糖化酶液（150 U/mL），放入 37 ℃振荡水浴中进行反应。分别在 20 min 和

120 min 取出离心管，立即在 3 000 r/min 离心 10 min。将上清液 1 mL 加入预先放有 5 mL、80%乙醇的 10 mL 离心管中，10 000 r/min 离心 10 min，将上清液采用 GOPOD 试剂盒测定葡萄糖含量。

（7）粗蛋白质含量测定

采用近红外谷物分析仪，参照国标方法对玉米中粗蛋白含量进行测定。

（8）玉米粗脂肪含量测定

采用近红外谷物分析仪，参照国标方法对玉米中粗脂肪含量进行测定。

（9）糊化特性测定

采用 RVA 测定原粉和淀粉糊化过程中黏度特性变化。取（2.500 0±0.000 5）g 淀粉放入 RVA 专用铝盒中，加（25.000 0±0.001 0）g 去离子水搅拌均匀，制成的淀粉乳室温平衡 10 min，然后进行测定分析。具体程序为：转速 160 r/min，50 ℃ 保持 1 min，然后以 15 ℃/min 升温到 95 ℃，保持 3 min；再以等速降温到 50 ℃，保持 2 min。

（10）淀粉凝胶质构特性测定

采用 TA‑XTplus 食品物性测试仪测定淀粉凝胶特性。将采用 RVA 测定糊化特性之后的淀粉糊放置 4℃冰箱中 12 h 形成凝胶，将淀粉凝胶放置于载物平台上的固定位置，每种试样重复 10 次。探头：P/36R；参数设定：测前速度 1.0 mm/s，测试速度 2.0 mm/s，测后速度 2.0 mm/s，压缩率 60%，起点感应力 5 g，两次压缩之间的时间间隔为 5 s。

（二）数据与结果分析

1. 储藏条件对新收获玉米籽粒容重影响

玉米容重是玉米在 1 L 标准容重器中的重量，反映了玉米籽粒的饱满程度。通常情况下容重愈大，质量愈高，可以真实地反映玉米成熟度和使用价值，用以判定玉米品质及等级。水分、成熟度等都会影响容重，通常含水量与容重成反比，成熟度与容重成正比。两种新收获玉米容重的变化如图 3‑13 所示，容重在采后水分含量较高时变化剧烈，随储藏时间的延长呈上升趋势，收获时玉米的容重分别为 690.91 g/L（郑单 958）和 694.55 g/L（先玉 335），低于干燥之后容重。这是因为玉米含水量高，籽粒体积较大，快速烘干待水分降至 18%测量时，表皮来不及收缩，籽粒表面粗糙，孔隙度大，因此容重较低。待自然干燥一段时间，随着缓慢的水分散失，玉米籽粒体积不断收缩，单位体积内籽粒数量增多，相同水分含量玉米籽粒容重不断上升。当水分降至安全水以下，储藏时间为 60 d 时，玉米容重达到最大。随着时间的延长，营养物质的消耗，容重将逐渐降低。其中较高温度 30 ℃ 储藏，籽粒水分降低快速，籽粒体积缩小程度大，容重上升幅度较大。较低温度 15 ℃储藏，尽管水分降低较 30 ℃条件下慢，但是同样籽粒体积减小迅速导致该条件下容重的升高，但这并不能代表籽粒品质上升。水分含量达到最低并保持稳定时，玉米籽粒容重逐渐下降，这是由于继续储藏物质逐渐消耗。较高温度和较低温度后熟过程中，玉米籽粒内部生理生化活动剧烈，伴随着营养物质的消耗，玉米后熟过程中，容重高低不能代表籽粒品质优劣。

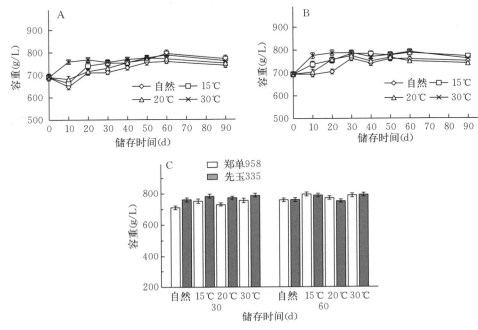

图 3-13　新收获玉米容重随储藏条件变化曲线

A. 郑单 958　B. 先玉 335　C. 30 d 和 60 d

2. 储藏条件对新收获玉米籽粒千粒重影响

谷物的千粒重是产量形成的重要因素之一，与产量极显著相关。玉米籽粒千粒重随采后储藏时间变化如表 3-6 所示，千粒重发生微小但却是显著的变化（$P<0.05$）。采收时郑单 958 籽粒千粒重平均为 350.35 g，先玉 335 千粒重平均为343.23 g，符合王楷等报道范围内。籽粒千粒重高低主要受到品种、产地及气候差异等因素影响。郑单 958 玉米后熟过程在四种条件下存放，千粒重普遍大于同时期先玉 335 玉米千粒重，这主要由于先玉 335 籽粒相较于郑单 958 籽粒体积较小的缘故。两个品种玉米采后千粒重呈下降趋势，在 60 d 时，下降幅度与采收时相比大小顺序郑单 958 玉米为 2.48%（自然）＜4.02%（20 ℃）＜5.74%（15 ℃）＜7.20%（30 ℃）。先玉 335 为 2.60%（自然）＜3.23%（20 ℃）＜7.44%（15 ℃）＜7.08%（30 ℃）。两个品种玉米储藏在自然条件和 20 ℃ 条件下，分别在采后 40 d（郑单958）和 30 d（先玉 335）之后千粒重变化不显著（$P>0.05$），在 15 ℃ 和 30 ℃ 条件下，千粒重总体表现显著下降趋势（$P<0.05$）。新收获玉米短期内由于水分

含量高，玉米呼吸作用强烈，将不断消耗营养物质以维持其生理生化代谢，较高温度会加剧这种消耗从而导致千粒重下降，低温下储藏玉米籽粒水分较其他条件下水分含量高，从而也导致玉米千粒重的下降要大于 20 ℃ 和自然储藏条件下的千粒重。

表 3-6 新收获玉米千粒重随储藏条件变化

样品	时间(d)	千粒重（g）			
		自然条件	15 ℃	20 ℃	30 ℃
郑单958	0	350.35±1.25[a]	350.35±1.25[a]	350.35±1.25[a]	350.35±1.25[a]
	10	347.12±0.97[b]	350.21±1.71[a]	351.29±1.26[a]	334.23±0.98[b]
	20	341.66±0.77[cd]	339.39±1.45[b]	347.59±1.43[b]	334.78±1.68[b]
	30	342.66±0.95[c]	336.48±1.49[c]	344.37±1.15[c]	328.01±1.35[d]
	40	339.86±0.92[de]	333.82±1.56[d]	341.51±1.10[d]	332.12±0.83[b]
	50	340.03±0.67[de]	333.14±1.66[de]	340.16±0.70[d]	331.49±1.67[c]
	60	341.67±1.23[cd]	332.76±0.98[de]	339.28±1.57[d]	330.19±0.83[c]
	90	339.56±0.90[e]	330.23±1.68[e]	336.27±1.67[e]	325.13±1.18[e]
先玉335	0	343.23±1.15[a]	343.23±1.15[a]	343.23±1.15[a]	343.23±1.15[a]
	10	330.08±0.87[b]	337.18±1.61[b]	331.79±1.17[b]	332.32±0.98[b]
	20	319.14±0.97[c]	314.98±1.35[cd]	324.92±1.34[c]	314.96±1.58[c]
	30	317.10±0.85[d]	315.40±1.29[c]	319.57±1.25[d]	310.85±1.25[e]
	40	318.52±0.82[cd]	312.80±1.46[d]	319.35±1.15[de]	307.86±0.92[e]
	50	317.91±0.87[cd]	309.86±1.36[e]	318.19±0.80[de]	306.39±1.37[ef]
	60	318.04±1.23[cd]	308.13±0.89[e]	318.06±1.47[de]	306.09±0.73[ef]
	90	318.32±0.90[cd]	307.71±1.59[e]	317.13±1.58[e]	305.51±1.08[f]

注：相同列中不同字母表示差异显著（$P<0.05$）。

3. 储藏条件对新收获玉米总淀粉含量影响

玉米籽粒中淀粉含量在 65%～72% 范围内，因品种、产地、气候、种植条件及检测方法不同而变化。为了更加精确测定玉米采后自然干燥过程中总淀粉含量变化情况，利用淀粉葡糖苷酶/α-淀粉酶方法，采用总淀粉试剂盒对新收获玉米采后干基中淀粉含量进行测定分析，玉米籽粒总淀粉含量随采后储藏时间变化如表 3-7 所示，新收获玉米各储藏条件下淀粉含量随存放时间发生微小的却是显著的变化（$P<0.05$）。采收时郑单 958 籽粒淀粉质量百分含量平均为 67.26 g/100 g，先玉 335 籽粒淀粉质量百分含量平均为 65.44 g/100 g，这与张中东等报道粗淀粉含量偏低，这可能主要由于测量方法差异造成，其他因素如品种、产地及气候等也会影响淀粉含量的数值。

表 3-7　新收获玉米总淀粉含量随储藏条件变化

样品	时间 (d)	总淀粉含量（g/100 g）			
		自然条件	15 ℃	20 ℃	30 ℃
郑单 958	0	67.25±0.68c	67.25±0.68a	67.25±0.68c	67.25±0.68ab
	10	66.34±0.46d	65.54±0.54b	66.07±0.52c	67.23±0.35ab
	20	69.20±0.50b	64.29±0.56c	67.08±0.47d	67.70±0.41a
	30	70.15±0.47a	63.06±0.49d	68.69±0.38c	67.73±0.38a
	40	70.36±0.43a	61.72±0.60e	70.08±0.41b	67.40±0.40ab
	50	70.43±0.43a	61.49±0.57e	70.46±0.37a	66.54±0.37bc
	60	70.08±0.39a	61.03±0.47e	69.14±0.36a	65.78±0.37c
	90	68.69±0.51b	61.08±0.53e	67.09±0.42b	64.02±0.41d
先玉 335	0	65.43±0.75c	65.43±0.75a	65.43±0.75d	65.43±0.75c
	10	65.33±0.47c	64.06±0.43b	66.99±0.46c	65.52±0.41c
	20	65.43±0.37c	63.96±0.45b	67.23±0.47bc	65.90±0.48bc
	30	68.48±0.38a	63.81±0.39b	68.39±0.38a	66.65±0.51ab
	40	68.47±0.41a	64.90±0.49ab	68.48±0.41a	66.91±0.46a
	50	68.01±0.37ab	64.57±0.72ab	68.14±0.40a	66.89±0.43a
	60	67.85±0.42ab	64.64±0.64ab	68.01±0.43ab	66.60±0.39ab
	90	67.47±0.34b	64.76±0.53ab	68.07±0.35ab	66.48±0.39ab

注：相同列中不同字母表示差异显著（$P<0.05$）。

　　郑单 958 玉米采后在四种条件下存放，总淀粉含量变化大于先玉 335 品种。郑单 958 品种在自然条件下和 20 ℃条件下存放，总淀粉含量在 50 d 内呈上升趋势，在 50 d 时均上升为采收时的 4.73%，30 ℃条件下总淀粉含量基本保持不变，后期略有下降，而 15 ℃条件下总淀粉随时间的延长含量逐渐下降，下降幅度为 9.17%（90 d）。先玉 335 玉米储藏在自然条件和 20 ℃条件下在 30 d 淀粉含量上升至最大，均上升了约 4.66%。30 ℃条件下储藏玉米淀粉含量变化不显著（$P>0.05$），在 15 ℃条件下储藏总淀粉含量总体表现略微减少，储藏 40 d 后玉米淀粉含量变化不显著（$P>0.05$）。淀粉含量变化是采后糖类物质生理生化变化共同作用的结果，一方面新收获玉米淀粉合成仍然继续，另一方面呼吸作用等生命活动所消耗可溶性糖进而导致淀粉分解。试验结果表明，后熟过程中温度对淀粉含量影响显著（$P<0.05$），这种显著影响会因品种差异而变化。东北地区自然条件特点为昼夜温差大，相对湿度变化大，储藏在自然条件下，对两种玉米淀粉含量影响表现为与储藏在 20 ℃，相对湿度为 55%条件下相近。而新收获玉米收获后在温度为 30 ℃和 15 ℃，相对湿度为 55%后熟条件下，都不利于淀粉进一步合成及储藏稳定性。这可能是由于籽粒内部生理生化活动受到水分含量、温度共同作用，高温虽有助于籽粒干燥

的进行，但同时提高营养物质消耗作用，低温使酶活性降低但是籽粒在长时间保持较高水分含量。

4. 储藏条件对新收获玉米粗蛋白含量影响

玉米籽粒中粗蛋白含量在 $5\%\sim11\%$ 范围内，其含量会受到品种、产地、气候、种植条件与检测方法的影响。两种玉米采收后，分别在四种条件下储藏 90 d，籽粒中粗蛋白含量变化如表 3-8 所示，两个品种玉米粗蛋白含量采收时分别为 9.35%（郑单 958）和 9.56%（先玉 335），先玉 335 品种玉米高于郑单 958 品种玉米。

表 3-8　新收获玉米粗蛋白含量随储藏时间变化

样品	时间 (d)	粗蛋白含量（g/100 g）			
		自然条件	15 ℃	20 ℃	30 ℃
郑单 958	0	9.35±0.12[c]	9.35±0.12[b]	9.35±0.12[c]	9.35±0.12[ab]
	10	9.66±0.11[b]	9.65±0.11[a]	9.75±0.13[a]	9.56±0.11[a]
	20	9.75±0.10[ab]	9.21±0.14[b]	9.73±0.12[a]	9.46±0.13[a]
	30	9.80±0.14[ab]	8.93±0.12[c]	9.57±0.11[ab]	9.37±0.12[ab]
	40	9.79±0.12[ab]	8.80±0.11[c]	9.31±0.12[c]	9.20±0.11[bc]
	50	9.79±0.11[ab]	8.80±0.14[c]	9.31±0.09[c]	9.20±0.10[bc]
	60	9.87±0.11[ab]	8.91±0.10[c]	9.33±0.11[c]	9.13±0.14[c]
	90	9.93±0.13[a]	9.00±0.12[c]	9.43±0.10[bc]	9.03±0.12[c]
先玉 335	0	9.56±0.13[a]	9.56±0.13[ab]	9.56±0.13[a]	9.56±0.13[ab]
	10	9.63±0.13[a]	9.65±0.11[ab]	9.57±0.13[a]	9.35±0.14[c]
	20	9.66±0.14[a]	9.75±0.13[a]	9.62±0.12[a]	9.45±0.12[b]
	30	9.63±0.10[a]	9.73±0.12[a]	9.63±0.14[a]	9.75±0.13[a]
	40	9.60±0.12[a]	9.57±0.11[ab]	9.62±0.12[a]	9.70±0.11[a]
	50	9.66±0.11[a]	9.58±0.12[ab]	9.63±0.11[a]	9.43±0.13[c]
	60	9.67±0.13[a]	9.45±0.12[c]	9.60±0.13[a]	9.41±0.12[c]
	90	9.66±0.14[a]	9.46±0.10[c]	9.56±0.12[a]	9.35±0.14[c]

注：相同列中不同字母表示差异显著（$P<0.05$）。

对于新收获先玉 335 玉米品种，收获后储藏 90 d 内的粗蛋白含量保持不变。在对小麦后熟过程中蛋白含量变化研究中发现，蛋白质量的变化不显著，而蛋白组成及结构发生了显著变化。本研究表明，玉米醇溶蛋白和玉米谷蛋白在采后 30 d 内发生了分子结构的变化。新收获玉米各储藏条件下，粗蛋白含量随存放时间发生微小的却是显著的变化（$P<0.05$）。郑单 958 玉米收获后在四种条件下存放，粗蛋白含量变化大于先玉 335 玉米，10 d 内籽粒粗蛋白含量呈均呈上升趋势。其中，随着储藏时间的延长，自然条件下存放的玉米粗蛋白含量基本保持不变，在 90 d 时均上升为 9.93%。而 15 ℃、20 ℃和 30 ℃条件下粗蛋白含量随时间的延长逐渐

下降，90 d 时的粗蛋白含量与 10 d 时的粗蛋白最高值相比，下降幅度为 6.7%（15 ℃）、3.3%（20 ℃）和 5.5%（30 ℃）。后熟过程中，15 ℃和 30 ℃储藏条件对玉米粗蛋白均具有不良影响。新收获先玉 335 玉米四种储藏条件下，粗蛋白含量变化不显著（$P > 0.05$）。

粗蛋白含量变化是采后生理生化变化共同作用的结果，一方面新收获玉米大分子蛋白质合成仍然继续，另一方面生命活动消耗蛋白质进而导致蛋白质含量下降。试验结果表明，后熟过程中，温度对郑单 958 玉米品种粗蛋白含量影响显著（$P < 0.05$），而对先玉 335 玉米粗蛋白含量影响不显著（$P > 0.05$）。郑单 958 玉米收获后，在恒定相对湿度为 55%，温度为 30 ℃和 15 ℃条件都不利于粗蛋白进一步合成及储藏稳定性。这是由于籽粒内部生理生化活动受到水分含量和温度共同作用，高温虽有助于籽粒干燥的进行，但同时提高营养物质消耗作用，低温使酶活性降低，籽粒在长时间保持较高水分含量，不利于进一步储藏。

5. 储藏条件对新收获玉米粗脂肪含量影响

玉米籽粒粗脂肪含量是评价玉米食用品质重要指标，玉米粗脂肪含量变异程度很大，变幅在 3%～8%范围内，受到气候、土壤、地点等多种因素影响。利用近红外吸收方法测定玉米粗脂肪含量是国标方法，玉米籽粒粗脂肪含量随采后储藏时间变化如表 3-9 所示，采收时郑单 958 玉米籽粒粗脂肪含量为 4.2 g/100 g，先玉 335 籽粒粗脂肪含量为 4.15 g/100 g。郑单 958 玉米采后在四种条件下存放粗脂肪含量大于先玉 335 玉米粗脂肪含量。

表 3-9　新收获玉米粗脂肪含量随储藏时间变化

样品	时间（d）	粗脂肪含量（g/100 g）			
		自然条件	15 ℃	20 ℃	30 ℃
郑单 958	0	4.20±0.07ᵃ	4.20±0.08ᵃ	4.20±0.08ᵃ	4.20±0.08ᵃ
	10	4.23±0.08ᵃ	4.10±0.07ᵃ	4.15±0.06ᵃ	3.95±0.09ᵇ
	20	4.23±0.06ᵃ	3.93±0.06ᵃ	4.13±0.06ᵃ	3.93±0.09ᵇ
	30	4.30±0.07ᵃ	4.20±0.07ᵃ	3.87±0.07ᵇ	3.90±0.07ᵇ
	40	4.23±0.08ᵃ	4.10±0.05ᵃ	3.83±0.08ᵇ	3.93±0.08ᵇ
	50	4.27±0.05ᵃ	4.10±0.06ᵃ	3.83±0.07ᵇ	3.93±0.06ᵇ
	60	4.11±0.08ᵃ	4.08±0.06ᵃ	3.80±0.06ᵇ	3.90±0.07ᵇ
	90	4.11±0.06ᵃ	4.10±0.06ᵃ	3.80±0.08ᵇ	3.87±0.08ᵇ
先玉 335	0	4.15±0.08ᵃ	4.15±0.08ᵃ	4.15±0.08ᵃ	4.15±0.08ᵃ
	10	3.97±0.07ᵃ	3.95±0.09ᵃ	3.90±0.07ᵇ	3.70±0.08ᵇ
	20	4.07±0.08ᵃ	4.03±0.07ᵃ	3.87±0.05ᵇ	3.70±0.09ᵇ
	30	3.90±0.06ᵃ	4.03±0.08ᵃ	3.87±0.06ᵇ	3.73±0.07ᵇ

（续）

样品	时间 (d)	粗脂肪含量（g/100 g）			
		自然条件	15 ℃	20 ℃	30 ℃
先玉 335	40	4.06±0.07ᵃ	4.05±0.06ᵃ	3.80±0.08ᵇ	3.57±0.08ᶜ
	50	4.10±0.08ᵃ	4.05±0.05ᵃ	3.80±0.07ᵇ	3.57±0.06ᶜ
	60	3.91±0.05ᵃ	3.83±0.07ᵃ	3.83±0.08ᵇ	3.60±0.05ᶜ
	90	3.90±0.05ᵃ	4.00±0.05ᵃ	3.80±0.06ᵇ	3.57±0.06ᶜ

注：相同列中不同字母表示差异显著（$P<0.05$）。

在自然和 15 ℃的储藏条件下，新收获玉米中粗脂肪含量随存放时间的变化不显著，而在 20 ℃和 30 ℃条件下粗脂肪含量随时间的延长，含量逐渐下降。20 ℃储藏至 90 d 时，下降幅度为 9.5%（郑单 958）和 8.4%（先玉 335）。30 ℃储藏至 90 d 时，下降幅度为 7.9%（郑单 958）和 14.0%（先玉 335）。粗脂肪含量变化是采后籽粒组成物质生理生化变化共同作用的结果，脂肪酸含量降低表明新收获玉米脂肪合成仍然继续，生命活动消耗脂肪导致脂肪分解氧化。同时籽粒内淀粉和蛋白含量变化也会影响粗脂肪相对含量变化，特别是水分分布不均一同样会影响粗脂肪含量的测定结果。试验结果表明，自然条件对两种玉米粗脂肪含量影响表现为与 15 ℃、相对湿度为 55%条件相近，脂肪含量无显著差异（$P>0.05$）。而新玉米在温度为 20 ℃和 30 ℃条件下储藏，相对湿度为 55%条件下，粗脂肪含量低于自然条件和 15 ℃储藏条件下的玉米粗脂肪含量。

6. 储藏条件对新收获玉米淀粉体外消化特性影响

Englyst 等（1992）根据淀粉被消化酶酶解速率，将淀粉分类成快消化淀粉（RDS）、慢消化淀粉（SDS）和抗性淀粉（RS），这一方法的建立使在体外条件下快速测淀粉营养特性成为可能。玉米淀粉在体外消化试验中，淀粉颗粒分别在酶解 20 min 和 120 min 时的 SEM 图如图 3-14 所示。淀粉在体外消化时间仅为 20 min 时，淀粉颗粒被酶解出现空洞，部分淀粉颗粒破碎，可以看出淀粉颗粒的多层结构。随着酶解时间的增加，淀粉颗粒碎裂得更加严重，此时剩余淀粉就是 RS。四种储藏条件下，玉米淀粉体外消化特性变化如图 3-15 所示，RDS、SDS 和 RS 含量变化在后熟过程中差异显著（$P<0.05$）。新收获先玉 335 玉米淀粉中 RDS 含量要小于郑单 958 玉米淀粉，淀粉中 SDS 和 RS 含量均高于郑单 958 玉米淀粉。储藏时间、种植条件、品种等因素会影响玉米淀粉的消化特性，本研究中两种新收获玉米淀粉 RS 值高于文献报道中普通玉米淀粉 RS 值，这可能主要是由于玉米本身处于后熟阶段，储藏时期较短的原因造成的。

两种玉米随储藏时间的延长，抗性淀粉（RS）含量逐渐升高，如图 3-15 所示。20 ℃储藏条件下，抗性淀粉含量在采后 30~40 d 时达到了 35.7%（郑单 958）和 37.2%（先玉 335），之后继续存放至 90 d 时，RS 含量呈微小下降趋势。

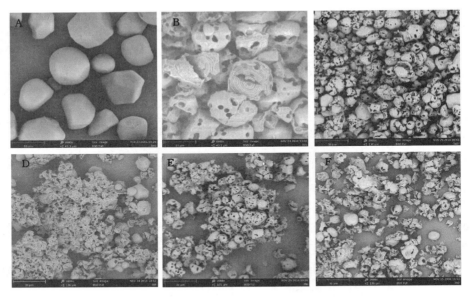

图 3-14 玉米淀粉体外消化过程中淀粉粒的扫描电镜图片

A. 未消化淀粉颗粒 B. 部分消化淀粉颗粒 C、D. 郑单 958 淀粉分别消化 20 min 和 120 min E、F. 先玉 335 淀粉分别消化 20 min 和 120 min

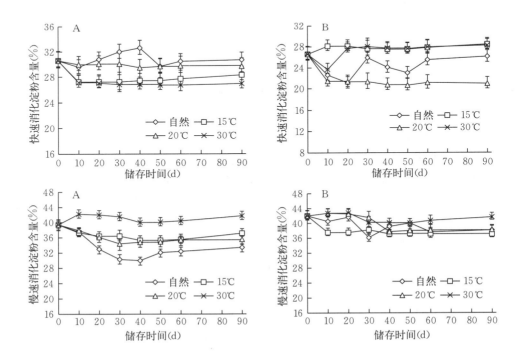

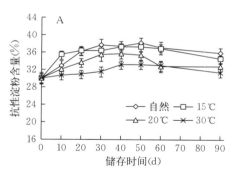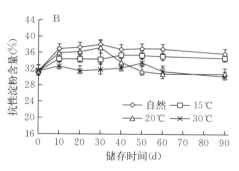

图 3-15　不同储藏条件下玉米淀粉体外消化特性变化

A. 郑单 958　B. 先玉 335

分别对比两个玉米品种采收后各储藏条件下 RDS、SDS 和 RS 含量变化，表明郑单 958 玉米淀粉中 RDS 含量下降最大的是储藏在 30 ℃条件下，储藏至 90 d 时淀粉中 RDS 含量大小顺序为：储藏条件自然＞20 ℃＞15 ℃＞30 ℃。郑单 958 玉米淀粉中 SDS 含量下降最大的是储藏在自然条件下，储藏至 90 d 时淀粉中 SDS 含量大小顺序为：储藏条件 30 ℃＞15 ℃＞20 ℃＞自然。郑单 958 玉米淀粉中 RS 含量上升最大的是储藏在自然条件下，储藏至 90 d 时淀粉中 RS 含量大小顺序为：储藏条件自然＞15 ℃＞20 ℃＞30 ℃。

先玉 335 玉米淀粉中 RDS 含量下降最大的是储藏在 20 ℃条件下，储藏至 90 d 时淀粉中 RDS 含量大小顺序为：储藏条件＞自然＞20 ℃＞15 ℃＝30 ℃。郑单 958 玉米淀粉中 SDS 含量，储藏至 90 d 时 30 ℃储藏条件下含量最大。储藏至 90 d 时，先玉 335 玉米淀粉中 RS 含量最大的是储藏在自然条件和 15 ℃下，而在 20 ℃和 30 ℃储藏条件下，RS 与收获时相比差异不显著（$P>0.05$）。研究结果表明，新玉米在储藏过程中，随后熟的进行，淀粉体外酶解程度降低。这可能是由于后熟过程中，淀粉分子结构发生变化所导致的，同时不同的储藏条件对淀粉的体外消化特性存在着显著的影响（$P<0.05$）。

7. 储藏条件对玉米原粉和玉米淀粉糊化特性影响

糊化特性是淀粉基食品重要的加工特性，淀粉糊化过程中从黏度变化曲线上得到的糊化温度、峰值黏度、崩解值、回生值和终止黏度是指导食品加工的重要参数，对指导生产实践具有重要意义。新收获玉米原粉进行不同储藏温度、不同时间 RVA 测定分析见图 3-16。玉米原粉中包含蛋白和脂肪等多种组分，升温过程中，黏度的变化是这些组分共同作用的结果。玉米原粉糊化的峰值时间和糊化温度在后熟过程中变化差异不显著（$P>0.05$）。

郑单 958 玉米原粉峰值黏度在四种储藏条件下呈先下降后上升趋势（图 3-16）。其中自然条件和 20 ℃条件储藏，峰值黏度分别在采后 50 d 下降了 29.0％和

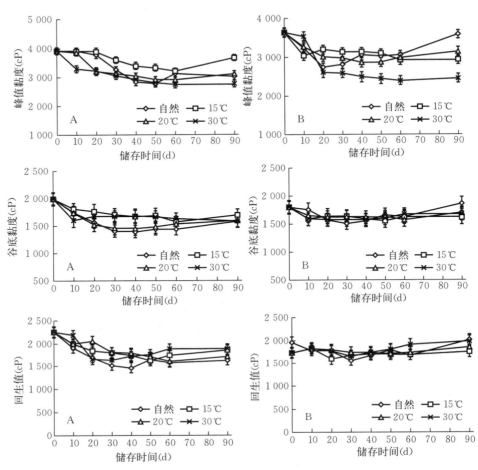

图 3-16　新收获玉米原粉糊化特性变化

A. 郑单 958　B. 先玉 335

25.5%，继续储藏峰值黏度逐渐上升。15 ℃和 30 ℃条件下储藏，峰值黏度分别在采后 60 d 下降了 18.0%和 29.8%，继续储藏峰值黏度逐渐上升，30 ℃储藏条件下其下降的幅度最大。先玉 335 玉米原粉在后熟过程中峰值黏度变化趋势与郑单 958 基本相同。自然储藏条件下，在 20 d 时峰值黏度下降了 24.6%，继续储藏其逐渐缓慢上升。15 ℃和 30 ℃储藏条件下，峰值黏度在采后 60 d 时下降了 19.6%和 34.3%并降为最低。20 ℃储藏条件下，峰值黏度在采后 40 d 时下降了 21.3%并降为最低。同样的，先玉 335 玉米品种在 30 ℃储藏条件下原粉峰值黏度下降幅度最大。

郑单 958 玉米原粉谷底黏度在四种条件下储藏，呈初期下降、中期保持不变、后期略有上升趋势（图 3-16）。其中自然条件下、15 ℃和 20 ℃条件下储藏，谷底黏度分别在采后 30 d 时，下降了 29.7%、14.5%和 26.8%，继续储藏至 60 d 时，谷底黏度变化不显著。30 ℃储藏条件下，谷底黏度在采后 10 d 下降了 16.5%，继续储藏，谷底黏度变化不显著（$P>0.05$），自然条件下储藏其下降幅度最大。先玉 335 玉米原粉在储藏过程中谷底黏度变化趋势与郑单 958 基本相同，自然储藏条件下，谷底黏度在 30 d 时下降了 16.3%，之后逐渐缓慢上升。其余三种条件下，谷底黏度在后熟初期 10 d 时呈下降趋势，继续储藏随时间延长其变化不显著（$P>0.05$）。

在四种储藏条件下，郑单 958 玉米原粉回生值呈先下降后上升趋势，采收时的原粉回生值最高。其中，自然条件下储藏回生值在采后 40 d 下降了 35.4%，继续储藏回生值逐渐上升。15 ℃、20 ℃和 30 ℃储藏条件下回生值分别下降了 27.9%（50 d）、28.6%（60 d）和 26.4%（20 d），继续储藏回生值逐渐上升。新收获玉米在自然条件下储藏，原粉回生值下降幅度最大。先玉 335 玉米储藏在自然条件下，原粉在 30 d 回生值下降了 10.5%，之后逐渐缓慢上升。储藏在 15 ℃和 30 ℃条件下，原粉回生值在采后 20 d 和 30 d 分别下降了 8.0%和 4.6%，降为最低。储藏在 20 ℃条件下，原粉回生值在后熟初期呈上升趋势，30~60 d 时回生值变化差异不显著（$P>0.05$），继续储藏原粉回生值略有上升。当储藏时间为 90 d 时，此时先玉 335 原粉糊化回生值高于采收时原粉糊化回生值。

为了解新收获玉米后熟过程中，淀粉糊化特性的变化及储藏条件对其影响，对新收获玉米籽粒在不同储藏条件下，储藏不同时间时所提取的淀粉进行 RVA 测定分析，结果见图 3-17。自然储藏条件下，郑单 958 和先玉 335 的糊化温度范围分别为 71.9~73.4 ℃和 72.7~74.4 ℃，峰值黏度范围为 2 655~2 866cP 和 2 835~2 901cP，崩解值范围 981~1 108cP 和 960~1 159cP，回生值范围 1 069~1 162cP 和 949~1 126cP，终止黏度范围 2 743~3 018cP 和 2 789~3 040cP，与文献报道相一致。各储藏时期玉米淀粉的峰值时间和糊化温度在四种条件下随时间变化差异不显著（$P>0.05$）。

在自然储藏条件下，郑单 958 玉米淀粉峰值黏度在储藏 40 d 内时，呈现上升趋势，继续储藏保持不变。在 15 ℃、20 ℃和 30 ℃三种储藏条件下，峰值黏度呈先上升后下降趋势。其中，自然储藏条件下淀粉峰值黏度在采后 40 d 上升了 8.3%，继续储藏峰值黏度无显著变化（$P>0.05$）。储藏在 15 ℃、20 ℃和 30 ℃条件下，淀粉峰值黏度分别在采后 30 d（15 ℃）、40 d（20 ℃）和 40 d（30 ℃）上升至最高。其中 15 ℃储藏条件下，淀粉峰值黏度上升幅度最大。当储藏 90 d 时，郑单 958 峰值黏度大小顺序为 2 866cP（自然）＞2 825cP（15 ℃）＞2 817cP（20 ℃）＞2 805cP（30 ℃）。先玉 335 玉米淀粉峰值黏度变化趋势与郑单 958 基本相同，储藏在自然条件下在 30 d 时上升了 2.3%，之后继续储藏变化差异不显著（$P>0.05$）。15 ℃、20 ℃和 30 ℃储藏条件下，峰值黏度均在采后约 30 d 上升至最高，继续储藏均呈下降趋势。此时，上升幅度最大的储藏条件是 20 ℃条件。30~90 d 储藏在这三种条件下，淀粉峰值黏度均呈下降趋势，下降幅度最大的储藏条件是 30 ℃条件。当

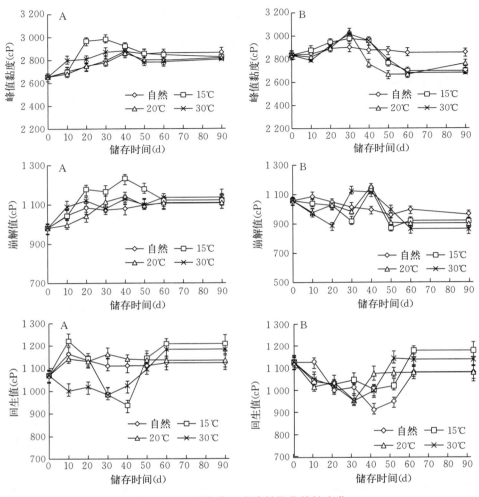

图 3-17　新收获玉米淀粉糊化特性变化

A. 郑单 958　B. 先玉 335

90 d 时，先玉 335 峰值黏度大小顺序为 2 856cP（自然）＞2 760cP（20 ℃）＞2 695cP（15 ℃）＞2 679cP（30 ℃）。在自然条件下储藏 90 d 时，两个品种玉米淀粉的峰值黏度最大，其他三种条件峰值黏度均表现出不同程度的下降。

在四种储藏条件中，自然储藏条件下，郑单 958 玉米淀粉崩解值在 10 d 内时呈现上升趋势，继续储藏崩解值保持不变。在 15 ℃、20 ℃和 30 ℃三种储藏条件下，崩解值呈先上升后下降趋势。其中，自然储藏条件下淀粉崩解值在采后 10 d 上升了 6.5%，继续储藏崩解值无显著变化（$P＞0.05$）。储藏在 15 ℃、20 ℃和 30 ℃条件下，淀粉崩解值分别在采后约 40 d 时上升至最高。其中 15 ℃储藏条件下，淀粉崩解值上升幅度最大。当 90 d 时，郑单 958 崩解值无显著差异（$P＞$

0.05）。先玉 335 玉米淀粉崩解值变化趋势为，储藏在自然条件下崩解值呈缓慢下降趋势。15 ℃、20 ℃和 30 ℃储藏条件下，淀粉崩解值均在采后 30～40 d 上升至最高，继续储藏均呈下降趋势。此时，上升幅度最大的储藏条件是 20 ℃储藏条件。储藏在这三种条件下 40～90 d 时，崩解值黏度均呈下降趋势，下降幅度最大的储藏条件是 30 ℃条件。当储藏 90 d 时，先玉 335 崩解值大小顺序为 961cP（自然）＞921cP（15 ℃）＞903cP（20 ℃）＞865cP（30 ℃）。

四种储藏条件下，郑单 958 玉米淀粉回生值呈现不同的变化趋势。其中，玉米在自然条件下和 20 ℃储藏，淀粉回生值在采后 10 d 呈上升趋势，继续储藏回生值变化差异不显著（$P＞0.05$）。玉米籽粒储藏在 15 ℃条件下，淀粉回生值变化剧烈，在储藏 40 d 时下降至最低，继续储藏淀粉回生值又继续升高至最高，60 d 之后保持不变。储藏在 30 ℃条件下，淀粉回生值在采后 30 d 下降了 8.0%，继续储藏淀粉回生值逐渐上升。四种储藏条件中，自然条件下储藏 90 d 时，郑单 958 玉米淀粉回生值最低，15 ℃条件储藏 90 d 时，玉米淀粉回生值最高。自然、20 ℃和 30 ℃储藏条件下，先玉 335 玉米淀粉在 30～40 d 时淀粉回生值呈下降趋势，继续储藏过程中淀粉回生值逐渐上升。玉米籽粒储藏在 15 ℃条件下，玉米淀粉回生值在采后 60 d 显著上升（$P＜0.05$）。玉米储藏在四种条件下，储藏 90 d 时，先玉 335 玉米淀粉在 15 ℃储藏条件下的淀粉回生值最大为 1 177cP。研究表明储藏在较低温度 15 ℃条件下，两种玉米淀粉的回生值均要高于其他三种条件下储藏，而玉米储藏在自然条件下，两种玉米淀粉的回生值均低于其他三种条件下储藏。

淀粉糊化过程中，峰值黏度和回生值的变化受到淀粉分子中直链淀粉含量、支链的链长分布、粒度分布等因素影响。据报道，淀粉颗粒无定型区中，直链的链长同支链的分布形式均会影响淀粉糊化特性。Srichuwong 等报道，淀粉峰值黏度依赖于直链淀粉含量和支链中长短支链的比例，而回生值主要受到支链淀粉中支链分布形式影响。通常情况下，直链淀粉含量越多，回生值越大，支链含量越多，峰值黏度越大，回生值越小。支链淀粉中长链含量较高的淀粉峰值黏度要比长链含量较少的淀粉峰值黏度高的多。淀粉糊化特性的变化，说明在玉米后熟过程中，淀粉的分子结构仍然发生变化。

8. 储藏条件对新收获玉米淀粉凝胶质构特性影响

淀粉分子受水和热的作用后，即糊化过程结束后，会形成具有一定弹性和强度的三维网状凝胶结构。这种三维网状凝胶结构是糊化后从淀粉分子中渗析出来的直链淀粉，在降温冷却过程中以双螺旋形式相互缠绕，进而形成凝胶网络，并可在局部形成有序化的微晶结构。研究表明，淀粉凝胶质构特性会受到水分含量、温度、直链淀粉含量和链长分布等多种因素的影响。冷却后的凝胶因支链淀粉和直链淀粉重新结晶而具有一定硬度，黏聚性代表凝胶内部结构的强度。新收获玉米后熟过程中，储藏条件对玉米淀粉凝胶质构特性影响如图 3-18 所示。其中，弹性和回复性变化差异不显著（$P>0.05$），未在图中列出。

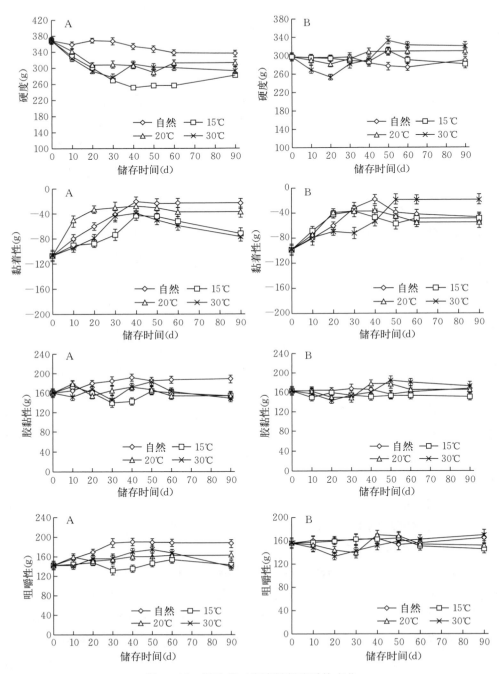

图 3-18 新收获玉米淀粉凝胶质构变化

A. 郑单 958 B. 先玉 335

随储藏时间的延长，郑单958玉米四种储藏条件下玉米淀粉的凝胶硬度呈下降趋势，其中低温15℃储藏条件，淀粉凝胶硬度下降最大，下降最缓慢的是籽粒储藏在自然条件下。先玉335玉米储藏在自然和15℃条件下，凝胶硬度变化差异不显著，储藏在20℃和30℃条件下，凝胶硬度20 d后呈上升趋势。四种储藏条件下，郑单958玉米淀粉凝胶黏着性在储藏0～40 d时间段均表现逐渐上升，之后储藏在自然条件下的玉米，其淀粉凝胶黏着性变化不显著（P＞0.05），其余三种温度条件都呈现不同程度的下降，30℃条件下储藏黏着性的下降幅度最大。而先玉335储藏在自然条件和20℃条件下黏着性呈峰型变化，30℃条件下储藏，50 d内呈上升趋势，之后变化不显著。15℃条件下储藏，20 d内呈上升趋势，之后变化不显著。

对应不同储藏条件下郑单958玉米淀粉凝胶胶着性变化结果表明，在储藏约60 d后胶着性变化不显著，先玉335淀粉凝胶整体表现在自然和15℃条件下储藏时胶着性变化不显著，20℃和30℃储藏过程中淀粉凝胶在40～50 d呈上升趋势。对应不同储藏条件下，郑单958玉米的淀粉凝胶咀嚼性变化结果表明，在储藏过程中凝胶咀嚼性呈上升趋势，上升幅度最大的条件是自然条件，上升幅度最小的为15℃条件。自然条件下储藏30 d后咀嚼性无显著变化。较高温度30℃条件储藏，使玉米淀粉凝胶咀嚼性在50 d之后显著下降。20℃条件下储藏，咀嚼性变化差异不显著。先玉335淀粉凝胶整体表现在自然和15℃条件下储藏时咀嚼性变化不显著，20℃和30℃储藏过程中淀粉凝胶咀嚼性呈先下降后上升趋势。

本研究中淀粉凝胶的形成均在相同的试验条件下，即加水分量、糊化过程、冷却时间和温度均一致，所以凝胶特性的改变代表着，玉米后熟过程中，其淀粉分子组成和结构发生了变化，这些变化可能是由于玉米淀粉在后熟过程中，其直链淀粉含量和支链链长分布等变化引起的。

（三）小结

后熟过程中，储藏30 d内籽粒容重整体呈上升趋势。在自然和20℃储藏条件下，籽粒千粒重呈下降趋势，在30～40 d下降至最低，之后随储藏时间延长降低不显著。15℃和30℃储藏条件下，千粒重持续下降。郑单958玉米在自然条件和20℃条件下，总淀粉含量在50 d时上升为采收时的4.73%。先玉335玉米储藏30 d时，淀粉含量上升4.66%。储藏条件对先玉335玉米品种粗蛋白含量影响不显著。郑单958玉米15℃和30℃储藏条件下，粗蛋白含量呈下降趋势。自然和15℃储藏条件下的玉米粗脂肪含量无显著变化（P＞0.05）。后熟过程中，玉米抗性淀粉整体呈上升趋势，在30～40 d时上升至最高。30℃储藏条件下的玉米抗性淀粉含量，与其他三种条件相比较低。

后熟过程中，储藏条件对玉米原粉和淀粉糊化特性变化存在影响，玉米原粉峰值黏度，在 30 ℃储藏条件下下降幅度最大。玉米淀粉峰值黏度呈上升趋势，15 ℃和 30 ℃储藏条件下，淀粉糊化特性变化较剧烈，50～60 d 之后淀粉糊化特性不再发生显著变化。两个品种间凝胶特性变化存在差异，在后熟过程中黏着性整体呈上升趋势。

本试验条件下，15 ℃和 30 ℃的储藏条件，对玉米籽粒均具有不良影响，15 ℃不利于后熟进行，持续 30 ℃储藏的玉米籽粒总淀粉含量较低。

四、 新采收玉米后熟过程中淀粉结构与理化性质研究

（一）材料与方法

1. 材料与试剂

材料同第三章第一节，二、（一）1。

KBr（分析纯），直链淀粉/支链淀粉试剂盒（K‐AMYL 09/14）；亚硫酸氢钠、无水乙醇，分析纯；水为去离子水。

2. 仪器与设备

高效液相色谱仪（1260，美国 Agilent 公司），多角度激光散射仪（Dawn DSP‐F，美国 Wyatt 技术公司），示差折光检测器（Optilab T‐rEx，美国 Wyatt 技术公司），X‐射线衍射仪（D/max200 PC，日本理学公司），扫描电子显微镜（Phenom Pro，荷兰飞纳公司），差示量热扫描仪（DSC Q2000，美国 TA 仪器公司），高速冷冻离心机（Z36HK，德国 Hermle Labortechnik GmbH 公司），离心机（Pico 17，美国赛默飞公司），超低温冷冻储存箱（ULT2186‐4‐V47，美国 Thermo 公司），漩涡混合器（XW‐80A，上海精科实业有限公司），电热鼓风干燥箱（101A‐BT，上海实验仪器厂有限公司），超声波清洗器（JK 3200B，合肥金尼克机械制造有限公司），电热恒温水浴锅（DZK2‐D‐1，北京市永光明医疗仪器厂），激光粒度分析仪（BT‐9300S），红外光谱仪（Vertex 70，德国布鲁克公司）。

3. 试验方法

（1）样品储藏及处理

同第三章第一节，一、（二）3.（1）。

（2）淀粉提取

同第三章第一节，三、（一）3.（2）。

（3）淀粉化学成分检测

蛋白质含量采用国标方法测定；脂肪含量采用国标方法测定；水分含量采用国标方法测定第四法。

（4）淀粉颗粒表面形貌

采用 SEM 观察新玉米采后不同时间淀粉颗粒表面形貌。将干燥玉米淀粉颗粒

均匀散布粘在导电胶上，吹去多余样品，粘贴于载物台上，真空喷金 60 s 后，置于 SEM 下观察，加速电压 5 kV。

（5）粒度分析

采用激光粒度分析仪测量淀粉粒度。淀粉分散在蒸馏水中，遮光率为（12.00±0.02)％。

（6）表观直链淀粉含量测定

同第二章。

（7）淀粉分子量分布

采用高效体积排阻色谱（HPSEC)-多角度光散射仪（MALS)-示差折光检测器（RI)测定淀粉重均分子量和旋转半径，参考 Teng 等和 Li 等方法，略做修改。色谱系统为泵（Agilent 1100)，进样量为 200 μL 定量环，三根串联凝胶柱（OHpak SB-804 HQ、OHpak SB-805 HQ 和 OHpak SB-806 HQ)，多角度光散射检测器（HELEOS）和示差折光检测器（Optilab T-rEx)。流动相为 50 mmol/L KBr，90% DMSO 溶液，流速 0.6 mL/min。样品处理如下：40 mg 淀粉放置于 15 mL 螺纹离心管中，振荡中加入 2 mL DMSO，以避免淀粉结团。将离心管放置于沸水浴中 10 min，振荡直至淀粉完全溶解。然后在室温下冷却 10 min。向离心管中加入 6 mL、95% 乙醇溶液，振荡摇匀，室温静置 10 min 以沉淀淀粉，之后在转速为 4 000 r/min，离心 5 min，倾倒上层清液，并沥干离心管。向离心管中加入流动相 5 mL，放置于沸水浴振荡溶解 1 h 后，确保凝胶团全部溶解，室温冷却后，过 1 μm 有机滤膜后进样。数据处理采用 ASTRA5.3 软件（Wyatt 公司)，dn/dc=0.146。

（8）结晶度

利用 X-射线仪对采后不同储藏时期玉米淀粉样品进行扫描。测试条件：单色光源，管压 40 kV，管流 30 mA，扫描速度 5°/min，扫描范围 5°～40°，步宽为 0.02。采用 MDI Jade5.0 软件进行数据处理。结晶度计算公式：$RC（\%）=Ac/(Ac+Aa)×100$，Ac 表示结晶区面积，Aa 表示非结晶区面积。

（9）傅里叶变换红外光谱（FTIR)

取 1.0 mg 已干燥淀粉样品，加入 100.0 mg 已干燥的 KBr 粉末中，研细压片后放入仪器样品室内进行测定，扫描波数范围 400～4 000 cm^{-1}，扫面分辨率为 4 cm^{-1}，扫描整合频谱 32 倍。用 OPUS5.0 软件扣除背景，进行基线校准后去卷积，并计算 1 045 cm^{-1} 和 1 022 cm^{-1} 处相对吸光度比值。去卷积范围为 1 200～800 cm^{-1}，半峰宽 19 cm^{-1}，增强因子 1.9。

（10）热特性

采用 DSC 测定淀粉热力学性质变化。取（5.00±0.02）mg 淀粉于液体铝坩埚中，加（15.00±0.02）mg 去离子水，搅拌均匀，密封，室温平衡 2 h。以空坩埚为参比，氮气流速为 40 mL/min，起始温度为 20 ℃，以 5 ℃/min 的速度升到 120 ℃。记录糊化过程的 DSC 曲线和起始温度（T_0）、峰值温度（T_P）、终止温度（Tc）、转变温度范围（R）和焓值（ΔH）。

（二）数据与结果分析

1. 玉米后熟过程中淀粉化学组成变化

从新收获储藏不同时间两种玉米籽粒中提取出淀粉的主要成分分析见表 3-10，淀粉中水分含量为 7.53~8.55 g/100 g，蛋白含量 0.19~0.26 g/100 g，脂肪含量 0.18~0.28 g/100 g，灰分含量 0.19~0.24 g/100 g。结果表明，两个玉米品种中淀粉测定的参数随储藏时间无显著差异。其中，各时期淀粉样品中蛋白、脂肪和灰分含量很低，可表明淀粉样品纯度很高，本试验中所采取的淀粉提取方法可行。两种新玉米采后 0 d、20 d、40 d 和 60 d 时淀粉中表观直链淀粉含量列于表 3-10。郑单 958 和先玉 335 品种淀粉均为普通玉米淀粉，直链淀粉含量与文献中报道相一致。表观直链淀粉含量在采后无显著变化，储藏不同时间的两种玉米淀粉中的直链淀粉含量差异不显著（$P > 0.05$）。

表 3-10　玉米淀粉化学组成变化（g/100 g）

	时间（d）	水分	蛋白质	脂肪	灰分	直链淀粉
郑单 958	0	8.01±0.64[a]	0.24±0.06[a]	0.24±0.03[a]	0.21±0.07[a]	23.04±0.36[a]
	20	8.26±0.07[a]	0.21±0.07[a]	0.28±0.08[a]	0.20±0.05[a]	24.21±0.27[a]
	40	8.23±0.25[a]	0.26±0.03[a]	0.21±0.05[a]	0.24±0.04[a]	23.96±0.43[a]
	60	8.30±0.06[a]	0.23±0.07[a]	0.20±0.02[a]	0.14±0.02[a]	23.83±0.37[a]
先玉 335	0	8.55±0.35[a]	0.19±0.01[a]	0.25±0.06[a]	0.19±0.01[a]	23.19±0.31[a]
	20	8.33±0.07[a]	0.25±0.09[a]	0.18±0.01[a]	0.21±0.02[a]	24.45±0.49[a]
	40	7.82±0.15[a]	0.19±0.09[a]	0.19±0.03[a]	0.19±0.01[a]	22.49±0.59[a]
	60	7.53±0.08[a]	0.20±0.08[a]	0.20±0.03[a]	0.20±0.01[a]	22.70±0.38[a]

注：相同列中不同字母表示差异显著（$P < 0.05$）。

2. 后熟过程中玉米淀粉颗粒形貌变化

两种新收获玉米在采后 0 d、20 d、40 d 和 60 d 时，其淀粉颗粒放大 4 000 和 8 000 倍形貌见图 3-19，其中 A 为郑单 958 玉米淀粉，B 为先玉 335 玉米淀粉。从 SEM 图上可以看出两种玉米淀粉颗粒均为典型的椭球和多角形，均可以观察到淀粉颗粒表面存在细小的孔洞结构，与 Cai 等报道的淀粉 SEM 图相似。后熟过程中，不同时期的淀粉颗粒表面形貌无明显差异。Paraginskia 等报道，从经过高温干燥的玉米籽粒中提取出的玉米淀粉颗粒表面存在蛋白小颗粒，是由于高温使淀粉和蛋白分子结合更加紧密。本试验从 SEM 图中观察到淀粉颗粒表面洁净，说明本试验采取提取方法很好地除去了蛋白和油脂，也可以说明玉米收获后在四种储藏条件下后熟，蛋白与淀粉分子结合程度比高温干燥后二者结合强度低。

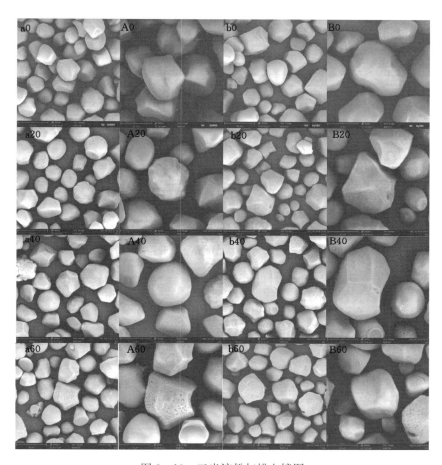

图 3-19 玉米淀粉扫描电镜图

a、b 为×4 000；A、B 为×8 000；a、A 为郑单 958；b、B 为先玉 335；0、20、40、60 为时间

3. 后熟过程中玉米淀粉粒度分布变化

天然淀粉颗粒直径范围为 1~100 μm，尺寸分布有单峰和双峰型。淀粉颗粒大小对淀粉加工性能和消化特性存在影响。研究表明，消化系数与颗粒直径成平方反比的关系。两种新收获玉米采后储藏过程中淀粉颗粒粒度分布变化列于表 3-11。结果显示，在玉米采收后熟过程中，淀粉颗粒粒度尺寸分布有显著变化（$P<0.05$）。两种玉米在采收后储藏至 20 d 时，淀粉颗粒中位径的变化为郑单 958 玉米淀粉由 15.61 μm 增大到 15.86 μm，先玉 335 玉米淀粉由 15.51 μm 增大到 15.81 μm。郑单 958 玉米淀粉比表面积由 126.8 m^2/kg 降低到 125.8 m^2/kg，先玉 335 玉米淀

粉比表面积由 127.7 m²/kg 降低到 125.3 m²/kg，随着储藏时间的进一步延长，粒度分布基本保持稳定。中位径和比表面积的变化说明，新收获玉米后熟过程中，淀粉颗粒的化学或空间结构在短期内仍然发生变化。这种变化可能归因于玉米后熟过程中的生理生化活动仍然很活跃，与淀粉分子合成和分解相关的内原酶仍然进行合成和分解代谢，导致淀粉颗粒尺寸的变化。

表 3-11 玉米淀粉粒度分布变化

	时间 (d)	中位径 (μm)	D90 (μm)	面积平均径 (μm)	比表面积 (m²/kg)
郑单 958	0	15.61±0.08[b]	17.40±0.04[a]	15.24±0.07[a]	126.8±0.2[a]
	20	15.86±0.05[a]	17.19±0.05[c]	15.37±0.06[a]	125.8±0.1[b]
	40	15.84±0.05[a]	17.30±0.05[c]	15.40±0.06[a]	125.8±0.1[b]
	60	15.75±0.05[c]	17.38±0.04[b]	15.34±0.06[a]	126.1±0.2[b]
先玉 335	0	15.51±0.04[b]	16.70±0.08[c]	15.13±0.05[a]	127.7±0.2[a]
	20	15.81±0.06[a]	18.11±0.05[a]	15.44±0.05[a]	125.3±0.2[b]
	40	15.82±0.06[a]	17.96±0.05[a]	15.40±0.05[a]	125.3±0.2[b]
	60	15.80±0.05[a]	17.82±0.08[b]	15.42±0.07[a]	125.5±0.1[b]

注：相同列中不同字母表示显著差异（$P<0.05$）。D90 表示累计粒度分布数达到 90% 时所对应的粒径。

4. 后熟过程中玉米淀粉分子量分布变化

郑单 958 和先玉 335 玉米淀粉在后熟过程中分子量分布发生显著变化（$P<0.05$），如图 3-20 所示。两个品种淀粉分子量分布中，三部分分子量和所占比例具体列于表 3-12 中。郑单 958 玉米淀粉中，支链分子量从 $1.736×10^7$ g/mol（0 d）升高到 $2.253×10^7$ g/mol（60 d），先玉 335 玉米淀粉中，支链分子量从 $1.816×10^7$ g/mol（0 d）升高到 $2.604×10^7$ g/mol（60 d）。这些结果与文献报道的普通玉米淀粉分子量相近。郑单 958 淀粉分布中的中间部分，峰 2 所表示的分子量从 $9.80×10^6$ g/mol（0 d）降低至 $5.31×10^6$ g/mol（40 d）。直链部分，峰 3 所表示的分子量从 $4.28×10^6$ g/mol（0 d）降低至 $2.46×10^6$ g/mol（40 d）。先玉 335 淀粉的中间部分，峰 2 所表示的分子量从 $7.06×10^6$ g/mol（30 d）降低至 $5.30×10^6$ g/mol（60 d）。直链部分，峰 3 所表示的分子量从 $2.41×10^6$ g/mol（0 d）升高至 $4.11×10^6$ g/mol（20 d）。淀粉分子中具有不同分子量的三部分所占的质量分数在后熟过程中发生显著变化（$P<0.05$），见表 3-12。支链淀粉分子（峰 1）所占比例在后熟 20 d 时分别为 43.6%（郑单 958）和 32.2%（先玉 335）。郑单 958 玉米淀粉直链淀粉分子（峰 3）质量分数从 25.3%（0 d）逐渐升高至 28.4%（60 d）（$P<0.05$），先玉 335 玉米淀粉中直链淀粉分子质量分数从 29.5%（0 d）逐渐升高至 32.6%（60 d）。

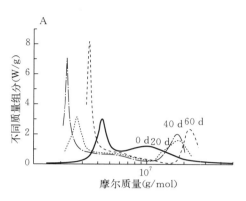
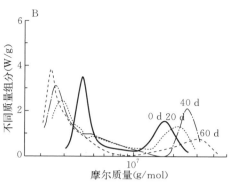

图 3-20　后熟过程中玉米淀粉分子量分布变化

A. 郑单 958　B. 先玉 335

表 3-12　后熟过程中淀粉分子量和比例变化

品种	时间 （d）	重均分子量 Mw（10^7 g/mol）			含量（%）		
		峰1	峰2	峰3	峰1	峰2	峰3
郑单 958	0	1.736 ± 0.068^c	0.980 ± 0.034^a	0.428 ± 0.024^a	25.1 ± 0.5^c	49.6 ± 0.7^a	25.3 ± 0.4^b
	20	1.723 ± 0.006^c	0.574 ± 0.006^c	0.260 ± 0.016^c	43.6 ± 0.2^a	38.7 ± 0.5^b	27.7 ± 0.3^a
	40	1.905 ± 0.013^b	0.531 ± 0.020^c	0.246 ± 0.013^c	37.5 ± 0.3^b	35.3 ± 0.5^c	27.2 ± 0.5^a
	60	2.253 ± 0.015^a	0.624 ± 0.017^b	0.344 ± 0.013^b	37.2 ± 0.6^b	34.4 ± 0.4^c	28.4 ± 0.6^a
先玉 335	0	1.816 ± 0.007^d	0.549 ± 0.015^b	0.241 ± 0.019^c	24.6 ± 0.3^d	45.9 ± 0.5^a	29.5 ± 0.2^c
	20	2.135 ± 0.018^c	0.706 ± 0.026^a	0.411 ± 0.021^a	32.2 ± 0.4^c	34.0 ± 0.4^b	33.8 ± 0.4^a
	40	2.407 ± 0.015^b	0.554 ± 0.026^b	0.331 ± 0.024^b	35.5 ± 0.6^b	30.5 ± 0.6^c	34.0 ± 0.5^a
	60	2.604 ± 0.019^a	0.530 ± 0.019^b	0.254 ± 0.010^c	44.2 ± 0.2^a	23.2 ± 0.2^d	32.6 ± 0.3^b

注：相同列中不同字母表示差异显著（$P<0.05$）。

　　通过 HPSEC-MALS-RI 测定淀粉分子量数据与文献报道存在差异，分析这可能主要是由于测定方法、玉米品种、生长和储藏条件不同造成的。Simsek 等同样采用 HPSEC-MALS-RI 对玉米原淀粉进行分子量测定，研究结果为玉米淀粉中支链淀粉分子量为 1.41×10^7 g/mol，直链淀粉分子量为 2.82×10^6 g/mol，支链淀粉所占比例为 71.06%，直链淀粉所占比例为 28.94%。本研究结果表明，在新收获玉米后熟过程中，淀粉分子中支链部分分子量逐渐增加（$P<0.05$）。同时，三部分质量分数变化也代表了新玉米后熟过程中，淀粉分子中发生了分子合成和重排。具有中等分子量中间部分逐渐生成高分子量部分。虽然表观直链淀粉含量变化不显著，但是链长分布的改变也将影响分子结构和一些功能特性的变化。分子量分布的改变可能是由于籽粒中相关内原酶作用的结果。对后熟过程中淀粉分子量分布的变化研究结果表明，在新收获玉米后熟过程中，淀粉分子的精细结构仍然发生改

变，这将进一步导致淀粉功能特性的变化。

5. 后熟过程中玉米淀粉结晶度分析

淀粉颗粒晶体的结构特点是结晶区和无定形区交替构成的多晶体系，通过 X-射线衍射图谱对结晶区和非结晶区面积进行计算，即可以得到淀粉的结晶度。新收获玉米后熟过程中 60 d 内玉米淀粉的 X-射线衍射谱图如图 3-21 所示，衍射峰出现在 15.0°、17.0°、18.0°和 23.0°处，为 A 型淀粉晶体。经计算，储藏不同时间的玉米籽粒其淀粉相对结晶度发生显著变化（$P<0.05$），两种玉米相对结晶度变化范围为 26.4%～29.8%，同文献中普通玉米淀粉报道相似。新收获玉米采后 60 d 内，郑单 958 在 40 d 达到最大值为 28.9%，先玉 335 在 20 d 达到最大为 29.8%。淀粉结晶度主要受到支链淀粉含量、支链淀粉平均链长、结晶区双螺旋取向和双螺旋相互作用程度等因素的影响。新收获玉米淀粉分子链分布的变化以及水分子的移动导致淀粉分子中双螺旋结构更加紧密有序，从而导致淀粉分子结晶度的变化。据报道，淀粉相对结晶度与直链淀粉含量呈负相关，淀粉结晶度与支链链长紧密相关，是支链淀粉分子的特征参数。本研究对淀粉分子链长分布进行的研究结果表明，后熟过程中淀粉支链分子量增加。支链分子量增加对相对结晶度具有直接影响，这可能是淀粉分子相对结晶度增加的原因之一。两种新收获玉米后熟过程中，支链分子量变化同相对结晶度变化相一致，分子结构的变化会进一步导致淀粉理化和消化特性的改变。

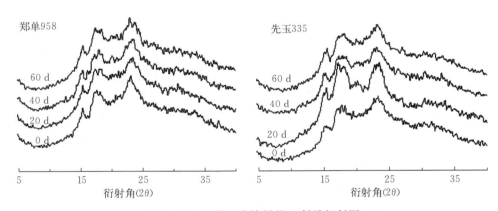

图 3-21　两种玉米淀粉的 X 射线衍射图

6. 后熟过程中玉米淀粉 FTIR 光谱分析

两种新收获玉米后熟过程中，淀粉的红外谱图见图 3-22A（郑单 958）和 B（先玉 335）。从各储藏时间玉米籽粒中提取的淀粉红外光谱特征峰位置一致，说明淀粉特征结构在后熟过程中并未改变。在约 3 429 cm⁻¹ 处出现宽吸收峰是分子中 O—H 伸缩振动吸收峰，2 930 cm⁻¹ 和 1 656 cm⁻¹ 处吸收峰分别代表着 C—H 伸缩振动和变形振动，1 660 cm^{-1}处为 O—H 变形振动峰，1 373 cm^{-1}为 C—H 变形振动峰。800～1 200 cm^{-1}波数范围为红外光谱指纹区，其中存在表征淀粉结构的特征峰，如图 3 - 23 所示。约 991 cm^{-1}处强吸收峰为多糖结构 C—O—C 中 C—O 伸缩振动吸收峰，1 082 cm^{-1}和 1 161 cm^{-1}峰归属于糖苷环中 C—O 伸缩振动，在 931 cm^{-1}峰为 α-（1-4）糖苷键摇摆振动，约 862 cm^{-1}峰归属于 C—H 和 CH$_2$ 变型振动吸收峰。

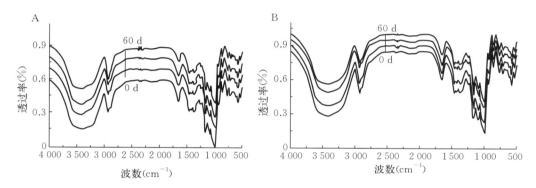

图 3 - 22　后熟过程中玉米淀粉 FTIR 谱图

A. 郑单 958　B. 先玉 335

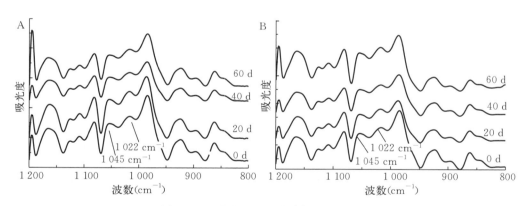

图 3 - 23　去卷积的玉米淀粉 FTIR 谱图

A. 郑单 958　B. 先玉 335

在淀粉的红外吸收光谱图中，两处吸收峰强度的比值即 1 045 cm^{-1}/1 022 cm^{-1}或 995 cm^{-1}/1 022 cm^{-1}比值变化是研究淀粉分子中短程有序度一个很好的方法。1 045 cm^{-1}和 1 022 cm^{-1}去卷积吸收峰分别随着淀粉颗粒表面结晶区和无定形区而变化，因此 1 045 cm^{-1}/1 022 cm^{-1}吸收强度比值代表了结晶区结构与无定型区之比，对淀粉结晶度变化敏感。

1 022 cm^{-1}吸收峰强度随着淀粉结晶度降低而增强，代表了淀粉非结晶区结构特征，对应大分子淀粉中无规则结构。1 045 cm⁻¹处吸收峰强度随着淀粉分子结晶度增加而增强，代表大分子淀粉中结晶区结构特征，对应淀粉分子量聚集有序结构。1 045 cm⁻¹/1 022 cm⁻¹值越大，说明有序度越高。

新收获玉米后熟过程中，储藏不同时间的玉米淀粉的红外吸收光谱中，1 200～800 cm⁻¹范围去卷积的吸收峰如图 3 - 23 所示。1 045 cm⁻¹/1 022 cm⁻¹变化见表 3 - 13。结果表明 1 045 cm⁻¹/1 022 cm⁻¹比值发生显著变化（$P<0.05$），反映了玉米在后熟过程中，淀粉分子中短程分子有序结构发生了改变。Chung 等在对多种糯米淀粉结构研究发现，淀粉结构中该比值高，同时其支链含量也高，但是对不同品种非糯米淀粉研究发现，该比值随不同品种并没有明显差异。本研究中的 1 045 cm⁻¹/1 022 cm⁻¹在新收获玉米后熟过程中均呈上升趋势。先玉 335 品种玉米在新收获后储藏 40 d 时比值达到最大，为 0.884，高于同时期郑单 958 玉米。说明了玉米在后熟过程中，随着储藏时间的延长，其淀粉支链中短程有序结构有上升趋势。

表 3 - 13　玉米淀粉相对结晶度和 1 045 cm⁻¹/1 022 cm⁻¹比值变化

时间	相对结晶度（%）		1 045 cm⁻¹/1 022 cm⁻¹	
(d)	郑单 958	先玉 335	郑单 958	先玉 335
0	26.4±0.4[b]	26.5±0.4[c]	0.828±0.004[c]	0.826±0.003[c]
20	26.8±0.3[b]	29.8±0.2[a]	0.831±0.001[c]	0.834±0.001[b]
40	28.9±0.3[a]	27.9±0.3[b]	0.837±0.003[b]	0.884±0.004[a]
60	28.8±0.2[a]	28.4±04[b]	0.843±0.001[a]	0.883±0.004[a]

注：相同列中不同字母表示差异显著（$P<0.05$）。

7. 后熟过程中玉米淀粉热特性变化

新收获玉米淀粉的热特性随不同储藏时间的变化 DSC 曲线如图 3 - 24 所示。两种玉米采后不同时期玉米淀粉在 60～80 ℃出现窄而明显吸热峰，此峰为淀粉热吸收特征峰，这与 Teng 等和 Maache - Rezzoug 等报道相符。糊化温度和焓值变化反映了淀粉的微晶结构以及结晶程度，糊化温度越高，则晶体结构越完整，淀粉颗粒内部微晶部分排列和结晶度增加。焓值主要反映糊化时破坏淀粉双螺旋结构所需能量，淀粉颗粒有序结果破坏会导致糊化焓值下降，是反映淀粉颗粒结晶度的重要参数。淀粉热力学特性表现为淀粉颗粒加热过程中，双螺旋晶体相转变温度和吸热焓的变化等，是影响食品加工过程重要性质之一。据报道，淀粉颗粒表面形貌、粒度分布、结晶结构、分子量大小、直链淀粉含量、支链中链长分布等因素均影响淀粉凝胶的热特性，凝胶温度与支链中短链和支链中长链比率正相关，直链淀粉含量高，糊化温度升高。采后随后熟过程的进行，引起了玉米淀粉热特性的变化。两种玉米起始温度 T_0 变化范围分别为 60.89～61.91 ℃（郑单 958）和 59.11～61.98 ℃（先玉 335），峰值温度 T_P 变化范围分别为 66.90～67.52 ℃（郑单 958）和 65.68～

67.92 ℃（先玉 335），转变温度 R 变化范围分别在 7.08～7.70 ℃（郑单 958）和 7.91～8.30 ℃（先玉 335），与 Altay 报道相一致。两种玉米淀粉新采收 0 d 时糊化吸收焓值最小，郑单 958 玉米淀粉焓值为 3.24 J/g，先玉 335 玉米淀粉焓值为 4.06 J/g，说明新采收的玉米淀粉支链双螺旋结构还没有完全形成，这可能是由于新采收时，淀粉分子链之间存在大量水分子，影响了支链淀粉分子之间双螺旋结晶结构的形成。随着储藏时间的延长，玉米籽粒中水分逐渐降低。当采后储藏 40 d 时，两种玉米淀粉糊化吸收焓值逐渐显著升高（P＜0.05），达到最大值，郑单 958 为 18.54 J/g，先玉 335 为 15.06 J/g，之后趋于稳定。吸热焓值升高，说明新玉米采收后，淀粉分子中支链双螺旋结构发生了变化，在采收后 40 d 内支链分子之间缔合得更加紧密。

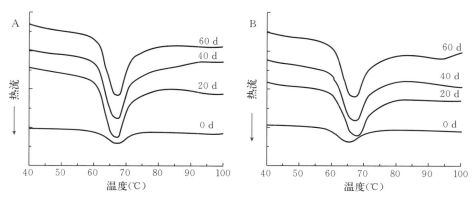

图 3-24　玉米后熟过程中淀粉 DSC 曲线变化
A. 郑单 958　B. 先玉 335

（三）小结

玉米后熟过程中，郑单 958 玉米淀粉支链重均分子量从 1.736×10^7 g/mol 升高至 2.253×10^7 g/mol，支链所占比例从 25.1％升高至 37.2％。当储藏时间为 20 d 时，先玉 335 玉米淀粉支链重均分子量从 1.816×10^7 g/mol 升高至 2.604×10^7 g/mol，支链所占比例从 24.6％升高至 44.2％。后熟过程中，郑单 958 玉米淀粉在储藏 40 d 时，相对结晶度达到最大为 28.9％，先玉 335 在储藏 20 d 达到最大为 29.8％。两种玉米淀粉凝胶焓值在 40 d 达到最高，分别为 18.54 J/g 和 15.06 J/g。后熟过程中淀粉分子结晶结构的增强和支链淀粉重均分子量和比例的增加、淀粉支链中短程有序结构有增强可能是导致玉米淀粉中抗性淀粉含量增加的主要原因。新收获玉米后熟过程中，籽粒内部生理生化作用导致了淀粉分子结构仍然发生改变，进而影响淀粉的糊化和体外消化特性。淀粉的变化机理可能与后熟过程中籽粒内部生理生化活动改变淀粉分子聚合度、分子量分布、直链淀粉与支链淀粉的比例有关。

五、 新采收玉米后熟过程中蛋白质结构与理化性质研究

（一）材料与方法

1. 材料与试剂

玉米样品同第三章第一节，二、（一）1。采收后的玉米储藏条件恒定，储藏温度为（20±2）℃，相对湿度（55±5）％，其间无昆虫和霉菌侵害，分别于 0、4、8、12、16、20、30、40、50、60 d 取样，置于−80 ℃条件下储藏。

十二烷基磺酸钠（SDS）、丙烯酰胺（Acr）、$N-N$ 甲叉双丙烯酰胺（Bis）、四甲基乙二胺（TEMED）、β-巯基乙醇、氢氧化钠、氯化钠、无水乙醇、硼酸、冰醋酸、甲醇、尿素、甘氨酸、乙二胺四乙酸、三羟甲基氨基甲烷、石油醚、磷酸、考马斯亮蓝等，以上试剂均为分析纯。

2. 仪器与设备

紫外分光光度计（TU-1810，北京普析通用仪器有限责任公司），全自动凯氏定氮仪（K1100，海能未来技术有限公司），全自动氨基酸分析仪（L-8900，日立公司），冷冻干燥机（ALPHA1-4LD plus，德国 Christ 公司），高速冷冻离心机（Z36HK，德国 Hermle Labortechnik GmbH 公司），离心机（LXJ-ⅡB，上海安亭科学仪器厂），差示量热扫描仪（DSC Q2000，美国 TA 仪器公司），红外光谱仪（VERTEX 70，德国布鲁克公司），电子天平（BSA224S，德国赛多利斯有限公司）。

3. 试验方法

（1）玉米粉制备

玉米经低温冷冻干燥后打粉，过 60 目筛，将玉米粉密封置于−80 ℃冰箱内备用。

（2）玉米蛋白组分分离及提取

将玉米粉与 80％己烷和 20％乙醚混合，料液比为 1∶9，室温浸泡 1 h，将浸泡液倒出，经脱脂后的玉米粉在室温下放置，除去残留的己烷和乙醚，用于后期蛋白的分级提取。采用 Osborne 分级提取法制备蛋白，略有修改。将脱脂玉米粉与蒸馏水 1∶10（m/V）混合，加入 0.35％α-淀粉酶，55 ℃恒温浸提 2 h，4 000 r/min 离心 20 min，取上清液，沉淀继续加水搅拌，重复提取 2 次，合并上清液并收集沉淀 a，调节 pH 至 4.0，静置，离心取沉淀，调节至中性，装入透析袋（8 000 ku），4 ℃透析 36 h，冷冻干燥即得清蛋白，4 ℃储存备用；沉淀 a 用蒸馏水水洗 2 遍，用 6％NaCl 溶液 1∶10（W/V）提取，离心取上清液，重复提取 2 次，合并上清液并收集沉淀 b，调节 pH 至 4.3，静置，离心取沉淀，处理过程同清蛋白；将沉淀 b 水洗 2 遍，用 80％乙醇提取 2 次，料液比为 1∶10（W/V），合并上清液并收集沉淀 c，以 1∶1 的比例，向上清液中加入 0.5％ NaCl 溶液，至于 4 ℃冰箱中静置 24 h，离心取沉淀，水洗沉淀 2～3 次，透析，冷冻干燥即得醇溶蛋白；将沉淀 c

水洗 2 遍，用 0.3% NaOH 溶液提取，料液比为 1∶10（W/V），离心取上清液，重复提取 2 次，合并上清液，调节 pH 至 4.6，静置，离心取沉淀，蒸馏水透析，冷冻干燥即得谷蛋白。经测定清蛋白纯度为 83.36%，球蛋白纯度为 80.49%，醇溶蛋白纯度为 90.34%。谷蛋白纯度为 88.28%。

（3）玉米蛋白含量测定

1）总蛋白含量测定。采用全自动凯氏定氮仪，参照 GB/T 5511—2006 对玉米中总蛋白含量进行测定。

2）玉米四种蛋白含量测定。采用考马斯亮蓝法测定。将蛋白提取液稀释到适当倍数，取 0.1 mL 样品液，加入 5 mL 考马斯亮蓝溶液，静置 10 min，使用紫外分光光度计，在 595 nm 处测得吸光度值。蛋白含量以干基蛋白含量计。

（4）氨基酸含量测定

玉米中四种蛋白组分氨基酸组成采用全自动氨基酸分析仪测定。称取样品 15 mg，将样品置于厌氧管中，加入 6 mol/L HCl（含苯酚）10 mL，110 ℃水解 22 h，氨基酸含量以 g/100 g 计算。测试条件：测试温度 38 ℃，检测波长 254 nm，流动相流速 1 mL/min。

（5）巯基及二硫键含量的测定

参照 Beveridge 等方法，对玉米粉及四种蛋白组分的巯基及二硫键含量进行测定。

（6）蛋白亚基测定

依据 Laemmli 等方法进行不连续电泳，浓缩胶 5%，分离胶 12%。将四种蛋白组分分别溶解于 0.01 mol/L PBS 缓冲液，蛋白样品浓度为 1 mg/mL。沸水浴中加热 5 min，10 000 r/min 离心 10 min，取上清液 20 μL 填充于泳道中。电泳电压为 120 V，电泳时间 2 h。

（7）蛋白二级结构测定

取蛋白样品 2 mg 与 198 mg 溴化钾混合，溴化钾使用前需在恒温干燥箱中进行干燥，用玛瑙研钵将溴化钾和蛋白混合物研磨均匀，使用压片机进行压片后采用傅里叶红外光谱对玉米蛋白组分二级结构分析，扫描波段为 4 000～400 cm⁻¹，扫描 32 次。采用数据分析软件 Peakfit 4.12 对蛋白图谱进行分析，图谱经去卷积后，对特征峰求导二阶导数，找出特征峰的位置，计算各特征峰在图谱中对应面积，确定蛋白二级结构所占比例。

（8）玉米蛋白热特性测定

取蛋白粉末约 5 mg，密封于铝皿中，将铝皿置于样品室进行扫描，N_2 流速为 40 mL/min，扫描升温范围：20～170 ℃，升温速度为 10 ℃/min，以未装样品的空铝皿作为空白对照。采用 TA Universal Analysis 2000 软件分析蛋白组分的热变性温度、半峰宽、焓变。试验结果测定 3 次，取平均值。

（二）数据与结果分析

1. 玉米后熟过程中蛋白含量变化

玉米后熟过程中清蛋白、球蛋白、醇溶蛋白和谷蛋白含量都发生显著变化（$P<0.05$）。如图3-25A所示，在玉米后熟过程中，清蛋白在30 d内蛋白含量变化较剧烈，整体呈下降趋势，30 d后蛋白含量变化趋于平稳。后熟期间清蛋白含量16 d内出现高峰值，其中先玉335清蛋白含量比初期提高10.39%，郑单958清蛋白含量比初期提高8.67%。先玉335清蛋白峰值出现要早于郑单958，有研究表明这与玉米品种以及自身含水量有关。

球蛋白的含量变化如图3-25B所示，30 d内球蛋白含量变化较为剧烈，蛋白含量在16 d内出现峰值，郑单958球蛋白含量较最初提高了17.55%，先玉335球蛋白含量提高了20.01%。球蛋白含量在后熟期间整体呈现下降趋势，30 d后球蛋白含量基本趋于稳定。

清蛋白和球蛋白后熟过程中蛋白含量出现峰值，分析原因可能是后熟期间清蛋白和球蛋白受环境影响程度较大，在一定条件下还处于合成阶段，从而导致含量升高。也可能是由于蛋白在玉米籽粒中并非单独存在的个体，是与其他成分呈相互交联的络合状态，随着后熟的进行，清蛋白和球蛋白与其他物质相互交联程度下降，彼此相互作用降低，蛋白溶解程度升高，从而利于蛋白含量测定。

玉米中醇溶蛋白的含量变化如图3-25C所示，30 d内整体呈下降的趋势，30 d后蛋白含量趋于稳定状态，后熟期间醇溶蛋白含量下降明显，先玉335和郑单958分别下降了16.03%和17.23%。醇溶蛋白中赖氨酸含量较低，后熟过程中醇溶蛋白含量降低则有利于玉米总蛋白必需氨基酸比例得到改善。

谷蛋白的含量变化如图3-25D所示，30 d内蛋白含量呈现上升趋势，30 d后上升较为缓慢。相较初期，储藏30 d时先玉335和郑单958谷蛋白含量分别提升了22.58%和24.34%，与小麦微环境储藏条件下谷蛋白含量变化趋势一致。

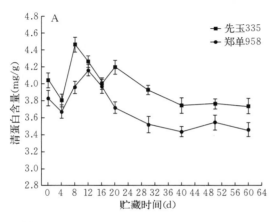
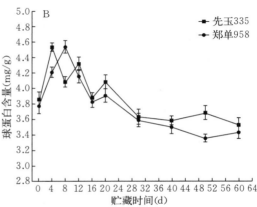

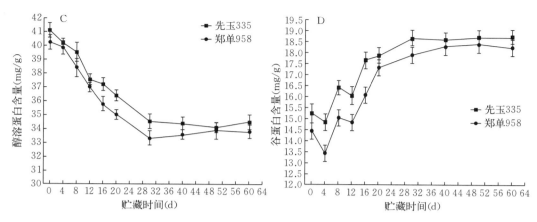

图 3 - 25　玉米后熟过程中蛋白含量变化

A. 后熟过程中清蛋白含量变化　B. 后熟过程中球蛋白含量变化　C. 后熟过程中醇溶蛋白含量变化　D. 后熟过程中谷蛋白含量变化

2. 玉米后熟过程中氨基酸含量变化

玉米后熟过程中先玉 335 和郑单 958 清蛋白氨基酸组成变化如表 3 - 14 至表 3 - 15 所示。研究结果表明玉米后熟过程中随着储藏时间的延长，30 d 内天冬氨酸（Asp）、苏氨酸（Thr）、甘氨酸（Gly）、丙氨酸（Ala）和赖氨酸（Lys）含量变化显著（$P<0.05$），整体呈下降趋势，谷氨酸（Glu）、缬氨酸（Val）和精氨酸（Arg）含量随着储藏时间延长呈上升趋势，30 d 后各氨基酸含量变化趋于稳定，其他氨基酸含量无显著变化（$P>0.05$）。必需氨基酸含量随着储藏时间延长呈现下降的趋势，在 30 d 时先玉 335 清蛋白必需氨基酸含量从 34.24％下降到 34.17％，郑单 958 清蛋白必需氨基酸含量从 34.28％下降到 34.18％。李向红等研究表明由于谷氨酸具有免疫调节功能，因此谷氨酸含量的增加有利于蛋白营养价值的提高。后熟过程中清蛋白谷氨酸含量上升，玉米清蛋白的营养价值有所提高。

玉米后熟过程中先玉 335 和郑单 958 球蛋白氨基酸组成变化如表 3 - 16 至表 3 - 17 所示。结果表明随玉米后熟过程中储藏时间的延长，球蛋白氨基酸组成发生变化，其中 Asp、Thr、异亮氨酸（Ile）和亮氨酸（Leu）含量在 30 d 内变化显著（$P<0.05$），随着储藏时间的延长呈下降的趋势，Glu、Gly、脯氨酸（Pro）和 Arg 含量随着储藏时间的延长呈上升趋势，其他氨基酸含量无显著变化（$P>0.05$）。Rodri 等研究表明蛋白中部分氨基酸相对较容易分解，球蛋白活性较高，后熟过程中部分氨基酸较易受环境影响及酶的作用导致分解，使得部分氨基酸含量下降。必需氨基酸含量随着储藏时间的延长呈现下降的趋势，在 30 d 时先玉 335 球蛋白必需氨基酸含量从 30.28％下降到 29.85％，郑单 958 球蛋白必需氨基酸含量从 30.06％下降到 29.61％。

表 3-14 先玉 335 后熟过程中清蛋白氨基酸组成变化

种类	时间（d）									
	0	4	8	12	16	20	30	40	50	60
天冬氨酸（Asp）	8.269±0.007a	8.265±0.01a	8.262±0.01a	8.256±0.007a	8.234±0.002b	8.209±0.003c	8.132±0.008d	8.128±0.004d	8.127±0.009d	8.122±0.009d
苏氨酸（Thr）	4.337±0.012a	4.335±0.004a	4.329±0.008a	4.326±0.01a	4.312±0.007a	4.297±0.013a	4.255±0.009b	4.257±0.009b	4.260±0.008b	4.258±0.013b
丝氨酸（Ser）	4.086±0.008a	4.070±0.01a	4.069±0.005a	4.064±0.01a	4.069±0.006a	4.057±0.013a	4.050±0.008a	4.046±0.007a	4.039±0.01a	4.042±0.01a
谷氨酸（Glu）	10.963±0.008e	10.989±0.01d	11.001±0.015d	11.013±0.008d	11.035±0.009c	11.067±0.007b	11.112±0.01a	11.118±0.007a	11.113±0.003a	11.115±0.01a
甘氨酸（Gly）	5.147±0.004a	5.141±0.012a	5.124±0.003c	5.112±0.012c	5.109±0.009c	5.086±0.009d	5.045±0.007e	5.048±0.009e	5.040±0.013e	5.046±0.007e
丙氨酸（Ala）	5.843±0.008a	5.837±0.009a	5.834±0.015a	5.830±0.006a	5.818±0.008a	5.802±0.004b	5.798±0.009b	5.790±0.009b	5.792±0.007b	5.788±0.012b
半胱氨酸（Cys）	3.916±0.014b	3.928±0.015b	3.933±0.002b	3.942±0.003a	3.947±0.009a	3.951±0.004a	3.958±0.007a	3.961±0.011a	3.967±0.012a	3.964±0.003a
缬氨酸（Val）	0.644±0.008a	0.651±0.009a	0.660±0.012a	0.672±0.009a	0.680±0.007a	0.684±0.011a	0.687±0.004a	0.682±0.014a	0.679±0.013a	0.678±0.006a
蛋氨酸（Met）	1.139±0.01a	1.140±0.009a	1.147±0.003a	1.152±0.012a	1.154±0.006a	1.159±0.008a	1.163±0.008a	1.173±0.006a	1.173±0.012a	1.174±0.011a
异亮氨酸（Ile）	3.061±0.011a	3.056±0.012a	3.052±0.014a	3.049±0.003a	3.047±0.007a	3.050±0.007a	3.049±0.012a	3.045±0.012a	3.047±0.012a	3.051±0.01a
亮氨酸（Leu）	5.487±0.013a	5.488±0.008a	5.480±0.006a	5.485±0.004a	5.480±0.003a	5.477±0.003a	5.473±0.009a	5.464±0.008a	5.469±0.01a	5.470±0.01a
酪氨酸（Tyr）	2.977±0.013a	2.969±0.008a	2.966±0.004a	2.953±0.01a	2.966±0.012a	2.948±0.012a	2.947±0.01a	2.952±0.006a	2.944±0.009a	2.950±0.006a
苯丙氨酸（Phe）	2.999±0.004a	2.993±0.009a	2.988±0.009a	2.981±0.009a	2.983±0.011a	2.984±0.008a	2.980±0.01a	2.976±0.005a	2.980±0.011a	2.981±0.009a
赖氨酸（Lys）	5.488±0.005a	5.484±0.012a	5.471±0.006a	5.466±0.01a	5.442±0.008b	5.428±0.014b	5.408±0.008b	5.413±0.007b	5.417±0.008b	5.414±0.004b
组氨酸（His）	2.101±0.008a	2.084±0.004a	2.080±0.007a	2.077±0.006a	2.074±0.006a	2.068±0.004a	2.070±0.01a	2.072±0.011a	2.060±0.008a	2.058±0.01a
精氨酸（Arg）	6.558±0.014b	6.561±0.008b	6.565±0.011b	6.57±0.005b	6.577±0.009b	6.579±0.011b	6.615±0.01a	6.582±0.004b	6.598±0.003a	6.605±0.008a
脯氨酸（Pro）	4.157±0.008a	4.159±0.005a	4.148±0.009a	4.132±0.01a	4.147±0.009a	4.154±0.008a	4.176±0.008a	4.158±0.007a	4.156±0.008a	4.160±0.01a

注：表中数值为平均值±标准差。同行字母不同，表示差异显著（$P<0.05$）。

表 3-15　郑单 958 后熟过程中清蛋白氨基酸组成变化

种类	时间（d）									
---	0	4	8	12	16	20	30	40	50	60
天冬氨酸（Asp）	8.225±0.008a	8.220±0.014a	8.198±0.004b	8.187±0.007b	8.165±0.01c	8.143±0.012c	8.108±0.003d	8.119±0.008d	8.106±0.011d	8.109±0.005d
苏氨酸（Thr）	4.293±0.014a	4.290±0.011a	4.290±0.015a	4.272±0.002b	4.260±0.008b	4.242±0.009c	4.227±0.006c	4.223±0.005c	4.230±0.01c	4.221±0.009c
丝氨酸（Ser）	4.040±0.013a	4.038±0.004a	4.037±0.013a	4.035±0.008a	4.035±0.014a	4.034±0.006a	4.022±0.012a	4.013±0.008a	4.005±0.01a	3.979±0.007a
谷氨酸（Glu）	10.894±0.013d	10.921±0.007c	10.933±0.007c	10.947±0.005b	10.96±0.009b	10.98±0.011b	11.059±0.008a	11.054±0.011a	11.05±0.015a	11.057±0.015a
甘氨酸（Gly）	5.086±0.011a	5.082±0.013a	5.079±0.009a	5.040±0.013b	5.032±0.011b	5.013±0.006c	4.979±0.009d	4.967±0.009d	4.971±0.008d	4.965±0.009d
丙氨酸（Ala）	5.787±0.009a	5.785±0.014a	5.774±0.009a	5.766±0.009a	5.755±0.014a	5.743±0.011a	5.736±0.011a	5.732±0.008a	5.728±0.009a	5.725±0.006a
半胱氨酸（Cys）	3.843±0.009b	3.851±0.011b	3.865±0.01a	3.872±0.009a	3.879±0.014a	3.882±0.011a	3.894±0.006a	3.901±0.013a	3.892±0.015a	3.897±0.005a
缬氨酸（Val）	0.602±0.011a	0.607±0.008a	0.613±0.015a	0.621±0.006a	0.637±0.007a	0.649±0.004a	0.651±0.009a	0.656±0.011a	0.651±0.01a	0.653±0.013a
蛋氨酸（Met）	1.127±0.004a	1.132±0.005a	1.134±0.008a	1.142±0.012a	1.146±0.01a	1.144±0.003a	1.153±0.003a	1.158±0.01a	1.159±0.007a	1.163±0.01a
异亮氨酸（Ile）	3.053±0.007a	3.050±0.005a	3.048±0.013a	3.041±0.014a	3.037±0.008a	3.032±0.01a	3.030±0.004a	3.029±0.016a	3.037±0.012a	3.030±0.011a
亮氨酸（Leu）	5.463±0.014a	5.461±0.003a	5.462±0.013a	5.459±0.005a	5.450±0.012a	5.449±0.008a	5.442±0.009a	5.444±0.012a	5.438±0.013a	5.450±0.008a
酪氨酸（Tyr）	2.941±0.003a	2.933±0.016a	2.929±0.008a	2.928±0.007a	2.926±0.007a	2.919±0.015a	2.920±0.011a	2.904±0.005a	2.914±0.004a	2.920±0.008a
苯丙氨酸（Phe）	2.982±0.012a	2.979±0.004a	2.975±0.008a	2.971±0.007a	2.974±0.006a	2.969±0.007a	2.960±0.014a	2.966±0.005a	2.967±0.011a	2.963±0.008a
赖氨酸（Lys）	5.439±0.013a	5.431±0.01a	5.427±0.008a	5.420±0.007a	5.404±0.012a	5.379±0.01b	5.352±0.017b	5.357±0.012b	5.360±0.012b	5.335±0.013b
组氨酸（His）	8.225±0.008a	8.220±0.014a	8.198±0.004b	8.187±0.007b	8.165±0.01c	8.143±0.012c	8.108±0.003d	8.119±0.008d	8.106±0.011d	8.109±0.005d
精氨酸（Arg）	4.293±0.014a	4.290±0.011a	4.290±0.015a	4.272±0.002b	4.260±0.008b	4.242±0.009c	4.227±0.006c	4.223±0.005c	4.230±0.01c	4.221±0.009c
脯氨酸（Pro）	4.040±0.013a	4.038±0.004a	4.037±0.013a	4.035±0.008a	4.035±0.014a	4.034±0.006a	4.022±0.012a	4.013±0.008a	4.005±0.01a	3.979±0.007a

注：表中数值为平均值±标准差。同行字母不同，表示差异显著（$P<0.05$）。

表 3-16 先玉335后熟过程中球蛋白氨基酸组成变化

种类	时间（d）									
	0	4	8	12	16	20	30	40	50	60
天冬氨酸（Asp）	6.431±0.005a	6.429±0.011a	6.423±0.008a	6.408±0.009b	6.396±0.009b	6.384±0.009b	6.365±0.006c	6.362±0.008c	6.364±0.008c	6.36±0.01c
苏氨酸（Thr）	2.565±0.005a	2.561±0.014a	2.562±0.009a	2.551±0.015a	2.548±0.011a	2.536±0.002a	2.525±0.008a	2.530±0.006a	2.527±0.009a	2.528±0.01a
丝氨酸（Ser）	4.405±0.005a	4.403±0.008a	4.399±0.004a	4.393±0.003a	4.389±0.01a	4.398±0.005a	4.401±0.013a	4.402±0.011a	4.404±0.008a	4.403±0.007a
谷氨酸（Glu）	14.463±0.011d	14.474±0.005d	14.487±0.011d	14.501±0.008d	14.557±0.004d	14.582±0.003b	14.618±0.009a	14.62±0.008a	14.613±0.008a	14.621±0.008a
甘氨酸（Gly）	3.965±0.006c	3.975±0.004c	3.984±0.007b	3.997±0.01b	4.012±0.006b	4.023±0.003a	4.035±0.003a	4.03±0.014a	4.032±0.008a	4.034±0.007a
丙氨酸（Ala）	4.045±0.007a	4.042±0.007a	4.040±0.008a	4.038±0.007a	4.037±0.012a	4.033±0.008a	4.023±0.007a	4.031±0.002a	4.028±0.013a	4.03±0.005a
半胱氨酸（Cys）	3.887±0.007a	3.800±0.012a	3.878±0.009a	3.874±0.01a	3.865±0.007a	3.860±0.005a	3.857±0.012a	3.862±0.01a	3.865±0.008a	3.87±0.004a
缬氨酸（Val）	0.853±0.007a	0.860±0.001a	0.871±0.004a	0.869±0.001a	0.867±0.007a	0.865±0.007a	0.866±0.011a	0.863±0.007a	0.857±0.011a	0.853±0.009a
蛋氨酸（Met）	0.658±0.012a	0.656±0.008a	0.652±0.012a	0.654±0.006a	0.650±0.01a	0.652±0.005a	0.648±0.015a	0.642±0.002a	0.643±0.003a	0.641±0.009a
异亮氨酸（Ile）	2.362±0.01a	2.359±0.009a	2.350±0.01a	2.348±0.007a	2.327±0.008b	2.306±0.006b	2.282±0.006b	2.285±0.011b	2.29±0.012b	2.287±0.006b
亮氨酸（Leu）	4.859±0.007a	4.851±0.007a	4.845±0.007a	4.833±0.007a	4.819±0.009a	4.795±0.011a	4.783±0.007c	4.78±0.011c	4.782±0.012c	4.78±0.009c
酪氨酸（Tyr）	2.528±0.003a	2.531±0.01a	2.539±0.007a	2.542±0.011a	2.545±0.006a	2.551±0.007a	2.550±0.011a	2.547±0.011a	2.54±0.011a	2.536±0.008a
苯丙氨酸（Phe）	3.907±0.012a	3.905±0.005a	3.906±0.012a	3.901±0.013a	3.896±0.006a	3.897±0.007a	3.887±0.008a	3.875±0.011a	3.872±0.012a	3.87±0.008a
赖氨酸（Lys）	5.013±0.009a	4.990±0.01b	4.987±0.012b	4.978±0.012b	4.963±0.01c	4.951±0.011c	4.933±0.012c	4.93±0.003c	4.927±0.007c	4.93±0.011c
组氨酸（His）	3.129±0.008a	3.123±0.009a	3.116±0.005a	3.110±0.005a	3.101±0.011a	3.103±0.006a	3.110±0.011a	3.107±0.01a	3.112±0.008a	3.109±0.008a
精氨酸（Arg）	10.853±0.003d	10.874±0.014c	10.904±0.013a	10.918±0.01b	10.929±0.011a	10.932±0.003b	10.943±0.011a	10.94±0.003a	10.941±0.006a	10.943±0.002a
脯氨酸（Pro）	2.859±0.006c	2.872±0.013c	2.886±0.01c	2.890±0.006c	2.902±0.001b	2.915±0.009a	2.920±0.007a	2.925±0.005a	2.922±0.005a	2.923±0.011a

注：表中数值为平均值±标准差。同行字母不同，表示差异显著（$P<0.05$）。

表3-17 郑单958后熟过程中球蛋白氨基酸组成变化

种类	时间（d）									
	0	4	8	12	16	20	30	40	50	60
天冬氨酸（Asp）	6.379±0.014a	6.377±0.009a	6.364±0.011a	6.352±0.008a	6.338±0.009b	6.32±0.012b	6.306±0.011b	6.303±0.004b	6.302±0.008b	6.3±0.008b
苏氨酸（Thr）	2.524±0.01a	2.518±0.01a	2.509±0.008a	2.502±0.011a	2.491±0.002a	2.483±0.012b	2.47±0.002b	2.474±0.007b	2.472±0.012b	2.473±0.01b
丝氨酸（Ser）	4.376±0.006a	4.375±0.013a	4.371±0.011a	4.369±0.012a	4.36±0.01a	4.365±0.01a	4.368±0.005a	4.367±0.005a	4.372±0.009a	4.373±0.005a
谷氨酸（Glu）	14.419±0.004e	14.429±0.008e	14.436±0.002e	14.478±0.002d	14.505±0.003c	14.537±0.009b	14.568±0.012a	14.571±0.004a	14.569±0.008a	14.57±0.009a
甘氨酸（Gly）	3.935±0.005d	3.945±0.007d	3.962±0.005d	3.983±0.012b	3.979±0.009b	3.992±0.009b	4.017±0.005a	4.015±0.005a	4.017±0.004a	4.014±0.002a
丙氨酸（Ala）	4.035±0.009a	4.029±0.01a	4.027±0.008a	4.024±0.006a	4.021±0.008a	4.014±0.007a	4.017±0.006a	4.019±0.006a	4.016±0.008a	4.02±0.012a
半胱氨酸（Cys）	3.786±0.008a	3.778±0.012a	3.761±0.007a	3.775±0.008a	3.77±0.009a	3.768±0.013a	3.764±0.013a	3.77±0.013a	3.772±0.01a	3.774±0.006a
缬氨酸（Val）	0.713±0.015a	0.721±0.006a	0.725±0.008a	0.728±0.004a	0.732±0.007a	0.727±0.008a	0.723±0.009a	0.712±0.012a	0.715±0.007a	0.714±0.002a
蛋氨酸（Met）	0.569±0.011a	0.564±0.012a	0.561±0.005a	0.562±0.008a	0.558±0.008a	0.554±0.007a	0.545±0.011a	0.547±0.007a	0.548±0.003a	0.55±0.007a
异亮氨酸（Ile）	2.31±0.011a	2.306±0.012a	2.305±0.007a	2.299±0.013a	2.294±0.01a	2.275±0.004b	2.251±0.008c	2.254±0.007c	2.253±0.003c	2.25±0.009c
亮氨酸（Leu）	4.849±0.002a	4.838±0.005b	4.826±0.01b	4.817±0.006b	4.807±0.001c	4.771±0.004d	4.762±0.011e	4.763±0.011e	4.76±0.009e	4.761±0.003e
酪氨酸（Tyr）	2.498±0.008a	2.5±0.007a	2.499±0.008a	2.509±0.008a	2.516±0.008a	2.512±0.008a	2.517±0.011a	2.508±0.011a	2.495±0.007a	2.491±0.01a
苯丙氨酸（Phe）	3.871±0.006a	3.869±0.002a	3.868±0.012a	3.864±0.003a	3.863±0.004a	3.857±0.005a	3.86±0.008a	3.856±0.007a	3.855±0.006a	3.851±0.009a
赖氨酸（Lys）	4.912±0.007a	4.903±0.012a	4.897±0.01a	4.872±0.011b	4.864±0.012b	4.845±0.013b	4.822±0.011c	4.82±0.006c	4.819±0.011c	4.821±0.013c
组氨酸（His）	3.081±0.01a	3.079±0.007a	3.077±0.011a	3.072±0.005a	3.07±0.009a	3.065±0.007a	3.061±0.012a	3.063±0.007a	3.067±0.004a	3.071±0.008a
精氨酸（Arg）	10.837±0.011d	10.848±0.004d	10.875±0.005c	10.884±0.005c	10.901±0.002b	10.914±0.009a	10.928±0.012b	10.925±0.012a	10.927±0.004a	10.926±0.005a
脯氨酸（Pro）	2.861±0.009c	2.864±0.007c	2.865±0.011c	2.872±0.007c	2.89±0.002b	2.901±0.006a	2.915±0.014a	2.913±0.005a	2.915±0.01a	2.917±0.004a

注：表中数值为平均值±标准差。同行字母不同，表示差异显著（$P<0.05$）。

玉米后熟过程中先玉 335 和郑单 958 醇溶蛋白氨基酸组成变化如表 3-18 至表 3-19 所示。研究结果表明随着玉米后熟过程中储藏时间的延长，醇溶蛋白氨基酸组成相对稳定，其中 Ala、Val、Arg 和 Pro 含量在 30 d 内变化显著（$P < 0.05$），随着储藏时间的延长呈下降趋势，其他氨基酸含量无显著变化（$P > 0.05$）。后熟过程中醇溶蛋白必需氨基含量比较稳定，基本保持不变。

玉米后熟过程中先玉 335 和郑单 958 谷蛋白氨基酸组成变化如表 3-20 至表 3-21 所示。研究结果表明随着玉米后熟过程中储藏时间的延长，谷蛋白氨基酸组成发生变化，其中丝氨酸（Ser）、Ala、Leu、酪氨酸（Tyr）和 Pro 含量在 30 d 内变化显著（$P < 0.05$），随着储藏时间的延长呈下降趋势，Asp 含量随着储藏时间的延长呈上升趋势，其他氨基酸含量无显著变化（$P > 0.05$）。后熟过程中谷蛋白必需氨基含量比较稳定，基本保持不变。

3. 玉米后熟过程中蛋白巯基及二硫键含量变化

（1）玉米蛋白组分巯基含量变化

巯基和二硫键是蛋白分子中两大重要的基团，二者之间可以相互转化，都具有较高的生物活性，对于稳定蛋白质空间结构，保持蛋白活性具有极其重要的作用。本研究测定玉米后熟期间四种蛋白组分巯基和二硫键含量的变化，探究玉米后熟过程中各蛋白结构及特性变化趋势。如图 3-26A 所示，两个品种的玉米清蛋白的总巯基含量在后熟期间发生显著变化（$P < 0.05$）。随着储藏时间的延长整体呈现先下降后趋于平稳的状态，30 d 以内，随着储藏时间的延长，清蛋白巯基含量下降幅度较为剧烈，其中在第 30 d 时先玉 335 巯基含量下降 13.16%，郑单 958 下降 13.51%，30 d 后随着储藏时间的延长，两玉米品种的清蛋白巯基含量都趋于稳定状态。先玉 335 清蛋白总巯基含量高于郑单 958 清蛋白总巯基含量。

玉米球蛋白的总巯基含量在后熟期间发生显著变化（$P < 0.05$）。如图 3-26B 所示，球蛋白总巯基含量整体呈下降趋势，其中在 30 d 内球蛋白巯基变化幅度波动较大，30 d 以后变化幅度较小，呈现缓慢下降的趋势。先玉 335 和郑单 958 球蛋白巯基含量在第 30 d 时分别下降 14.46% 和 15.25%，变化趋势与吴伟等研究结果一致。先玉 335 球蛋白总巯基含量高于郑单 958 球蛋白总巯基含量。

玉米醇溶蛋白的总巯基含量在后熟期间发生显著变化（$P < 0.05$）。如图 3-26C 所示，玉米醇溶蛋白巯基在后熟过程中整体呈现下降趋势，30 d 内醇溶蛋白巯基含量下降剧烈，随后随着时间的延长巯基含量呈缓慢下降趋势。30 d 时先玉 335 和郑单 958 醇溶蛋白巯基含量分别下降 7.01% 和 8.92%。先玉 335 醇溶蛋白总巯基含量高于郑单 958 醇溶蛋白总巯基含量。

玉米谷蛋白的总巯基含量在后熟期间发生显著变化（$P < 0.05$）。如图 3-26D 所示玉米后熟期间谷蛋白总巯基含量整体呈下降趋势，其中在 30 d 以内，玉米谷

表3-18 先玉335后熟过程中醇溶蛋白氨基酸组成变化

种类	时间 (d)									
	0	4	8	12	16	20	30	40	50	60
天冬氨酸 (Asp)	4.622±0.009a	4.6±0.007b	4.518±0.002c	4.414±0.01d	4.415±0.005d	4.413±0.001d	4.412±0.006d	4.407±0.005d	4.404±0.01d	4.4±0.006d
苏氨酸 (Thr)	2.417±0.009a	2.388±0.007b	2.366±0.007c	2.354±0.01c	2.351±0.005c	2.347±0.007c	2.343±0.008c	2.342±0.006c	2.333±0.006c	2.34±0.004c
丝氨酸 (Ser)	4.717±0.005a	4.715±0.009a	4.713±0.006a	4.707±0.01a	4.713±0.005a	4.698±0.008a	4.687±0.007a	4.683±0.01a	4.69±0.005a	4.692±0.005a
谷氨酸 (Glu)	24.81±0.007a	24.81±0.008a	24.81±0.01a	24.80±0.005b	24.79±0.004b	24.79±0.007b	24.78±0.009b	24.77±0.005b	24.77±0.005b	24.78±0.007b
甘氨酸 (Gly)	1.158±0.006a	1.157±0.006a	1.15±0.008a	1.154±0.007a	1.15±0.003a	1.148±0.009a	1.143±0.009a	1.147±0.008a	1.145±0.006a	1.144±0.01a
丙氨酸 (Ala)	8.126±0.009a	8.121±0.003a	8.117±0.002a	8.11±0.011a	8.104±0.006a	8.102±0.007a	8.096±0.003a	8.093±0.006a	8.091±0.006a	8.088±0.004a
半胱氨酸 (Cys)	1.37±0.005a	1.367±0.005a	1.362±0.004a	1.351±0.006a	1.346±0.004a	1.332±0.005a	1.318±0.007a	1.324±0.011a	1.322±0.011a	1.32±0.007a
缬氨酸 (Val)	1.315±0.006a	1.314±0.006a	1.311±0.005a	1.313±0.002a	1.307±0.008a	1.305±0.005a	1.3±0.01a	1.31±0.003a	1.312±0.006a	1.315±0.003a
蛋氨酸 (Met)	1.059±0.005a	1.055±0.007a	1.05±0.004a	1.054±0.005a	1.05±0.005a	1.052±0.006a	1.047±0.003a	1.049±0.008a	1.051±0.004a	1.048±0.007a
异亮氨酸 (Ile)	3.679±0.003a	3.674±0.011a	3.676±0.006a	3.665±0.005a	3.672±0.008a	3.667±0.009a	3.662±0.009a	3.66±0.007a	3.661±0.006a	3.662±0.006a
亮氨酸 (Leu)	19.89±0.008a	19.88±0.005b	19.87±0.006b	19.86±0.01b	19.85±0.003b	19.85±0.007b	19.85±0.006b	19.85±0.008b	19.85±0.003b	19.85±0.004b
酪氨酸 (Tyr)	5.65±0.005a	5.657±0.007a	5.658±0.005a	5.66±0.007a	5.662±0.01a	5.661±0.009a	5.664±0.007a	5.662±0.009a	5.663±0.011a	5.662±0.006a
苯丙氨酸 (Phe)	6.096±0.009a	6.098±0.003a	6.102±0.002a	6.095±0.006a	6.105±0.008a	6.106±0.002a	6.108±0.005a	6.11±0.009a	6.108±0.004a	6.107±0.01a
赖氨酸 (Lys)	0.111±0.003a	0.09±0.005b	0.088±0.008b	0.085±0.007b	0.082±0.008b	0.078±0.004b	0.082±0.004b	0.079±0.009b	0.078±0.003b	0.079±0.008b
组氨酸 (His)	0.904±0.008a	0.906±0.009a	0.905±0.007a	0.907±0.006a	0.913±0.009a	0.917±0.009a	0.92±0.008a	0.915±0.003a	0.917±0.002a	0.913±0.005a
精氨酸 (Arg)	1.395±0.007a	1.393±0.009a	1.39±0.005a	1.385±0.004a	1.378±0.007a	1.371±0.005a	1.363±0.003a	1.36±0.008a	1.362±0.004a	1.361±0.003a
脯氨酸 (Pro)	12.152±0.01a	12.128±0.006b	12.125±0.004b	12.119±0.002b	12.117±0.005b	12.105±0.008b	12.087±0.004c	12.092±0.004c	12.088±0.007c	12.085±0.008c

注：表中数值为平均值±标准差。同行字母不同，表示差异显著（P<0.05）。

表3-19 郑单958后熟过程中醇溶蛋白氨基酸组成变化

种类	时间 (d)									
	0	4	8	12	16	20	30	40	50	60
天冬氨酸 (Asp)	4.63±0.002a	4.627±0.009a	4.622±0.001a	4.624±0.003a	4.618±0.005a	4.616±0.01a	4.612±0.01a	4.611±0.006a	4.608±0.005a	4.605±0.007a
苏氨酸 (Thr)	2.446±0.007a	2.436±0.007a	2.432±0.007a	2.434±0.005a	2.43±0.004a	2.427±0.007a	2.425±0.005a	2.424±0.006a	2.423±0.009a	2.416±0.005a
丝氨酸 (Ser)	4.732±0.002a	4.728±0.009a	4.719±0.002a	4.711±0.005a	4.708±0.007a	4.704±0.004a	4.7±0.004a	4.703±0.006a	4.701±0.01a	4.702±0.009a
谷氨酸 (Glu)	24.784±0.006a	24.771±0.004b	24.768±0.006b	24.750±0.001b	24.750±0.007c	24.748±0.01c	24.750±0.009c	24.747±0.01c	24.742±0.003c	24.744±0.006c
甘氨酸 (Gly)	1.141±0.007a	1.139±0.002a	1.14±0.005a	1.135±0.002a	1.137±0.01a	1.13±0.003a	1.125±0.007a	1.132±0.005a	1.123±0.008a	1.125±0.009a
丙氨酸 (Ala)	8.111±0.002a	8.087±0.005b	8.085±0.005b	8.082±0.005b	8.082±0.005b	8.078±0.008b	8.062±0.009c	8.065±0.005c	8.063±0.006c	8.064±0.006c
半胱氨酸 (Cys)	1.357±0.005a	1.335±0.005a	1.33±0.004b	1.318±0.003c	1.302±0.007d	1.292±0.007d	1.29±0.006d	1.281±0.006d	1.284±0.004d	1.28±0.003d
缬氨酸 (Val)	1.309±0.007a	1.304±0.003a	1.3±0.007a	1.305±0.005a	1.299±0.005a	1.295±0.005a	1.292±0.005a	1.301±0.007a	1.304±0.005a	1.302±0.009a
蛋氨酸 (Met)	1.034±0.006a	1.032±0.003a	1.03±0.004a	1.026±0.007a	1.022±0.006a	1.021±0.005a	1.019±0.006a	1.017±0.004a	1.019±0.003a	1.018±0.002a
异亮氨酸 (Ile)	3.663±0.009a	3.658±0.003a	3.66±0.003a	3.655±0.007a	3.65±0.007a	3.647±0.006a	3.645±0.007a	3.643±0.007a	3.644±0.009a	3.645±0.004a
亮氨酸 (Leu)	19.873±0.005a	19.870±0.003a	19.865±0.01a	19.862±0.002a	19.859±0.006a	19.857±0.006a	19.857±0.006a	19.853±0.006a	19.854±0.008a	19.853±0.006a
酪氨酸 (Tyr)	5.646±0.007a	5.648±0.003a	5.653±0.006a	5.65±0.005a	5.654±0.007a	5.657±0.002a	5.659±0.005a	5.656±0.004a	5.657±0.006a	5.658±0.004a
苯丙氨酸 (Phe)	6.092±0.003a	6.095±0.007a	6.093±0.008a	6.097±0.003a	6.1±0.005a	6.097±0.009a	6.105±0.003a	6.102±0.005a	6.101±0.007a	6.103±0.01a
赖氨酸 (Lys)	0.107±0.005a	0.104±0.009a	0.103±0.004a	0.102±0.006a	0.1±0.003a	0.09±0.003a	0.093±0.009a	0.096±0.009a	0.095±0.008a	0.094±0.002a
组氨酸 (His)	0.879±0.007a	0.882±0.007a	0.887±0.004a	0.891±0.005a	0.894±0.007a	0.895±0.004a	0.897±0.003a	0.896±0.005a	0.893±0.007a	0.894±0.007a
精氨酸 (Arg)	1.384±0.005a	1.365±0.006b	1.36±0.004b	1.358±0.007b	1.355±0.007b	1.348±0.007b	1.332±0.002c	1.329±0.004c	1.325±0.009c	1.324±0.006c
脯氨酸 (Pro)	12.162±0.003a	12.144±0.006b	12.140±0.008c	12.135±0.005c	12.119±0.002d	12.110±0.004d	12.107±0.01e	12.110±0.006e	12.108±0.007e	12.112±0.006e

注：表中数值为平均值±标准差。同行字母不同，表示差异显著（$P<0.05$）。

表 3-20 先玉 335 后熟过程中谷蛋白氨基酸组成变化

种类	时间 (d)									
	0	4	8	12	16	20	30	40	50	60
天冬氨酸 (Asp)	6.027±0.01c	6.037±0.008c	6.057±0.006b	6.059±0.003b	6.063±0.006b	6.082±0.005a	6.084±0.006a	6.087±0.005a	6.089±0.004a	6.087±0.006a
苏氨酸 (Thr)	3.424±0.003a	3.427±0.003a	3.43±0.005a	3.432±0.006a	3.438±0.006a	3.44±0.005a	3.444±0.003a	3.441±0.006a	3.442±0.005a	3.443±0.007a
丝氨酸 (Ser)	4.197±0.009a	4.173±0.008b	4.166±0.008b	4.163±0.006b	4.159±0.008b	4.156±0.005b	4.144±0.002c	4.142±0.003c	4.139±0.006c	4.14±0.008c
谷氨酸 (Glu)	18.41±0.011a	18.41±0.007a	18.42±0.008a	18.42±0.011a	18.42±0.002a	18.43±0.002a	18.43±0.003a	18.43±0.007a	18.42±0.005a	18.43±0.003a
甘氨酸 (Gly)	3.544±0.003a	3.547±0.002a	3.552±0.006a	3.549±0.01a	3.55±0.009a	3.559±0.01a	3.561±0.001a	3.558±0.007a	3.555±0.006a	3.557±0.003a
丙氨酸 (Ala)	5.281±0.007a	5.274±0.01a	5.268±0.008a	5.247±0.003a	5.237±0.006a	5.231±0.006a	5.227±0.009a	5.223±0.011a	5.229±0.008a	5.222±0.009a
半胱氨酸 (Cys)	4.367±0.006a	4.363±0.008a	4.361±0.004a	4.363±0.004a	4.357±0.003a	4.359±0.007a	4.355±0.003a	4.358±0.008a	4.359±0.007a	4.362±0.005a
缬氨酸 (Val)	3.506±0.007a	3.511±0.011a	3.504±0.006a	3.511±0.005a	3.503±0.008a	3.513±0.009a	3.497±0.007a	3.51±0.004a	3.5±0.005a	3.502±0.005a
蛋氨酸 (Met)	4.333±0.01a	4.328±0.005a	4.326±0.008a	4.32±0.005a	4.324±0.003a	4.321±0.005a	4.319±0.009a	4.324±0.009a	4.32±0.004a	4.322±0.003a
异亮氨酸 (Ile)	3.412±0.01a	3.408±0.004a	3.406±0.006a	3.407±0.01a	3.405±0.001a	3.403±0.006a	3.4±0.003a	3.408±0.003a	3.404±0.003a	3.402±0.003a
亮氨酸 (Leu)	10.431±0.008a	10.418±0.003b	10.402±0.008c	10.398±0.006c	10.377±0.007d	10.374±0.005d	10.369±0.005d	10.364±0.007d	10.365±0.007d	10.362±0.009d
酪氨酸 (Tyr)	5.452±0.004a	5.424±0.008a	5.404±0.006b	5.399±0.006b	5.391±0.01b	5.385±0.004b	5.387±0.007b	5.372±0.005c	5.373±0.004c	5.371±0.009c
苯丙氨酸 (Phe)	4.732±0.008a	4.729±0.009a	4.727±0.006a	4.725±0.003a	4.722±0.008a	4.73±0.009a	4.719±0.004a	4.72±0.007a	4.724±0.006a	4.721±0.009a
赖氨酸 (Lys)	3.331±0.008a	3.334±0.009a	3.338±0.006a	3.343±0.004a	3.346±0.006a	3.35±0.003a	3.354±0.003a	3.345±0.003a	3.35±0.011a	3.348±0.009a
组氨酸 (His)	3.577±0.009a	3.58±0.004a	3.583±0.007a	3.585±0.004a	3.588±0.007a	3.584±0.004a	3.589±0.007a	3.586±0.008a	3.584±0.007a	3.58±0.012a
精氨酸 (Arg)	5.249±0.002a	5.257±0.006a	5.259±0.007a	5.263±0.005a	5.261±0.008a	5.265±0.006a	5.271±0.008a	5.274±0.01a	5.272±0.006a	5.27±0.007a
脯氨酸 (Pro)	10.698±0.004a	10.672±0.011b	10.667±0.005b	10.652±0.008b	10.643±0.008c	10.640±0.003c	10.650±0.006c	10.645±0.007c	10.641±0.005c	10.643±0.006c

注：表中数值为平均值±标准差。同行字母不同，表示差异显著（P<0.05）。

153

表3-21 郑单958后熟过程中谷蛋白氨基酸组成变化

种类	时间（d）									
	0	4	8	12	16	20	30	40	50	60
天冬氨酸（Asp）	5.97±0.006d	6.017±0.008c	6.029±0.01c	6.042±0.011c	6.062±0.009c	6.087±0.009a	6.06±0.003b	6.037±0.006c	6.039±0.01c	6.039±0.009c
苏氨酸（Thr）	3.412±0.009a	3.417±0.008a	3.421±0.001a	3.433±0.008a	3.437±0.009a	3.441±0.008a	3.436±0.009a	3.437±0.01a	3.439±0.007a	3.44±0.009a
丝氨酸（Ser）	4.168±0.006a	4.154±0.009a	4.132±0.004b	4.123±0.005b	4.122±0.003b	4.114±0.003c	4.108±0.005c	4.098±0.01c	4.082±0.011c	4.079±0.005c
谷氨酸（Glu）	18.401±0.007a	18.403±0.006a	18.409±0.006a	18.415±0.008a	18.412±0.01a	18.416±0.009a	18.421±0.007a	18.420±0.003a	18.410±0.007a	18.416±0.007a
甘氨酸（Gly）	3.531±0.005a	3.531±0.004a	3.538±0.007a	3.542±0.007a	3.535±0.002a	3.539±0.009a	3.544±0.005a	3.542±0.009a	3.54±0.002a	3.541±0.006a
丙氨酸（Ala）	5.264±0.007a	5.244±0.005b	5.231±0.006c	5.227±0.002c	5.214±0.007d	5.217±0.003d	5.213±0.01d	5.215±0.005d	5.208±0.005d	5.206±0.008d
半胱氨酸（Cys）	4.235±0.005a	4.233±0.008a	4.229±0.003a	4.23±0.003a	4.226±0.002a	4.215±0.005a	4.213±0.008a	4.214±0.004a	4.22±0.004a	4.216±0.005a
缬氨酸（Val）	3.472±0.002a	3.476±0.003a	3.478±0.01a	3.474±0.007a	3.479±0.008a	3.48±0.005a	3.484±0.009a	3.482±0.005a	3.477±0.007a	3.479±0.001a
蛋氨酸（Met）	4.297±0.004a	4.285±0.002b	4.276±0.01b	4.271±0.005b	4.266±0.004b	4.253±0.007b	4.258±0.005b	4.255±0.007b	4.256±0.005b	4.259±0.007b
异亮氨酸（Ile）	3.448±0.005a	3.444±0.004a	3.442±0.008a	3.439±0.005a	3.434±0.003a	3.436±0.006a	3.433±0.005a	3.435±0.006a	3.438±0.006a	3.437±0.01a
亮氨酸（Leu）	10.385±0.004a	10.365±0.004b	10.354±0.004c	10.359±0.006c	10.345±0.011c	10.342±0.007c	10.332±0.009c	10.326±0.009c	10.322±0.006c	10.324±0.007c
酪氨酸（Tyr）	5.322±0.009a	5.287±0.005b	5.282±0.005b	5.279±0.008b	5.279±0.007b	5.262±0.006c	5.266±0.011c	5.256±0.008c	5.259±0.008c	5.258±0.008c
苯丙氨酸（Phe）	4.683±0.005a	4.676±0.005a	4.68±0.005a	4.671±0.006a	4.675±0.003a	4.671±0.011a	4.667±0.008a	4.677±0.002a	4.675±0.007a	4.676±0.009a
赖氨酸（Lys）	3.278±0.01a	3.284±0.012a	3.287±0.012a	3.289±0.009a	3.292±0.004a	3.294±0.004a	3.298±0.007a	3.297±0.008a	3.293±0.003a	3.296±0.006a
组氨酸（His）	3.479±0.009a	3.483±0.009a	3.49±0.009a	3.492±0.012a	3.488±0.007a	3.486±0.006a	3.494±0.005a	3.49±0.006a	3.492±0.007a	3.491±0.005a
精氨酸（Arg）	5.171±0.002a	5.177±0.007a	5.18±0.005a	5.178±0.008a	5.182±0.003a	5.193±0.011a	5.196±0.01a	5.19±0.003a	5.193±0.005a	5.191±0.002a
脯氨酸（Pro）	10.535±0.011a	10.516±0.004b	10.513±0.005b	10.510±0.009b	10.510±0.002b	10.498±0.011b	10.492±0.005b	10.490±0.004b	10.488±0.003b	10.489±0.007b

注：表中数值为平均值±标准差。同行字母不同，表示差异显著（$P < 0.05$）。

蛋白随着储藏时间的延长，谷蛋白巯基含量呈下降趋势，30 d后玉米谷蛋白巯基含量随着储藏时间的延长趋于平稳状态。先玉335和郑单958谷蛋白巯基含量在第30 d时分别下降9.14%和10.54%。先玉335谷蛋白总巯基含量高于郑单958谷蛋白总巯基含量。李彤等研究巯基含量的变化对谷蛋白的溶解性有影响，后熟过程中谷蛋白的巯基含量发生变化，说明蛋白功能特性可能发生改变。

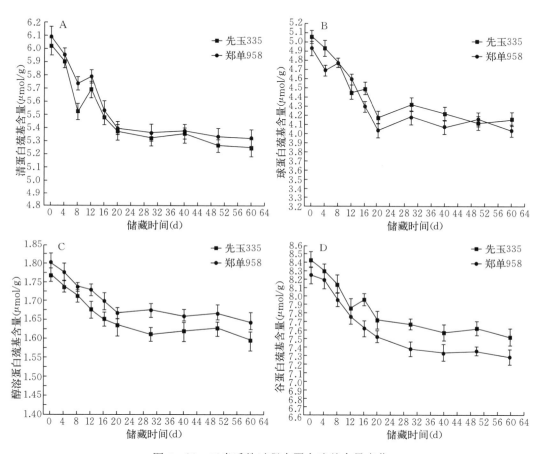

图3-26　玉米后熟过程中蛋白巯基含量变化

A. 清蛋白巯基含量变化　B. 球蛋白巯基含量变化　C. 醇溶蛋白巯基含量变化　D. 谷蛋白巯基含量变化

（2）玉米蛋白组分二硫键含量变化

玉米清蛋白的二硫键含量在后熟期间发生显著变化（$P < 0.05$）。如图3-27A所示，后熟过程中，先玉335和郑单958清蛋白二硫键含量随着储藏时间的延长呈现上升状态，在30 d以内，随着储藏时间的延长二硫键含量上升幅度较大，在30 d时先玉335和郑单958清蛋白二硫键含量分别上升10.47%和11.73%，30 d后随着储藏时间延长二硫键含量呈略微上升趋势，基本呈现平稳状态。先玉335清蛋白二硫键含量要高于郑单958清蛋白二硫键含量。

玉米球蛋白的二硫键含量在后熟期间发生显著变化（$P<0.05$）。如图 3-27B 所示，随储藏时间延长，先玉 335 和郑单 958 球蛋白二硫键含量变化整体呈现上升趋势。30 d 以内，随着储藏时间延长，二硫键含量上升趋势明显，在 30 d 时先玉 335 和郑单 958 球蛋白二硫键含量分别上升 11.52% 和 12.42%。随后随着储藏时间延长，球蛋白二硫键含量变化幅度较小，基本呈现平稳状态。郑单 958 球蛋白二硫键含量高于先玉 335 球蛋白二硫键含量。

玉米醇溶蛋白的二硫键含量在后熟期间发生显著变化（$P<0.05$）。如图 3-27C 所示，随着储藏时间延长，玉米后熟过程中醇溶蛋白二硫键含量整体呈上升趋势，30 d 内二硫键含量变化幅度较为明显，30 d 后二硫键含量变化趋于平稳。在 30 d 时，先玉 335 和郑单 958 醇溶蛋白二硫键含量分别上升 6.8% 和 6.63%，先玉 335 醇溶蛋白二硫键含量要高于郑单 958 醇溶蛋白二硫键含量。

玉米谷蛋白的二硫键含量在后熟期间发生显著变化（$P<0.05$）。如图 3-27D 所示，随着储藏时间的延长，玉米后熟过程中先玉 335 和郑单 958 谷蛋白二硫键含量变

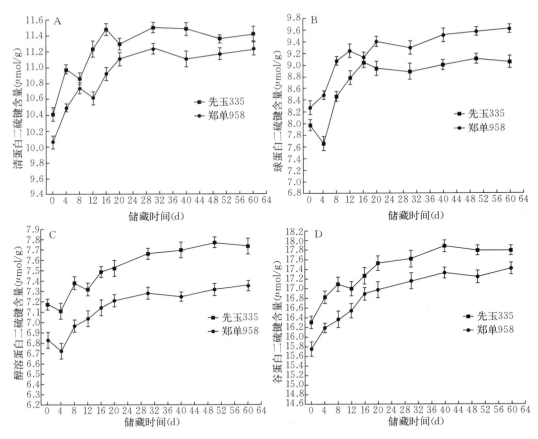

图 3-27 玉米后熟过程中蛋白二硫键含量变化

A. 清蛋白二硫键含量变化　B. 球蛋白二硫键含量变化　C. 醇溶蛋白二硫键含量变化　D. 谷蛋白二硫键含量变化

化整体呈上升趋势，30 d 内谷蛋白上升趋势明显，在 30 d 时先玉 335 和郑单 958 谷蛋白二硫键含量分别上升 8.04％和 8.07％。30 d 后随着储藏时间延长，谷蛋白二硫键变化幅度不明显。先玉 335 谷蛋白二硫键含量高于郑单 958 谷蛋白二硫键含量。

本文蛋白巯基及二硫键含量测定结果和其他相关文献略有不同，分析原因主要是因为巯基是非常活跃的基团，其测试结果受测试条件及试验方法影响较大，导致巯基及二硫键含量结果略有差异。通过测定得出玉米后熟过程中先玉 335 和郑单 958 四种蛋白组分的巯基含量整体都呈现下降趋势，二硫键含量呈现上升趋势，清蛋白和球蛋白巯基及二硫键含量在后熟过程中变化波动要较醇溶蛋白和谷蛋白变化剧烈。蛋白巯基及二硫键含量变化趋势与蔡勇健研究结果一致。

对谷物蛋白二硫键及巯基含量变化的影响因素有基因、生长环境、储藏条件以及籽粒体内的酶等。研究表明谷物在水分减少的情况下，有利于二硫键和氢键的形成，从而促进蛋白分子聚集网状结构的形成。玉米后熟过程中，水分不断丧失，清蛋白和球蛋白为酶活蛋白，其受水分变化影响较大，30 d 内玉米水分散失较快，水分的减少利于蛋白巯基的氧化从而形成二硫键。30 d 后随着储藏时间的延长，玉米水分趋于稳定，清蛋白和球蛋白巯基和二硫键含量变化趋于平缓。与玉米清蛋白和球蛋白相比，玉米醇溶蛋白和谷蛋白在后熟过程中巯基和二硫键含量变化幅度较小，由于这两种蛋白都为储藏蛋白，结构性质相对稳定，受水分变化影响与清蛋白和球蛋白相比较小。

4. 玉米后熟过程中蛋白分子量变化

本研究采用 SDS‐PAGE 对玉米后熟过程中蛋白组分分子量的变化进行了测定，测试结果如表 3‐22 至表 3‐25 所示。

有研究表明谷物长期储藏过程中清蛋白和球蛋白高分子量增加，说明谷物进入陈化阶段，因此研究谷物清蛋白和球蛋白分子量变化有助于对谷物品质进行判断。图 3‐28A 和图 3‐28B 分别为先玉 335 和郑单 958 清蛋白电泳图，可知不同品种的玉米蛋白亚基不同。通过分析得出先玉 335 蛋白分子量变化波动较大，其中高分子量区域即亚基 2 呈现下降趋势，在储藏 30 d 时亚基含量下降至最低，由 21％下降到 17.5％，随后随着储藏时间的延长，亚基百分含量趋于稳定，低分子量区域即亚基 6 随着储藏时间的延长呈现上升趋势，在第 30 d 时上升至最大，由最初的 30％上升至 34.4％，其他分子量区域无明显的变化规律。郑单 958 清蛋白高分子量区域即亚基 1 和亚基 2 随着储藏时间的延长呈下降趋势，在储藏 30 d 时下降至最低，亚基 1 由最初的 6.7％下降到 5.6％，亚基 2 由最初的 18.6％下降到 16.1％，随后亚基含量基本趋于稳定，低分子量区域即亚基 7 随着储藏时间的延长呈上升趋势，在第 30 d 时上升至最大，由最初的 23.4％上升至 26.2％，其他分子量区域无明显的变化规律。先玉 335 蛋白亚基组成多于郑单 958。

表 3 - 22　后熟过程中清蛋白亚基百分含量变化 (%)

品种	亚基	时间 (d)						
		0	4	8	16	30	40	60
先玉335	亚基1	3.1±0.12b	3.5±0.19a	3.6±0.21a	3.7±0.17a	3.6±0.24a	3.6±0.29a	3.5±0.22a
	亚基2	21.0±0.16a	19.7±0.26b	18.1±0.08c	18.2±0.14c	17.5±0.15c	17.9±0.22c	17.7±0.18c
	亚基3	15.2±0.17a	14.9±0.29a	15.3±0.15a	14.8±0.21a	14.6±0.18a	13.3±0.16c	14.0±0.08b
	亚基4	18.2±0.26a	18.4±0.23a	18.7±0.13a	18.5±0.21a	18±0.18a	18±0.14a	18.1±0.11a
	亚基5	12.5±0.11b	13.4±0.16a	12.4±0.23b	12.6±0.13b	11.9±0.18c	12.5±0.2b	12.1±0.19c
	亚基6	30.0±0.11c	30.1±0.21c	31.9±0.17b	32.2±0.23b	34.4±0.15a	34.7±0.09a	34.6±0.15a
郑单958	亚基1	6.7±0.29a	5.8±0.13b	5.4±0.15b	5.0±0.19b	5.6±0.25b	5.4±0.16b	5.3±0.25b
	亚基2	18.6±0.15a	17.5±0.11b	16.2±0.25d	16.7±0.14c	15.9±0.16d	16±0.11d	16.1±0.09d
	亚基3	8.4±0.17a	8.8±0.25a	9.2±0.15a	8.9±0.12a	8.7±0.24a	8.7±0.18a	8.4±0.19a
	亚基4	7.6±0.17a	7.8±0.26a	7.2±0.13a	6.9±0.19a	6.6±0.16a	7.0±0.25a	7.2±0.25a
	亚基5	10.0±0.23a	10.2±0.26a	10.3±0.22a	10.5±0.19a	10.6±0.17a	10.0±0.14a	9.8±0.2a
	亚基6	8.3±0.23b	8.6±0.14b	9.2±0.15a	8.2±0.18b	9.2±0.15a	9.4±0.17a	9.3±0.22a
	亚基7	23.4±0.28d	24.5±0.09c	25.0±0.17b	26.5±0.17a	26.2±0.15a	26.0±0.26a	26.8±0.13a
	亚基8	17.0±0.21a	16.8±0.2a	17.5±0.13a	17.3±0.1a	17.2±0.28a	17.5±0.25a	17.1±0.19a

注：表中数值为平均值±标准差。同行字母不同，表示差异显著（$P<0.05$）。

表 3 - 23　后熟过程中球蛋白亚基百分含量变化 (%)

品种	亚基	时间 (d)						
		0	4	8	16	30	40	60
先玉335	亚基1	45.9±0.21a	45.7±0.18a	43.6±0.13b	41.2±0.13c	40.3±0.16d	39.9±0.21e	40.4±0.21d
	亚基2	12.1±0.21a	11.5±0.15b	11.9±0.19a	12.4±0.16a	12.0±0.12a	12.3±0.31a	12.7±0.19a
	亚基3	8.0±0.16a	7.5±0.23a	7.6±0.14a	8.2±0.11a	7.2±0.13a	7.6±0.27a	7.8±0.16a
	亚基4	34.0±0.14f	35.3±0.16e	36.9±0.12d	38.2±0.22c	40.5±0.18a	40.2±0.24a	39.1±0.13b
郑单958	亚基1	51.7±0.15a	50.7±0.22c	51.3±0.14b	49.5±0.28d	48.8±0.2e	49.1±0.1e	47.8±0.17f
	亚基2	7.9±0.11a	7.1±0.26a	6.8±0.25a	7.9±0.26a	7.6±0.22a	7.5±0.15a	7.7±0.16a
	亚基3	7.5±0.24a	7.0±0.19b	7.4±0.14a	6.9±0.27b	7.0±0.17b	7.7±0.19a	6.7±0.18b
	亚基4	16.5±0.22e	18.2±0.28c	17.3±0.26d	18.6±0.2c	19.7±0.11b	19.0±0.2c	20.7±0.17a

注：表中数值为平均值±标准差。同行字母不同，表示差异显著（$P<0.05$）。

表 3 – 24　后熟过程中醇溶蛋白亚基百分含量变化（%）

品种		时间（d）						
		0	4	8	16	30	40	60
先玉335	亚基1	31.2±0.26e	32.6±0.23d	33.8±0.1c	34.2±0.12b	34.8±0.17a	35.2±0.24a	35.0±0.21a
	亚基2	68.8±0.18a	67.4±0.13b	66.2±0.22c	65.8±0.15d	65.2±0.18e	64.8±0.29e	65.0±0.25e
郑单958	亚基1	32.4±0.17d	32.9±0.18c	33.8±0.26b	34.2±0.2b	35.4±0.18a	35.6±0.22a	35.7±0.14a
	亚基2	67.6±0.26a	67.1±0.25a	66.2±0.27b	65.8±0.2b	64.6±0.21c	64.4±0.26c	64.3±0.27c

注：表中数值为平均值±标准差。同行字母不同，表示差异显著（$P<0.05$）。

表 3 – 25　后熟过程中谷蛋白亚基百分含量变化（%）

品种		时间（d）						
		0	4	8	16	30	40	60
先玉335	亚基1	55.1±0.18e	56.7±0.26d	53.4±0.19f	55.1±0.19e	58.9±0.19b	59.5±0.16a	58.5±0.2c
	亚基2	28.0±0.21b	27.3±0.18c	29.7±0.14a	27.7±0.14a	24.5±0.22d	23.7±0.22e	24.9±0.29d
	亚基3	8.3±0.21a	7.7±0.19c	8.0±0.08b	7.5±0.25c	6.8±0.16d	6.7±0.21d	6.6±0.18d
	亚基4	6.7±0.17c	6.5±0.19c	7.6±0.18b	7.3±0.15b	7.3±0.13b	8.9±0.13a	8.7±0.28a
郑单958	亚基1	56.3±0.19e	55.9±0.14e	56.8±0.29d	58.0±0.19c	59.3±0.2a	58.7±0.17b	59.2±0.23a
	亚基2	30.8±0.21b	32.4±0.22a	30.2±0.28c	29.1±0.17d	27.5±0.3e	26.3±0.25f	26.4±0.09f
	亚基3	6.2±0.26a	5.2±0.26a	5.4±0.15a	5.6±0.12a	5.9±0.23a	6.1±0.13a	5.7±0.26a
	亚基4	8.6±0.15b	8.3±0.1c	8.9±0.12a	9.7±0.13a	9.8±0.14a	10.1±0.19a	10.0±0.22a

注：表中数值为平均值±标准差。同行字母不同，表示差异显著（$P<0.05$）。

由图 3-28C 和图 3-28D 可知，先玉 335 球蛋白高分子量蛋白亚基即亚基 1 随着时间的延长呈下降趋势，30 d 时由最初 45.9％下降至 40.3％，30 d 后趋于稳定状态。低分子量蛋白亚基即亚基 4 随着时间延长呈现上升趋势，30 d 时由最初的 34.0％上升至 40.5％，30 d 后趋于稳定状态。郑单 958 球蛋白亚基组成种类较多，蛋白亚基 1 含量随着储藏时间的延长呈下降趋势，在 30 d 时由最初的 51.7％下降至 48.8％，低分子量蛋白即亚基 4 随着时间的延长呈上升趋势，在 30 d 时由最初的 16.5％上升至 19.7％，随后随着时间延长分子量含量变化处于平稳状态。

本研究结果表明，后熟过程中先玉 335 和郑单 958 清蛋白和球蛋白亚基变化趋势一致，高分子量蛋白亚基含量下降，低分子量蛋白亚基含量上升。玉米种子中存在蛋白酶等，在后熟期间玉米种子呼吸强度大，酶活较高，可能对清蛋白和球蛋白存在不同程度的分解，从而使高分子量蛋白亚基下降，低分子量蛋白亚基上升。与 Joseph 等研究发现谷物清蛋白和球蛋白在成熟过程中蛋白亚基变化趋势一致，但玉米后熟过程中低蛋白亚基含量的增加是否用于合成新的蛋白，需进一步的研究。

图 3-28E 和图 3-28F 分别为先玉 335 和郑单 958 醇溶蛋白电泳图，可知随着储藏时间的延长，两个品种玉米醇溶蛋白高分子量呈上升趋势，同时低分子量醇溶蛋白呈现下降趋势。醇溶蛋白分子量集中于 22 ku 和 44 ku。前人研究表明，蛋白结构的聚集与疏水键以及二硫键相关，推测醇溶蛋白后熟过程中由于疏水键或二硫键发生变化使蛋白更易聚积成高分子量蛋白亚基。

由图 3-28G 和图 3-28H 可知，两个品种玉米谷蛋白高分子量蛋白亚基即亚基 1 和亚基 2 随着储藏时间的延长，蛋白分子量含量呈上升趋势，而低分子量蛋白亚基 3 和亚基 4 含量随着储藏时间延长呈现下降趋势。推测谷蛋白亚基之间相互转换，低分子量谷蛋白聚合成高分子量谷蛋白，因为随着谷物水分的减少，蛋白亚基中非共价键的交联易形成高分子聚合物。王若兰等研究表明玉米长期储藏过程中谷蛋白亚基分子量变化越小，越利于保持玉米的品质，后熟过程中谷蛋白亚基含量发生变化，说明后熟过程中玉米品质尚不稳定。

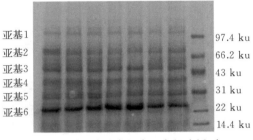

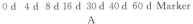

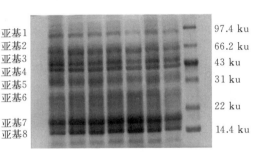

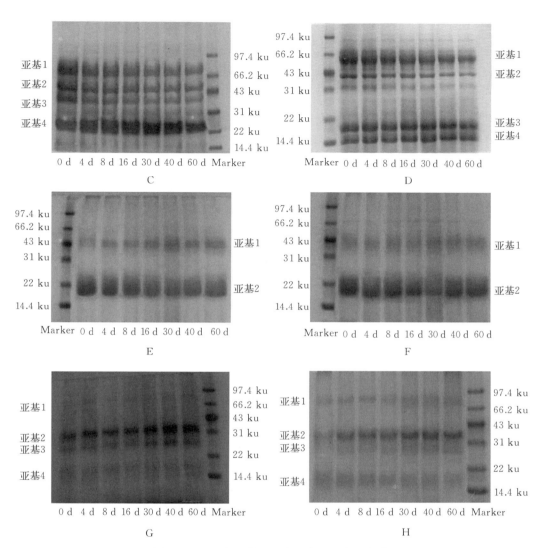

图 3 - 28　玉米后熟过程中蛋白亚基含量变化

A. 先玉 335 清蛋白亚基　B. 郑单 958 清蛋白亚基　C. 先玉 335 球蛋白亚基　D. 郑单 958 球蛋白亚基

E. 先玉 335 醇溶蛋白亚基　F. 郑单 958 醇溶蛋白亚基　G. 先玉 335 谷蛋白亚基　H. 郑单 958 谷蛋白亚基

5. 玉米后熟过程中蛋白二级结构变化

采用傅里叶红外光谱，通过分析玉米蛋白组分在酰胺一带（1 600～1 700 cm^{-1}）处的吸收光谱，从而获取各蛋白 α-螺旋、β-折叠、β-转角及无规则卷曲等信息。α-螺旋和 β-折叠属于蛋白中较为有序的二级结构，稳定性较高，α-螺旋的稳定性要高于 β-折叠，β-折叠更易受外界条件影响发生水解，β-转角和无规卷曲属于无序的结构。研究结果见表 3-26 至表 3-29、图 3-29。通过研究表明玉米后熟过程中清蛋白的 α-螺旋和 β-折叠随着储藏时间的延长呈上升趋势，β-转角随着储藏时

表 3-26 玉米后熟过程中清蛋白二级结构变化（%）

品种	结构名称	时间（d）									
		0	4	8	12	16	20	30	40	50	60
先玉335	α-螺旋	18.9±0.02e	19.3±0.03d	19.48±0.01c	19.53±0.06c	19.67±0.03b	19.7±0.05b	19.73±0.03b	19.7±0.05b	19.84±0.03a	19.86±0.06a
	β-折叠	35.46±0.06d	35.81±0.05c	36.16±0.04b	36.25±0.03a	36.39±0.04a	36.4±0.02a	36.42±0.05a	36.39±0.03a	36.34±0.06a	36.3±0.04a
	β-转角	26.8±0.04b	26.58±0.02d	26.2±0.05e	26.15±0.05e	26.02±0.04f	25.98±0.04f	25.88±0.05g	26.94±0.03a	26.9±0.03a	26.72±0.03c
	无规则卷曲	18.82±0.03a	18.29±0.07b	18.14±0.04c	18.07±0.02d	17.91±0.03e	17.92±0.02e	17.97±0.05e	16.97±0.02e	16.92±0.03g	17.12±0.03f
郑单958	α-螺旋	17.27±0.01d	17.65±0.03c	17.87±0.06b	17.9±0.05b	18.02±0.03a	18.04±0.04a	18.13±0.05a	18.05±0.05a	18.03±0.02a	18.02±0.03a
	β-折叠	36.69±0.05d	37.04±0.03c	37.39±0.05b	37.49±0.03a	37.62±0.04a	37.6±0.04a	37.63±0.04a	37.61±0.02a	37.55±0.02a	37.5±0.07a
	β-转角	30.84±0.01a	30.63±0.03c	30.22±0.02d	30.11±0.05e	30.06±0.05f	29.98±0.04f	29.91±0.06f	30.87±0.02a	30.85±0.07a	30.75±0.04b
	无规则卷曲	15.17±0.04a	14.66±0.03b	14.49±0.02c	14.5±0.07c	14.27±0.04d	14.38±0.06d	14.3±0.05d	13.44±0.03g	13.57±0.05f	13.7±0.06e

注：表中数值为平均值±标准差。同行字母不同，表示差异显著（P<0.05）。

表 3-27 玉米后熟过程中球蛋白二级结构变化（%）

品种	结构名称	时间（d）									
		0	4	8	12	16	20	30	40	50	60
先玉335	α-螺旋	18.71±0.05f	19.01±0.04e	19.42±0.06d	19.58±0.06c	19.89±0.02a	19.92±0.01a	19.95±0.06a	19.84±0.06a	19.72±0.03b	19.6±0.04c
	β-折叠	33.35±0.04f	34.98±0.02d	35.12±0.04c	35.17±0.05c	35.21±0.03c	35.35±0.04b	35.47±0.04a	35.2±0.05c	35.1±0.04c	34.9±0.04e
	β-转角	27.08±0.02a	26.62±0.05b	26.45±0.01d	26.34±0.01d	26.05±0.04e	25.83±0.02f	25.62±0.02g	25.5±0.05h	25.47±0.03h	25.45±0.05h
	无规则卷曲	20.84±0.02a	19.38±0.03e	19.0±0.04f	18.9±0.05f	18.84±0.04f	18.9±0.03f	18.96±0.03f	19.46±0.03d	19.71±0.04c	20.05±0.07b
郑单958	α-螺旋	18.48±0.04f	18.88±0.05e	19.22±0.04d	19.43±0.04b	19.66±0.03a	19.65±0.02a	19.62±0.04a	19.6±0.03a	19.58±0.03a	19.31±0.03c
	β-折叠	32.78±0.07g	34.42±0.05e	34.56±0.07d	34.6±0.04d	34.69±0.02d	34.83±0.05b	34.95±0.04a	34.6±0.05d	34.54±0.05d	34.29±0.06f
	β-转角	28.29±0.04a	27.88±0.05b	27.74±0.04c	27.64±0.04d	27.43±0.06e	27.78±0.05e	26.9±0.06f	26.7±0.04d	26.68±0.07g	26.65±0.03g
	无规则卷曲	20.43±0.02a	18.79±0.05c	18.45±0.04f	18.33±0.05g	18.2±0.04h	17.74±0.04i	18.51±0.02f	19.07±0.05d	19.2±0.05c	19.74±0.02b

注：表中数值为平均值±标准差。同行字母不同，表示差异显著（P<0.05）。

表 3 - 28 玉米后熟过程中醇溶蛋白二级结构变化（%）

品种	结构名称	时间 (d)									
		0	4	8	12	16	20	30	40	50	60
先玉335	α-螺旋	39.22±0.03c	39.40±0.04b	39.54±0.03a	39.6±0.07a	39.62±0.03a	39.67±0.04a	39.69±0.06a	39.67±0.04a	39.67±0.04a	39.66±0.04a
	β-折叠	12.62±0.05a	12.65±0.04a	12.67±0.04a	12.67±0.05a	12.68±0.03a	12.69±0.07a	12.7±0.03a	12.69±0.06a	12.68±0.04a	12.66±0.04a
	β-转角	13.57±0.07a	13.51±0.02a	13.42±0.02a	13.44±0.06a	13.46±0.06a	13.4±0.03a	13.27±0.03b	13.3±0.03b	13.31±0.04b	13.31±0.04b
	无规则卷曲	34.57±0.02a	34.41±0.02b	34.35±0.05b	34.29±0.07b	34.23±0.04b	34.24±0.04b	34.34±0.05b	34.34±0.05b	34.34±0.04b	34.37±0.02b
郑单958	α-螺旋	35.7±0.03c	35.87±0.04b	36.05±0.03a	36.07±0.05a	36.11±0.03a	36.14±0.07a	36.16±0.01a	36.15±0.02a	36.14±0.07a	36.14±0.04a
	β-折叠	19.21±0.02b	19.25±0.06a	19.26±0.01a	19.26±0.04a	19.27±0.04a	19.27±0.02a	19.28±0.04a	19.26±0.04a	19.26±0.06a	19.25±0.04a
	β-转角	18.9±0.03a	18.83±0.05a	18.76±0.05a	18.77±0.04a	18.78±0.05a	18.75±0.06a	18.61±0.05b	18.62±0.06b	18.62±0.06b	18.63±0.03b
	无规则卷曲	26.16±0.05a	26.03±0.04b	25.91±0.06b	25.9±0.02b	25.82±0.04b	25.84±0.04b	25.94±0.05b	25.95±0.03b	25.98±0.06b	25.97±0.04b

注：表中数值为平均值±标准差。同行字母不同，表示差异显著（P<0.05）。

表 3 - 29 玉米后熟过程中谷蛋白二级结构变化（%）

品种	结构名称	时间 (d)									
		0	4	8	12	16	20	30	40	50	60
先玉335	α-螺旋	19.42±0.04d	19.53±0.06c	19.74±0.04b	19.8±0.06b	19.9±0.06b	19.95±0.05a	19.98±0.05a	19.9±0.06b	19.84±0.03b	19.83±0.03b
	β-折叠	32.68±0.06d	32.79±0.03c	32.82±0.03c	32.84±0.07b	32.88±0.06b	38.88±0.02a	32.9±0.01b	32.78±0.02c	32.8±0.03c	32.81±0.05c
	β-转角	28.55±0.01a	28.42±0.06b	28.32±0.05b	28.3±0.04b	28.21±0.05b	28.11±0.05b	28.02±0.02c	28.28±0.05b	28.3±0.03b	28.32±0.04b
	无规则卷曲	19.33±0.03a	19.25±0.04b	19.1±0.03c	19.06±0.05c	18.99±0.05c	13.06±0.02d	19.1±0.03c	19.04±0.02c	19.06±0.01c	19.04±0.02c
郑单958	α-螺旋	20.93±0.06d	21.06±0.04c	21.21±0.03b	21.3±0.05a	21.44±0.05a	21.45±0.04a	21.47±0.04a	21.42±0.05a	21.4±0.04a	21.35±0.04a
	β-折叠	33.46±0.04b	33.58±0.05a	33.61±0.05a	33.62±0.05a	33.63±0.05a	33.64±0.05a	33.66±0.04a	33.59±0.04a	33.59±0.02a	33.58±0.02a
	β-转角	26.55±0.04a	26.45±0.05b	26.37±0.05b	26.3±0.04b	26.24±0.04b	26.12±0.06c	26.09±0.04c	26.25±0.04b	26.27±0.01b	26.3±0.03b
	无规则卷曲	19.05±0.02a	18.89±0.03b	18.79±0.02c	18.78±0.05c	18.67±0.04c	18.79±0.04c	18.76±0.03c	18.72±0.04c	18.74±0.02c	18.75±0.04c

注：表中数值为平均值±标准差。同行字母不同，表示差异显著（P<0.05）。

间的延长呈下降趋势；球蛋白的二级结构变化与清蛋白相似，α-螺旋和β-折叠含量随着储藏时间的延长呈上升趋势，β-转角呈下降趋势；相比之下醇溶蛋白的结构变化较清蛋白和球蛋白较不明显，α-螺旋和β-折叠含量随着储藏时间的延长呈上升趋势，β-转角含量呈下降趋势，在30 d以后趋于稳定状态，变化幅度较弱；谷蛋白二级结构变化与醇溶蛋白相似，30 d内α-螺旋和β-折叠呈小幅度上升趋势，β-转角呈下降趋势，30 d后趋于稳定状态。本书谷蛋白二级结构各成分含量与其他研究有差异，推测由于谷蛋白提取方法导致，有研究表明不同pH条件下蛋白的二级结构会发生改变。由于谷蛋白是在碱性条件下提取，对蛋白的结构存在影响，导致测定结果有所差异。

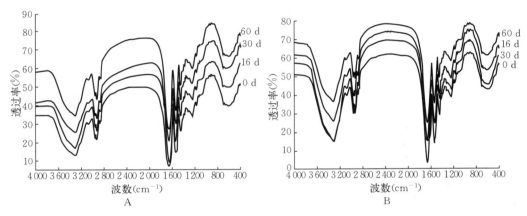

图3-29　玉米后熟过程醇溶蛋白傅里叶谱图

A. 先玉335玉醇溶蛋白傅里叶谱图　B. 郑单958醇溶蛋白傅里叶谱图

6. 后熟过程中蛋白热力学特性变化

（1）玉米蛋白热变性温度变化

蛋白热变性温度能反映出蛋白在受热过程中，三级结构中氢键的断裂程度，这主要和蛋白结构有序程度相关。玉米后熟过程中醇溶蛋白差示扫描量热仪谱图见图3-30。如表3-30所示，4种玉米蛋白组分随着储藏时间的延长，蛋白热变性温度都有不同程度的提高，说明后熟过程中随着储藏时间的延长，蛋白的聚集程度加强。在30 d时，先玉335清蛋白热变性温度由95.88 ℃上升至98.45 ℃，球蛋白热变性温度由92.35 ℃上升至95.66 ℃，醇溶蛋白热变性温度由91.26 ℃上升至95.49 ℃，谷蛋白热变性温度由95.31 ℃上升至98.55 ℃。在30 d时，郑单958清蛋白热变性温度由93.72 ℃上升至97.53 ℃，球蛋白热变性温度由93.12 ℃上升至96.65 ℃，醇溶蛋白热变性温度由90.07 ℃上升至93.86 ℃，谷蛋白热变性温度由95.57 ℃上升至99.20 ℃。除先玉335清蛋白热变性温度在60 d时上升至101.22 ℃，其他蛋白的热变性温度在30 d后随着储藏时间的延长基本处于稳定状态。Sandra 提出可能是随着新玉米储藏时间的延长，蛋白中含硫氨基酸经过氧化形成二硫键，提高蛋白的聚集程度，从而对蛋白的热变性温度产生影响。

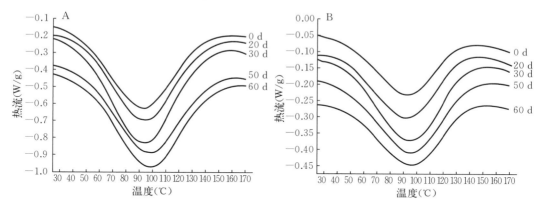

图 3 - 30 玉米后熟过程中醇溶蛋白差示扫描量热仪谱图

A. 先玉 335 醇溶蛋白差示扫描量热仪谱图　B. 郑单 958 醇溶蛋白差示扫描量热仪谱图

表 3 - 30 玉米蛋白热变性温度变化

| 时间 (d) | 变性温度 Tp (℃) | | | | | | | |
| | 清蛋白 | | 球蛋白 | | 醇溶蛋白 | | 谷蛋白 | |
	先玉 335	郑单 958	先玉 335	郑单 958	先玉 335	郑单 958	先玉 335	郑单 958
0	95.88±0.21c	93.72±0.64c	92.35±0.61d	93.12±0.22d	91.26±0.42d	90.07±0.38c	95.31±0.46d	95.57±0.58e
20	97.54±0.35b	96.32±0.5b	94.43±0.58c	95.73±0.19c	93.75±0.72c	91.90±0.4b	96.92±0.28c	97.25±0.47d
30	98.45±0.71b	97.53±0.55a	95.66±0.39b	96.65±0.63b	95.49±0.47b	93.86±0.18a	98.55±0.42b	99.20±0.33c
50	98.74±0.45b	98.53±0.52a	96.12±0.35b	97.27±0.47b	96.51±0.57b	94.13±0.56a	98.09±0.32b	102.34±0.71b
60	101.22±0.52a	99.45±0.49a	97.29±0.65a	98.58±0.37a	97.81±0.34a	95.13±0.71a	102.91±0.49a	106.69±0.63a

注：表中数值为平均值±标准差。同列字母不同，表示差异显著（$P<0.05$）。

（2）玉米蛋白热焓值变化

玉米后熟过程中 4 种蛋白的焓值都发生了显著变化（$P<0.05$）。焓值变化与蛋白的结构变化有关，如蛋白分子氢键断裂、疏水基团的相互作用都会引起蛋白焓值的变化。如图 3 - 31A 所示，玉米清蛋白焓值变化呈现先升高后下降的变化趋势，20 d 以内清蛋白焓值呈上升趋势，之后随着储藏时间的延长，清蛋白焓值变化呈现下降趋势。如图 3 - 31B 所示，玉米球蛋白焓值在 16 d 以内随着储藏时间延长，焓值变化呈现波动状态，总体呈上升趋势，之后随着储藏时间的延长焓值呈下降状态。如图 3 - 31C 所示，醇溶蛋白焓值在 16 d 内呈现上升趋势，16 d 后随着储藏时间延长蛋白焓值呈现下降趋势。如图 3 - 31D 所示，谷蛋白焓

值变化同醇溶蛋白变化相似，呈先上升后下降的趋势，在第 16 d 时出现最大值，16 d 后随着储藏时间延长，蛋白熵值呈现下降趋势。Gorinstein 等认为蛋白熵值与蛋白结构稳定性有关，如氢键及 α-螺旋含量发生变化都会引起蛋白熵值的改变，玉米蛋白熵值在后熟过程中发生变化，说明后熟过程中蛋白结构稳定性发生改变。

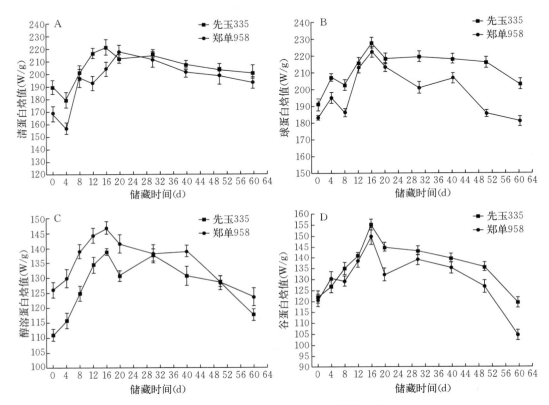

图 3-31　后熟过程中玉米蛋白熵值变化

A. 后熟过程中清蛋白熵值变化　B. 后熟过程中球蛋白熵值变化　C. 后熟过程中醇溶蛋白熵值变化　D. 后熟过程中谷蛋白熵值变化

　　蛋白熵值的改变说明随着储藏时间延长蛋白结构发生了变化，本研究表明 4 种蛋白在储藏过程中熵值都发生了变化，说明蛋白的结构发生了改变。新玉米在储藏期间，4 种蛋白熵值都呈先上升后下降的趋势，说明蛋白各组分中有序结构所占比例先升高后下降。变化较为明显的是极性蛋白，即清蛋白和球蛋白，二者是代谢蛋白，具有较强的亲水性，其受水分含量影响相对较大。而新玉米储藏初期水分含量较高，随着储藏时间的延长，玉米水分含量呈下降趋势，这对蛋白结构也产生一定的影响。相比之下，醇溶蛋白和谷蛋白初期熵值变化幅度较小，醇溶蛋白和谷蛋白为储藏蛋白，主要存在胚乳之中，蛋白结构性质较清蛋白和球蛋白稳定，在 16 d

后均呈现出玉米长期储藏过程中焓值变化趋势，与前人研究结果相一致。Boye 提出焓值出现下降的趋势，主要是由于疏水性作用增强以及蛋白内部紧密堆积引起的。

（3）玉米蛋白组分半峰宽变化

蛋白差示扫描量热仪（DSC）谱图中半峰宽可用于描述蛋白在热力学特性测试中结构转变的协同性，半峰宽温度范围越窄，说明蛋白变性协同性越强，有助于描述受热过程中蛋白转变和蛋白的聚集程度。

如图 3 - 32 所示，玉米后熟过程中四种蛋白半峰宽都发生了显著变化（$P <$ 0.05），新玉米储藏期间清蛋白半峰宽呈先下降后上升的趋势，如图 3 - 32A 所示，先玉 335 清蛋白半峰宽在 20 d 时呈现最低值，由 66.45 ℃下降到 65.02 ℃，在 60 d 时上升至 67.01 ℃；郑单 958 清蛋白半峰宽在 30 d 时呈现最低值，由 64.32 ℃下降到 62.02 ℃，而后随着储藏时间延长清蛋白半峰宽逐渐上升，在第 60 d 时上升至 66 ℃。如图 3 - 32B 所示，新玉米储藏期间球蛋白半峰宽变化呈先下降后上升的趋势，16 d 以内随着储藏时间的延长，先玉 335 球蛋白半峰宽从 63.15 ℃下降到

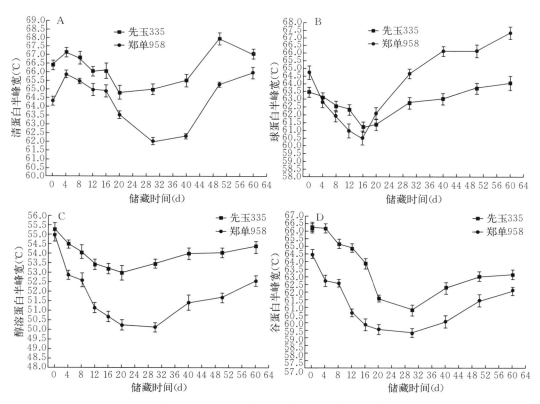

图 3 - 32　玉米后熟过程中蛋白半峰宽变化

A. 清蛋白半峰宽变化　B. 球蛋白半峰宽变化　C. 醇溶蛋白半峰宽变化　D. 谷蛋白半峰宽变化

61.22 ℃，郑单958球蛋白半峰宽从62.79 ℃下降到60.5 ℃，16 d以后，随着储藏时间延长，球蛋白半峰宽呈上升趋势。在60 d时，先玉335球蛋白半峰宽上升至64.06 ℃，郑单958球蛋白半峰宽上升至67.35 ℃。

如图3-32C所示，随着储藏时间的延长，新玉米醇溶蛋白半峰宽呈先下降后上升的趋势，先玉335醇溶蛋白半峰宽在20 d时出现最低值，由55.25 ℃下降至53.46 ℃，在60 d时上升至54.38 ℃，郑单958醇溶蛋白半峰宽在30 d时出现最低值，由54.95 ℃下降至50.12 ℃，在60 d时上升到52.56 ℃。如图3-32D所示，谷蛋白半峰宽随储藏时间的延长，变化趋势和醇溶蛋白类似，呈现先下降后上升的趋势，30 d内随着储藏时间的延长，先玉335谷蛋白半峰宽从66.27 ℃下降到60.8 ℃，郑单958谷蛋白半峰宽从64.49 ℃下降到59.32 ℃，30 d后随着储藏时间的延长谷蛋白半峰宽呈上升趋势，在60 d时先玉335谷蛋白半峰宽上升至63.15 ℃，郑单958谷蛋白半峰宽上升至62.07 ℃。

本研究结果表明新玉米储藏期间四种蛋白的半峰宽变化趋势都呈现先下降后上升的趋势，说明四种蛋白随着储藏时间的延长蛋白变性的协同性呈先升高后下降的趋势。清蛋白和球蛋白变化趋势较为明显，后期蛋白半峰宽急剧上升，说明蛋白协同效应减少。醇溶蛋白和谷蛋白半峰宽的变化没有清蛋白和球蛋白变化剧烈，说明二者聚集程度变化比清蛋白和球蛋白聚集程度变化不明显。

（三）小结

玉米后熟过程中，4种蛋白含量发生变化。清蛋白和球蛋白含量在后熟期间出现最大值，随着储藏时间延长，清蛋白和球蛋白含量整体呈下降趋势，30 d后蛋白含量趋于稳定状态。醇溶蛋白含量后熟期间随着储藏时间的延长呈下降趋势，30 d后醇溶蛋白含量趋于稳定状态。谷蛋白含量随着储藏时间的延长呈上升趋势，30 d后谷蛋白含量趋于稳定状态。蛋白氨基酸组成在后熟期间发生变化。

蛋白组分巯基含量在后熟期间呈下降趋势，二硫键含量呈上升趋势；30 d内清蛋白和球蛋白低分子量蛋白亚基含量呈上升趋势，高分子量蛋白亚基含量呈下降趋势，30 d后各蛋白亚基含量稳定；醇溶蛋白和谷蛋白30 d内高分子量蛋白亚基含量上升，低分子量蛋白亚基含量下降，30 d后各蛋白亚基含量处于平稳状态；蛋白组分二级结构在后熟期间α-螺旋和β-折叠含量随着储藏时间的延长呈上升趋势，β-转角含量呈下降趋势，30 d后趋于稳定状态。

后熟过程中蛋白组分热变性温度上升，在30 d时蛋白热稳定性最佳，30 d后蛋白热稳定性基本稳定，焓值呈先上升后下降趋势，变性协同性呈先下降后上升趋势。两种新采收玉米后熟过程中，四种蛋白的含量及氨基酸组成发生显著变化，蛋白分子结构及巯基和二硫键含量也在发生显著变化，影响玉米蛋白的热特性。

第二节　小型智能通风储粮仓设计与应用

一、前言

在粮食安全方面注重的一个问题是如何最好地储藏粮食，收获和储藏是粮食供应的重要前提，温度、湿度的波动和储藏时间的变化都会导致谷物大量的营养损失。近年来，由于国家粮食安全问题凸显，国家不断增加粮食战略储备，我们也拥有了越来越丰富的仓储设施建设经验。我们能够设计和建造大跨度平房仓和大直径浅圆仓、立筒仓，装粮高度也在不断地提高，并且还创新应用地下仓、楼房仓等多种仓型，以增加粮食储备和改善粮食储存条件等。齐智慧等人研究了华南和华北的两个仓库稻谷中微生物群落的差异和影响因素，结果表明温度、储藏深度和储藏时间是储藏稻谷相关微生物群落的主要变化因素，华南的粮仓中细菌和真菌多样性更高。曲霉的相对丰度在储藏后期增加，随储藏深度增加而降低。由此可以根据研究结果调整温度、储存深度和储存时间以实现粮仓储存的最佳条件。Admasu Fanta Worku 等人研究了不同的玉米储藏技术对保存最初干燥玉米的养分方面的性能。结果表明，与编织聚丙烯袋相比，柔性密封袋和滤饼处理能够有效减少干玉米营养物质的消耗。综上，即使在安全合理的储藏条件下，玉米也不能一直维持自身的生物活性，仍会随着时间慢慢变质。

与此同时，在我国东北粮食主产区，农户储粮仍旧沿袭传统的储粮方式，储粮方法原始、设施简陋、技术水平低。玉米储藏以玉米穗储为主，一般储存半年左右。而直接散堆露天存放粮（地趴粮）占农户储粮总数的 50%，其他储藏方式约 50%。据数据显示，发达国家农户储玉米损失损耗在 3% 以下，发展中国家在 5% 左右。我国农户损失损耗为 8% 左右，其中东北及内蒙古地区均在 10% 以上。经测算，由于储藏不当造成的经济损失每年达到 30 亿元，平均每个农民损失约 200 元。因此提高农户科学储粮水平，减少农户产后损失，已成为当务之急，为进一步使玉米能够达到较长时间和较高品质的储藏，我们开展了小型智能通风储粮仓系统的研制开发工作。

二、小型智能通风储粮仓系统设计

（一）小型智能通风储粮仓结构设计

储粮仓主要由仓体、爬梯、提升机（进粮机构）、风机、控制系统及气泵等组成，仓体结构如图 3-33 所示。

仓体中传感器分布有温度电缆和温湿度传感器，如图 3-34 所示，温度电缆编号分布为 1~4、5~8、9~12、13~16，每根温度电缆分布有 4 个温度点，编号由下到上分别为温度点 1~4。中间 1 根为温湿度传感器，由下到上分别为温湿度点 1~4。

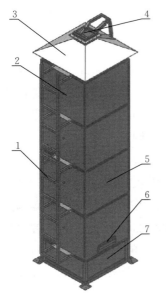

图 3-33　储粮仓仓体简图

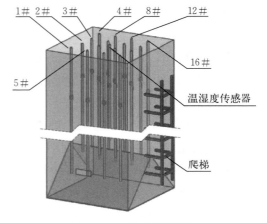

图 3-34　传感器分布图

1. 爬梯　2. 取样孔（观察孔）　3. 仓顶　4. 排潮口

5. 仓壁侧板　6. 排粮口　7. 底座

（二）技术参数及性能指标

1. 技术参数

（1）粮仓内部尺寸：长度 1 600 mm、宽度 1 315 mm、总高度 5 290 mm；

（2）容积：4.5 m³，容量约 3 t（玉米）；

（3）电缆式温度传感器（18B20）：精确度为 ±0.5 ℃；

（4）温湿度传感器（SHT10）指标：湿度测量范围为 0~100%（相对湿度），湿度测量精度为 ±4.5%（相对湿度），响应时间为 8 s，工作电压为 2.4~5.5 V。

2. 性能指标

（1）试验模拟仓的保温结构采用的是金属外皮 1 mm＋单层保温泡沫 10 mm＋隔热木板 10 mm。

（2）进粮采用提升机上粮，出粮采用下端闸板双口排粮。

（3）试验模拟仓两侧各设置 4 个观察口可观测和取样。

（4）仓体中部设置一组温湿度传感器，仓外装有环境温湿度传感器。

（5）实现温湿度一体检测，通过计算机实时显示粮仓内部不同粮层的温度、湿度，并存储数据。

（6）实现智能通风。根据储粮机械通风技术规程（表 3 - 31），系统通过传感器反馈的数据进行处理，判断是否需要机械通风。当温、湿度超出设定值时，系统报警并自动开启通风系统进行通风。

自然通风：自动开启/关闭排潮口盖。

机械通风：温度超出系统设定值，由系统自动控制电机进行通风，当反馈值在设定值范围内，系统自动关闭电机停止通风。

表 3 - 31　允许通风条件

通风目的	通风方式	
	自然通风	机械通风
降温	$P_{s_1}<P_{s_2}$ $t_1<t_2$ $t_1<t_{12}$	$P_{s1}<P_{s_2}$ 开始时：$t_2-t_1\geqslant 8$ ℃ 进行时：$t_2-t_1\geqslant 4$ ℃ （亚热带地区：） 开始时：$t_2-t_1\geqslant 6$ ℃ 进行时：$t_2-t_1\geqslant 3$ ℃
降水	$P_{s_1}<P_{s_2}$ $t_1>t_{12}$ $t_2>t_{11}$	$P_{s_1}<P_{s_{21}}$ $t_2>t_{12}$
调质	$P_{s_1}\geqslant P_{s_{23}}$ $t_1>t_{12}$ $t_2>t_{11}$	$P_{s_1}\geqslant P_{s_{22}}$ $t_2>t_{12}$

注：表中 t_1、t_2 分别为大气温度和粮食温度，t_{11}、t_{12} 分别为大气露点温度和粮食露点温度，P_{s_1} 为大气绝对湿度，P_{s_2} 为粮温在 t_2 时的粮食绝对湿度值，$P_{s_{21}}$ 为粮食含水率减 1% 且粮温等于大气温度 t_1 时的绝对湿度值，$P_{s_{22}}$ 为粮食含水率加 2.5% 且粮温等于大气温度 t_2 时的绝对湿度值，$P_{s_{23}}$ 为当前粮温 t_2 下粮食含水率加 2.5% 的粮食绝对湿度值。

现行标准：储粮机械通风技术规程 LS/T 1202—2002

三、　粮情测控系统

（一）软件的安装

打开系统安装文件目录，找到文件名为 Setup. exe 的文件，如图 3 - 35 所示，双击运行后开始安装，点击"下一步"后，出现如图 3 - 36，这时用户可以确定粮仓粮情监控系统软件操作平台的安装路径，默认的路径为 C：\ Program Files \ ，如果不更改则点击"下一步"按钮，要更改的话，则点击"浏览"按钮，确定路径后一直点击"下一步"，最后点击"完成"完成安装过程，如图 3 - 37 所示。

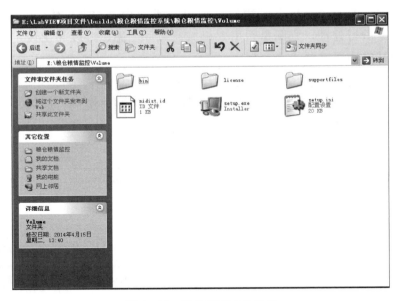

图 3-35　软件安装文件选择

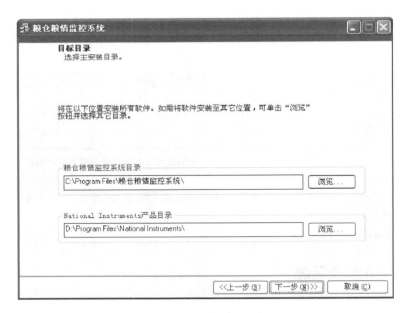

图 3-36　安装路径选择

（二）软件的使用

点击桌面快捷方式或开始菜单应用程序快捷方式，启动粮仓粮情监控系统，程序启动后界面如图 3-38 所示。界面下方为仓内各温度点温度值，左侧中间为仓内温湿度点温度值和湿度值，手自动按钮切换通风控制方式。按钮部分和手动控制仓体附属通风、提升机等设备的运行。

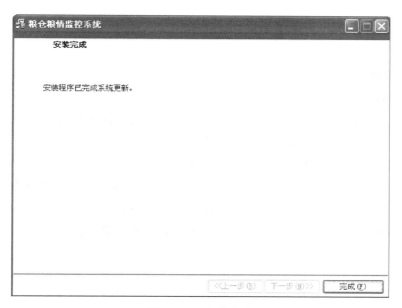

图 3 - 37 安装完成

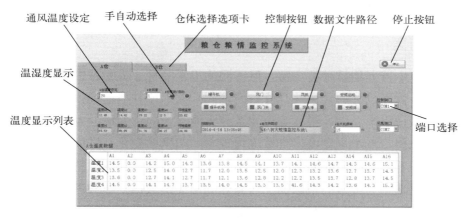

图 3 - 38 程序启动后界面

粮情监控系统的使用主要包括以下几项：

（1）程序运行前，选择控制端口和数据采集端口；

（2）点击 按钮运行程序；

（3）弹出窗口后，分别输入或选择 A 仓和 B 仓数据记录文件路径，文件格式为 Excel 文件格式；

（4）切换手自动状态，灯亮时为自动通风状态；

（5）如需手动控制设备，则切换至手动状态，点击相应按钮启动或停止设备的运行；

（6）如需停止，则点击"停止按钮"停止程序运行。

注意：程序在运行过程中，数据存储文件不能打开，否则会出现运行错误，导致程序停止运行（如需打开则将文件复制后打开即可）。

（三）故障及排除

1. 总电源故障

总电源故障表现为电压表不动，可能的原因为总电源未接通或电压表损坏，对应的排除方法为检查总电源或更换电压表。

2. 控制柜操作面板上故障指示灯（红）亮

提升机故障灯亮表示提升机故障，一方面可能是因为堵粮或进粮太快，处理方法为先清理堵粮、减小进粮速度，然后按下热继电器红色复位按钮；另一方面可能是因为提升机热继电器损坏，处理方法为先更换热继电器，然后按下热继电器红色复位按钮。

风机故障灯亮表示风机故障，可能的原因为风机过载或热继电器损坏，处理方法为更换继电器。

第三节　不同储藏条件对玉米营养与加工特性的影响

一、前言

玉米籽粒中营养物质种类丰富，但不同的玉米品种，玉米籽粒的营养成分也不同，玉米中各营养成分的含量及其分布的不同是玉米比其他原粮较难储藏的原因之一。长期储藏过程中温度、湿度等环境条件会使玉米的营养成分发生变化，即使储藏条件特别理想，玉米也会由于自然陈化现象的产生而变化，进而会导致其加工特性的改变。因此，研究不同储藏时期玉米原粮的营养特性和加工特性对玉米安全储藏具有重要意义，为玉米的精深加工与高效利用提供数据支撑和理论依据。

（一）储藏过程中影响品质变化的因素

环境温度、环境湿度、自身水分、自身特性、霉菌、地理位置和储藏设施等因素在不同程度上影响着玉米的品质，也会影响玉米的营养特性和理化特性。水分活度可以表示食品在储藏期间的稳定性，是影响玉米储藏过程中生理生化反应和霉菌生长繁殖的主要因素。玉米在储藏过程中温度通过影响酶的活性来影响呼吸作用，当温度高于最适温度，呼吸强度随着温度的升高而减弱，温度过高酶会被破坏而失去活性，玉米因无法呼吸而失去生命活性。因此，在储藏过程中，常采用降温的方法来减弱呼吸作用，达到延长储藏时间的目的。玉米在收获和储藏过程中很容易被细菌等微生物浸染。完整的玉米籽粒胚部较大，在良好的环境下储藏可减弱玉米本身和霉菌的呼吸作用，抑制玉米的生命活动。若在不良的储藏条件下，如储藏环境的温度、湿度过高，玉米自身和霉菌的生命活动都会旺盛，玉米的储藏稳定性下降，品质发生变化。

（二）玉米原粮在储藏过程中营养成分的变化

玉米籽粒是具有生物活性的有机体，在储藏过程中发生着一系列的生理生化反应，温度、湿度、微生物等环境因素影响着玉米的品质。完整的粮食籽粒在储藏过程中主要进行呼吸作用和脂肪氧化酸败反应，呼吸作用消耗粮食中的干物质，导致营养成分发生变化，脂肪酸败可引起玉米的品质、色泽、风味发生改变。其中，除了蛋白质不会发生明显的变化以外，其他营养成分均有不同程度的变化。

在储藏过程中，淀粉首先在淀粉酶的作用下水解，生成麦芽糖和糊精，麦芽糖和糊精在酶的作用下，最后分解成葡萄糖，结果导致还原糖含量上升。在老化过程中，玉米淀粉会失去与水的亲和力，严重影响其质地。虽然它具有良好的加工性能，但非常容易老化，所以了解储藏过程中玉米淀粉的老化是十分必要的。玉米中含有4％左右的脂肪，虽然含量不多，但对玉米的品质影响较大。脂肪酸也被用作玉米储藏期间质量劣化的指标，因为脂肪分解发生的速度快于淀粉和蛋白质的分解速度。脂肪与脂肪酸的变化反映出了玉米籽粒在储藏期间的生理活性，是影响玉米品质的主要因素。在储藏过程中，蛋白质的变化表现为蛋白质的水解和变性，储藏时间、储藏条件和霉菌污染都会影响蛋白质的品质变化。蛋白质及氨基酸组成的变化较好地反映了玉米籽粒在储藏期间营养品质的动态变化，是玉米储藏过程中重要的品质指标之一。

（三）玉米淀粉的研究

玉米是植物淀粉的主要来源，原粮中淀粉占总干重的72％～73％，是玉米营养品质的重要检测指标。一般情况下，玉米淀粉是由支链和直链淀粉分子所组成的高分子聚合物，普通玉米主要由直链和支链淀粉构成，两者比例约为1∶3。淀粉品质的好坏很大程度上是由于淀粉中直/支链淀粉比例而造成的。淀粉类食品中淀粉直/支链淀粉含量的比例能决定淀粉的分子特性如重均分子量和旋转半径等。深入了解淀粉的功能特性和淀粉分子特性之间的关系是科学家的长期目标。

淀粉的分子特性主要包括淀粉的级分组成、分子结构和分子量分布等。淀粉颗粒特性研究内容有淀粉的形态、大小及晶体结构等。淀粉的结晶度能影响淀粉加工品质的好坏，有研究表明谷物淀粉粒属于A型晶体，且不同的谷物储藏过程中淀粉结晶度的变化亦有不同的结果。Paraginskia等表明，玉米储藏12个月，淀粉的结晶度下降了，且30℃下储藏淀粉的结晶度下降最快。

玉米采摘后即面临着粮食的储藏问题，在目前的研究中，多数文章报道了不同储藏条件对玉米品质的影响，玉米中淀粉、脂肪及蛋白质等营养成分改变的根本原因，还有各营养成分含量的变化。但针对玉米原粮储藏过程中淀粉及其微观结构变化的研究仍未见报道。有研究表明，淀粉的微观结构和理化特性是影响淀粉品质的重要因素，且储藏环境对谷物淀粉品质的影响尤为明显。因此，深入地了解淀粉微观结构及理化性质与淀粉品质的关系是科学研究的长期目标。

（四）玉米原粮营养成分对玉米营养品质的影响

在玉米储藏过程中，营养成分的变化可直接影响其营养品质，在食品加工中间接地影响了食品产品的营养价值。在研究玉米储藏的同时，关注成分的变化对营养品质的影响是有必要的。淀粉的糊化特性是反映玉米粉品质的重要指标，支/直淀粉比例越高，最终黏度越高，最终黏度与产品的最终品质有关。玉米在储藏过程中，玉米胚中脂肪的营养品质可直接影响生产出的玉米油的营养品质，玉米脂肪中脂肪酸的含量及组成比例是影响玉米油营养品质的重要指标。

玉米中的蛋白含量虽然很低，但蛋白质中的清蛋白、球蛋白和谷蛋白等都是由一些优良氨基酸组成，是营养丰富而不影响食味的蛋白质。现代营养学评价理论指出，蛋白质的营养价值与蛋白质中氨基酸组成密切相关，世界卫生组织（WHO）和联合国粮农组织（FAO）1973 年提出了评价蛋白质营养价值的氨基酸模型，通过氨基酸比值系数法对玉米中必需氨基酸进行平衡评价。所以，玉米蛋白质中氨基酸的含量及组成比例是影响玉米蛋白质营养品质的重要指标。

研究不同储藏条件对玉米营养与加工特性的影响，可为玉米储藏过程中营养品质研究提供数据支持，为采后玉米的生理基础研究提供参考，为改善储藏期间粮食品质劣变的问题提供理论依据，为完善玉米品质评价体系提供参考，对提高玉米原粮在食品加工领域的利用率具有十分重要的意义。

二、 玉米储藏过程中的营养特性研究

（一）材料与方法

1. 试验材料

（1）玉米样品

本研究选用 2013 年采摘的"源玉 3"和"先玉 335"为样品，分别产自吉林敦化市和辽源市。2014 年 4 月 1 日，分别将两样品储藏于不同仓内，将储藏源玉 3 玉米原粮仓记为 A 仓，储藏先玉 335 玉米原粮仓记为 B 仓，且入仓初始水分分别为 16.28％和 14.08％，入仓后及时通风，使其水分均下降到 14％以内，并定期采样。

（2）试验试剂

蔗糖标准品，果糖标准品，麦芽糖标准品，葡萄糖标准品和乙腈为色谱纯；4-羟乙基哌嗪乙磺酸（HEPES），2-（N-吗啉）乙磺酸-水合物（MES），溴化锂，可溶性淀粉，3,5-磺基水杨酸，EDTA，麦芽糖，氢氧化钠，氯化镁，氯化钾，石油醚，柠檬酸，柠檬酸钠，无水乙醇，氯化钠，磷酸二氢钠，磷酸氢二钠，二甲基

亚砜（DMSO），溴化锂，95％乙醇，冰醋酸，甘油，溴化锂，碘，碘化钾等为分析纯；试剂盒为 Megazyme 总淀粉检测试剂盒和 Megazyme 直链淀粉/支链淀粉试剂盒。

2. 主要仪器与设备

高效液相色谱仪（1260，美国 Agilent 公司），HPSEC（Waters1525，美国 Waters 公司），多角度激光散射仪（Dawn DSP-F，美国 Wyatt 技术公司），示差折光检测器（Optilab T-rEx，美国 Wyatt 技术公司），X-射线衍射仪（D/max200 PC，日本理学公司），酶标仪（Multiskan FC，美国 Thermo 公司），高速冷冻离心机（Z36HK，德国 Hermle Labortechnik GmbH 公司），紫外分光光度计（TU-1810，北京普析通用仪器有限责任公司），离心机（Pico 17，美国赛默飞公司），超低温冷冻储存箱（ULT2186-4-V47，美国 Thermo 公司），漩涡混合器（XW-80A，上海精科实业有限公司），低速离心机（LD5-2B，北京京立离心机有限公司），电热鼓风干燥箱（101A-BT，上海实验仪器厂有限公司），pH 计（PHS-3C，上海精密科学仪器有限公司），超声波清洗器（JK 3200B，合肥金尼克机械制造有限公司），电子天平（CP214，美国奥豪斯公司）和电热恒温水浴锅（DZK2-D-1，北京市永光明医疗仪器厂）等。

小型玉米模拟粮仓，由吉林农业大学与吉林大学联合设计。本粮仓为金属仓，仓型为长度 1.29 m、宽度 1.15 m、总高度 4 m、容量 4.5 m³。粮仓内从左到右分布 4 根温湿传感电缆以及 16 根温度传感电缆（型号：SHP10；精确度 ±1.5 ℃和 ±4.5％相对湿度），共 64 个监测点。利用粮情监测系统对粮仓温度、湿度数据每 30 min 记录一次。自动通风模式参数的设置参考现行标准《储粮机械通风技术规程》（LS/T 1202—2002）进行。这种新型小粮仓是按照行业标准设计专业，具有实用、美观、使用寿命长等特点。

3. 采样方法

参照《粮食、油料检验　扦样、分样法》（GB 5491—1985），结合粮仓实际略做修改。粮仓共分为 4 层，分别在每层横向等距离选取 5 点扦取样品，将各点样品混合，利用"四分法"选取样品进行测定。将每层样品的各指标数据分别求取平均值作图分析。

采样时间依据吉林省气候变化特点进行，春季（0～60 d）、30 d/次，夏季（60～150 d）、7～8 d/次，秋季（150～240 d）、15 d/次，冬季（240～270 d）、30 d/次。

4. 理化指标测定

（1）可溶性糖含量的测定

同第二章。

（2）淀粉含量的测定

1）样品处理。将玉米籽粒用万能高速粉碎机粉碎处理，使其90％过100目筛，筛上筛下混合均匀。称取3 g该玉米粉，利用索氏抽提装置对玉米粉进行脱脂处理。

2）淀粉含量的测定。同第二章。

（3）淀粉分支酶（SBE）活性的测定

参照Nakamura的方法，略做修改。取3 g左右玉米籽粒于研钵中，加HEPES-NaOH（pH 7.5）的提取缓冲液10 mL，4 ℃下浸泡12 h。冰浴条件下进行研磨，所得匀浆于冷冻离心机中，13 000 r/min离心15 min，取上清液装于小清瓶中即为粗酶液，用于SBE酶活的测定。

（4）淀粉脱支酶（DBE）活性的测定

参照Nakamura的方法，略做修改。取3 g左右玉米籽粒于研钵中，加入MES-NaOH（pH 6.5）的提取缓冲液10 mL，浸泡12 h。冰浴条件下进行研磨，所得匀浆于4 ℃，13 000 r/min离心30 min，取上清液装于小清瓶中即为粗酶液。

（5）淀粉酶活性测定

取3 g左右的玉米籽粒，用10 mL 0.1 mol/L柠檬酸溶液（pH 5.6）于4 ℃下浸泡12 h，加入少量石英砂研磨成匀浆，将匀浆移入离心管中，再分别用1 mL的0.1 mol/L柠檬酸缓冲液（pH 5.6）冲洗2次，于4 ℃下以13 000 r/min离心15 min，去上清，作为酶提取液，备用。

（$\alpha+\beta$）淀粉酶活性的测定参照李雯等所描述的方法进行。

α-淀粉酶活性的测定：将粗酶液在70 ℃水浴中恒温15 min，将β-淀粉酶钝化后，立即冰浴冷却2 min，然后按照（$\alpha+\beta$）淀粉酶测定步骤进行。

（6）重均分子量测定

同第三章第一节。

（7）X-射线衍射

将淀粉过100目筛，利用X-射线仪对淀粉样品进行扫描。测试条件：单色光源，管压40 kV，管流30 mA，扫描速度5°/min，扫描范围5°～40°，步宽为0.02。采用MDI Jade5.0软件进行数据处理。

结晶度计算公式：$RC（\%）=Ac/(Ac+Aa)\times100$，$Ac$表示结晶区面积，$Aa$表示非结晶区面积。

5. 数据处理与分析

使用Origin 8.5绘制图像，利用SPSS 16.0对数据进行显著性及相关性分析。

（二）数据与结果分析

1. 可溶性糖含量的变化

玉米原粮和标准品的液相色谱图（HPLC）如图3-39所示。

经高效液相色谱（HPLC）分析得到，玉米中可溶性糖主要分为果糖、葡萄

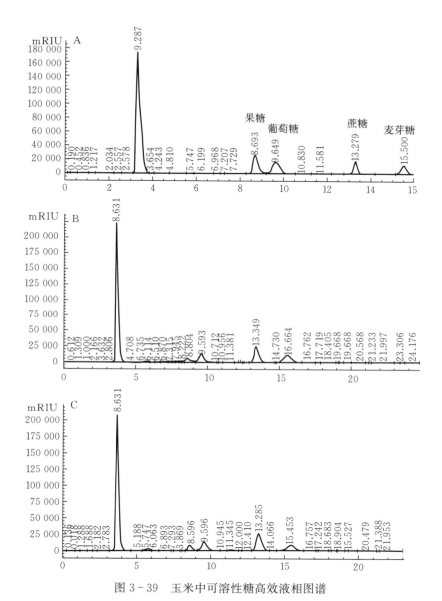

图 3-39 玉米中可溶性糖高效液相图谱

A. 可溶性糖标准品高效液相色谱图 B. 源玉 3 可溶性糖高效液相色谱图 C. 先玉 335 可溶性糖高效液相色谱图

糖、麦芽糖和蔗糖。源玉 3 和先玉 335 中各可溶性糖含量如图 3-40、图 3-41 所示。综合分析可知，在玉米储藏过程中，玉米中可溶性糖含量总体呈下降趋势变化，储藏 270 d 时，二者的可溶性糖含量分别下降了 52.3% 和 56.7%。储藏过程中，源玉 3 和先玉 335 玉米籽粒麦芽糖含量呈下降趋势变化，与初始值相比，在储藏 270 d 时，源玉 3 和先玉 335 中麦芽糖含量分别下降了 64.2% 和 57.4%。储藏 270 d 的过程中，源玉 3 中果糖和葡萄糖含量变化趋势大致相同，均为先上升后下降，分别在储藏第 210 d 和 180 d，玉米中果糖含量为零，已不再检出。葡萄糖随储藏时间的延长，小幅上升后略有下降（$P<0.05$），与初始值相比，储藏 270 d 时，源玉 3 和先玉 335 葡萄糖含量下降了 30.9％和 50.3％。在储藏过程中，玉米原粮中蔗糖含量不断减少，储藏 270 d 时，蔗糖含量分别下降了 56.3％和 54.7％。

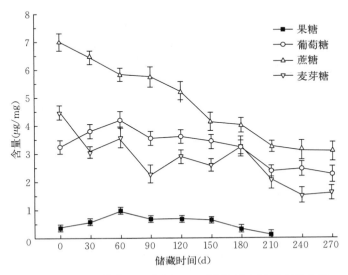

图 3-40　玉米储藏过程中源玉 3 可溶性糖含量的变化曲线

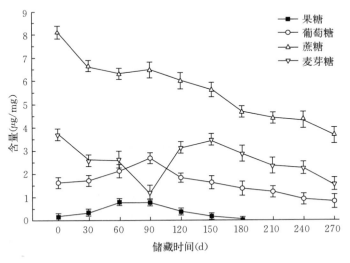

图 3-41　储藏过程中先玉 335 可溶性糖含量的变化曲线

2. 玉米储藏过程中淀粉含量的变化

淀粉是玉米中的主要成分，占玉米籽粒的 60％～70％。由图 3-42 可知，储藏过程中，源玉 3 和先玉 335 总淀粉含量整体呈下降水平，第 120 d 下降显著（$P<$

0.05）。图3-43和图3-44显示，直链淀粉含量呈下降趋势变化，且二者在储藏前30 d时均无显著变化（$P>0.05$），在储藏第60 d时，直链淀粉含量较初始值有显著下降（$P<0.05$），从第60 d开始直链淀粉含量呈快速下降，在储藏第270 d时，源玉3和先玉335直链淀粉含量分别下降了15.6%和16.8%；储藏过程中，源玉3和先玉335支链淀粉含量在初始储藏时均不断上升直至第90 d时，支链淀粉含量不再上升，随储藏时间的延长，玉米中支链淀粉整体呈下降水平。

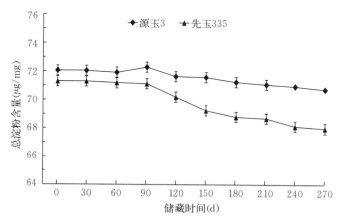

图3-42　储藏过程中玉米总淀粉含量变化曲线

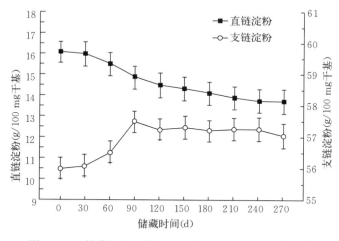

图3-43　储藏过程中源玉3直链和支链淀粉变化曲线

3. 玉米原粮淀粉与可溶性糖含量的关系

表3-32和表3-33分别为源玉3和先玉335玉米淀粉与可溶性糖含量的相关性分析结果。玉米储藏过程中，源玉3和先玉335直链淀粉和支链淀粉含量呈显著负相关，相关系数分别为−0.863** 和−0.727** ，即支链淀粉随直链淀粉的下降而上

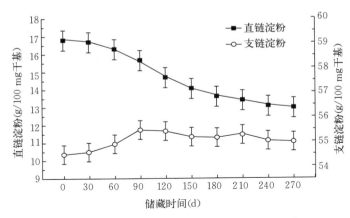

图 3-44 储藏过程中先玉 335 直链淀粉和支链淀粉变化曲线

升。玉米中支链淀粉含量与麦芽糖的含量显著负相关，相关系数分别为 -0.681^{**} 和 -0.421^*。可以得出，储藏过程中支链淀粉通过淀粉酶的水解作用转化成为麦芽糖。

表 3-32 源玉 3 玉米淀粉与可溶性糖含量的相关性

	直链淀粉含量	支链淀粉含量	果糖含量	葡萄糖含量	蔗糖含量	麦芽糖含量
直链淀粉含量	1	-0.863^{**}	0.739^{**}	0.719^{**}	0.960^{**}	0.798^{**}
支链淀粉含量	-0.863^{**}	1	-0.478^{**}	-0.391^*	-0.717^{**}	-0.681^{**}

注：* 在 0.05 水平（双侧）上显著相关；** 在 0.01 水平（双侧）上极显著相关。

表 3-33 先玉 335 玉米淀粉与可溶性糖含量的相关性

	直链淀粉含量	支链淀粉含量	果糖含量	葡萄糖含量	蔗糖含量	麦芽糖含量
直链淀粉含量	1	-0.727^{**}	0.238	0.633^{**}	0.928^{**}	0.271
支链淀粉含量	-0.727^{**}	1	-0.178	-0.101	-0.599^{**}	-0.421^*

注：* 在 0.05 水平（双侧）上显著相关；** 在 0.01 水平（双侧）上极显著相关。

4. 玉米原粮中水分及仓内温湿度变化

本试验模拟粮仓，精确地记录了仓内温度和湿度数据。图 3-43 和图 3-44 分别是源玉 3 和先玉 335 储藏过程中水分含量及仓内温、湿度变化曲线。由图可知，源玉 3 和先玉 335 的初始储藏水分有所不同，经及时通风处理，在储藏 30 d 左右，玉米水分含量达到了安全水分以下。进入越夏储藏后，玉米籽粒内部水分含量下降幅度较大，储藏 150 d 时，二者水分均下降至 10.8% 左右。进入秋季后，室外温度不断下降，水分呈略微下降但下降不显著（$P > 0.05$）。结果表明，经越夏储藏后，玉米籽粒内部自由水散失严重。由图3-45和图3-46温度、湿度曲线可知，储藏前30 d，仓内湿度随温度升高而升高，经及时通风，使得仓内湿度下降到60%左右，以保证粮食的安全储藏。结果显示，粮食入仓后，春季随外界温度的上升，仓内温度也随之升高，加之水分含量较高，玉米原粮较强的呼吸可能是仓内湿度快速上升的重要原因，夏季随温度的不断提高，粮食水分散失加快。因此，对该模拟粮仓仓内温度的控制对保证玉米原粮品质极其重要。

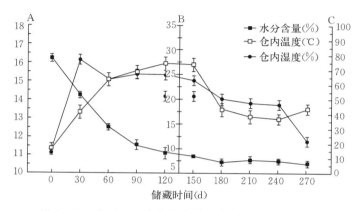

图3-45　源玉3玉米水分含量及仓内温、湿度的变化

A. 水分含量　B. 仓内温度　C. 仓内湿度

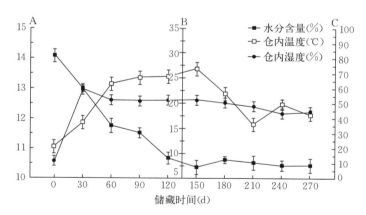

图3-46　先玉335玉米水分含量及仓内温、湿度的变化

A. 水分含量　B. 仓内温度　C. 仓内湿度

5. 淀粉分支酶（SBE）活性的变化

研究表明，淀粉分支酶不仅能切开以 α-1,4 糖苷键连接的葡聚糖，并且能把切下的短链通过 α-1,6 糖苷键连接于受体链上，从而形成分支的糖链，影响籽粒中淀粉的组成和结构的关键酶。淀粉分支酶变化如图3-47和图3-48所示，玉米

在储藏期间，源玉3和先玉335淀粉分支酶均呈下降趋势，储藏第30 d时，淀粉分支酶活性较初始值变化不显著（$P>0.05$）。越夏储藏过程中，源玉3在第60～90 d时快速下降，而先玉335在储藏60～105 d时，同样呈现急剧下降。随着储藏时间的延长，源玉3和先玉335淀粉分支酶活性下降速率趋于缓慢，且分别在第240 d和210 d时不再检出淀粉分支酶活性。试验结果表明，越夏储藏条件加快了淀粉分支酶活性下降的速率。

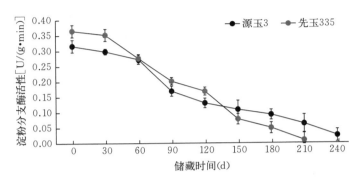

图3-47 玉米储藏过程中淀粉分支酶活性变化曲线

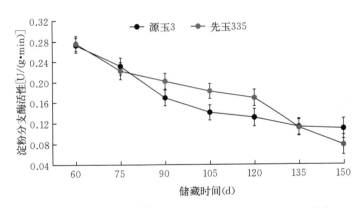

图3-48 玉米越夏储藏过程中淀粉分支酶活性变化曲线

6. 淀粉脱支酶（DBE）活性的变化

早期研究表明，淀粉脱支酶在氨基酸序列上与α-淀粉酶相似，属于淀粉水解酶家族。而Ball等在1996提出了修剪模型，认为淀粉脱支酶在淀粉的合成中可以专一性地裂解支链淀粉上的α-1,6糖苷键，起到"修饰"淀粉结构的作用。玉米储藏过程中各淀粉脱支酶活性变化如图3-49、图3-50所示，源玉3和先玉335中淀粉脱支酶活性在储藏前60 d基本保持平稳（$P>0.05$），在储藏第90 d时，淀粉脱支酶出现显著下降（$P<0.05$）。与淀粉分支酶相比，随储藏时间的延长，源

玉 3 和先玉 335 淀粉脱支酶活性下降速率比较缓慢，即使是在越夏储藏过程中，仓温、仓湿等条件的不断变化，淀粉脱支酶活性也没有出现急剧下降。当储藏第 270 d 时，二者的淀粉脱支酶活性分别下降了 42.8％和 29.6％。

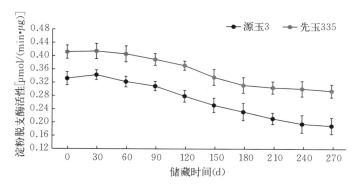

图 3-49　玉米储藏过程中淀粉脱支酶活性变化曲线

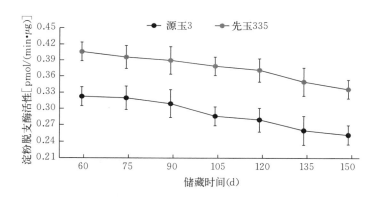

图 3-50　玉米越夏储藏过程中淀粉脱支酶活性变化曲线

7. 淀粉酶活性的变化

淀粉酶是淀粉水解酶系的总称，其主要包含 α-淀粉酶和 β-淀粉酶，谷物中的 α-淀粉酶对环境较为灵敏，易受胁迫环境的影响而快速下降。玉米储藏过程中，源玉 3 和先玉 335 中淀粉酶活性变化见图 3-51 和图 3-52，玉米储藏过程中（α+β）淀粉酶总体呈下降趋势，储藏初期（α+β）淀粉酶活性下降较慢，储藏第 60 d，（α+β）淀粉酶活性显著下降（$P<0.05$）。

由图 3-53 可知，源玉 3 和先玉 335 在储藏 60 d 时，α-淀粉酶活性均显著下降（$P<0.05$）。由图 3-54 可知，源玉 3 从储藏第 75～120 d 开始急剧下降，而先玉 335 快速下降出现在 90～150 d，二者较初始值分别下降了 43.7％和 58.6％。随储藏时间的延长，α-淀粉酶活性呈平缓下降趋势，在储藏 270 d 时，源玉 3 和先玉 335 α-淀粉酶活性分别下降了 68.2％和 61.4％。分析可知，玉米储藏过程中，淀

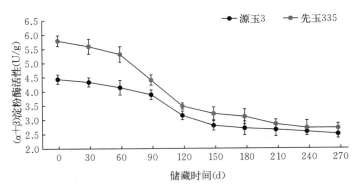

图 3-51　玉米储藏过程中（α+β）淀粉酶活性变化曲线

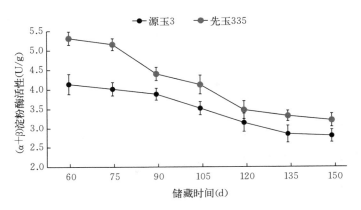

图 3-52　玉米越夏储藏过程中（α+β）淀粉酶活性变化曲线

粉酶对玉米淀粉的水解作用逐渐减弱，随储藏时间的延长，淀粉酶活性不断降低，且在越夏储藏期间快速下降，说明较高温度条件等加快了淀粉酶活性下降速率，从而能够降低淀粉的水解速率。

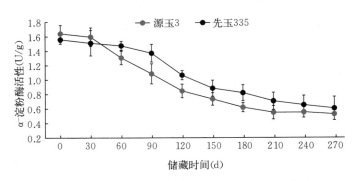

图 3-53　玉米储藏过程中 α-淀粉酶活性变化曲线

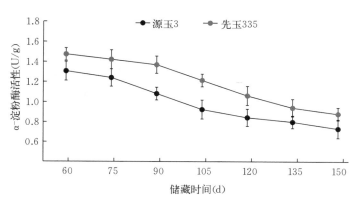

图 3-54　玉米储藏过程中 α-淀粉酶活性变化曲线

8. 淀粉相关酶活性与玉米水分含量及仓内温湿度的关系

表 3-34 显示了越夏储藏过程中源玉 3 和先玉 335 淀粉各相关酶活性与水分含量及仓内温湿度的相关性分析结果。结果显示，储藏过程中，影响淀粉各相关酶活性的因素按大小排列依次是：玉米水分含量＞仓内温度＞仓内湿度。玉米原粮淀粉各相关酶活性均与水分含量呈显著正相关，即随玉米原粮水分含量减少，各淀粉相关酶活性逐渐降低，而淀粉各相关酶活性与仓内温度呈显著负相关（各相关系数见表 3-34）。即越夏储藏过程中，仓内温度对淀粉相关酶活性起到了抑制作用。试验结果表明，影响玉米淀粉相关酶活性的因素，如水分含量、仓内温度都有比较明显的作用。由淀粉各相关酶活性与仓内湿度的相关性结果可知，越夏储藏过程中，淀粉分支酶、（α＋β）淀粉酶、α-淀粉酶活性与仓内湿度呈显著正相关，随仓内湿度的减小，上述三种酶活性的变化呈不断下降趋势。然而，源玉 3 和先玉 335 淀粉脱支酶活性与仓内湿度相关性不显著，相关系数分别为 0.454 和 0.413。

表 3-34　越夏储藏过程中淀粉相关酶活性与玉米水分含量及仓内温湿度的相关性分析

		淀粉分支酶活性	淀粉脱支酶活性	（α＋β）淀粉酶活性	α-淀粉酶活性
源玉 3	水分含量	0.856**	0.685**	0.817**	0.880**
	仓内温度	−0.832**	−0.661*	−0.804**	−0.879**
	仓内湿度	0.527*	0.454	0.547*	0.622**
先玉 335	水分含量	0.859**	0.664**	0.817**	0.724**
	仓内温度	−0.845**	−0.634**	−0.804**	−0.714**
	仓内湿度	0.519*	0.413	0.529*	0.602**

注：* 在 0.05 水平（双侧）上显著相关；** 在 0.01 水平（双侧）上极显著相关。

9. 玉米储藏过程中淀粉结构的变化

利用 HPSEC-MALLS-RI 系统测得玉米样品重均分子量（Mw）、均方旋转半径（Rz）、多分散系数（Mw/Mn）如图 3-55 和图 3-56 所示，玉米在储藏过程中总体呈上升趋势，其中源玉 3 玉米淀粉 Mw（图 3 - 50）在第 60 d 有显著上升（$P<0.05$），在第 90 d 出现峰值（$P<0.05$），随储藏时间的延长，Mw 不断下降，在第 210 d 有小幅上升（$P<0.05$）；先玉 335 Mw 同样在第 60 d 时显著上升（$P<0.05$），同时出现峰值，随时间的延长而不断下降。储藏过程中，源玉 3 玉米淀粉 Rz 呈先上升后下降趋势变化，在第 120 d 时出现峰值（$P<0.05$），随储藏时间的延长，Rz 先不断下降后保持不变；虽然先玉 335 中 Rz 也先上升后下降，与之不同的是，先玉 335 在储藏第 90 d 时 Rz 出现最大值，随时间的延长，先玉 335 淀粉 Rz 急剧下降，从 180 d 开始趋于平缓，没有发生显著下降（$P>0.05$）。储藏过程中，源玉 3 和先玉 335 玉米样品的 Mw/Mn 在储藏过程中均呈先下降后上升趋势，在第 90 d 时出现最小值，随储藏时间的延长，Mw/Mn 又不断增大。

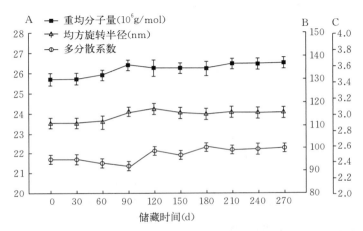

图 3 - 55 储藏过程中源玉 3 淀粉重均分子量、均方旋转半径和多分散系数变化
A. 重均分子量 B. 均方旋转半径 C. 多分散系数

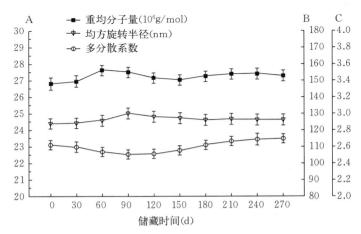

图 3 - 56 储藏过程中先玉 335 淀粉重均分子量、均方旋转半径和多分散系数变化
A. 重均分子量 B. 均方旋转半径 C. 多分散系数

10. 玉米储藏过程中淀粉结晶度的变化

储藏过程中不同的时间玉米淀粉 X-射线衍射图谱见图 3-57、图 3-58，玉米淀粉显示出典型的 A 晶型，其衍射峰出现在 2θ 为 15°、17°、18°、20°、23°。

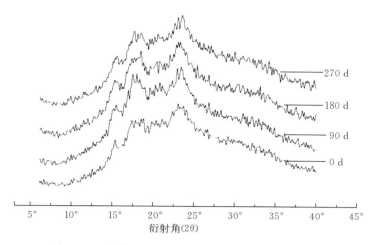

图 3-57　储藏过程中源玉 3 玉米淀粉 X-射线衍射图

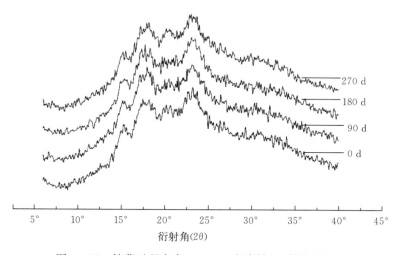

图 3-58　储藏过程中先玉 335 玉米淀粉 X-射线衍射图

由表 3-35 显示，玉米储藏 270 d 的过程中，先玉 335 淀粉结晶度从 20.53% 下降到 17.20%，而源玉 3 从 23.91% 下降到 17.13%，下降幅度较大。虽然二者结晶度整体呈下降水平，而各衍射峰强度变化趋势不同。其中源玉 3 玉米淀粉在衍射角为 15°、17°、18°、20° 的峰强度呈先上升后下降，最大值出现在第 90 d。表明玉米淀粉被淀粉酶水解后，部分片段会发生重结晶作用。

表 3 - 35   玉米储藏过程中淀粉粒结晶衍射峰强度

品种	储藏时间 (d)	衍射峰强度（cps）					相对结晶度 (%)
		15°	17°	18°	20°	23°	
源玉 3	0	617.44	772.61	787.44	778.18	1 060.90	23.91
	90	725.06	938.07	883.03	884.43	912.89	21.73
	180	684.57	851.94	826.16	837.74	911.35	21.61
	270	615.88	760.07	772.93	760.72	852.46	17.13
先玉 335	0	740.13	895.08	927.24	881.63	1 019.66	20.53
	90	697.61	873.39	934.15	819.56	987.94	19.21
	180	675.49	903.21	863.84	801.15	973.30	18.38
	270	646.42	845.92	903.10	848.39	951.35	17.20

（三）小结

1. 玉米中淀粉与可溶性糖含量变化规律

本研究得出，采后一段时间内玉米原粮中存在淀粉的合成。报道指出，玉米中淀粉分支酶可以切下直链淀粉或者支链淀粉的直链部分，并将其接枝到支链淀粉侧链上延长支链淀粉，本研究中支链淀粉和直链淀粉含量呈显著负相关，说明直链淀粉和支链淀粉之间在淀粉分支酶的作用下存在一定的转化关系。由淀粉与可溶性糖含量相关性分析可知，储藏过程支链淀粉和麦芽糖成反比，说明储藏过程中在淀粉酶的作用下，支链淀粉被水解，可以进一步水解为麦芽糖。研究认为，玉米中果糖和葡萄糖是淀粉合成的重要原料，且本研究发现了支链淀粉和果糖、葡萄糖呈负相关，及果糖与葡萄糖之间可能存在转化关系，但本研究中未对该合成途径的相关酶进行测定，因此无法做出合理解释，需要在今后研究中进一步探索分析。

2. 淀粉代谢相关酶活性及影响因素的探讨

在玉米储藏初期，可溶性淀粉酶（SSS）和束缚性淀粉合成酶（GBSS）活性微弱，无法测出活性值。所以，在后来的研究中不再测定。目前，有关原粮采收后SSS 和 GBSS 的研究鲜有报道，故玉米原粮 SSS 和 GBSS 的失活原因未有明确依据。根据现有文献推测，首先可能是因为灌浆期高温环境和水分胁迫等因素使得SSS 和 GBSS 酶活性迅速下降至较低的水平；其次，由于玉米后熟期较短，采后初期，玉米水分含量较高，玉米呼吸强度较大，陈化速率较快，从而导致 SSS 和 GBSS也随之失活。

目前的研究表明，淀粉分支酶（SBE）不仅能切开以 α - 1,4 糖苷键连接的葡聚糖，并且能把切下的短链通过 α - 1,6 糖苷键连接于受体链上，从而形成分支的糖链。SBE 是影响籽粒中淀粉的组成和结构的关键酶。储藏初期 SBE 和淀粉脱支酶（DBE）活性较大，但是支链淀粉含量较少，合成速率较低，主要因为储藏初期温度较低（15℃左右），淀粉分支酶活性受到了抑制。随储藏时间的延长，玉米原粮中淀粉分支酶活性复活后，加快了支链淀粉的合成速率，支链淀粉含量增多。然而，受到水分含量、仓内温度及仓内湿度的影响，淀粉分支酶活性呈下降趋势，而支链淀粉含量仍不断增多，说明玉米原粮中支链淀粉的合成是不断积累的过程，支链淀粉的上升说明其合成速率大于分解速率。越夏储藏后，源玉3和先玉335 SBE活性逐渐下降直至未检出。

DBE活性亦呈下降趋势变化，只是在储藏前90 d变化较为缓慢，90 d后下降速率较大。根据仓内温湿度及水分含量与DBE活性的相关性分析可知，储藏过程中，DBE的活性比较稳定，主要受水分和温度的影响，而与仓内湿度关系较小。

谷物陈化表征有多个指标，如脂肪酸值、抗氧化酶活性。玉米储藏过程中，（α+β）淀粉酶和α-淀粉酶均呈下降趋势变化。储藏初期淀粉酶活性较高，而淀粉水解速率较慢，可能是春季低温在一定程度上抑制了淀粉酶的活性，从而使得淀粉的分解速率较低。随储藏时间的延长，温度不断升高，淀粉酶对淀粉的水解作用不断加强。越夏储藏过程中，除DBE外，其他淀粉各相关酶活性均呈下降趋势，越夏储藏过程中源玉3和先玉335淀粉各相关酶活性与水分含量及仓温、仓湿的相关性结果显示，随玉米原粮水分含量减少和仓温的升高，淀粉各相关酶活性逐渐降低。随仓内湿度的减小，SBE、（α+β）淀粉酶和α-淀粉酶呈下降趋势。而仓内湿度对DBE活性的影响较小。结合玉米水分含量及仓内温、湿度结果以及淀粉各相关酶活性与水分含量等条件的相关性分析结果可知，（α+β）淀粉酶和α-淀粉酶的下降，主要是因玉米原粮水分含量的减少导致的。因此，储藏过程中要合理控制通风，保证玉米原粮的水分保持合理范围。

3. 玉米淀粉微观结构变化

淀粉的分子特性主要包括淀粉的级分组成、分子结构和分子量分布等。玉米原粮储藏过程中，源玉3和先玉335重均分子量（Mw）分别在2.6×10^7左右变化，这与Chávez-Murillo C E等的研究结果相差不多。由图3-55和图3-56可知，源玉3和先玉335 Mw变化趋势一致，且均呈先上升后下降的趋势。然而，源玉3和先玉335重均分子量的峰值出现时间不同。由淀粉分子量和支、直淀粉含量变化结果分析可知，支链淀粉的上升及直淀粉的下降，使得支/直淀粉比例上升，是导致淀粉重均分子量增加的重要原因。随储藏时间的延长，储藏第90 d之后，淀粉重均分子量开始下降，究其原因，可能是因为此时淀粉合成速率较慢而分解速率较快，使得支链淀粉和直链淀粉的链长变短，从而导致淀粉的重均分子量下降。

淀粉的均方旋转半径（Rz），能够表征淀粉在溶剂中的占用空间大小。不同级分淀粉分子在DMSO溶剂中形态及结合的紧密程度不同，直链淀粉是以线性无规则排列的。研究表明，普通玉米淀粉在DMSO溶剂中为球形状，且随着支链淀粉的增多，淀粉结合越松散，其 Rz 越大。玉米储藏过程中，Rz 大小呈向先上升后下降趋势。Rz 增大是因储藏过程中支/直链淀粉比例的增加而导致的。在越夏储藏期间，淀粉的 Rz 降低速率较快，原因可能是玉米淀粉受到淀粉水解酶类的作用，将长链淀粉水解为短链糊精甚至葡萄糖，使得直链及支链淀粉长链变短，重均分子量减少，导致 Rz 降低。

多分散系数（Mw/Mn）能够表征分散体系中组分的复杂程度，该值越接近 1，说明样品的组分越单一。储藏过程中，源玉 3 和先玉 335 玉米淀粉 Mw/Mn 先下降后上升，在储藏第 90 d 出现低谷，说明此时玉米淀粉组分比较单一，其原因可能是支链淀粉链长达到最大。这与玉米淀粉 Mw 的结果相对应，即玉米原粮储藏过程中 Mw 最大，则 Mw/Mn 最小。不同的是储藏第 90 d 后，源玉 3 Mw/Mn 较先玉 335 上升速率较快，结果可能是源玉 3 中淀粉酶水解速率较快的原因。

淀粉结晶度是淀粉品质重要的参数，其能够表征淀粉颗粒结晶性质、淀粉材料类产品性质等，结晶度的大小能够直接影响淀粉产品性能、物理和机械性能等。玉米储藏过程中，源玉 3 和先玉 335 淀粉结晶度总体呈下降趋势，且分别下降了 16.22% 和 27.64%。其结晶度的下降是因为玉米籽粒内部淀粉酶对淀粉粒中支链和直链淀粉水解作用而导致淀粉结晶区的破坏，从而导致结晶度的下降。

三、 玉米储藏过程中的加工特性研究

（一）材料与方法

1. 试验材料

（1）玉米样品

本研究样品为 2013 年收获的源玉 3 和先玉 335 两个品种，产地分别为吉林省敦化市和辽源市。2014 年 4 月 1 日，将两种样品分别储藏于 A 仓和 B 仓，初始水分分别为 16.28% 和 14.08%，入仓后及时通风，使其水分均下降到 13% 以内，定期采样。

（2）主要试剂

乙腈为色谱纯；蔗糖、甲基红溴、甲酚绿、冰醋酸、氢氧化钾、无水乙醇、无水醋酸钠、无水氯化镁、无水氯化锰、硼酸、盐酸、浓硫酸、硫酸铜、石油醚、3,5-二硝基水杨酸等为分析纯；试剂盒为 Megazyme 总淀粉检测试剂盒和 Megazyme 直链淀粉/支链淀粉试剂盒。

（3）主要仪器与设备

高效液相色谱仪（1200，美国 Agilent 公司），气相色谱仪（456GC，德国布鲁克公司），近红外谷物分析仪（Infratec TM，丹麦福斯分析仪器有限公司），全自动氨基酸分析仪（L-8900，日立公司），食品物性测试仪（TA-XTplus，英国

SMS 公司），快速黏度分析仪（RVA－TecMasterTM，瑞典 Perten 仪器公司），紫外分光光度计（723－PC，上海五久自动化设备有限公司），PH 计（PHS－3C，上海精密科学仪器有限公司），旋转蒸发器（RE－52A，上海亚荣生化仪器厂），离心机（LD5－2B，北京京立离心机有限公司）和电热鼓风干燥箱（101A－1ET，上海实验仪器厂）等。

自制模拟粮仓：本试验粮仓为金属仓，仓型为长度 1.29 m、宽度 1.15 m、总高度 4 m、容量 4.5 m²。并配置智能操控监测系统。粮仓内含有温度传感器（精确度±1.5℃）和湿度传感器（精确度±4.5%），每 30 min 对粮仓内的温度与湿度进行检测并记录到监测系统中。粮仓内通风标准参考 LS/T 1202—2002 中储粮机械通风技术规程。

2. 试验方法

（1）技术路线（图 3－59）

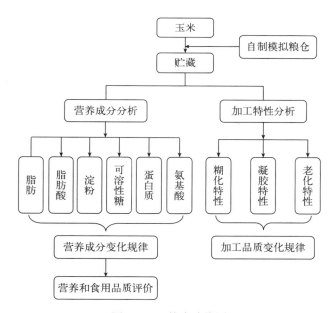

图 3－59　技术路线图

（2）样品采集方法

参照《粮食、油料检验　扦样、分样法》（GB 5491—1985），结合粮仓实际略做修改。粮仓共分为 4 层，分别在每层横向等距离选取 5 点扦取样品，后将各点样品混合，利用"四分法"对混合样品进行分样。采样时间间隔为 30 d。

（3）营养成分的测定

1）淀粉的测定。同第二章。

2）还原糖与非还原糖的测定。参考修琳等采用高效液相色谱法测定还原糖和非还原糖。

3）粗蛋白的测定。采用近红外谷物分析仪测定玉米籽粒中粗蛋白含量。

4）氨基酸的测定。参照 GB/T 5009.124—2003。

5）粗脂肪的测定。采用谷物成分分析仪测定粗脂肪含量。

6）脂肪酸的测定。采用气相色谱法测定的脂肪酸包括棕榈酸、硬脂酸、油酸、亚油酸、亚麻酸。

7）脂肪酸值的测定。参照 GB/T 15684—1995。

（4）加工特性指标的测定

1）糊化特性的测定。利用快速黏度分析仪分别对玉米粉峰值黏度、谷值黏度和最终黏度等指标进行测定，每组样品重复测定 3 次。

2）凝胶特性的测定。采用质构仪对凝胶特性进行测定，选用柱形探头 P/0.5R，每组样品重复测定 10 次。

3）老化特性的测定。采用差示扫描量热法测定玉米粉的老化特性，取适当量的待测样品约 5 mg 放到 DSC 坩埚中，压盖密封，使样品均匀地平铺于坩埚中，在室温下进行扫描分析。每组样品重复测定 3 次。

3. 数据处理与分析

试验数据采用 SPSS 18.0 软件进行方差分析与主成分分析，用 OriginPro7.5 软件做分析图表。

（二）数据与结果分析

1. 储藏温度和湿度随储藏时间的变化

储藏条件是玉米原粮在储藏过程中发生一切生理生化反映的影响因素，储藏温度、储藏湿度共同作用影响着玉米籽粒中酶的活性、营养成分的变化。图 3 - 60 为

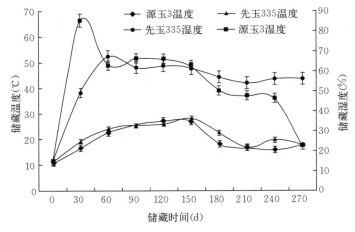

图 3 - 60　仓内温度和湿度随储藏时间的变化趋势

感应器测量的在储藏过程中储藏仓内的温度和湿度的变化情况，随着储藏时间的延长，在储藏第 30 d 时，仓内湿度大幅上升，储藏第 60 d 时达到 70% 左右，随后变化趋于稳定，在储藏第 270 d 时下降到 20%。仓内温度在储藏第 60～180 d 期间一直保持在 30 ℃ 左右，储藏第 210 d 下降到 20 ℃ 后，变化趋于稳定。结果表明，自制模拟储藏粮仓在 270 d 内的变化趋势随储藏季节的变化而变化，在春季仓内湿度较大，在夏季仓内温度较高，对玉米籽粒内营养成分的变化也会产生阶段性的影响。

2. 水分含量随储藏时间的变化

玉米原粮在储藏过程中的水分含量是影响玉米粒品质变化的最重要的影响条件之一，水分含量大，玉米呼吸强度大，营养物质变化就越大。根据国家标准要求，玉米储藏时的水分不得高于 14%，由图 3-61 分析可知，储藏时间对水分含量有显著影响（$P < 0.01$），在储藏初期，由于储藏湿度较大，导致玉米水分含量较高，两个品种玉米的水分含量分别达到 16.23% 和 14.08%，随着储藏时间的延长，玉米含水量逐渐下降（$P < 0.01$），在储藏第 30 d，玉米含水量达到了安全水分，在储藏第 150 d 时，两个品种的水分含量分别下降 33.45% 和 25.42%，随后由于储藏温度和湿度趋于稳定，玉米的含水量趋于稳定，水分含量在 10.6% 左右保持恒定。

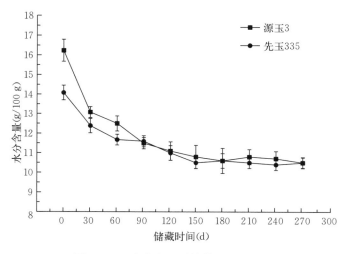

图 3-61　水分含量随储藏时间的变化

3. 玉米中营养成分含量随储藏时间的变化

（1）总淀粉含量随储藏时间的变化

玉米胚乳中主要成分是淀粉，占玉米的 72% 左右，是玉米主要的能源物质。

由图 3-62 分析可知，总淀粉含量随储藏时间的延长呈缓慢下降趋势，但变化不显著（$P>0.05$）。在储藏第 270 d，源玉 3 和先玉 335 中总淀粉含量较储藏初期分别下降了 1.75% 和 2.84%。玉米在储藏过程中淀粉可能发生了微弱的水解，为玉米自身的生命活动提供能量来源。试验结果表明，随着储藏时间的延长，总淀粉含量逐渐降低。

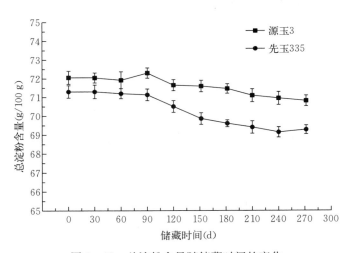

图 3-62   总淀粉含量随储藏时间的变化

（2）直链淀粉随储藏时间的变化

玉米中的淀粉主要包含直链淀粉和支链淀粉两种，是维持玉米籽粒储藏过程中生理代谢的主要营养物质之一。由图 3-63 分析可知，储藏时间对直链淀粉含量有显著影响（$P<0.01$），随着储藏时间的延长，两个品种玉米籽粒中直链淀粉

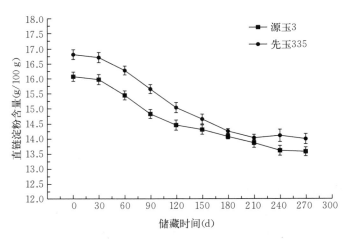

图 3-63   直链淀粉含量随储藏时间的变化

含量逐渐降低，在储藏前 30 d，两个品种玉米籽粒中直链淀粉含量变化不大，在储藏第 150 d 发生显著下降，较储藏初期分别下降了 11.04％和 12.84％。随后变化缓慢，在储藏第 270 d 时，源玉 3 和先玉 335 中直链淀粉较初始储藏时分别下降了 15.61％和 16.80％。导致该结果的原因可能是，在储藏第 60～150 d 期间，储藏温度高达 26 ℃，玉米籽粒的生命活动特征增强，机体所需能量需求增大，在 α-淀粉酶和 β-淀粉酶的作用下，使得直链淀粉分解为糖。综合总淀粉和直链淀粉数据变化可知，总淀粉含量的变化主要是由直链淀粉含量变化引起的，原因可能是 α-淀粉酶对直链淀粉的亲和力高于支链淀粉，导致直链淀粉下降。

（3）可溶性糖含量变化

1）玉米样品和混标中可溶性糖色谱图。玉米样品和混标的液相色谱图如图 3-64 所示。四种可溶性糖均有良好的分离效果。

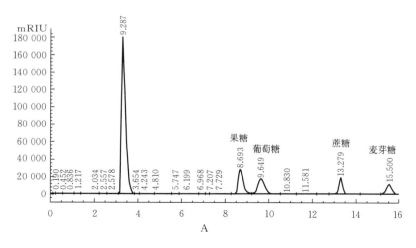

A

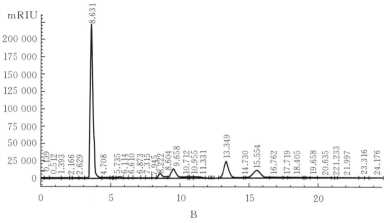

B

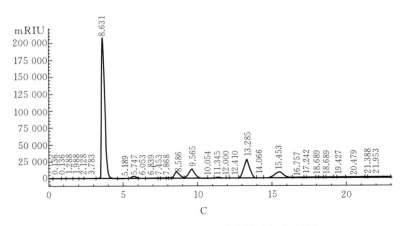

图 3-64　玉米中可溶性糖高效液相色谱图

A. 可溶性糖混标高效液相色谱图　B. 源玉 3 可溶性糖高效液相色谱图　C. 先玉 335 可溶性糖高效液相色谱图

采用液相色谱分析得到两个品种玉米中含有四种可溶性糖，通过定性分析可知，第一个峰对应的糖为果糖，其保留时间为 8.693 min。第二个峰对应的糖为葡萄糖，其保留时间为 9.649 min。第三个峰对应的糖为蔗糖，其保留时间为 13.279 min。第四个峰对应的糖为麦芽糖，其保留时间为 15.500 min。

通过不同梯度的混合标准溶液的测定，建立每种糖质量浓度（X）与峰面积的回归方程。对样品中的可溶性糖进行定量分析，见表 3-36。

表 3-36　标样的线性回归方程

可溶性糖	回归方程	相关系数（R^2）
果糖	$Y = 118\,867.587X + 19\,407.200$	0.998
葡萄糖	$Y = 126\,199.663X + 24\,953.392$	0.997
蔗糖	$Y = 127\,039.962X - 1\,797.185$	0.998
麦芽糖	$Y = 178\,114.738X + 23\,550.403$	0.996

2）总可溶性糖含量随储藏时间的变化。玉米中的可溶性糖包括果糖、葡萄糖、蔗糖、麦芽糖。由图 3-65 分析可知，储藏时间对可溶性总糖含量有显著影响（$P < 0.01$），随着储藏时间的延长，两个品种玉米中可溶性总糖含量逐渐降低，源玉 3 和先玉 335 在储藏第 210 d 发生显著下降，较储藏初期分别下降了 48.3% 和 41.44%。随后变化速率逐渐缓慢，在储藏第 270 d 较储藏初期分别下降了 54.15% 和 55.5%。导致结果的主要原因可能是，在储藏初期，两个品种玉米水分含量均在 14% 以上，粮仓内的温度达到 10 ℃ 以上，玉米籽粒呼吸强度大，在储藏 60～180 d 期间，虽然玉米水分含量降到 13% 以下，但是粮仓内温度高达 25 ℃ 以上，粮仓内湿度也在 50% 左右，高温促进了玉米中生物酶的活性，使生命活动加强，呼

吸作用消耗底物的需求增强，可溶性糖含量大幅下降。随后储藏温度下降，玉米籽粒生命活动减弱，可溶性糖含量变化速率降低。

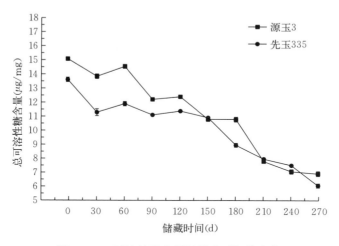

图 3-65　可溶性糖含量随储藏时间的变化

（4）还原糖含量随储藏时间的变化

玉米中的可溶性糖包括果糖、葡萄糖、蔗糖、麦芽糖。其中，果糖、葡萄糖、麦芽糖是还原糖。由图 3-66 分析可知，储藏时间对还原糖含量有显著影响（$P<0.01$），随着储藏时间的延长，两个品种玉米中还原糖含量逐渐降低，在储藏初期，还原糖含量发生小幅度上升，在储藏第 210 d 发生显著下降，较储藏初期分别下降了 43.74％和 35.54％，在储藏第 270 d，源玉 3 和先玉 335 籽粒中还原糖含量较储藏初期分别下降了 52.34％和 56.76％。导致显著下降的结果主要是因为在储藏第

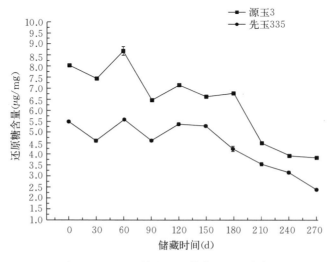

图 3-66　还原糖含量随储藏时间的变化

60~210 d 期间，受到夏季高温的影响，储藏温度从 10 ℃ 上升到 26 ℃，玉米籽粒为了维持生命活力，呼吸作用增强，从而消耗自身储备营养成分的能力开始大幅度升高，大量消耗还原糖，使还原糖大量降低；另外，由于在高温环境下，促进了美拉德反应的发生，导致还原糖降低，而后随着储藏时间的延长，其他营养成分开始分解成大量的糖，继续为机体提供能量。

（5）蔗糖含量随储藏时间的变化

由图 3-67 分析可知，储藏时间对蔗糖含量有显著影响（P＜0.01），随着储藏时间的延长，两个品种玉米籽粒中蔗糖含量逐渐降低，两个品种玉米在储藏第 60 d 和发生显著下降，较储藏初期分别下降了 16.57％ 和 21.77％。在储藏第 60~90 d 期间，蔗糖含量几乎无变化，源玉 3 和先玉 335 分别在储藏第 150 d 和 180 d 时又发生显著下降，较储藏初期分别下降了 40.59％ 和 42.22％。随后变化逐渐缓慢，在储藏第 270 d 时，源玉 3 和先玉 335 较储藏初期分别下降了 56.25％ 和 54.80％。这也与事实相符，在储藏初期，两个品种玉米水分含量均在 14％ 以上，储藏第 60 d 粮仓内温度从 10 ℃ 上升至 22 ℃ 以上，玉米籽粒可能为了适应环境的突变而自身发生营养物质大量消耗的现象，随后储藏温度逐渐升高，呼吸强度增大，120 d 时达到最高值 27 ℃，蔗糖含量又发生显著下降。随后粮仓内温度与湿度下降，储藏环境趋于稳定，蔗糖含量变化速率逐渐降低。

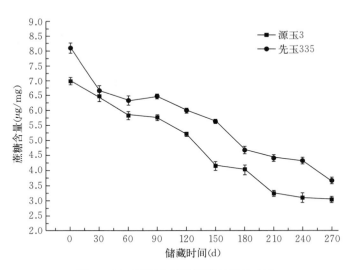

图 3-67　蔗糖含量随储藏时间的变化

（6）脂肪含量随储藏时间的变化

玉米胚大约占玉米籽粒的三分之一，富含油脂。玉米油是一种很有保健价值的食用油，被广泛群众喜爱。在储藏期间，玉米脂肪的品质变化直接影响玉米油的产品品质。由图 3-68 分析可知，储藏时间对脂肪含量有显著影响（P＜0.05），随着储藏时间的延长，两个品种玉米籽粒中脂肪含量逐渐降低。源玉 3 和先玉 335 分别在储藏第 120 d 和第 90 d 发生显著下降，较储藏初期分别下降了 11.42% 和 7.81%，之后随着储藏时间的延长，变化趋于平稳。在储藏第 270 d 时，源玉 3 和先玉 335 玉米籽粒中脂肪含量较储藏初期分别下降了 14.28% 和 12.19%。导致该结果的原因可能是，储藏初期，两个品种玉米水分含量均在 14% 以上，在储藏 120 d 内，粮仓内温度从 11 ℃ 上升到 27 ℃，该条件下水分活度较高，在水分和酶的共同作用下，有利于脂肪发生水解反应，导致脂肪含量下降。储藏 120 d 后，虽然粮仓内温度较高，但玉米含水量低。脂肪水解反应受到抑制，脂肪含量变化趋于缓慢。试验结果表明，脂肪含量随着储藏时间的延长呈下降趋势。

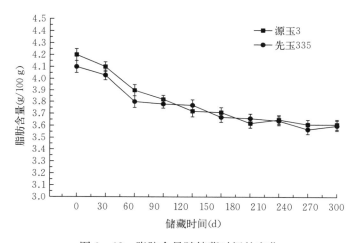

图 3-68　脂肪含量随储藏时间的变化

（7）脂肪酸含量随储藏时间变化

1）玉米脂肪和混标中脂肪酸色谱图。玉米脂肪样品和混标的气相色谱图如图 3-69 所示。五种脂肪酸均有良好的分离效果。

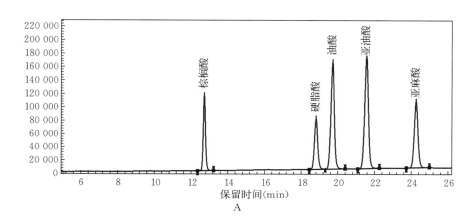

A

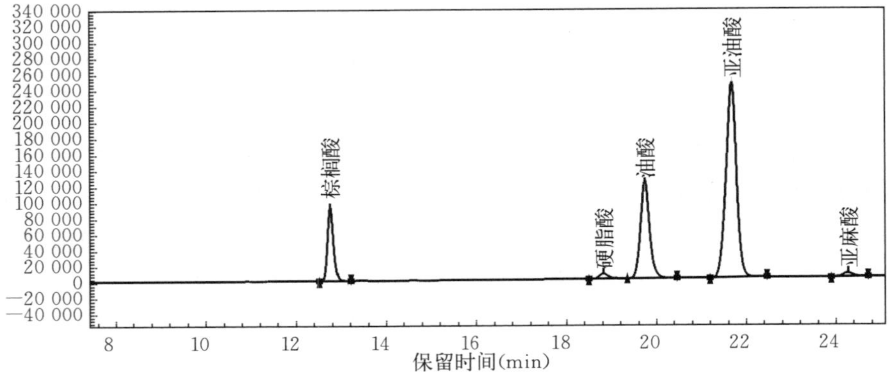

图 3-69　玉米脂肪中脂肪酸组成图谱

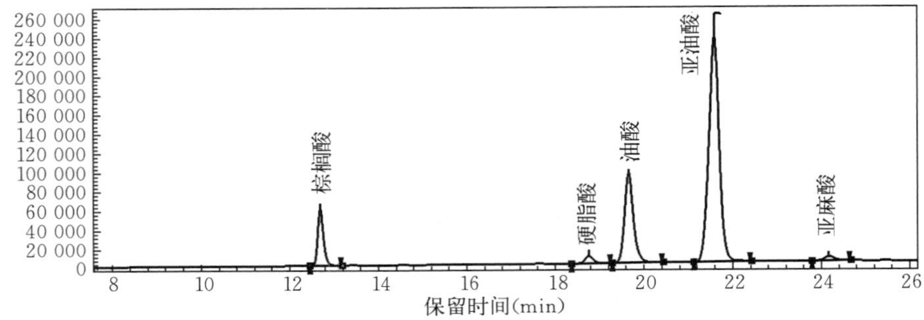

A. 混标中脂肪酸组成图谱　B. 源玉 3 脂肪中脂肪酸组成图谱　C. 先玉 335 脂肪中脂肪酸组成图谱

　　采用气相色谱法分析得到两个品种玉米脂肪中含有五种脂肪酸，通过定性分析可知，第一个峰对应的脂肪酸为棕榈酸，其保留时间为 12.87 min。第二个峰对应的脂肪酸为硬脂酸，其保留时间为 18.95 min。第三个峰对应的脂肪酸为油酸，其保留时间为 20.48 min。第四个峰对应的脂肪酸为亚油酸，其保留时间为 21.98 min。第五个峰对应的脂肪酸为棕榈酸，其保留时间为 24.32 min。

　　通过不同梯度的混合标准溶液的测定，建立脂肪酸质量浓度（X）与峰面积的回归方程。对样品中的脂肪酸进行定量分析，见表 3-37。

表 3-37　标样的线性回归方程

脂肪酸	回归方程	相关系数（R^2）
棕榈酸	$Y = 54\,166X - 42\,359$	0.991
硬脂酸	$Y = 34\,458X - 24\,184$	0.992
油酸	$Y = 68\,915X - 43\,527$	0.990
亚油酸	$Y = 72\,239X - 46\,412$	0.990
亚麻酸	$Y = 44\,996X - 31\,722$	0.992

2）脂肪酸含量随储藏时间的变化。玉米脂肪中富含不饱和脂肪酸，随着储藏时间的延长，脂肪酸组成变化显著（$P<0.01$），在储藏初期，脂肪在脂肪酶的作用下发生水解，产生游离脂肪酸。由于饱和脂肪酸比不饱和脂肪酸稳定，不饱和脂肪酸容易在一些金属或微生物催化作用下，被脂肪氧合酶氧化，含有不饱和键越多的脂肪酸越不稳定，氧化速度越快。

由图 3-70 分析可知，储藏时间对脂肪酸组成有显著影响（$P<0.05$），随着储藏时间的延长，两个品种玉米籽粒中饱和脂肪酸含量呈先上升后下降趋势，不饱和脂肪酸呈逐渐下降趋势。其中：

棕榈酸和硬脂酸是饱和脂肪酸，图 3-70A、B 显示，随着储藏时间的延长，源玉 3 和先玉 335 中棕榈酸和硬脂酸呈先上升后下降趋势，源玉 3 和先玉 335 的棕榈酸含量均在储藏第 90 d 达到最大值，较储藏初期分别上升了 11.8％和 5.6％，在储藏第 270 d 较储藏初期分别下降了 12.68％和 15.04％，源玉 3 和先玉 335 的硬脂酸含量在储藏第 90 d 达到最大值，较储藏初期分别上升了 5.8％和 5.6％，在储藏第 270 d 较储藏初期分别下降了 22.06％和 19.49％。

油酸是单不饱和脂肪酸，图 3-70C 显示，随着储藏时间的延长，源玉 3 和先玉 335 中油酸含量呈下降趋势，在储藏第 270 d 较储藏初期分别平均下降了 40.03％和 35.14％。

亚油酸是双不饱和脂肪酸，图 3-70D 显示，随储藏时间的延长，源玉 3 和先玉 335 中亚油酸含量呈下降趋势，在储藏初期，亚油酸含量无明显变化，在储藏第 180 d 发生显著下降，源玉 3 和先玉 335 中亚油酸含量较储藏初期分别下降了 43.97％和 44.65％，在储藏第 270 d 较储藏初期分别平均下降了 51.17％和 49.05％。

亚麻酸是三不饱和脂肪酸，图 3-70E 显示，随着储藏时间的延长，源玉 3 和先玉 335 中亚麻酸含量显著下降，在储藏第 270 d 较储藏初期分别平均下降了 76.45％和 75.51％。

导致上述变化的原因可能是，在储藏初期，两个品种玉米水分含量均在 14％以上，脂肪在水解酶的作用下水解成游离饱和和不饱和脂肪酸，随后粮仓内温度上升，并在 26 ℃条件下保持了 60 d。不饱和脂肪酸在适当的条件下被脂肪氧合酶氧化，饱和脂肪酸积累下来，而脂肪自动氧化酸败又是一系列的链式反应过程，当温度开始升高时，进一步加快了氧化的速度，最终脂肪酸开始大幅下降。试验结果表明，储藏时间改变了脂肪酸的含量与组成比例。

（8）脂肪酸值随储藏时间的变化

脂肪酸值和粮食酸败密切相关，检验玉米中游离脂肪酸的含量是反映储藏期间粮食劣变的重要指标，由图 3-71 分析可知，储藏时间对脂肪酸值有显著影响（$P<0.05$），随着储藏时间的延长，两个品种玉米籽粒中饱和脂肪酸值呈逐渐上升

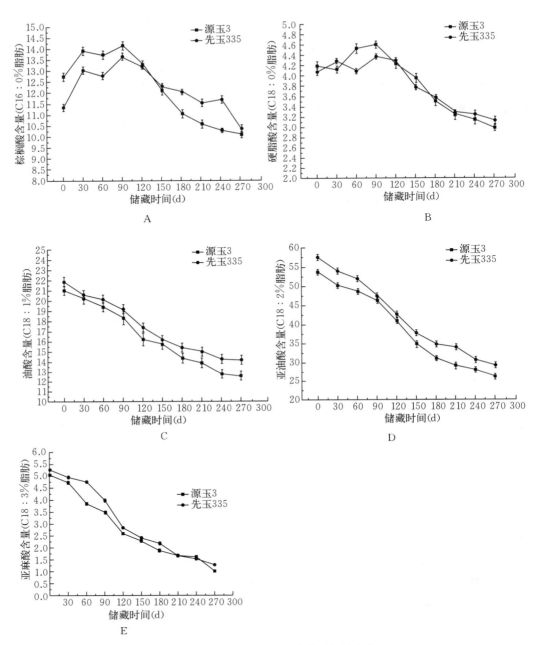

图 3-70 脂肪酸含量随储藏时间的变化

A. 棕榈酸含量随储藏时间的变化 B. 硬脂酸含量随储藏时间的变化 C. 油酸含量储藏时间的变化 D. 亚油酸含量随储藏时间的变化 E. 亚麻酸含量随储藏时间的变化

趋势。在储藏第 150 d 发生显著上升，源玉 3 和先玉 335 玉米籽粒的脂肪酸值较储藏初期分别上升了 45.84％ 和 38.94％，之后随储藏时间的延长，变化趋于稳定。在储藏第 270 d，源玉 3 和先玉 335 玉米籽粒的脂肪酸值较储藏初期分别上升了

54.24%和46.88%。这也与实际情况相符，在储藏初期，脂肪含量显著下降，随后粮仓内温度上升，从最初的10℃上升到26℃，并在26℃条件下保持了60 d。脂肪酶和脂肪氧合酶的活性升高，脂肪发生水解和降解，产生游离脂肪酸，导致脂肪酸值显著上升，180 d后，储藏温度和玉米含水量明显下降并趋于稳定，脂肪酸值变化不显著。

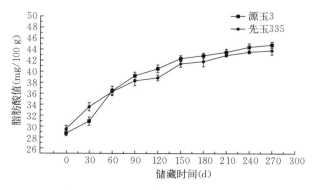

图3-71　脂肪酸值随储藏时间的变化

（9）蛋白质含量随储藏时间的变化

由图3-72分析可知，储藏时间对蛋白质含量影响不显著（$P > 0.05$），根据上述数据分析，各数据间的变异系数均小于3%，说明随着储藏时间的延长，两个品种玉米籽粒中蛋白质含量无明显变化。

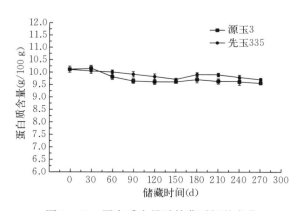

图3-72　蛋白质含量随储藏时间的变化

（10）氨基酸含量随储藏时间的变化

通过氨基酸自动分析仪测定出玉米中的17种氨基酸，虽然储藏过程中测定的粗蛋白含量变化不显著，但是蛋白质中氨基酸组成却发生了显著的变化，由表3-38、表3-39分析可知，源玉3和先玉335两个玉米品种中含量最高的氨基酸为谷氨酸，占总氨基酸的20.14%～21.66%，其次是亮氨酸，占总氨基酸的10.82%～11.19%，

表3-38 源玉3氨基酸组成随储藏时间的变化

名称	时间 (d)									
	0	30	60	90	120	150	180	210	240	270
天冬氨酸 (Asp)	0.592±0.001	0.590±0.002	0.584±0.001	0.580±0.002	0.571±0.001	0.567±0.002	0.543±0.002	0.503±0.001	0.498±0.001	0.492±0.002
苏氨酸* (Thr)	0.370±0.002	0.374±0.001	0.378±0.002	0.389±0.001	0.361±0.001	0.369±0.002	0.372±0.001	0.357±0.001	0.359±0.001	0.358±0.001
丝氨酸 (Ser)	0.445±0.001	0.444±0.001	0.439±0.001	0.422±0.002	0.428±0.001	0.427±0.001	0.425±0.002	0.401±0.001	0.394±0.002	0.390±0.002
谷氨酸 (Glu)	1.973±0.003	1.998±0.003	1.920±0.003	1.913±0.004	1.915±0.003	1.904±0.001	1.904±0.001	1.896±0.004	1.873±0.003	1.874±0.003
甘氨酸 (Gly)	0.378±0.001	0.387±0.001	0.395±0.002	0.392±0.001	0.398±0.001	0.388±0.002	0.383±0.001	0.368±0.001	0.354±0.001	0.352±0.001
丙氨酸 (Ala)	0.701±0.002	0.696±0.001	0.687±0.002	0.681±0.002	0.680±0.001	0.675±0.001	0.670±0.001	0.623±0.002	0.620±0.001	0.615±0.002
半胱氨酸 (Cys)	0.180±0.001	0.190±0.001	0.196±0.001	0.210±0.002	0.218±0.001	0.200±0.001	0.190±0.001	0.180±0.001	0.176±0.001	0.168±0.001
缬氨酸* (Val)	0.340±0.001	0.336±0.002	0.335±0.002	0.334±0.002	0.331±0.002	0.329±0.001	0.321±0.002	0.319±0.001	0.316±0.002	0.311±0.001
蛋氨酸* (Met)	0.157±0.001	0.156±0.001	0.154±0.001	0.154±0.001	0.152±0.001	0.153±0.001	0.154±0.001	0.151±0.001	0.152±0.001	0.152±0.001
异亮氨酸* (Ile)	0.380±0.001	0.372±0.001	0.370±0.002	0.369±0.001	0.362±0.001	0.350±0.001	0.342±0.001	0.332±0.001	0.331±0.001	0.331±0.001
亮氨酸* (Leu)	0.985±0.002	0.978±0.003	0.961±0.002	0.955±0.003	0.957±0.001	0.950±0.002	0.944±0.002	0.939±0.003	0.947±0.003	0.938±0.003
酪氨酸 (Tyr)	0.385±0.001	0.390±0.001	0.392±0.001	0.391±0.001	0.396±0.001	0.390±0.001	0.392±0.001	0.381±0.001	0.372±0.001	0.369±0.001
苯丙氨酸* (Phe)	0.464±0.002	0.457±0.002	0.452±0.002	0.441±0.001	0.434±0.002	0.409±0.002	0.404±0.002	0.394±0.002	0.387±0.001	0.385±0.001
赖氨酸* (Lys)	0.399±0.001	0.399±0.001	0.393±0.001	0.380±0.001	0.381±0.001	0.378±0.001	0.371±0.001	0.368±0.001	0.362±0.002	0.360±0.002
组氨酸 (His)	0.349±0.002	0.346±0.001	0.345±0.001	0.343±0.001	0.337±0.001	0.336±0.001	0.333±0.001	0.314±0.001	0.310±0.001	0.302±0.001
精氨酸 (Arg)	0.413±0.001	0.411±0.002	0.414±0.002	0.403±0.001	0.395±0.001	0.395±0.002	0.394±0.002	0.387±0.001	0.380±0.001	0.371±0.001
脯氨酸 (Pro)	0.681±0.002	0.685±0.002	0.700±0.002	0.684±0.002	0.678±0.001	0.677±0.001	0.677±0.001	0.656±0.002	0.662±0.002	0.655±0.002
E	3.003±0.120	2.971±0.009	2.942±0.010	2.922±0.009	2.878±0.008	2.838±0.009	2.807±0.006	2.760±0.005	2.753±0.008	2.735±0.006
总氨基酸	9.101±0.260	9.077±0.027	9.014±0.025	8.941±0.021	8.894±0.023	8.796±0.024	8.717±0.021	8.470±0.020	8.393±0.019	8.323±0.021

注：*为必需氨基酸，E代表必需氨基酸总和。

表 3-39　先玉 335 氨基酸组成随储藏时间的变化

名称	时间（d）									
	0	30	60	90	120	150	180	210	240	270
天冬氨酸（Asp）	0.521±0.002	0.517±0.001	0.501±0.002	0.493±0.002	0.492±0.001	0.483±0.002	0.497±0.002	0.451±0.002	0.444±0.001	0.440±0.001
苏氨酸*（Thr）	0.389±0.001	0.381±0.001	0.384±0.002	0.401±0.002	0.402±0.002	0.396±0.001	0.383±0.003	0.375±0.001	0.372±0.001	0.368±0.002
丝氨酸（Ser）	0.451±0.002	0.455±0.002	0.448±0.001	0.460±0.001	0.471±0.001	0.465±0.002	0.451±0.002	0.450±0.001	0.448±0.002	0.440±0.001
谷氨酸（Glu）	1.810±0.003	1.803±0.004	1.861±0.003	1.814±0.003	1.799±0.004	1.787±0.002	1.780±0.004	1.776±0.002	1.762±0.003	1.760±0.002
甘氨酸（Gly）	0.388±0.002	0.399±0.001	0.400±0.002	0.413±0.003	0.417±0.002	0.388±0.002	0.394±0.002	0.386±0.001	0.386±0.001	0.387±0.002
丙氨酸（Ala）	0.716±0.002	0.704±0.002	0.698±0.002	0.688±0.002	0.663±0.002	0.643±0.003	0.635±0.002	0.631±0.002	0.630±0.002	0.625±0.002
半胱氨酸（Cys）	0.180±0.001	0.185±0.001	0.186±0.001	0.201±0.001	0.201±0.001	0.205±0.001	0.194±0.001	0.183±0.001	0.180±0.002	0.182±0.001
缬氨酸*（Val）	0.348±0.001	0.321±0.002	0.319±0.001	0.318±0.001	0.307±0.002	0.296±0.002	0.292±0.001	0.283±0.002	0.286±0.002	0.279±0.001
蛋氨酸*（Met）	0.158±0.001	0.157±0.001	0.157±0.001	0.155±0.001	0.158±0.001	0.155±0.001	0.154±0.001	0.152±0.001	0.153±0.001	0.149±0.001
异亮氨酸*（Ile）	0.375±0.001	0.372±0.002	0.367±0.002	0.362±0.001	0.352±0.002	0.343±0.002	0.348±0.002	0.330±0.001	0.326±0.002	0.322±0.002
亮氨酸*（Leu）	0.995±0.003	0.988±0.002	0.970±0.002	0.965±0.002	0.974±0.002	0.962±0.004	0.953±0.003	0.949±0.003	0.941±0.001	0.939±0.003
酪氨酸（Tyr）	0.386±0.001	0.387±0.001	0.399±0.001	0.388±0.001	0.381±0.001	0.376±0.001	0.372±0.002	0.379±0.001	0.388±0.001	0.377±0.001
苯丙氨酸*（Phe）	0.478±0.002	0.474±0.001	0.477±0.002	0.472±0.002	0.471±0.001	0.463±0.002	0.454±0.001	0.445±0.003	0.437±0.002	0.430±0.001
赖氨酸*（Lys）	0.340±0.001	0.332±0.001	0.328±0.001	0.316±0.002	0.311±0.001	0.308±0.002	0.297±0.001	0.307±0.001	0.296±0.001	0.296±0.001
组氨酸（His）	0.348±0.001	0.348±0.002	0.349±0.001	0.355±0.001	0.357±0.002	0.345±0.002	0.334±0.001	0.330±0.002	0.333±0.002	0.330±0.001
精氨酸（Arg）	0.401±0.002	0.421±0.002	0.432±0.002	0.438±0.001	0.446±0.001	0.434±0.001	0.422±0.002	0.419±0.002	0.413±0.002	0.404±0.001
脯氨酸（Pro）	0.640±0.002	0.623±0.002	0.609±0.002	0.569±0.001	0.540±0.002	0.541±0.002	0.556±0.001	0.557±0.001	0.576±0.001	0.577±0.003
E	3.021±0.007	2.980±0.008	2.972±0.008	2.959±0.009	2.939±0.009	2.614±0.010	2.835±0.009	2.721±0.026	2.515±0.011	2.487±0.007
总氨基酸	8.897±0.028	8.845±0.028	8.865±0.027	8.797±0.025	8.731±0.029	8.578±0.031	8.506±0.032	8.392±0.026	8.361±0.027	8.283±0.026

注：＊为必需氨基酸，E 代表必需氨基酸总和。

赖氨酸占总氨基酸的 3.82%～4.38%。在储藏过程中，Asp、Thr、Ser、Cys、Gly 和 Arg 含量随储藏时间呈先上升后下降趋势，Met 变化不明显，其他氨基酸随着储藏时间的延长呈下降趋势。其中，源玉 3 和先玉 335 玉米中赖氨酸含量在储藏第 270 d 较储藏初期分别下降了 35.36% 和 26.32%。源玉 3 和先玉 335 玉米中必需氨基酸含量随储藏时间逐渐减少，在储藏第 270 d 时较储藏初期分别下降了 20.5% 和 32.28%。试验结果表明，储藏时间改变了玉米中氨基酸的含量和组成比例。

4. 加工特性随储藏时间的变化

（1）糊化特性随储藏时间的变化

玉米粉的糊化特性是评价不同食品加工特性的重要指标，影响着产品的口感与储藏特性，淀粉经过升温、降温和回生 3 个阶段完成糊化过程，通过测定这三个阶段黏度值的变化来反映糊化特性的变化，如表 3-40 显示，源玉 3 和先玉 335 的黏度值均随储藏时间的延长呈上升趋势，说明玉米粉的加工特性良好，其原因可能是玉米粉在加热糊化的过程中，形成凝胶网络结构的持水力增强，导致产品的口感更加细腻。该结果与王中荣的试验结果保持一致，在储藏过程中，玉米淀粉发生不同程度的降解，淀粉颗粒的大小和结构发生变化，直链淀粉随储藏时间不断下降，支链淀粉含量相对增加，因此，玉米糊具有较高的黏度。试验结果表明，储藏 270 d 期间，淀粉的糊化特性未受到影响，相反，淀粉的糊化特性得到了改善。

表 3-40　糊化特性随储藏时间的变化

品种	时间 (d)	峰值黏度 (BU)	谷值黏度 (BU)	最终黏度 (BU)	峰值时间 (min)	糊化温度 (℃)
源玉 3	0	2 752.0±50.5	1 011.5±7.5	2 141±18.5	4.10±0.01	71.3±0.04
	90	2 927.2±42.0	1 156.5±3.6	2 579.7±16.3	4.20±0.02	71.0±0.35
	180	3 401.0±8.0	1 608.2±33.8	3 256.2±22.6	4.53±0.01	71.8±0.00
	270	3 606.3±12.0	1 882.3±24.5	3 471.2±8.0	4.59±0.10	72.01±0.09
先玉 335	0	3 010.5±43.2	1 743.3±12.4	3 721.3±45.6	4.76±0.00	74.3±0.17
	90	3 120.0±46.3	1 843.5±10.8	3 711.2±20.0	4.76±0.03	74.3±0.00
	180	3 624.6±12.5	1 904.5±2.0	4 036.8±15.6	4.73±0.07	73.4±0.40
	270	3 740.5±7.8	1 973.6±20.5	4 169.2±18.7	4.78±0.02	74.6±0.10

（2）凝胶特性随储藏时间的变化

淀粉糊化后，淀粉分子通过氢键交联聚合，形成具有一定弹性和强度的三维网状凝胶结构，而凝胶的硬度、弹性和咀嚼性直接影响着产品的品质和口感，凝胶硬度和咀嚼性越大，产品的硬度和强度也会增大，由表 3-41 可知，随着储藏时间的延长，玉米粉的凝胶强度呈上升趋势，这与淀粉中直链淀粉和支链淀粉的组成比例有关，在试验结果中，直链淀粉含量随储藏时间的延长逐渐下降，导致支/直淀粉比例不断增加，支链淀粉的 b 链所占比例相对增多，而支链淀粉的 b 链和直链淀粉的作用一样，在淀粉加热形成凝胶的过程中形成凝胶网状结构。因此，在储藏 270 d 的过程中，随着储藏时间的延长，支链淀粉 b 链所占比例的增加使凝胶网状结构更加稳定，玉米粉的凝胶强度也不断增大。

表 3 - 41 凝胶特性随储藏时间的变化

品种	时间 (d)	硬度 (g)	弹性	内聚性	胶黏性	咀嚼性	回复性
源玉 3	0	282.58±9.11	0.99±0.010	0.53±0.02	150.38±4.25	149.27±3.88	0.12±0.01
	90	317.11±1.20	0.99±0.010	0.48±0.04	151.77±4.42	141.76±7.20	0.13±0.04
	180	384.13±7.34	0.96±0.03	0.43±0.03	166.40±4.60	159.13±1.23	0.23±0.05
	270	412.11±7.17	0.90±0.06	0.39±0.02	163.96±2.40	168.13±4.34	0.21±0.00
先玉 335	0	300.63±6.76	0.99±0.02	0.50±0.01	140.50±7.23	140.15±9.96	0.14±0.00
	90	296.67±3.11	0.97±0.01	0.49±0.01	156.05±6.78	147.14±4.49	0.14±0.00
	180	300.20±6.62	0.98±0.03	0.55±0.01	165.29±7.66	162.57±4.85	0.14±0.00
	270	406.66±9.80	0.85±0.05	0.33±0.02	176.89±5.47	172.09±8.59	0.19±0.01

（3）老化特性随储藏时间的变化

玉米粉的老化特性与产品的货架期息息相关，由表 3 - 42 可知，储藏时间与玉米粉的焓值呈负相关趋势变化，与储藏初期相比，在储藏第 90 d 时，源玉 3 和先玉 335 的焓值差分别为 26.45 J/g 和 24.54 J/g，在储藏第 180 d 时，源玉 3 和先玉 335 的焓值差分别为 58.34 J/g 和 70.49 J/g，在储藏第 270 d 时，源玉 3 和先玉 335 的焓值差分别为 79.76 J/g 和 89.16 J/g。由上述数据可知，随着储藏时间的延长，两个品种玉米淀粉的焓值差都不断增大，说明玉米淀粉越容易老化。玉米淀粉在升温过程中，淀粉样品发生相变而产生吸热现象，直链淀粉含量的不同导致了淀粉粒结构的改变从而引起热力学性质的不同。本研究结果显示，储藏过程中，直链淀粉含量随储藏时间不断降低，导致支/直淀粉比例不断增加，支链淀粉的 b 链所占比例相对增多，而支链淀粉的 b 链和直链淀粉的作用一样，都会形成凝胶网状结构，有利于吸收更多水分。当淀粉加热时，内部有序的结晶结构向无序的非结晶体转化的过程中，伴有能量的变化，吸热所需的焓值越大，淀粉的老化速度越快。

表 3 - 42 老化特性随储藏时间的变化

品种	时间 (d)	起始温度 T_0 (℃)	峰值温度 T_p (℃)	终点温度 T_c (℃)	焓值 ΔH (J/g)
源玉 3	0	58.07±1.34	131.29±2.32	146.97±2.39	386.90±6.34
	90	58.12±1.27	131.03±2.94	146.06±3.44	360.45±5.45

（续）

品种	时间 （d）	起始温度 T_0（℃）	峰值温度 T_p（℃）	终点温度 T_c（℃）	焓值 ΔH （J/g）
源玉 3	180	57.82±0.93	129.57±3.02	145.43±2.13	328.56±7.53
	270	57.96±1.21	129.88±2.43	143.93±1.35	307.14±5.24
先玉 335	0	57.07±1.01	131.18±3.03	146.99±2.45	391.83±6.56
	90	56.78±0.83	129.32±1.43	145.40±1.84	367.29±5.93
	180	56.34±1.13	129.16±3.24	144.32±3.03	321.34±7.35
	270	56.01±1.00	128.44±2.51	143.05±2.39	302.67±6.54

5. 玉米原粮营养品质评价

（1）氨基酸营养品质评价

如果蛋白质中必需氨基酸的组成在 FAO/WHO 氨基酸模式要求的范围内，比值系数评分（SRC）值越大，蛋白质的营养价值较高，越符合人体营养需要。由表 3‐43 可知，根据氨基酸比值系数（RC）值的大小可知，源玉 3 和先玉 335 的第一限制氨基酸是赖氨酸。随着储藏时间的延长，SRC 值逐渐下降，说明蛋白质的营养价值呈下降趋势，储藏时间改变了氨基酸营养价值。在储藏前 60 d，源玉 3 和先玉 335 的 SRC 值无显著变化，SRC 值分别在储藏第 120 d 和 150 d 显著下降，较储藏初期分别下降了 2.67% 和 3.56%，随后变化趋于平稳。在储藏第 270 d，SRC 值较储藏初期分别下降了 5.96% 和 6.08%。导致该结果的原因可能是，受夏季高温影响，两个粮仓内温度在储藏第 90 d 时达到了 25 ℃，并在之后的 60 d 里始终保持其温度在 25 ℃以上，高温使蛋白酶活性增强，蛋白质发生微弱水解，随后储藏温度下降，蛋白酶活性随之下降，氨基酸组成变化波动差异较小。

表 3‐43　氨基酸比值、比值系数、比值系数评分随储藏时间的变化

评价值	品种	名称	时间（d）									
			0	30	60	90	120	150	180	210	240	270
氨基酸比值 （RAA）	源玉 3	苏氨酸	0.93	0.94	0.95	0.97	0.90	0.92	0.93	0.89	0.90	0.90
		缬氨酸	0.68	0.67	0.67	0.67	0.66	0.66	0.64	0.64	0.63	0.62
		异亮氨酸	0.95	0.93	0.92	0.92	0.90	0.88	0.85	0.83	0.83	0.83
		亮氨酸	1.41	1.40	1.37	1.36	1.37	1.36	1.35	1.34	1.35	1.34
		苯丙氨酸	0.77	0.76	0.75	0.74	0.72	0.68	0.67	0.66	0.64	0.64
		赖氨酸	0.56	0.54	0.53	0.51	0.51	0.51	0.49	0.49	0.48	0.47
		蛋氨酸＋半胱氨酸	0.96	0.99	1.00	1.04	1.06	1.01	0.98	0.95	0.94	0.91
	先玉 335	苏氨酸	0.97	0.95	0.96	1.00	1.00	0.99	0.96	0.94	0.93	0.92
		缬氨酸	0.66	0.64	0.64	0.64	0.61	0.59	0.58	0.57	0.57	0.56

（续）

评价值	品种	名称	时间（d）									
			0	30	60	90	120	150	180	210	240	270
氨基酸比值（RAA）	先玉335	异亮氨酸	0.94	0.93	0.92	0.91	0.88	0.86	0.87	0.83	0.82	0.80
		亮氨酸	1.42	1.41	1.39	1.38	1.39	1.37	1.36	1.36	1.34	1.34
		苯丙氨酸	0.80	0.79	0.80	0.79	0.78	0.77	0.76	0.74	0.73	0.72
		赖氨酸	0.60	0.57	0.56	0.56	0.55	0.54	0.52	0.54	0.52	0.50
		蛋氨酸＋半胱氨酸	0.98	0.98	0.98	1.02	1.02	1.03	0.99	0.96	0.95	0.94
氨基酸比值系数（RC）	源玉3	苏氨酸	1.04	1.05	1.07	1.10	1.03	1.07	1.10	1.08	1.09	1.10
		缬氨酸	0.76	0.76	0.76	0.75	0.76	0.77	0.76	0.77	0.77	0.76
		异亮氨酸	1.06	1.05	1.04	1.04	1.03	1.02	1.01	1.00	1.01	1.01
		亮氨酸	1.57	1.57	1.55	1.54	1.56	1.58	1.59	1.62	1.64	1.64
		苯丙氨酸	0.86	0.86	0.85	0.83	0.83	0.79	0.80	0.79	0.78	0.79
		赖氨酸	0.63	0.61	0.60	0.57	0.58	0.59	0.58	0.59	0.58	0.58
		蛋氨酸＋半胱氨酸	1.08	1.11	1.13	1.17	1.21	1.18	1.16	1.14	1.14	1.12
	先玉335	苏氨酸	1.07	1.06	1.08	1.12	1.13	1.13	1.11	1.11	1.11	1.11
		缬氨酸	0.72	0.72	0.72	0.71	0.69	0.67	0.68	0.67	0.68	0.67
		异亮氨酸	1.03	1.04	1.03	1.01	0.99	0.98	1.01	0.98	0.97	0.97
		亮氨酸	1.56	1.57	1.56	1.54	1.56	1.56	1.58	1.60	1.61	1.62
		苯丙氨酸	0.88	0.88	0.89	0.88	0.88	0.88	0.88	0.88	0.87	0.87
		赖氨酸	0.66	0.63	0.63	0.62	0.61	0.62	0.60	0.64	0.62	0.61
		蛋氨酸＋半胱氨酸	1.07	1.09	1.10	1.13	1.15	1.17	1.15	1.13	1.13	1.14
比值系数评分（SRC）	源玉3		69.62	69.08	69.30	68.37	67.76	67.35	66.78	66.47	65.36	65.47
	先玉335		70.08	69.11	69.56	69.39	68.05	67.58	67.24	67.15	66.88	65.82

（2）玉米脂肪的营养品质评价

1）各指标的原始数据及标准化处理结果。源玉 3 和先玉 335 两个品种玉米在储藏的不同时期，五种脂肪酸的含量和脂肪酸值列于表 3 - 44 中。运用 SPSS 对数据进行标准化处理，所得结果列于表 3 - 45 中。

表 3 - 44　各指标的原始数据

品种	时间（d）	棕榈酸（％）	硬脂酸（％）	油酸（％）	亚油酸（％）	亚麻酸（％）	脂肪酸值（mg/100 g）
源玉 3	0	12.741	4.190	20.998	53.678	5.067	28.568
	30	13.899	4.125	20.239	50.087	4.739	30.679
	60	13.730	4.539	19.390	48.577	3.892	35.989

（续）

品种	时间 (d)	棕榈酸 （%）	硬脂酸 （%）	油酸 （%）	亚油酸 （%）	亚麻酸 （%）	脂肪酸值 （mg/100 g）
源玉 3	90	14.124	4.607	18.290	46.287	3.478	38.654
	120	13.283	4.220	16.191	40.965	2.588	39.877
	150	12.083	3.939	15.749	34.738	2.289	41.665
	180	11.043	3.502	14.334	31.075	1.893	42.159
	210	10.578	3.253	13.898	29.137	1.683	42.767
	240	10.299	3.139	12.789	28.058	1.580	43.680
	270	10.068	2.980	12.592	26.209	1.032	44.064
先玉 335	0	11.338	4.083	21.871	57.594	5.278	29.318
	30	13.024	4.280	20.570	53.933	4.958	33.192
	60	12.780	4.089	20.098	51.839	4.738	35.847
	90	13.638	4.384	19.189	47.394	3.989	37.783
	120	13.168	4.294	17.355	42.659	2.874	38.301
	150	12.293	3.767	16.173	37.894	2.428	40.737
	180	12.034	3.582	15.444	34.783	2.192	41.140
	210	11.538	3.292	14.984	33.998	1.685	42.202
	240	11.689	3.238	14.282	30.736	1.568	42.802
	270	10.342	3.123	14.184	29.344	1.292	43.064

表 3 - 45　标准化处理结果

品种	时间 (d)	Z（棕榈 酸,%）	Z（硬脂 酸,%）	Z（油酸, %）	Z（亚油 酸,%）	Z（亚麻 酸,%）	Z（脂肪酸值, mg/100 g, 以 KOH 计）
源玉 3	0	0.351	0.578	1.465	1.441	1.607	−1.421
	30	1.083	0.468	1.220	1.092	1.372	−1.286
	60	0.977	1.171	0.947	0.944	0.765	−1.128
	90	1.226	1.286	0.593	0.721	0.468	−0.443
	120	0.694	0.629	−0.082	0.203	−0.169	0.067
	150	−0.064	0.152	−0.225	−0.404	−0.383	0.404
	180	−0.722	−0.590	−0.680	−0.760	−0.667	0.778
	210	−1.015	−1.012	−0.820	−0.949	−0.817	0.877
	240	−1.192	−1.206	−1.177	−1.054	−0.891	1.033
	270	−1.338	−1.476	−1.241	−1.234	−1.284	1.117
先玉 335	0	−0.849	0.564	1.578	1.531	1.439	−1.420
	30	0.842	0.976	1.117	1.171	1.228	−1.296
	60	0.597	0.577	0.950	0.965	1.082	−1.062

（续）

品种	时间 (d)	Z（棕榈酸，%）	Z（硬脂酸，%）	Z（油酸，%）	Z（亚油酸，%）	Z（亚麻酸，%）	Z（脂肪酸值，mg/100 g，以 KOH 计）
	90	1.458	1.194	0.628	0.528	0.587	−0.504
	120	0.986	1.005	−0.021	0.063	−0.149	−0.005
	150	0.109	−0.097	−0.440	−0.405	−0.444	0.482
先玉 335	180	−0.151	−0.483	−0.698	−0.711	−0.600	0.794
	210	−0.648	−1.090	−0.861	−0.788	−0.935	0.846
	240	−0.497	−1.203	−1.110	−1.109	−1.012	1.069
	270	−1.848	−1.443	−1.144	−1.245	−1.195	1.095

2）储藏过程中主要性状主成分分析。利用 SPSS 软件中主成分分析法分析得到特征值，由表 3 - 46 可看出，源玉 3 和先玉 335 第一成分的贡献率分别为 92.765% 和 85.244%，第 2 成分的贡献率分别为 6.338% 和 13.676%，这两个成分的累计贡献率分别为 99.103% 和 98.92%，因此，可以使用这两个成分的变化趋势代替整体数据的变化趋势，符合主成分分析方法的要求。

表 3 - 46　SPSS 主成分分析得到的特征值

品种	主成分	特征值	贡献率（%）	累计贡献率（%）
	1	5.566	92.765	92.765
	2	0.38	6.338	99.103
源玉 3	3	0.031	0.523	99.627
	4	0.011	0.191	99.958
	5	0.008	0.14	99.958
	6	0.003	0.042	100
	1	5.115	85.244	85.244
	2	0.821	13.676	98.92
先玉 335	3	0.054	0.898	99.818
	4	0.006	0.093	99.911
	5	0.004	0.073	99.985
	6	0.001	0.015	100

从表 3 - 47 可知，在第一主成分中，1（棕榈酸）、2（硬脂酸）、3（油酸）、4（亚油酸）、5（亚麻酸）的系数都为正值，它们反映了玉米油的营养品质，系数越大，说明玉米籽粒中的油脂在储藏过程中的品质越好，提取出玉米油的品质才会更好，特别是 3（油酸）、4（亚油酸）、5（亚麻酸）的系数较大，反映它们所占比例对玉米油的营养品质影响最大；而 6（脂肪酸值）的系数为负值，它系数的绝对值

越大，说明玉米籽粒中油脂的品质越差，生产出玉米油的品质也会变差。

表 3 - 47　SPSS 主成分分析得到的特征向量

品　　种	分　　量	第一主成分	第二主成分
源玉 3	1（棕榈酸）	0.398	0.536
	2（硬脂酸）	0.391	0.614
	3（油酸）	0.420	−0.240
	4（亚油酸）	0.423	−0.135
	5（亚麻酸）	0.410	−0.414
	6（脂肪酸值）	−0.417	0.300
先玉 335	1（棕榈酸）	0.291	0.823
	2（硬脂酸）	0.411	0.352
	3（油酸）	0.432	−0.234
	4（亚油酸）	0.434	−0.211
	5（亚麻酸）	0.432	−0.216
	6（脂肪酸值）	−0.432	0.226

在第二主成分中，3（油酸）、4（亚油酸）、5（亚麻酸）的系数为负值，并且它们的值都较小，说明它们对储藏品质变化的反映不显著，而 1（棕榈酸）、2（硬脂酸）、6（脂肪酸值）的系数均为较大的正数，系数越大，说明储藏品质变化越大。

3）储藏过程中主要性状综合评价模型构建。由上述可知，第 1 主成分和第 2 主成分保留了原样品的基本信息，可以用 2 个变量去代替原来的 6 个指标来衡量样品的品质，得出 2 个主成分变化的线性方程分别为：

源玉 3：$Z_1 = 0.398Z$（棕榈酸）$+ 0.391Z$（硬脂酸）$+ 0.420Z$（油酸）$+ 0.423Z$（亚油酸）$+ 0.410Z$（亚麻酸）$− 0.417Z$（脂肪酸值）

$Z_2 = 0.536Z$（棕榈酸）$+ 0.614Z$（硬脂酸）$− 0.240Z$（油酸）$− 0.135Z$（亚油酸）$− 0.414Z$（亚麻酸）$+ 0.300Z$（脂肪酸值）

先玉 335：$Z_1 = 0.291Z$（棕榈酸）$+ 0.411Z$（硬脂酸）$+ 0.432Z$（油酸）$+ 0.434Z$（亚油酸）$+ 0.432Z$（亚麻酸）$− 0.432Z$（脂肪酸值）

$Z_2 = 0.823Z$（棕榈酸）$+ 0.352Z$（硬脂酸）$− 0.234Z$（油酸）$− 0.211Z$（亚油酸）$− 0.216Z$（亚麻酸）$+ 0.226Z$（脂肪酸值）

同时，以选取的第 1 个和第 2 个主成分的方差贡献率 a_1、a_2 作为权数，得出综合评价模型为：$F = a_1 \times Z_1 + a_2 \times Z_2$。其中，$F$ 为综合评价指标，Z_1 和 Z_2 为变量，得出 10 个 F 值，见表 3 - 48。

表 3 - 48 综合评价变量及 F 值

品 种	储藏时间（d）	变量 Z_1	变量 Z_2	综合评价 F 值
源玉 3	0	2.665	-1.132	237.072
	30	2.773	-0.505	251.444
	60	2.496	0.072	229.998
	90	1.996	1.115	191.401
	120	0.366	0.783	39.147
	150	-0.701	0.410	-61.593
	180	-1.641	0.077	-150.393
	210	-2.257	-0.311	-209.760
	240	-2.691	-0.330	-249.751
	270	-3.005	-0.178	-277.565
先玉 335	0	2.559	-1.764	195.574
	30	2.737	-0.022	234.019
	60	2.229	-0.244	187.508
	90	1.912	1.165	179.125
	120	0.559	1.142	63.045
	150	-0.792	0.445	-61.863
	180	-1.541	0.251	-128.527
	210	-2.087	-0.040	-179.208
	240	-2.491	0.108	-211.817
	270	-3.085	-1.040	-277.856

从表 3 - 48 可看出，玉米原粮在储藏过程中，脂肪品质随着储藏时间的延长而呈下降趋势，说明提取出的玉米油的营养品质也逐渐降低，两个品种玉米在储藏第 150 d 时，F 为负值，说明玉米中脂肪品质开始劣变，储藏第 180 d，F 值显著下降，说明玉米中脂肪的劣变速度加快，提取出的玉米油品质迅速下降。这也与实际情况相符，在储藏初期，两个品种玉米水分含量均在 14% 以上，在储藏第 60 d 时，两个粮仓内温度已达到 22 ℃，并在之后的 90 d 里始终保持其温度在 22 ℃ 以上，随着储藏时间的延长，玉米中脂肪水解与脂肪酸氧化的反应加快，脂肪含量逐渐降低，玉米中脂肪酸组成变化较大，导致提取的玉米油品质发生变化。根据 GB 19111—2003 对玉米油质量要求，玉米油脂肪酸组成中，棕榈酸含量应在 8.6%～16.5%，油酸应在 20%～42.2%，亚油酸应在 34%～65.6%。试验结果显示，到储藏第 150 d 时，两个玉米品种中脂肪酸含量已经不符合 GB 19111—2003 对玉米油中脂肪酸含量的要求，说明玉米脂肪品质大幅下降。可以认为，当储藏期超过

150 d时已不适合用于提取玉米油。

6. 玉米原粮食用品质评价

（1）各指标的原始数据及标准化处理结果见表3－49、表3－50。

表3－49 各指标的原始数据

品种	时间 (d)	总淀粉 (g/100 g)	脂肪 (g/100 g)	蛋白质 (g/100 g)	亚油酸 （%）	赖氨酸 (g/100 g)	可溶性糖 (mg/g)	含水量 (g/100 g)	脂肪酸值 (mg/100 g, 以 KOH 计)
源玉 3	0	72.059	4.200	10.100	53.678	0.309	15.078	16.235	28.568
	30	72.045	4.100	10.200	48.087	0.299	13.844	13.078	30.679
	60	71.921	3.900	9.600	46.577	0.293	14.547	12.500	35.989
	90	72.300	3.800	9.600	44.287	0.280	12.219	11.500	38.654
	120	71.643	3.700	9.600	38.965	0.281	12.404	11.100	39.877
	150	71.590	3.700	9.600	33.738	0.278	10.802	10.800	41.665
	180	71.455	3.600	9.700	30.075	0.271	10.788	10.600	42.159
	210	71.087	3.700	9.600	28.137	0.268	7.795	10.800	42.767
	240	70.935	3.600	9.600	27.058	0.262	7.064	10.710	43.680
	270	70.798	3.600	9.500	25.209	0.260	6.912	10.500	44.064
先玉 335	0	71.300	4.100	10.100	57.594	0.330	13.613	14.083	29.318
	30	71.300	4.000	10.000	53.293	0.312	11.291	12.384	33.192
	60	71.200	3.800	10.000	50.839	0.308	11.906	11.678	35.847
	90	71.133	3.800	9.900	45.394	0.306	11.113	11.600	37.783
	120	70.500	3.700	9.800	40.659	0.301	11.385	11.000	38.301
	150	69.857	3.700	9.700	34.894	0.298	10.917	10.500	40.737
	180	69.602	3.800	9.900	31.878	0.287	8.960	10.600	41.140
	210	69.400	3.700	9.900	30.998	0.297	7.971	10.500	42.202
	240	69.139	3.700	9.800	28.736	0.286	7.508	10.400	42.802
	270	69.270	3.600	9.700	27.344	0.276	6.058	10.500	43.064

表3－50 标准化处理结果

品种	时间 (d)	直链淀粉 (g/100 g)	脂肪 (g/100 g)	蛋白质 (g/100 g)	亚油酸 （%）	赖氨酸 (g/100 g)	可溶性糖 (mg/g)	含水量 (g/100 g)	脂肪酸值 (mg/100 g, 以 KOH 计)
源玉 3	0	0.927	1.923	1.640	1.591	1.897	1.294	2.494	−1.565
	30	0.900	1.454	2.060	1.038	1.067	0.888	0.726	−1.165
	60	0.657	0.516	−0.463	0.889	0.738	1.119	0.402	−0.996
	90	1.397	0.047	−0.463	0.663	0.006	0.353	−0.158	−0.524

（续）

品种	时间 (d)	直链淀粉 (g/100 g)	脂肪 (g/100 g)	蛋白质 (g/100 g)	亚油酸 (%)	赖氨酸 (g/100 g)	可溶性糖 (mg/g)	含水量 (g/100 g)	脂肪酸值 (mg/100 g， 以 KOH 计)
源玉 3	120	0.117	−0.422	−0.463	0.137	0.052	0.414	−0.382	0.020
	150	0.013	−0.422	−0.463	−0.380	−0.127	−0.113	−0.550	0.379
	180	−0.250	−0.891	−0.042	−0.742	−0.530	−0.118	−0.662	0.778
	210	−0.968	−0.422	−0.463	−0.933	−0.692	−1.103	−0.550	0.883
	240	−1.262	−0.891	−0.463	−1.040	−1.072	−1.343	−0.601	1.050
	270	−1.530	−0.891	−0.883	−1.223	−1.338	−1.393	−0.718	1.139
先玉 335	0	1.133	2.034	1.671	1.582	1.581	1.514	2.345	−1.488
	30	1.133	1.378	0.911	1.191	1.333	0.521	0.901	−1.214
	60	1.023	0.066	0.911	0.969	0.862	0.784	0.300	−1.027
	90	0.950	0.066	0.152	0.475	0.479	0.445	0.234	−0.543
	120	0.253	−0.591	−0.608	0.045	−0.146	0.561	−0.276	−0.029
	150	−0.455	−0.591	−1.367	−0.478	−0.440	0.361	−0.701	0.473
	180	−0.734	0.066	0.152	−0.752	−0.669	−0.475	−0.616	0.795
	210	−0.957	−0.591	0.152	−0.832	−0.767	−0.898	−0.701	0.848
	240	−1.245	−0.591	−0.608	−1.037	−1.039	−1.096	−0.786	1.079
	270	−1.100	−1.247	−1.367	−1.163	−1.193	−1.716	−0.701	1.106

（2）储藏过程中主要性状主成分分析

利用 SPSS 软件中主成分分析法分析得到特征值，由表 3－51 可看出，源玉 3 和先玉 335 玉米籽粒中第一成分的贡献率分别为 86.249% 和 88.429%，第 2 成分的贡献率分别为 8.912% 和 6.641%，这两个成分的累计贡献率分别为 95.161% 和 95.070%，因此，可以使用这两个成分的变化趋势代替整体数据的变化趋势，符合主成分分析方法的要求。

表 3－51　主成分得到的特征值

品种	主成分	特征值	贡献率（%）	累计贡献率（%）
源玉 3	1	6.9	86.249	86.249
	2	0.713	8.912	95.161
	3	0.227	2.834	97.996
	4	0.091	1.137	99.133
	5	0.047	0.582	99.715
	6	0.017	0.217	99.932
	7	0.005	0.060	99.992
	8	0.001	0.008	100

（续）

品种	主成分	特征值	贡献率（%）	累计贡献率（%）
先玉 335	1	7.074	88.429	88.429
	2	0.531	6.641	95.070
	3	0.182	2.278	97.349
	4	0.140	1.754	99.104
	5	0.056	0.702 3	99.806
	6	0.014	0.179	99.986
	7	0.001	0.013	99.999
	8	0	0.001	100

　　从表 3-52 中可知，在第一主成分中，1（总淀粉）、2（脂肪）、3（蛋白质）、4（亚油酸）、5（赖氨酸）、6（可溶性糖）和 7（水分）的系数都为正值，它们反映了玉米籽粒的营养品质，系数越大，说明玉米籽粒在储藏过程中的营养品质越好；而 8（脂肪酸值）的系数为负值，它系数的绝对值越大，说明玉米籽粒在储藏过程中的营养品质越差；可见，第一主成分应该总结为营养品质因子。

表 3-52　主成分分析得到的特征向量

品　　种	分　　量	第一主成分	第二主成分
源玉 3	1（总淀粉）	0.330	−0.517
	2（脂肪）	0.366	0.268
	3（蛋白质）	0.304	0.594
	4（亚油酸）	0.374	−0.187
	5（赖氨酸）	0.377	0.023
	6（可溶性糖）	0.355	−0.347
	7（水分）	0.344	0.366
	8（脂肪酸值）	−0.376	0.133
先玉 335	1（总淀粉）	0.355	−0.375
	2（脂肪）	0.343	0.457
	3（蛋白质）	0.323	0.570
	4（亚油酸）	0.373	−0.147
	5（赖氨酸）	0.373	−0.074
	6（可溶性糖）	0.335	−0.446
	7（水分）	0.353	0.261
	8（脂肪酸值）	−0.370	0.185

在第二主成分中，1（总淀粉）、4（亚油酸）、5（赖氨酸）、6（可溶性糖）的系数为负值，并且它们的值都较小，说明它们对储藏品质的影响不显著，而2（脂肪）、3（蛋白质）、7（水分）和8（脂肪酸值）的系数均为较大的正数，系数越大，说明对储藏品质的影响越大；因此，第二主成分应该总结为储藏品质因子。

（3）储藏过程中主要性状综合评价模型构建

由上述可知，第1主成分和第2主成分保留了原样品的基本信息，可以用2个变量去代替原来的6个指标来衡量样品的品质，得出2个主成分变化的线性方程分别为：

源玉3：$Z_1 = 0.0.330Z$（总淀粉）$+0.366Z$（脂肪）$+0.304Z$（蛋白质）$+0.374Z$（亚油酸）$+0.377Z$（赖氨酸）$+0.355Z$（可溶性糖）$+0.344Z$（水分）$-0.376Z$（脂肪酸值）

$Z_2 = -0.517Z$（总淀粉）$+0.268Z$（脂肪）$+0.594Z$（蛋白质）$-0.187Z$（亚油酸）$+0.023Z$（赖氨酸）$-0.347Z$（可溶性糖）$+0.366Z$（水分）$+0.133Z$（脂肪酸值）

先玉335：$Z_1 = 0.355Z$（直链淀粉）$+0.343Z$（脂肪）$+0.323Z$（蛋白质）$+0.373Z$（亚油酸）$+0.373Z$（赖氨酸）$+0.335Z$（可溶性糖）$+0.353Z$（水分）$-0.370Z$（脂肪酸值）

$Z_2 = -0.375Z$（总淀粉）$+0.457Z$（脂肪）$+0.570Z$（蛋白质）$-0.147Z$（亚油酸）$-0.074Z$（赖氨酸）$-0.446Z$（可溶性糖）$+0.261Z$（水分）$+0.185Z$（脂肪酸值）

同时，以选取的第1、2主成分的方差贡献率 a_1、a_2 作为权数，构建综合评价模型：$F = a_1 \times Z_1 + a_2 \times Z_2$。其中，$F$ 为综合评价指标，分别代入 Z_1 和 Z_2，得出10个 F 值，见表3-53。

表3-53　综合评价变量及 F 值

品　　种	储藏时间（d）	变量 Z_1	变量 Z_2	综合评价 F 值
	0	4.727	1.011	416.686
	30	3.251	0.780	287.322
	60	1.787	−0.999	145.212
	90	0.856	−1.357	61.719
源玉3	120	−0.178	−0.754	−22.060
	150	−0.853	−0.438	−77.508
	180	−1.462	−0.106	−127.020
	210	−2.138	0.570	−179.342
	240	−2.756	0.695	−231.516
	270	−3.233	0.598	−273.493

（续）

品　　种	储藏时间（d）	变量 Z_1	变量 Z_2	综合评价 F 值
	0	4.704	0.769	421.084
	30	3.052	0.228	271.398
	60	2.111	−0.502	183.373
	90	0.626	−0.583	51.486
	120	−0.245	−1.035	−28.561
先玉 335	150	−1.450	−1.032	−135.036
	180	−1.390	0.751	−117.893
	210	−1.951	0.730	−167.713
	240	−2.658	0.564	−231.336
	270	−3.370	0.111	−297.278

从表 3-53 可看出，玉米原粮在储藏过程中，玉米品质随着储藏时间的延长而呈下降趋势。在储藏第 120 d 时，F 为负值，说明玉米的营养品质逐渐下降，储藏第 150 d，F 值显著下降，说明玉米品质劣变的速度加快，品质迅速下降，玉米进入了陈化阶段。这也与实际情况相符，在储藏初期，两个品种玉米水分含量均在 14% 以上，温度达到 10 ℃ 以上，脂肪含量和可溶性糖含量显著下降，在储藏第 60 d 后，两个粮仓内温度已达到 22 ℃，并在之后的 90 d 里始终保持其温度在 22 ℃ 以上，玉米的生理活动旺盛，玉米的脂肪酸和氨基酸组成都发生了显著变化，淀粉等营养物质大量消耗，导致玉米营养品质下降。而农业行业标准 NY/T 519—2002 对食用玉米的规定中指出，脂肪酸值 ≤40 mg/100 g。试验结果显示，储藏第 150 d 时，脂肪酸值已经达到了 41.66 mg/100 g。试验结果说明，在储藏第 120 d 后，储藏的玉米原粮不符合食用玉米的标准，可认为不适于食用。

（三）小结

1. 淀粉在储藏过程中的变化及对玉米营养品质的影响

完整的粮食籽粒在储藏过程中主要进行呼吸作用和脂肪氧化酸败反应，呼吸作用消耗粮食中的干物质，呼吸作用越强，干物质损失越大，产水量增多，粮食的稳定性下降；另一方面，呼吸作用产生的 CO_2 积累导致粮食进行无氧呼吸，导致粮食品质下降。本试验中玉米原粮在 270 d 的储藏过程中，自然条件影响储藏环境条件，环境条件决定粮仓条件，从 2014 年 4 月到 2015 年 1 月期间，受天气影响，储藏温度变化幅度较大，而粮仓的通风条件符合现行储粮机械通风技术规程，所以玉米主要进行有氧呼吸，玉米籽粒在高温条件下自身进行的生命活动比较活跃，呼吸作用不断增强，大量消耗自身的营养物质，导致淀粉降解，直链淀粉含量减少，可溶性糖含量降低，玉米淀粉的加工特性发生变化，最终影响食用品质，可是在储藏过程中淀粉结构变化、淀粉分子与其他分子间的作用也可能发生并影响着玉米淀粉的加工特性，本文从基础数据出发在宏观上监测了玉米在储藏过程中成分含量的动态变化，并没有从微观上探索变化机理，所以，进一步从分子学角度分析碳水化合物的结构变化来探索变化机理是必要的。

2. 脂肪在储藏过程中的变化及对玉米营养品质的影响

玉米的脂肪中富含不饱和脂肪酸，是营养价值很高的油脂。目前关于玉米脂肪酸的研究中，大多学者着眼于游离脂肪酸的变化，主要是以脂肪酸值作为评价指标，而关于脂肪酸组成的研究较少。而本书通过玉米储藏过程中对脂肪酸含量和组成进行动态观测，发现玉米在储藏过程中脂肪、脂肪酸组成、脂肪酸值均发生了显著变化。其中，棕榈酸和硬脂酸等饱和脂肪酸随着储藏时间的延长呈先上升后下降趋势，而油酸、亚油酸和亚麻酸等不饱和脂肪酸随着储藏时间的延长呈显著下降（$P<0.01$）。通常认为，影响脂肪和脂肪酸变化的因素有很多，如样品的种类、收获的时期、储藏条件等，通过本书玉米在储藏过程中的变化规律发现，脂肪酸和脂肪酸值的变化主要发生在储藏的第 $60\sim180$ d 期间，该阶段的主要特点为储藏温度较储藏初期有所上升，温度达到 25 ℃ 以上，储藏湿度在 60% 以上，玉米内酶的活性和生命活动都处于较活跃的状态，脂肪易在脂肪酶的作用下发生水解产生游离脂肪酸，游离脂肪酸在脂肪氧合酶的作用下发生降解产生小分子物质，导致脂肪酸组成和脂肪酸值发生显著变化，基于本书中储藏条件的波动变化，无法明确储藏条件对脂肪中脂肪酸组成变化的影响，因此，进一步研究不同储藏条件对脂肪酸组成的变化是有必要的。

3. 蛋白质在储藏过程中的变化及对玉米营养品质的影响

玉米籽粒是一个有机生命体，随着环境的变化，自身也会发生生理生化反应。本书中，随着储藏时间的延长，蛋白质中氨基酸组成发生了明显的变化，其中，Thr、Ser、Cys、Lys 及 Arg 是盐溶性球蛋白的组成成分，Asp、Glu、Val 及 Lys 是水溶性清蛋白的组成成分，Glu 和 Pro 是醇溶蛋白的组成成分。储藏过程中，Asp、Thr、Ser、Cys 和 Arg 含量随储藏时间呈先上升后下降趋势，Glu、Val、Lys 及 Pro 随储藏时间呈下降趋势，但是清蛋白在储藏过程中是否随储藏时间先增加后分解，而醇溶蛋白和清蛋白是否随储藏时间不断被降解值得进一步证实，氨基酸小分子的减少是否合成了较大的分子，关于蛋白质分子质量的变化有待进行深入的研究。

参考文献

包国凤，刁静静，王志辉，等，2016. 紫花芸豆清蛋白结构表征及 pH 对其二级结构的影响 [J]. 中国食品添加剂（8）：63 - 67.

边英霞，2021. 不同品质玉米储存品质变化分析及控制 ［J］. 粮油与饲料科技（6）：24－26.

步李卿，2021. 乳酸菌发酵玉米工艺条件优化及其对营养价值和发酵品质影响的研究 ［D］. 烟台：烟台大学.

蔡勇建，2016. 米糠储藏和稳定化过程中米糠蛋白结构和功能性质变化的研究 ［D］. 长沙：中南林业科技大学.

陈翠兰，张本山，陈福泉，2011. 淀粉结晶度计算的新方法 ［J］. 食品科学，32（9）：68－71.

陈玲，黄嫣然，李晓玺，等，2007. 红外光谱在研究改性淀粉结晶结构中的应用 ［J］. 中国农业科学，40（12）：2821－2826.

陈善峰，刘秀华，李宏军，等，2013.GC 法测定半湿法玉米胚挤压制油中脂肪酸的含量 ［J］. 湖北农业科学（17）：4207－4210.

陈学存主编，1984. 应用营养学 ［M］. 北京：人民卫生出版社.

成昕，张锦胜，钱菲，等，2011. 核磁共振技术研究普通玉米淀粉与玉米抗性淀粉对肉糜持水性的影响 ［J］. 食品科学，32（7）：21－24.

段绪果，2013. 淀粉脱支酶的重组表达及分子改造 ［D］. 无锡：江南大学.

范文洵等译，1984. 蛋白质食物的营养评价 ［M］. 北京：人民卫生出版社.

范亚丽，阮颖，李进，等，2008. 玉米淀粉分支酶基因 SBEⅡb 的克隆与过表达载体的构建 ［J］. 中国农学通报，24（4）：72－75.

冯海霞，2010. 玉米种子的储藏特性及要点 ［J］. 中国种业（S1）：115.

高伦江，张雪梅，曾顺德，等，2013. 渝糯 851 鲜食糯玉米采后生理生化研究 ［J］. 西南农业学报，26（3）：942－946.

龚魁杰，许金芳，吴建军，2003. 中国玉米食品加工业的现状与发展对策 ［J］. 粮食科技与经济，28（3）：43－44.

谷物碾磨制品脂肪酸值的测定 ［S］.GB/T 15684—2015.

郭希娟，王瑞琦，杨铭铎，2016. 油炸挂糊肉片在储藏过程中水分的动态变化 ［J］. 食品科学，37（20）：268－273.

郭泽镔，2014. 超高压处理对莲子淀粉结构及理化特性影响的研究 ［D］. 福州：福建农林大学.

韩建平，汪福友，党捷，等，2019. 偏高水分玉米入仓及储存期间安全管理技术 ［J］. 粮油仓储科技通讯，35（1）：14－17.

韩萍，李海燕，侯长希，等，2007. 中国玉米生产 30 年回顾 ［J］. 中国农学通报，23（11）：202－206.

贺晓鹏，朱昌兰，刘玲珑，等，2010. 不同水稻品种支链淀粉结构的差异及其与淀粉理化特性的关系 ［J］. 作物学报，36（2）：276－284.

洪雁，顾正彪，刘晓欣，2004. 直链淀粉和支链淀粉纯品的提取及其鉴定 ［J］. 食品工业科技（4）：86－88.

胡元森，段永康，王改利，等，2011. 不同储藏年限玉米主要品质变化研究 ［J］. 农业机械（8）：64－67.

黄长玲，吴东兵，2004. 特用玉米栽培实用技术 ［M］. 北京：中国农业出版社.

贾英民，田益玲，祝彦忠，等，2007. 谷氨酰胺转氨酶改良玉粉的应用研究 ［J］. 中国粮油学报，6（22）：16－18.

贾玉涛，2007. 不同来源淀粉的提取及糊化性质研究 ［D］. 泰安：山东农业大学.

222

凯氏定氮法测定食品中蛋白质 [S]. GB5009.5—2010.

孔德超，赵仁勇，王新伟，等，2016. 采用不同标准方法测定玉米样品中淀粉含量的对比研究 [J]. 河南工业大学学报（自然科学版），37（4）：23-27.

兰盛斌，郭道林，严晓平，等，2008. 我国粮食储藏的现状与未来发展趋势 [J]. 粮油仓储科技通讯，24（4）：2-6.

李春燕，封超年，张容，等，2005. 作物籽粒淀粉结构的形成与相关酶关系的研究进展 [J]. 生命科学，17（5）：77-83.

李富珍，敬风玲，赵冰倩，2004. 饲料原料变质的原因及防制措施 [J]. 畜禽业（7）：25-26.

李昊，2014. 鲜食玉米储藏过程中淀粉含量及结构变化规律的研究 [D]. 长春：吉林农业大学.

李丽，崔波，2010. 玉米蛋白粉的综合利用及研究进展 [J]. 粮食科技与经济，35（3）：45-47.

李瑞芳，韩北忠，陈晶瑜，等，2008. 黄曲霉生长预测模型的建立及其在玉米储藏中的应用 [J]. 中国粮油学报，23（3）：144-147.

李彤，吴晓娟，吴伟，等，2013. 陈化对籼米米谷蛋白功能特性影响 [J]. 粮食与油脂（7）：22-24.

李雯，邵远志，陈维信，2005. 淀粉酶活性测定方法的改进 [J]. 植物生理学通讯，41（5）：655-656.

李向红，刘永乐，俞健，等，2015. 精白保胚米发芽过程中米谷蛋白及其氨基酸的变化 [J]. 食品科学，36（1）：37-40.

李银生，白海平，2007. 玉米种子的储藏管理 [J]. 河北农业科技（2）：45.

李玉田，1984. 玉米的综合利用 [J]. 农业新技术（6）：7.

粮食、油料检验粮食、油料千粒重测定法 [S]. GB 5519—1985.

粮油检验　玉米粗蛋白质含量测定近红外法 [S]. GB/T 24901—2010.

粮油检验　玉米粗脂肪含量测定近红外法 [S]. GB/T 24902—2010.

廖丽莎，刘宏生，刘兴训，等，2014. 淀粉的微观结构与加工过程中相变研究进展 [J]. 高分子学报（6）：761-773.

廖卢艳，吴卫国，2014. 不同淀粉糊化及凝胶特性与粉条品质的关系 [J]. 农业工程学报，30（15）：332-338.

刘建军，何中虎，杨金，等，2003. 小麦品种淀粉特性变异及其与面条品质关系的研究 [J]. 中国农业科学，36（1）：7-12.

刘巧瑜，赵思明，熊善柏，等，2003. 稻米淀粉及其级分的凝胶色谱分析 [J]. 食品科学，24（3）：105-108.

刘晟宇，杨力，刘亚亮，等，2011. 收获时间对玉米单交种种子质量和萌发过程中储藏物质运转的影响 [J]. 东北农业大学学报，42（10）：25-29.

刘侠，2009. 粮食在储藏过程中品质变化分析 [J]. 粮食加工，34（1）：72-74.

刘雪珂，李继红，王顺领，2013. 浅谈玉米储藏技术 [J]. 农家参谋·种业大观（7）：49-49.

芦建宏，王英瑞，2017. 环流控温储粮的探索和应用 [J]. 粮油仓储科技通讯，33（3）：45-47，51.

路子显，2021. 近六十年我国玉米产业发展、贸易变化与未来展望 [J]. 黑龙江粮食（9）：9-14.

骆杨庆，吴增林，李升福，等，2022. 响应面法优化玉米浸液蛋白提取工艺及单细胞蛋白发酵的研究 [J]. 食品工业科技，43（10）：231-237.

莫英杰，张欣然，王苏，等，2011. 国内外婴幼儿食品中蛋白质质量评价方法的对比研究 [J]. 中国食品学报，11（3）：168-174.

彭娟，丁常依，王远平，等，2016. 绿色储粮新技术在华南地区玉米储藏中的应用［J］. 粮食加工，41（1）：65-68.

祁国栋，张炳文，王运广，等，2008. 超微细粉碎技术对糯玉米粉加工特性影响的研究［J］. 食品科学，29（9）：146-149.

钱爱萍，林虬，余亚白，等，2008. 闽产柑橘果肉中氨基酸组成及营养评价［J］. 中国农学通报，24（6）：86-90.

钱佳成，2020. 不同储藏条件下玉米品质变化研究［D］. 南京：南京财经大学.

任广跃，曾凡莲，段续，等，2016. 利用低场核磁分析玉米干燥过程中内部水分变化［J］. 中国粮油学报，31（8）：95-99.

任蕊，1993. 玉米营养特性，生理价值及国内外新加工技术和利用途径［J］. 中国粮油学报，1.

邵小龙，汪楠，时小转，等，2017. 水稻生长过程中籽粒水分状态和横向弛豫特性分析［J］. 中国农业科学，50（2）：240-249.

沈汀兰，2021. 我国玉米产业发展与粮食安全［J］. 农经（5）：44-49.

沈宗海，1997. 粮油储藏［M］. 北京：中国财政经济出版社.

食品中水分的测定第四法［S］. GB 5009.3—2010.

食品中脂肪的测定［S］. GB/T 5009.6—2003.

宋吉英，2014. 山东十产地玉米的氨基酸营养分析［J］. 饲料工业，35（17）：19-23.

苏波，马冲，邹仁锋，等，2006. 玉米的食用营养及药用价值［J］. 现代农业科技（11S）：182-182.

孙步云，林子木，杨强，等，2016. 酶法改性对玉米粉中蛋白结构变化的研究［J］. 现代食品科技（11）：235-240，161.

孙果忠，张秀英，肖世和，2005. 活性氧对 ABA 和水分胁迫抑制的小麦萌发胚内 α-淀粉酶表达的影响［J］. 麦类作物学报（4）：012.

孙秀萍，于九皋，刘延奇，2003. DSC 分析方法在淀粉凝胶化研究中的应用［J］. 化学通报，66（32）：1-7.

谭彩霞，封超年，郭文善，等，2010. 小麦籽粒淀粉合成酶基因表达，相应酶活性及淀粉积累三者的关系［J］. 金陵科技学院学报（1）：47-53.

田琳，张海洋，王显复，等，2021. 吉林地区内环流控温玉米储粮效果评价［J］. 粮食储藏，50（3）：11-14.

王浩，刘景圣，郑明珠，等，2017. 鲜食糯玉米储藏过程中淀粉含量及相关酶活性变化的研究［J］. 中国粮油学报，32（3）：6-10，24.

王晶磊，肖雅斌，王殿轩，等，2014. 储粮生态区域智能通风应用模式效果初探［J］. 粮食储藏，43（5）：12-16.

王楷，王克如，王永宏，等，2012. 密度对玉米产量（＞15 000 kg·hm^{-2}）及其产量构成因子的影响［J］. 中国农业科学，45（16）：3437-3445.

王康君，葛立立，范苗苗，等，2011. 稻米蛋白质含量及其影响因素的研究进展［J］. 作物杂志（6）：1-6.

王垒，郭祯祥，马洪娟，2011. 不同温湿条件下小麦粉储藏期营养品质变化规律研究［J］. 粮食与油脂（4）：43-45.

王瑞，王晓曦，景红娟，等，2014. 小麦后熟期间面筋蛋白变化机理及影响因素 [J]. 粮食与油脂，
    27（12）：1-4.

王若兰，2009. 粮油储藏学 [M]. 北京：中国轻工业出版社.

王若兰，刘晓林，赵妍，等，2014. 储藏微环境对小麦中蛋白质含量变化规律的影响 [J]. 现代食品
    科技（6）：47-51，29.

王若兰，田晓花，赵妍，2015. 储藏微环境下玉米谷蛋白的 SDS-PAGE 电泳分析 [J]. 食品工业科
    技（8）：162-166.

王若兰，严佳，李燕羽，等，2009. 不同条件下小麦呼吸速率变化的研究 [J]. 河南工业大学学报
    （自然科学版），30（4）：12-16.

王绍清，王琳琳，范文浩，等. 扫描电镜法分析常见可食用淀粉颗粒的超微形貌 [J]. 食品科学，
    2011，32（15）：74-79.

王卫国，2007. 饲料加工技术新进展 [J]. 粮食与饲料工业（5）：25-27.

王崎力，王鑫，韩烨，等，2021. 甜玉米芯硒多糖的制备及其对淀粉酶抑制作用 [J]. 包装工程，42
    （21）：33-41.

王中荣，2007. 不同直链淀粉含量的玉米淀粉理化性质及其应用研究 [D]. 重庆：西南大学.

魏金涛，2007. 四种常用饲料原料水活性等温吸附曲线及霉变后品质变化规律研究 [D]. 武汉：华中
    农业大学.

吴丽丽，2012. 玉米籽粒容重相关性分析 [J]. 现代农村科技（6）：62-63.

吴连成，库丽霞，陈彦惠，等，2008. 基因型和环境对玉米籽粒粗蛋白及赖氨酸含量的影响 [J]. 华
    北农学报（3）：23-27.

吴伟，蔡勇建，吴晓娟，等，2016. 米糠储藏过程中清蛋白结构变化的研究 [J]. 中国油脂（7）：15-19.

吴子丹，赵会义，曹阳，等，2014. 粮食储藏生态系统的仿真技术应用研究进展 [J]. 粮油食品科
    技，22（1）：1-6.

武书庚，程宗佳，2010. 大豆及豆粕的加工和储运 [J]. 中国畜牧杂志（4）：57-62.

肖东，周文化，陈帅，等，2016. 亲水多糖对鲜湿面货架期内水分迁移及老化进程的影响 [J]. 食品
    科学，37（18）：298-303.

谢玉花，宋洪波，刘升，等，2014. 储藏温度和薄膜包装对甜玉米呼吸强度及品质的影响 [J]. 食品
    科学，35（2）：282-286.

修琳，刘景圣，蔡丹，等，2011. 鲜玉米中可溶性糖含量的测定 [J]. 食品科学，32（4）：174-176.

修琳，闵伟红，刘景圣，2012. 我国玉米粉改性的研究现状及展望 [J]. 食品工业（12）：152-154.

徐金星，2003. 不同类型玉米籽粒营养品质形成和高油玉米产量调控规律研究 [D]. 哈尔滨：东北农
    业大学.

徐亚维，柴晓杰，王丕武，等，2006. 玉米淀粉分支酶 sbeⅡb 基因启动子的克隆和表达载体构建
    [J]. 玉米科学，14（2）：84-87.

许崇香，2003. 黑龙江省中早熟玉米淀粉和百粒重积累规律的研究 [D]. 哈尔滨：东北农业大学.

薛民杰，李永胜，张乃建，等，2016. 水分对玉米容重的影响 [J]. 粮食储藏，45（6）：36-38.

闫清平，朱永义，2001. 大米淀粉、蛋白质与其食用品质关系 [J]. 粮食与油脂（5）：29-32.

严平，余雪梅，郝桂英，等，2008. 玉米秸秆微贮饲料育肥肉牛效果观察［J］. 安徽农业科学，36 （11）：4534-4535.

解慧，修琳，郑明珠，等，2016. 储藏时间对玉米原粮中脂肪酸组成的影响［J］. 中国粮油学报，31 （12）：101-105，111.

殷贵华，于林平，朱京立，等，2007. 常温仓低温仓储存小麦品质变化规律研究［J］. 粮油加工 （7）：93-95.

殷敬华，莫志深，2001. 现代高分子物理学［M］. 北京：科学出版社.

尤新，2004. 玉米油的营养功能和发展前景［J］. 粮油食品科技 12 （2）：21-22.

玉米［S］. GB 1353—2009.

袁鹏，潘珍，周林，等，2010. 玉米淀粉深加工产品的应用［J］. 粮食与食品工业，17 （4）：23-25.

张咚咚，胡思，Zakir HAYAT，等，2021. 氧化锌纳米颗粒对玉米储藏过程中微生物的抑制作用 ［J］. 食品科学，42 （21）：137-144.

张桂莲，张顺堂，童佳丽，等，2011. 水稻种子休眠生理特性研究［J］. 中国农学通报，27 （27）：65-69.

张国民，张玉华，宋立泉，等，2001. 浅谈大米中的蛋白质对营养价值及食味品质的影响［J］. 黑龙江农业科学，3：38-39.

张剑，林庭龙，秦瑛，等，2009. β-淀粉酶研究进展［J］. 中国酿造 （4）：5-8.

张攀峰，陈玲，李晓玺，等，2010. 不同直链/支链比的玉米淀粉分子质量及其构象［J］. 食品科学，31 （19）：157-160.

张平，侣静雪，王莉，等，2012. 采收成熟度对不同品种的玉米储藏过程中碳水化合物含量的影响 ［J］. 保鲜与加工，12 （5）：14-17.

张涛，沐万孟，等，2010. 淀粉的支链精细结构与消化性能［J］. 食品科学，31 （9）：12-15.

张秀荣，李义，张国峰，等，2021. 玉米深加工生物发酵饲料成分检测和功能分析［J］. 当代化工，50 （12）：3001-3004.

张玉荣，刘通，周显青，2008. 影响愈创木酚法测定玉米过氧化物酶活力的因素［J］. 粮油加工 （3）：94-97.

张玉荣，周显青，2010. 热风和真空干燥玉米的品质评价与指标筛选［J］. 农业工程学报，26 （3）：346-352.

张玉荣，周显青，王东华，等，2003. 稻谷新陈度的研究（三）——稻谷在储藏过程中α-淀粉酶活性的变化及其与各储藏品质指标间的关系［J］. 粮食与饲料工业 （10）：12-14.

张中东，郭正宇，宫帅，等，2017. 不同玉米品种籽粒营养成分及灌浆动态变化研究［J］. 耕作与栽培 （2）：1-3，6.

赵同芳，1983. 粮食品质研究概述［J］. 粮食储藏 （6）：24.

郑少杰，任旺，张小利，等，2016. 绿豆芽萌发过程中氨基酸动态变化及营养评价［J］. 食品与发酵工业 （10）：81-86.

周惠明，2003. 谷物科学原理［M］. 北京：中国轻工业出版社.

Admasu F W，Karta K K，Merkuz A，et al，2022. Evaluation of various maize storage techniques on total aflatoxins prevalence and nutrient preservation［J］. Journal of Stored Products Research，95：101913.

Ambigaipalan P，Hoover R，Donner E，et al，2011. Structure of faba bean，black bean and pinto bean starches at different levels of granule organization and their physicochemical properties ［J］. Food Research International，49（9）：2962 - 2974.

Ball S，Guan H P，James M，et al，1996. From glycogen to amylopectin：a model for the biogenesis of the plant starch granule ［J］. Cell，86（3）：349 - 352.

Batey I L，1982. Starch analysis using thermostable alphaamylase ［J］. Starch，34：125 - 128.

Battilani P，Formenti S，Ramponi C，et al，2011. Dynamic of water activity in maize hybrids is crucial for fumonisin contamination in kernels ［J］. Journal of Cereal Science，54（3）：467 - 472.

Beck E，Ziegler P，1989. Biosynthesis and degradation of starch in higher plants ［J］. Annual review of plant biology，40（1）：95 - 117.

Benjamin M. P，Mary - Grace C. D，Kent D. R，et al，2015. Changes in unreacted starch content in corn during storage ［J］. Journal of Stored Products Research，61：85 - 89.

Beveridge T，Toma S，Nakai S，1974. Determination of SH and SS groups in some food proteins using Ellman's reagent ［J］. Journal of Food Science，39：49 - 51.

Boye J，Ma C，Harwalkar V，1997. Thermal denaturation and coagulation of proteins. Food proteins and their applications ［M］. New York：Marcel Dekker：25 - 56.

Cabra V，Moreno A，Roberto A，et al，2008. The effect of sulfhydryl groups and disulphide linkage in the thermal aggregation of Z19 α - zein ［J］. Biochimica Et Biophysica Acta Proteins and Protemics，1784（7 - 8）：1028 - 1036.

Cai C，Zhao L，Huang J，et al，2014. Morphology，structure and gelatinization properties of heterogeneous starch granules from high - amylose maize ［J］. Carbohydrate polymers，102：606 - 614.

Cao H，Imparl - Radosevich J，Guan H，et al，1999. Identification of the soluble starch synthase activities of maize endosperm ［J］. Plant Physiology，120（1）：205 - 216.

Carrera Y，Utrilla - Coello R，Bello - Perez A，et al，2015. In vitro digestibility，crystallinity，rheological，thermal，particle size and morphological characteristics of pinole，a traditional energy food obtained from toasted ground maize ［J］. Carbohydrate Polymers，123：246 - 55.

Chen Y，Huang Z，Xie Z，et al，2009. Degradative characteristics by microorganisms of mechanical activated maize starch ［J］. Transactions of the Chinese Society of Agricultural Engineering，25（4）：293 - 298.

Cheng H W，Srinivasan D，1991. Thermal gelation of globular proteins：influence of protein conformation on gel strength ［J］. Agric Food Chem，39（3）：433 - 438.

Chirife J，María del Pilar Buera，1996. Water Activity，Water Glass Dynamics，and the Control of Microbiological Growth in Foods ［J］. Critical Reviews in Food Science and Nutrition，36（5）：465 - 513.

Chrastil J，1990. Influence of storage on enzymes in rice grains ［J］. Journal of Agricultural and Food Chemistry，38（5）：1198 - 1202.

Chrastil J，Zarins Z，1994. Changes in peptide subunit composition of albumins，globulins，prolamins，and oryzenin in maturing rice grains ［J］. Journal of Agricultural & Food Chemistry，42（10）：71 - 82.

Chung H J，Liu Q，Lee L，et al，2011. Relationship between the structure，physicochemical properties and in vitro digestibility of rice starches with different amylose content [J]. Food Hydrocolloids, 25: 868 - 975.

Chung H J, Wang R, Yin Y, et al, 2010. Physicochemical properties and in vitro digestibility of cooked rice form commercially available cultivars in Canada [J]. Cereal Chemistry, 87: 297 - 304.

Chávez - Murillo C E, Wang Y J, Bello - Pérez L A, 2008. Morphological, physicochemical and structural characteristics of oxidized barley and corn starches [J]. Starch - Stärke, 60 (11): 634 - 645.

Denyer K, Johnson P, Zeeman S, et al, 2001. The control of amylose synthesis [J]. Journal of Plant Physiology, 158 (4): 479 - 487.

Dhital S, Shrestha A K., Gidley M J, 2010. Relationship between granule size and in vitro digestibility of maize and potato starches [J]. Carbohydrate Polymers, 82: 480 - 488.

Du S K, Jiang H, Ai Y. et al. Physicochemical properties and digestibility of common bean (Phaseolus vulgaris L.) starches [J]. Carbohydrate Polymers, 2014, 108: 200 - 205.

Emmambux M, Taylor J, 2009. Properties of Heat - Treated Sorghum and Maize Meal and Their Prolamin Proteins [J]. J Agric Food Chem, 57 (3): 1045 - 1050.

Englyst H N, Kingman S M, Cummings J H, 1992. Classification and measurement of nutritionally important starch fractions [J]. European Journal of Clinical Nutrition, 46: 33 - 50.

Faiza S, Tahira M A, Ghulam M, et al, 2020. Structural, functional and digestibility characteristics of sorghum and corn starch extrudates (RS3) as affected by cold storage time, International Journal of Biological Macromolecules, 164: 3048 - 3054.

Fannon J E, Hauber R J, BeMiller J N, 1992. Surface pores of starch granules [J]. Cereal Chem, 69 (3): 284 - 288.

Fierens E, Helsmoortel L, Joye I J, et al, 2015, Changes in wheat (*Triticum aestivum* L.) flour pasting characteristics as a result of storage and their underlying mechanisms [J]. Journal of Cereal Science, 65: 81 - 87.

Ganguli S, Sen - Mandi S, 1993. Effects of ageing on amylase activity and scutellar cell structure during imbibition in wheat seed [J]. Annals of Botany, 71 (5): 411 - 416.

Gerard C, Colonna P, Buleon A, et al, 2001. Amylolysis of maize mutant starches [J]. Journal of the Science of Food and Agriculture, 81 (13): 1281 - 1287.

Gorinstein S, Zemser M, Friedman M, et al, 1996. Physicochemical characterization of the structural stability of some plant globulins [J]. Food Chemistry, 56 (2): 131 - 138.

Hasjim J, Enpeng L, Dhital S, 2012. Milling of rice grains: Effects of starch/flour structures on gelatinization and pasting properties [J]. Carbohydrate Polymers, 92: 682 - 690.

Hills B P, Takacs S F, Belton P, 1990. A new interpretation of proton NMR relaxation time measurements of water in food [J]. Food Chemistry, 37 (2): 95 - 111.

Hosny R K, 1989. 李庆龙. 谷物科学与工艺学原理 [M]. 北京: 中国食品出版社.

Hurkman W J, McCue K F, Altenbach S B, et al, 2003. Effect of temperature on expression of genes encoding enzymes for starch biosynthesis in developing wheat endosperm [J]. Plant Science, 164 (5): 873 - 881.

Jane J，Chen Y Y，Lee L F，et al，1999. Effects of amylopectin branch chain length and amylose content on the gelatinization and pasting properties of starch [J]. Cereal Chemistry，76 (5)：629 - 637.

Jayas D S，White N D G，2003. Storage and drying of grain in Canada：low cost approaches [J]. Food control，14 (4)：255 - 261.

Jelena T，Milica P，Aleksandra T，et al，2013. Changes in the content of free sulphydryl groups during postharvest wheat and flour maturation and their influence on technological quality [J]. Journal of Cereal Science，58 (3)：495 - 501.

Jobling S，2004. Improving starch for food and industrial applications [J]. Current Opinion in Plant Biology，7 (2)：210 - 218.

Johnson C，2013. Differential scanning calorimetry as a tool for protein folding and stability [J]. Archives of Biochemistry & Biophysics，531 (2)：100 - 109.

Kaplan F，Kopka J，Haskell D W，et al，2004. Exploring the temperature - stress metabolome of Arabidopsis [J]. Plant Physiology，136 (4)：4159 - 4168.

Kasemwong K，Piyachomkwan K，Wansuksri R，et al，2008. Granule sizes of canna (Canna edulis) starches and their reactivity toward hydration，enzyme hydrolysis and chemical substitution [J]. Starch，60 (11)：624 - 633.

Keeling P L，Bacon P J，Holt D C，1993. Elevated temperature reduces starch deposition in wheat endosperm by reducing the activity of soluble starch synthase [J]. Planta，191 (3)：342 - 348.

Ketthaisong D，Suriharn B，Tangwongchai R，et al，2014. Changes in physicochemical properties of waxy corn starches after harvest，and in mechanical properties of fresh cooked kernels during storage [J]. Food chemistry，151：561 - 567.

Kolpakova V，Molchanov E，2007. Physicochemical Properties of Proteins from Wheat Grown Under High - Contrast Climatic Conditions [J]. Applied Biochemistry and Microbiology，43 (3)：347 - 355.

LaemmLi U，1970. Cleavage of saturated proteins during the assembly of the head of bacteriophage [J]. Nature，227：680 - 685.

Lehner A，Mamadou N，Poels P，et al，2008. Changes in soluble carbohydrates，lipid peroxidation and antioxidant enzyme activities in the embryo during ageing in wheat grains [J]. Journal of Cereal Science，47 (3)：555 - 565.

Li H Y，Prakash S，Nicholson T M，et al，2016. The importance of amylose and amylopectin fine structure for textural properties of cooked rice grains [J]. Food Chemistry，196：702 - 711.

Li L，Blanco M，Jane J L，2007. Physicochemical properties of endosperm and pericarp starches during maize development [J]. Carbohydrate Polymers，67：630 - 639.

Li S，Wang J，Song C，et al，2011. Effects of different drying methods on physicochemical and sensory characteristics of instant scallop [J]. Transactions of the Chinese Society of Agricultural Engineering，27 (5)：373 - 377.

Li T，Tu C H，Rui X，et al，2015. Study of water dynamics in the soaking，steaming，and solid - state fermentation of glutinous rice by LF - NMR：a novel monitoring approach [J]. Journal of Agricultural and Food Chemistry，63 (12)：3261 - 3269.

Lim S, 2007. A comparison of native and acid thinned normal and waxy corn starches: Physicochemical, thermal, morphological andpasting properties [J]. LWT - Food Science and Technology, 40 (9): 1527 - 1536.

Lin L, Guo D, Huang J, et al, 2016. Molecular structure and enzymatic hydrolysis properties of starches from high - amylose maize inbred lines and their hybrids [J]. Food Hydrocolloids, 58: 246 - 254.

Maache - Rezzoug Z, Zarguili I, Loisel C, et al, 2008. Structural modifications and thermal transitions of standard maize starch after DIC hydrothermal treatment [J]. Carbohydrate Polymers, 74: 802 - 812.

Maioranoa A, Fanchini D, Donatelli M. MIMYCS, 2014. Moisture, a process - based model of moisture content in developing maize kernels [J]. European Journal of Agronomy, 59: 86 - 95.

Marcone M F, Wang S, Albabish W, et al, 2013. Diverse food - based applications of nuclear magnetic resonance (NMR) technology [J]. Food Research International, 51 (2): 729 - 747.

Marshall W E, Chrastil J, 1992. Interaction of food proteins with starch [M]//Biochemistry of food proteins. Springer US: 75 - 97.

Maryke Labuschagne, Lekgolwa Phalafala, 2014. The influence of storage conditions on starch and amylose content of South African quality protein maize and normal maize hybrids [J]. Journal of Stored Products Research, 56: 16 - 24.

McDonald M B, 1999. Seed deterioration: physiology, repair and assessment [J]. Seed Science & Technology, 27: 172 - 177.

Miao M, Li R, Jiang B, et al, 2014. Structure and physicochemical properties of octenyl succinic esters of sugary maize soluble starch and waxy maize starch [J]. Food Chemistry, 151: 154 - 160.

Mizuno K, Kimura K, Arai Y, et al, 1992. Starch branching enzymes from immature rice seeds [J]. Journal of Biochemistry, 112 (5): 643 - 651.

Nakamura Y, Umemoto T, Ogata N, et al, 1996. Starch debranching enzyme (R - enzyme or pullulanase) from developing rice endosperm: purification, cDNA and chromosomal localization of the gene [J]. Plant, 199: 209 - 218.

Park C E, Kim Y S, Park K J, et al, 2012. Changes in physicochemical characteristics of rice during storage at different temperatures [J]. Journal of Stored Products Research, 48: 25 - 29.

Patindol J, Gu X, Wang Y J, 2009. Chemometric analysis of the gelatinization and pasting properties of long - grain rice starches in relation to fine structure [J]. Starch, 61: 3 - 11.

Qi Zhihui, Zhou Xin, Tian Lin, et al, 2022. Temporal and spatial variation of microbial communities in stored rice grains from two major depots in China [J]. Food Research International, 152: 110876.

Qiao D, Yu L, Liu H, et al, 2016. Insights into the hierarchical structure and digestion rate of alkali - modulated starches with different amylose contents [J]. Carbohydrate Polymers, 144: 271 - 281.

Rani P R, Chelladurai V, Jayas D S, et al, 2013. Storage studies on pinto beans under different moisture contents and temperature regimes [J]. Journal of Stored Products Research, 52: 78 - 85.

Reed C, Doyungan S, Ioerger B, et al, 2007. Response of storage molds to different initial moisture contents of maize (corn) stored at 25 ℃, and effect on respiration rate and nutrient composition [J]. Journal of stored products research, 43 (4): 443 - 458.

Rhazi L，Cazalis R，Aussenac T，2003. Sulphydryl－disulfide changes in storage proteins of developing wheat grain：influence on the SDS－unextractable glutenin polymer formation [J]. Cereal Sci，38：3－13.

Ricardo T P，Nathan L V，Jose D J B，et al，2014. Physicochemical and pasting properties of maize as affected by storage temperature [J]. Journal of Stored Products Research，59：209－214.

Rodriguez C，Frias J，Vidal－Valverde C，et al，2008. Correlations between some nitrogen fractions，lysine，histidine，tyrosine，and ornithine contents during the germination [J]. Food Chemistry，108（1）：245－252.

Rupollo G，Vanier N L，da Rosa Zavareze E，et al，2011. Pasting，morphological，thermal and crystallinity properties of starch isolated from beans stored under different atmospheric conditions [J]. Carbohydrate Polymers，86（3）：1403－1409.

Salman H，Copeland L，2007. Effect of storage on fat acidity and pasting characteristics of wheat flour [J]. Cereal Chemistry，84（6）：600－606.

Sandhu K S，Lim S T，2008. Structural characteristics and in vitro digestibility of Mango kernel starches（*Mangifera indica* L.）[J]. Food Chemistry，107（1）：92－97.

Sandhu K S，Singh N，Kaur M，2004. Characteristics of the different corn types and their grain fractions：physicochemical，thermal，morphological，and rheological properties of starches [J]. Journal of Food Engineering，64（1）：119－127.

Setiawan S，Widjaja H，Rakphongphairoj V，et al，2010. Effects of drying conditions of corn kernels and storage at an elevated humidity on starch structures and properties [J]. Journal of Agricultural and Food Chemistry，58（23）：12260－12267.

Shah W H，Kausar T，Hussain A，2002. Storage of wheat with ears [J]. Pakistan Journal of Agricultural Research，17（3）：206－209.

Shi－Min H E，Qin J S，Gao Y M，2010. Study on the change of amylase activily of several maize seeds during germination [J]. Seed，29（11）：47－50.

Silverio G－L，Elizabeth G－J，Sofia O，2020. Field effectiveness of improved hermetic storage technologies on maize grain quality in Central Mexico [J]. Journal of Stored Products Research，87：101585.

Simsek S，El S N，2015. In－vitro starch digestibility，estimated glycemic index and antioxidant potential of taro（*Colocasia esculenta* L. Schott）corn [J]. Food Chemistry，168：257－261.

Sravanthi B，Jayas D S，Alagusundaram K，et al，2013. Effect of storage conditions on red lentils [J]. Journal of Stored Products Research，53：48－53.

Srichuwong S，Jane J L，2007. Physicochemical properties of starch affected by molecular composition and structures：a review [J]. Food Science and Biotechnology，16：663－674.

Svihus B，Uhlen A K，Harstad O M，2005. Effect of starch granule structure，associated components and processing on nutritive value of cereal starch：A review [J]. Animal Feed Science and Technology，122（34）：303－320.

Tan Bin，Tan Hongzhuo，Tian Xiaohong，et al，2010. Physical，gelatinized and retrograded properties of starches from twenty broad bean varieties in China [J]. Journal of Food Science and

Biotechnology, 29 (1): 64 - 70.

Tefera T, Kanampiu F, De Groote H, et al, 2011. The metal silo: An effective grain storage technology for reducing post - harvest insect and pathogen losses in maize while improving smallholder farmers' food security in developing countries [J]. Crop Protection, 30 (3): 240 - 245.

Teng A, Witt T, Wang K, et al, 2016. Molecular rearrangement of waxy and normal maize starch granules during in vitro digestion [J]. Carbohydrate Polymers, 139: 10 - 9.

Timóteo T S, Marcos - Filho J, 2013. Seed performance of different corn genotypes during storage [J]. Journal of Seed Science, 35 (2): 207 - 215.

Trufanov V, Kichatinova S, Kazartseva A, et al, 2000. Thiol oxidase and disulfide reductase activities of Wheat *Triticum aestivum* L. Caryopsis and its technological quality [J]. Appl. Biochem. Microbiol, 36: 76 - 79.

Umemoto T, Nakamura Y, Ishikura N, 1995. Activity of starch synthase and the amylose content in rice endosperm [J]. Phytochemistry, 40 (6): 1613 - 1616.

Vilaplana F, Hasjim J, Gilbert R G, 2012. Amylose content in starches: Toward optimal definition and validating experimental methods [J]. Carbohydrate polymers, 88 (1): 103 - 111.

Visschers R, Jongh H, 2005. Disulphide bond formation in food protein aggregation and gelation [J]. Biotechnology Advances, 23: 75 - 80.

Wall J, Paulis J, 1978. Corn and sorghum grain proteins [J]. Advances in Cereal Science & Technology, 2: 137 - 139.

Wang D, Damodaran S, 1991. Thermal gelation of globular proteins: influence of protein conformation on gel strength [J]. Agric. Food Chem, 39, 433 - 438.

Wen J, Arakawa T, Philo J S, 1996. Size - exclusion chromatography with on - line light - scattering, absorbance, and refractive index detectors for studying proteins and their interactions [J]. Analytical biochemistry, 240 (2): 155 - 166.

Wong K S, Kubo A, Jane J, et al, 2003. Structures and properties of amylopectin and phytoglycogen in the endosperm of sugary - 1mutants of rice [J]. Journal of Cereal Science, 37 (2): 139 - 149.

Wrigley C W, Corke H, Seetharaman K, et al, 2016. Encyclopedia of Food Grains II [M]. USA: Academic Press, 4: 194 - 200.

Yang Z, Swedlund P, Hemar Y, et al, 2016. Effect of high hydrostatic pressure on the supramolecular structure of maize starch with different amylose contents [J]. International Journal of Biological Macromolecules, 85: 604 - 614.

Yin D F, Yuan J M, Guo Y M, et al, 2017, Effect of storage time on the characteristics of corn and efficiency of its utilization in broiler chickens [J]. Animal Nutrition, 3 (3): 252 - 257.

Yin S W, Chen J C, Sun S D, et al, 2011. Physicochemical and structural characterisation of protein isolate, globulin and albumin from soapnut seeds (*Sapindus mukorossi* Gaertn.) [J]. Food chemistry, 128 (2): 420 - 426.

Yoo S H, Jane J, 2002. Structural and physical characteristics of waxy and other wheat starches [J]. Carbohydrate Polymers, 49 (3): 297 - 305.

You S G, Lim S T, 2000. Molecular characterization of corn starch using an aqueous HPSEC – MALLS – RI system under various dissolution and analytical conditions [J]. Cereal Chemistry, 77 (3): 303 – 308.

Yuan R C, Thompson D B, Boyer C D, 1993. Fine structure of amylopectin in relation to gelatinization and retrogradation behavior of maize starches from three wx – containing genotypes in two inbred lines [J]. Cereal Chemistry, 70: 81 – 81.

Zhang R Y, Ma S, Li L, et al, 2021. Comprehensive utilization of corn starch processing by – products: A review [J]. Grain & Oil Science and Technology, 4 (3): 89 – 107.

Zhong F, Yokoyama W, Wang Q, et al, 2006. Rice starch, amylopectin, and amylose: molecular weight and solubility in dimethyl sulfoxide – based solvents [J]. Journal of Agricultural and Food Chemistry, 54 (6): 2320 – 2326.

第四章 主栽品种玉米加工适宜性研究

第一节 概 述

随着人们生活水平的不断提高，人们对饮食健康的要求也逐步提高，膳食结构逐渐发生改变，消费者已经把目光由精细加工的食品逐渐转移到粗加工的食品，玉米及其制品因风味独特，含有丰富的膳食纤维、玉米黄素等功能性成分，被视为一种健康的"粗粮"，深受消费者欢迎。近年来，人们对玉米食品加工关键技术的研究不断深入，丰富了玉米食品的种类，提高了玉米食品的品质，在加工方式、加工技术、产品质量评价等方面都有了大幅提升。随着科学研究的不断深入以及对高品质食品的需求，用于食品加工的原料及其品质受到广泛关注。本章开展了玉米加工适宜性的研究，通过对不同地区不同品种玉米特性的研究，探讨玉米营养特性、玉米淀粉结构、流变特性、热特性等与玉米食品品质的相关性，筛选出适合生产玉米食品的品种，对提高玉米食品品质、提高原料加工利用率以及玉米育种具有重要意义。

一、 玉米营养特性对玉米食品品质的影响

玉米作为营养全面的粮食作物，含有多种营养物质，营养成分主要包括蛋白质、氨基酸、淀粉、脂肪、维生素和糖类物质，另外还具有能够降低胆固醇的谷胱甘肽、亚油酸等物质，同时含有丰富的维生素、矿物质、人体必需的氨基酸及多糖等生理活性物质。而玉米种植条件广泛，能适应大多数环境，在我国大部分地区均可以种植，并且品种繁多，产自不同地区不同品种的玉米营养成分也存在差异，因此，玉米原料的特性也存在着不稳定的因素。根据全国农业技术推广服务中心对 2019 年玉米推广面积统计，推广面积 10 万亩以上的玉米品种有 915个。由于玉米品种（基因）的不同，种植环境（地区、气候、土壤等）不同，因此不同品种和产地的玉米籽粒的基本成分（淀粉、脂肪、蛋白质等）和面团的粉质特性、加工特性等存在不同程度的差异，因此，玉米原料的品质特性对其制品

的感官品质、食用品质、加工品质影响十分显著。对于不同玉米品种，人们更关注的是玉米的产量及抗病虫草害的能力，而忽视了玉米在生产加工环节对产品带来的品质上的差异。已有关于不同品种玉米对玉米食品品质的影响的报道，李春红等研究了6个玉米品种的理化特性对玉米饺子品质的影响，结果表明不同玉米品种制作的饺子品质差异显著，含有优质蛋白的玉米制作的饺子品质较好，营养价值较高。王志鹏等研究了5个玉米品种的理化特性对玉米发糕质构特性及感官评价的影响，结果表明直链淀粉含量对玉米发糕品质影响显著。不同地区不同品种玉米的营养组成不同，系统研究玉米原料特性对改善玉米食品品质至关重要。

二、 玉米淀粉特性对玉米食品品质的影响

　　淀粉广泛存在于植物的根部、块茎、种子、果实和叶子的细胞组织中，既是碳水化合物最普遍的存在形式，又是人类食物的重要组成部分，也是人类主要的热能来源。淀粉的生物合成过程十分复杂，品种和来源不同的淀粉其遗传基因均存在一定的差异，地区及外部生长环境（包括土壤、施肥量、积温等）等因素也会影响淀粉的性质与结构，其分子层面体现在分子链排列方式的不同，宏观上则体现为加工性质的不同。淀粉分子羟基含量较高，因此淀粉分子与水的结合比较紧密，正因如此也使得淀粉在面制品品质加工方面起着重要的作用。玉米的化学组分中淀粉占比很大，是玉米粉的重要组成部分，因其具有独特的理化性质，被广泛应用于食品、纺织和塑料工业等领域。淀粉通常经过蒸煮过程实现糊化以改变其结构，这涉及它们的物理化学和加工特性的实质性变化。基于淀粉的聚合物加工涉及各种化学和物理反应，包括水扩散、糊化特性和热特性等。很多研究学者从淀粉的直链淀粉含量、溶解度、膨胀势、糊化特性和热特性等方面对淀粉的特性进行研究。淀粉作为含量最多的营养素成分，不同玉米的淀粉含量不同，其直/支链淀粉的含量也不同，颗粒大小也有所差异，这些差异直接影响淀粉的溶解度、膨胀度和糊化温度等理化特性，而淀粉的理化特性直接影响玉米制品的加工特性，进而影响了玉米食品的加工品质和食用品质。

　　馒头、面包和油条等食品属于发酵类面制食品，这类食品的品质及加工特性主要受面筋蛋白的影响，面筋蛋白形成的网状结构对这些面制品气孔的形成和维持起着重要的作用。面条为煮制类面制品，在制作过程中不会形成较多气孔，在面条制作过程中，蛋白质发生变性，淀粉颗粒则被包裹在面筋网络结构中，淀粉的直链淀粉含量、溶解度、膨胀势和糊化特性等都会对面条的品质特性产生重要的影响，因此淀粉对玉米面条品质特性与玉米淀粉特性有着很强的相关性。王丽等研究发现淀粉类型不同及类型相同但品种不同其直链淀粉含量差异

均显著，影响因素可能是基因型、品种和产地。张豫辉等研究发现 5 种不同种类的淀粉在直、支链淀粉含量、淀粉颗粒大小、结构和晶体形态等均不相同，导致它们的黏度特性及膨胀特性等存在差异，适量添加后能在不同程度上影响面条的品质。

三、 玉米加工适宜性研究

以玉米为原料加工的食品主要有玉米馒头、玉米饼、窝头、冲调粉等，每种产品的感官、加工方式、产品指标不同，对原料的要求也不同。因此，确定玉米食品品质的关键指标，分析玉米食品的品质特性，建立玉米食品品质综合评价模型，获得玉米食品品质的综合评分，结合玉米的营养特性、理化特性、结构特性、热特性、流变特性、质构特性等进行主栽品种玉米的加工适宜性分类，能够为玉米食品加工品质的调控提供理论支撑，为玉米食品原料的精准选取提供参考依据。

第二节　主栽品种玉米营养特性研究

一、 前言

玉米富含淀粉、蛋白质、脂肪和膳食纤维等营养成分，满足了人们对营养、健康的需求。我国玉米种植面积广、品种丰富，是我国第一大粮食作物。玉米的品质不但受到品种（基因）的影响，种植环境（地区、气候、土壤等）对其影响也非常显著，因此，不同品种玉米或同一品种在不同地区种植的玉米中各种营养成分的含量存在不同程度的差异，而营养成分的差异也影响了玉米的加工特性、流变特性及食用品质。

本节通过测定主栽品种玉米主要营养成分的含量，分析不同玉米品种营养成分的差异性，明确淀粉、蛋白质和膳食纤维等营养成分与粉质特性之间的相互关系，为玉米在食品工业中的应用提供数据支持，对后续玉米制品的加工适宜性评价和专用品种的筛选提供理论依据。

二、 材料与方法

（一）试验用主栽品种玉米列表

本文选取各地区的主栽品种玉米共 30 个作为研究对象，30 个试验品种主要收集于云南、陕西、吉林、辽宁、黑龙江、河南、河北、山西、内蒙古、安徽和山东共 11 个"中国黄金玉米带"主产区，均为 2020 年收获，各供试品均为玉米产业技术体系相关试验站提供，试验所用材料及设备见表 4-1。

表 4-1　试验用主栽品种玉米玉米编号

编　号	品　种	地　区	编　号	品　种	地　区
1	郑单 958	曲靖	16	伟科 702	潍坊
2	郑单 958	漯河	17	翔玉 998	洮南
3	郑单 958	新乡	18	翔玉 558	洮南
4	郑单 958	衡水	19	丹玉 405	营口
5	郑单 958	聊城	20	良玉 99	营口
6	郑单 958	莱州	21	辽单 565	沈阳
7	先玉 335	曲靖	22	辽单 575	沈阳
8	先玉 335	关中	23	利合 1	赤峰
9	先玉 335	哈尔滨	24	宿单 617	宿州
10	先玉 335	漯河	25	利合 228	克山
11	先玉 335	长治	26	先玉 696	哈尔滨
12	登海 605	济宁	27	东农 264	绥化
13	登海 605	德州	28	纪元 101	唐山
14	登海 605	莱州	29	新玉 108	保定
15	伟科 702	石家庄	30	新玉 47	保定

（二）容重测定方法

同第三章。

（三）千粒重测定方法

同第三章。

（四）玉米色差测定方法

将玉米籽粒经过筛选除去杂质后置于中高速万能粉碎机中，将玉米籽粒尽可能磨细制备玉米粉，并过 80 目网筛，制成玉米粉。使用色差仪测定玉米粉的色差。每个样品取三个不同的位置进行测定，结果中 L^* 代表亮度值，a^* 表示红绿值，b^* 表示黄蓝值。

（五）总淀粉含量测定方法

同第二章。

（六）蛋白质含量测定方法

同第二章。

（七）脂肪测定方法

参照 GB 5009.6—2016 中的索氏抽提法测定。

（八）膳食纤维含量测定方法

膳食纤维的测定参照 GB/T 5009.88—2014 测定。

（九）灰分含量测定方法

灰分的测定参照 GB/T 5009.4—2016 测定。

（十）粉质特性测定方法

取磨制好的玉米粉，根据课题组前期试验结果及相关文献查阅，玉米粉以25％比例与小麦粉进行混合，将复配粉真空包装，备用。称取所需复配粉 300 g（以 14％湿基计）倒入粉质仪揉面钵中，盖上盖子，预热和搅拌混合粉 1 min，向钵内注入一定量的水使面团的最大稠度接近于 500 FU，待粉质仪运行结束，得到粉质图，从而获得吸水率、形成时间、稳定时间、弱化度和粉质质量指数 5 项粉质参数指标。

三、 数据与结果分析

（一）主栽品种玉米容重结果分析

玉米容重是指玉米在 1 L 标准容重器中的重量，反映了玉米籽粒的饱满程度。一般情况下容重愈大，玉米质量越高，表示虫蛀空壳的、瘦瘪玉米粒愈少。容重可以真实地反映玉米成熟度和使用价值，是玉米商品品质的重要指标，也是玉米等级判定的重要依据。30 个主栽品种玉米容重结果见图 4-1。

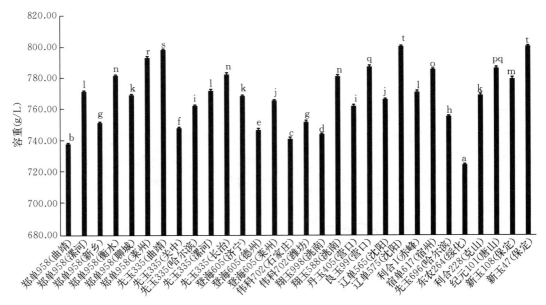

图 4-1 主栽品种玉米容重

注：不同小写字母表示差异性显著（$P<0.05$）。

由图 4-1 可知，不同样品玉米籽粒的容重多数存在显著性差异（$P<0.05$）。容重的变幅为 724.67～800.33 g/L，平均容重为 768.52 g/L，变异系数为 2.53％，

容重最高的是沈阳-辽单 575 和保定-新玉 47，容重最低的是绥化东农 264。根据 GB 1353—2018《玉米》检测容重标准，试验所研究的各地区主产玉米均可定等为一级玉米。影响容重的因素有很多，相关研究表明玉米籽粒的水分含量、灌浆速率、籽粒的硬度、体积和外形都影响玉米的容重。

（二）主栽品种玉米千粒重结果分析

玉米的千粒重与作物的大小、饱满程度、成熟度和亩产量有直接的关系。30 个主栽品种玉米千粒重结果见图 4-2。

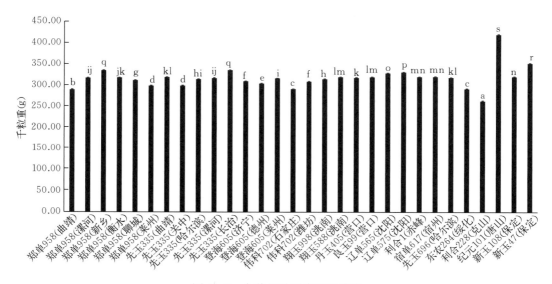

图 4-2 主栽品种玉米的千粒重

由图 4-2 可知，不同地区的主栽品种玉米籽粒千粒重多数存在显著性差异（$P < 0.05$）。千粒重的变幅为 264.28～421.13 g，平均千粒重为 318.52 g，变异系数为 8.00%，千粒重最高的是唐山-纪元 101，千粒重最低的是克山-利合 228。观察分析克山-利合 228 籽粒千粒重较低的主要原因为玉米籽粒体积过小，而唐山-纪元 101 籽粒千粒重较高的原因为玉米籽粒体积较大，相关研究表明千粒重受籽粒的大小、品种、地区及成熟度的影响。

（三）主栽品种玉米色差结果分析

色差分析可以很直观地表现出产品所呈现出的颜色状态，使用色差仪测定玉米粉的色差，每个样品取三个不同的位置进行测定，L^* 值表示亮度，其数值越大表示较标准色板颜色更亮，反之更暗。a^* 值表示红绿值，其数值越大表示较标准色板颜色更红，反之更绿。b^* 值表示黄蓝值，其数值越大表示较标准色板颜色更黄，反之更蓝。

30 个主栽品种玉米色差结果见表 4-2。

表 4 - 2　主栽品种玉米色差结果

品　　种	地　　区	亮度值（L^*）	红绿值（a^*）	黄蓝值（b^*）
郑单 958	曲靖	84.18±0.10[fgh]	4.33±0.02[j]	30.82±0.07[ij]
郑单 958	漯河	83.75±0.10[bc]	4.50±0.02[l]	31.28±0.08[k]
郑单 958	新乡	84.26±0.16[fghi]	3.74±0.07[g]	29.25±0.12[g]
郑单 958	衡水	83.86±0.10[cde]	4.84±0.03[o]	34.92±0.13[r]
郑单 958	聊城	84.47±0.06[ijk]	4.50±0.05[l]	32.84±0.24[n]
郑单 958	莱州	84.15±0.09[fgh]	4.60±0.05[mn]	34.43±0.09[q]
先玉 335	曲靖	84.66±0.14[jkl]	3.37±0.03[d]	28.76±0.15[de]
先玉 335	关中	84.71±0.06[lm]	2.97±0.03[b]	27.22±0.09[b]
先玉 335	哈尔滨	84.43±0.06[ij]	3.36±0.03[d]	28.28±0.13[de]
先玉 335	漯河	84.98±0.08[n]	3.92±0.05[h]	29.08±0.09[fg]
先玉 335	长治	84.69±0.22[jkl]	3.38±0.06[d]	27.59±0.10[c]
登海 605	济宁	83.89±0.14[cde]	4.53±0.03[lm]	34.63±0.18[q]
登海 605	德州	83.78±0.14[bc]	4.50±0.04[l]	35.89±0.07[s]
登海 605	莱州	84.07±0.10[efg]	4.41±0.04[k]	35.91±0.20[s]
伟科 702	石家庄	85.32±0.06[o]	3.90±0.04[h]	31.84±0.22[l]
伟科 702	潍坊	84.63±0.07[klm]	4.10±0.06[i]	33.85±0.07[p]
翔玉 998	洮南	84.99±0.18[n]	3.24±0.08[c]	26.80±0.21[a]
翔玉 558	洮南	84.03±0.16[def]	4.42±0.07[k]	32.79±0.23[n]
丹玉 405	营口	83.76±0.18[bc]	3.78±0.02[g]	32.31±0.19[m]
良玉 99	营口	83.61±0.13[b]	4.63±0.06[n]	32.99±0.18[n]
辽单 565	沈阳	84.43±0.11[ij]	4.53±0.02[lm]	32.18±0.10[m]
辽单 575	沈阳	83.90±0.15[cde]	4.08±0.07[i]	30.65±0.12[i]
利合 1	赤峰	84.91±0.15[mn]	3.65±0.03[f]	30.65±0.05[i]
宿单 617	宿州	83.80±0.13[bcd]	3.25±0.02[c]	31.08±0.21[k]
利合 228	克山	84.25±0.12[fghi]	2.07±0.05[a]	28.57±0.15[d]
先玉 696	哈尔滨	83.28±0.24[ghi]	4.15±0.04[i]	31.28±0.18[k]
东农 264	绥化	84.72±0.07[lm]	3.53±0.07[e]	31.04±0.14[jk]
纪元 101	唐山	83.39±0.04[a]	4.08±0.03[i]	33.52±0.07[o]
新玉 108	保定	85.29±0.13[o]	3.77±0.03[g]	29.95±0.21[h]
新玉 47	保定	84.38±0.15[hi]	3.35±0.02[d]	28.94±0.15[ef]

注：同一列的不同字母表示在 $P < 0.05$ 水平下具有差异性，下同。

由表 4 - 2 可知，玉米粉的亮度差异不显著，亮度值均在 80 以上，石家-庄伟科 702 的亮度最高为 85.32，唐山-纪元 101 的亮度最低为 83.39，试验所有供试品

的 a 值都大于 0，表明有变红的趋势，衡水-郑单 958 的红度值最高为 4.84，克山-利合 228 的红度值最低为 2.07，试验所有供试品的 b 值均大于 0，表明有变黄的趋势，莱州-登海 605 的黄度值最高为 35.91，洮南-翔玉 998 的黄度值最低为 26.80。总的来说，与先玉 335、伟科 702 等品种相比登海 605、郑单 958 的黄绿值显著增加（$P < 0.05$），表明这几个供试品颜色较其他供试品较为鲜艳，而先玉 335 的黄绿值相对较低；来自不同地区的郑单 958，其黄绿值差异显著（$P < 0.05$）。该研究结果与郭爱良对河北省不同玉米品种的色度研究测定结果相近但略有不同，这可能与供试品的地区、品种及水分含量相关。

（四）主栽品种玉米总淀粉含量分析

玉米淀粉也被称作六谷粉和玉蜀黍淀粉，是天然可再生资源，也是农产品加工的主要产品之一，每年的产量已达 2 350 万 t 以上，占我国所有淀粉产量的 90%。玉米中淀粉含量非常高，大约是其干重的 70%。淀粉主要由直链淀粉和支链淀粉两种葡萄糖聚合物组成。直链淀粉是 α-D-葡萄糖通过糖苷键连接而成，具有右手螺旋结构，其中每个周期都含有 6 个葡萄糖基。支链淀粉是一种含有支链的大分子，各葡萄糖间通过糖苷键连接成一直链，在这个直链上可以通过 α-1,6 糖苷键形成侧链，在形成的侧链上又会出现另一个分支。淀粉是一种颗粒状、通过生物合成的方式以碳水化合物为主要储藏形式而储备植物细胞中的多糖，分为以 α-1,4 糖苷键连接而成的线性直链淀粉，以 α-1,4 糖苷键和 α-1,6 糖苷键连接、具有多分支结构的支链淀粉 2 种类型，这两种淀粉分子占有的比例以及结合的方式对淀粉的颗粒结构及理化性质都有重要影响。蜡质类淀粉的直链淀粉含量低于 15%，普通淀粉直链淀粉含量 20%～35%，高直链淀粉中直链淀粉含量高于 40%。

利用总淀粉试剂盒对样品中淀粉含量进行测定，结果见表 4-3。

表 4-3 主栽品种玉米淀粉含量（干基）

品 种	地 区	淀粉含量（%）	品 种	地 区	淀粉含量（%）
郑单 958	曲靖	73.66±1.30	先玉 335	哈尔滨	76.87±1.14
郑单 958	漯河	75.10±0.65	先玉 335	漯河	75.16±0.48
郑单 958	新乡	71.91±0.49	先玉 335	长治	76.41±0.41
郑单 958	衡水	75.34±0.73	登海 605	济宁	74.01±0.53
郑单 958	聊城	73.45±0.41	登海 605	德州	76.01±0.10
郑单 958	莱州	73.19±0.53	登海 605	莱州	73.95±0.40
先玉 335	曲靖	72.83±0.57	伟科 702	石家庄	74.56±0.59
先玉 335	关中	76.37±0.61	伟科 702	潍坊	74.96±0.59

（续）

品　种	地　区	淀粉含量（%）	品　种	地　区	淀粉含量（%）
翔玉 998	洮南	72.90±0.88	宿单 617	宿州	70.53±0.65
郑单 958	石家庄	74.95±0.61	利合 228	克山	79.03±0.36
丹玉 405	营口	72.48±0.69	先玉 696	哈尔滨	73.73±1.02
良玉 99	营口	71.78±0.58	东农 264	绥化	73.99±0.67
辽单 565	沈阳	74.56±0.36	纪元 101	唐山	71.53±0.46
辽单 575	沈阳	75.75±0.55	新玉 108	保定	78.50±1.00
利合 1	赤峰	78.03±0.49	新玉 47	保定	73.33±0.28

30 个代表性主栽玉米的总淀粉含量的变幅为 70.52%～79.03%，平均含量为 74.5%，变异系数为 2.76%，总淀粉含量最高的是曲靖-郑单 958，总淀粉含量最低的是宿州-宿单 617。同一品种玉米在不同区域种植淀粉含量有差异，如在衡水种植的郑单 958 淀粉含量显著高于在新乡种植的郑单 958 淀粉含量（$P<0.01$）；在衡水种植的郑单 958 淀粉含量显著高于在新乡种植的郑单 958 淀粉含量（$P<0.05$）；在莱州和聊城种植的郑单 958 淀粉含量差异不显著（$P>0.05$）；在关中、漯河、长治和哈尔滨地区种植的郑单 958 淀粉含量显著高于曲靖地区的郑单 958 淀粉含量（$P<0.05$）。淀粉含量因品种和种植区域的不同而表现出不同程度的差异。作为玉米中占比最大的营养组成成分，其含量、结构及性质对产品的加工特性有着至关重要的作用。刘晓峰研究表明淀粉含量的不同，对玉米面条的硬度、弹性、胶着性、咀嚼性和回复性有一定程度的影响，使得玉米面条的品质及口感发生一定程度的改变。研究结果显示，试验所选取的供试品种均可被用作高淀粉专用型玉米加工。

（五）主栽品种玉米蛋白质含量分析

蛋白质是人体必需的组成部分，它可以维持人类的基本生活，是人类生命的物质基础。从生物学角度看，玉米中含有多种蛋白质，有白蛋白、球蛋白、醇溶蛋白、谷蛋白。玉米蛋白质含量约为 10%，胚芽占 20%，胚乳占 76%。糯玉米具有较高营养价值的水溶性蛋白和盐溶性蛋白，因而大幅度改善了玉米的食用品质。王空军等研究表明，通过对多个地区的玉米籽粒的蛋白质含量进行测定，北方的玉米籽粒的蛋白质含量相对较高，但是总体趋势不稳定，最高值与最低值差异较大。而玉米中蛋白质含量除了与地区、种类有关以外，种植过程中施加氮肥也会使蛋白质含量增加。

我国玉米品种种类繁多，主栽品种玉米品质指标存在较明显差异。30 个主栽品种玉米蛋白质含量结果见表 4-4。

表 4-4　主栽品种玉米蛋白质含量（干基）

品　　种	地　区	蛋白质含量（%）	品　　种	地　区	蛋白质含量（%）
郑单 958	曲靖	8.68±0.01	伟科 702	潍坊	9.03±0.06
郑单 958	漯河	9.11±0.06	翔玉 998	洮南	9.85±0.03
郑单 958	新乡	10.00±0.01	郑单 958	石家庄	9.14±0.02
郑单 958	衡水	9.88±0.02	丹玉 405	营口	9.91±0.04
郑单 958	聊城	9.29±0.03	良玉 99	营口	10.01±0.04
郑单 958	莱州	9.81±0.02	辽单 565	沈阳	9.86±0.02
先玉 335	曲靖	9.64±0.04	辽单 575	沈阳	10.64±0.02
先玉 335	关中	8.80±0.02	利合 1	赤峰	8.91±0.02
先玉 335	哈尔滨	9.45±0.02	宿单 617	宿州	10.31±0.02
先玉 335	漯河	9.99±0.06	利合 228	克山	8.96±0.01
先玉 335	长治	9.51±0.02	先玉 696	哈尔滨	9.03±0.02
登海 605	济宁	9.80±0.05	东农 264	绥化	8.81±0.06
登海 605	德州	9.68±0.05	纪元 101	唐山	10.70±0.06
登海 605	莱州	8.95±0.00	新玉 108	保定	9.12±0.03
伟科 702	石家庄	9.03±0.01	新玉 47	保定	10.43±0.07

由表 4-4 可知，30 个玉米品种中，蛋白质含量的变幅为 8.68%～10.70%，平均蛋白质含量为 9.54%，变异系数为 5.98%，蛋白质含量最高的是唐山-纪元 101，蛋白质含量最低的是曲靖-郑单 958。30 个主栽品种玉米中蛋白质含量差异不限制（$P<0.05$）。蛋白质作为玉米中主要的营养指标，在一定程度上决定了玉米的质量和特性。该研究中蛋白质含量与滕超等对不同产地不同玉米品种蛋白质含量测定结果接近但略有不同，主要是因为玉米的品种和种植地区的不同影响导致。

（六）主栽品种玉米脂肪含量分析

普通玉米的脂肪含量范围在 3%～5%，其中黏玉米要高于甜玉米；王世恒的研究表明，超甜玉米的脂肪等理化指标均高于杂交玉米，有的会超出 1 倍甚至很多倍；王利明研究表明，黑玉米和紫玉米等有色玉米的脂肪含量都要比普通玉米的高，导致营养价值也提高。玉米中玉米胚的脂肪含量最高，高达玉米的 80% 左右，为 20%～40%。脂肪酸值作为反映玉米储藏品质的一个重要因素。玉米储藏时各组分之间会出现相应的变化，发生酸败反应，例如脂肪转变为脂肪酸、蛋白质分解成氨基酸等，因此可以通过酸值的改变来评判玉米在储藏过程时的变化程度。通常脂肪酸值增加，证明玉米的品质因储存不当而变差。一般刚刚收获的粮食脂肪酸值在 10% 左右，而经过了夏天温度过高或者储存不当，脂肪酸值升高达到 50%，证明不易储存，而达到 78% 则为陈化粮。

本文主要研究了 30 个主栽品种玉米，利用索氏抽提法测定玉米中脂肪含量，结果见表 4-5。

表 4-5　主栽品种玉米脂肪含量（干基）

品　种	地　区	脂肪含量（%）	品　种	地　区	脂肪含量（%）
郑单 958	曲靖	4.03±0.36	伟科 702	潍坊	3.84±0.83
郑单 958	漯河	4.63±0.62	翔玉 998	洮南	3.97±0.36
郑单 958	新乡	4.53±0.67	郑单 958	石家庄	4.47±0.53
郑单 958	衡水	4.37±0.58	丹玉 405	营口	4.66±0.67
郑单 958	聊城	4.61±0.54	良玉 99	营口	4.06±0.68
郑单 958	莱州	4.95±0.65	辽单 565	沈阳	4.28±0.51
先玉 335	曲靖	3.65±0.29	辽单 575	沈阳	3.84±0.52
先玉 335	关中	3.72±0.29	利合 1	赤峰	3.52±0.16
先玉 335	哈尔滨	4.29±0.43	宿单 617	宿州	4.93±0.68
先玉 335	漯河	4.12±0.85	利合 228	克山	3.97±0.56
先玉 335	长治	3.30±0.59	先玉 696	哈尔滨	3.92±0.40
登海 605	济宁	4.63±0.70	东农 264	绥化	5.01±0.69
登海 605	德州	4.93±0.76	纪元 101	唐山	4.20±0.65
登海 605	莱州	4.17±0.80	新玉 108	保定	3.87±0.56
伟科 702	石家庄	4.38±0.57	新玉 47	保定	4.25±0.44

由表 4-5 可知，30 个玉米品种中，脂肪含量的变幅为 3.30%～5.01%，平均脂肪含量为 4.24%，变异系数为 10.42%，脂肪含量最高的是绥化-东农 264，脂肪含量最低的是长治-先玉 335。郑单 958 的脂肪含量显著高于先玉 335 脂肪含量（$P<0.01$），登海 605 的脂肪含量显著高于先玉 335 脂肪含量（$P<0.05$），先玉 335 与伟科 702 的脂肪含量差异不显著（$P<0.05$）。同一品种在不同地区种植，脂肪含量有差异，如在莱州和聊城种植的郑单 958 脂肪含量显著高于曲靖地区的郑单 958（$P<0.05$），哈尔滨地区种植的先玉 335 脂肪含量显著高于曲靖、关中、长治地区的先玉 335 脂肪含量（$P<0.05$）。脂肪含量是评价玉米食用品质的关键指标。玉米所含的脂肪含量为大米、小麦粉的 3～4 倍，而且富含不饱和脂肪酸，其中 50% 为亚油酸，能降低血液脂质浓度和胆固醇含量，防止心肌梗死、高血压的发生。该研究结果与赵博研究结果脂肪含量部分一致，可能是由于所选试验品种及地点均有不同导致。

（七）主栽品种玉米膳食纤维含量分析

本书主要研究了 30 个主栽品种玉米，玉米中膳食纤维含量结果见表 4-6。

表 4-6　主栽品种玉米膳食纤维含量（干基）

品　　种	地　　区	膳食纤维含量（%）	品　　种	地　　区	膳食纤维含量（%）
郑单 958	曲靖	2.64 ± 0.18	伟科 702	潍坊	3.06 ± 0.15
郑单 958	漯河	1.87 ± 0.14	翔玉 998	洮南	1.76 ± 0.16
郑单 958	新乡	1.23 ± 0.26	郑单 958	石家庄	2.45 ± 0.24
郑单 958	衡水	2.76 ± 0.23	丹玉 405	营口	2.01 ± 0.24
郑单 958	聊城	2.76 ± 0.22	良玉 99	营口	2.22 ± 0.22
郑单 958	莱州	2.87 ± 0.22	辽单 565	沈阳	2.96 ± 0.23
先玉 335	曲靖	1.06 ± 0.07	辽单 575	沈阳	2.63 ± 0.16
先玉 335	关中	1.34 ± 0.16	利合 1	赤峰	3.45 ± 0.17
先玉 335	哈尔滨	2.14 ± 0.08	宿单 617	宿州	3.67 ± 0.16
先玉 335	漯河	2.76 ± 0.11	利合 228	克山	3.23 ± 0.32
先玉 335	长治	2.22 ± 0.12	先玉 696	哈尔滨	1.86 ± 0.14
登海 605	济宁	1.68 ± 0.10	东农 264	绥化	1.45 ± 0.23
登海 605	德州	1.68 ± 0.26	纪元 101	唐山	2.55 ± 0.13
登海 605	莱州	1.41 ± 0.07	新玉 108	保定	1.81 ± 0.24
伟科 702	石家庄	1.99 ± 0.21	新玉 47	保定	1.56 ± 0.10

　　由表 4-6 可知，膳食纤维含量的变幅为 $1.06\%\sim3.67\%$，膳食纤维平均含量为 2.24%，变异系数为 30.78%，膳食纤维含量最高的是宿州-宿单 617，膳食纤维含量最低的是曲靖-先玉 335。郑单 958 的膳食纤维含量显著高于先玉 335 和登海 605 的膳食纤维含量（$P<0.05$）；同一品种在不同地区种植，膳食含量有差异，如在曲靖、衡水、聊城和莱州地区种植的郑 958 膳食纤维含量显著高于漯河和新乡地区的郑单 958 的膳食纤维含量（$P<0.05$），哈尔滨地区种植的先玉 335 膳食纤维含量显著高于曲靖、关中地区的先玉 335 的膳食纤维含量（$P<0.05$）。膳食纤维是人体内不可或缺的一类营养素，对人体的健康起着至关重要的作用。

（八）主栽品种玉米灰分含量的测定

　　本书主要研究了 30 个主栽品种玉米，玉米中灰分含量结果见表 4-7。

表 4-7　主栽品种玉米灰分含量（干基）

品　　种	地　　区	灰分含量（%）	品　　种	地　　区	灰分含量（%）
郑单 958	曲靖	0.95 ± 0.07	郑单 958	聊城	1.40 ± 0.20
郑单 958	漯河	1.23 ± 0.16	郑单 958	莱州	1.04 ± 0.20
郑单 958	新乡	1.07 ± 0.11	先玉 335	曲靖	1.82 ± 0.05
郑单 958	衡水	1.56 ± 0.14	先玉 335	关中	0.81 ± 0.06

（续）

品　种	地　区	灰分含量（%）	品　种	地　区	灰分含量（%）
先玉 335	哈尔滨	0.94±0.05	良玉 99	营口	1.21±0.07
先玉 335	漯河	0.64±0.12	辽单 565	沈阳	1.55±0.12
先玉 335	长治	1.56±0.19	辽单 575	沈阳	1.74±0.12
登海 605	济宁	1.00±0.18	利合 1	赤峰	0.69±0.10
登海 605	德州	0.78±0.18	宿单 617	宿州	1.29±0.12
登海 605	莱州	1.19±0.15	利合 228	克山	1.29±0.07
伟科 702	石家庄	1.39±0.09	先玉 696	哈尔滨	1.89±0.10
伟科 702	潍坊	1.60±0.20	东农 264	绥化	1.45±0.05
翔玉 998	洮南	1.59±0.20	纪元 101	唐山	0.87±0.10
郑单 958	石家庄	1.34±0.12	新玉 108	保定	1.49±0.09
丹玉 405	营口	1.11±0.17	新玉 47	保定	1.69±0.05

由表 4-7 可知，灰分含量的变幅为 0.64%~1.89%，灰分平均含量为 1.31%，变异系数为 25.03%，灰分含量最高的是哈尔滨-先玉 696，灰分含量最低的是漯河-先玉 335。郑单 958 的灰分含量显著高于登海 605 中灰分含量（$P<0.05$）；同一品种在不同地区种植，灰分含量有差异，如在衡水地区种植的郑单 958 灰分含量显著高于曲靖地区的郑单 958 的灰分含量（$P<0.05$）。灰分是玉米燃烧后剩下的无机物质，是玉米中的矿物质成分，随着玉米制品的不断盛行，玉米矿物质也成为人体矿物质的摄取来源。

（九）主栽品种玉米粉质特性分析

粉质特性是衡量面制品品质的重要指标，同时反映了面团的流变学特性。30个主栽品种玉米的粉质特性结果见表 4-8。

表 4-8　主栽品种玉米粉质特性测定结果

品　种	地　区	吸水率（%）	稳定时间（min）	弱化度（FU）	粉质质量指数
郑单 958	曲靖	57.37±0.12[bcd]	2.33±0.03[ghijk]	128.00±1.00[mn]	39.67±1.53[fghij]
郑单 958	漯河	57.10±0.20[b]	2.31±0.03[ghij]	120.00±1.00[efghij]	36.00±3.00[abcde]
郑单 958	新乡	57.20±0.26[bc]	2.16±0.11[bcde]	121.00±3.00[ghijk]	34.33±2.52[ab]
郑单 958	衡水	57.50±0.20[bcde]	2.28±0.07[fghij]	117.33±2.08[defg]	39.00±1.00[efghi]
郑单 958	聊城	58.33±0.25[hi]	2.18±0.04[bcdef]	119.00±2.00[defgh]	42.00±2.65[ijkl]
郑单 958	莱州	57.47±0.15[bcde]	2.23±0.04[cdefg]	127.00±1.00[lmn]	45.00±1.73[l]
先玉 335	曲靖	57.53±0.15[cde]	2.25±0.03[efghi]	115.33±3.79[cde]	37.33±0.58[abcdefg]
先玉 335	关中	56.77±0.15[a]	2.09±0.06[ab]	126.00±3.61[klmn]	34.33±0.58[ab]
先玉 335	哈尔滨	57.83±0.25[ghi]	2.29±0.04[ghij]	123.67±1.53[ijklmn]	36.67±2.52[abcdef]

（续）

品　种	地　区	吸水率（%）	稳定时间（min）	弱化度（FU）	粉质质量指数
先玉335	漯河	58.33±0.25^{hi}	2.23±0.07^{cdefg}	123.00±4.36^{ijklm}	37.67±2.08^{bcdefg}
先玉335	长治	57.40±0.26^{bcd}	2.17±0.04^{bcde}	122.00±2.00^{ghijkl}	36.33±0.58^{abcdef}
登海605	济宁	57.17±0.21^{bc}	2.18±0.05^{bcdef}	117.67±1.15^{lmn}	35.67±1.53^{abcde}
登海605	德州	57.27±0.15^{bc}	2.14±0.04^{bcd}	124.00±1.73^{ijklmn}	35.00±2.65^{abc}
登海605	莱州	57.27±0.25^{bc}	2.25±0.06^{defgh}	115.33±3.51^{cde}	40.00±1.73^{ghij}
伟科702	石家庄	57.23±0.15^{bc}	2.26±0.03^{efghi}	120.67±3.06^{fghij}	38.00±1.00^{cdefg}
伟科702	潍坊	58.40±0.10^{i}	2.71±0.07^{n}	108.67±4.04^{efghi}	43.33±1.53^{kl}
翔玉998	洮南	57.13±0.15^{bc}	2.14±0.04^{abc}	125.00±3.00^{jklmn}	34.67±1.53^{abc}
翔玉558	洮南	57.13±0.15^{bc}	2.14±0.06^{abc}	125.00±1.00^{jklm}	36.00±2.24^{abc}
丹玉405	营口	57.13±0.15^{bc}	2.23±0.08^{cdefg}	123.00±1.00^{ijklm}	34.67±1.53^{abc}
良玉99	营口	57.30±0.20^{bcd}	2.23±0.04^{cdefg}	127.00±1.00^{lmn}	36.33±1.53^{abcdef}
辽单565	沈阳	57.67±0.31^{def}	2.35±0.04^{hijk}	112.67±1.53^{bcd}	39.67±1.53^{fghij}
辽单575	沈阳	58.03±0.15^{fghi}	2.36±0.12^{ijk}	110.00±3.00^{b}	41.33±1.53^{hijk}
利合1	赤峰	58.33±0.15^{hi}	2.13±0.05^{abc}	121.00±4.00^{efghijk}	35.33±0.58^{abc}
宿单617	宿州	56.70±0.30^{a}	2.42±0.03^{kl}	128.33±4.16^{mn}	38.00±1.00^{cdefg}
利合228	克山	56.53±0.15^{a}	2.04±0.04^{a}	116.33±2.52^{def}	34.00±1.73^{a}
先玉696	哈尔滨	58.03±0.25^{fghi}	2.43±0.04^{kl}	122.67±1.53^{hijkl}	38.67±1.53^{cdefgh}
东农264	绥化	57.27±0.15^{bc}	2.29±0.05^{ghij}	126.00±1.73^{klmn}	35.00±1.00^{abc}
纪元101	唐山	58.17±0.15^{ghi}	2.47±0.05^{lm}	111.00±4.00^{bc}	42.33±1.15^{jkl}
新玉108	保定	58.00±0.20^{fgh}	2.54±0.10^{m}	113.00±4.36^{bcd}	44.00±1.73^{kl}
新玉47	保定	57.47±0.15^{bcde}	2.37±0.05^{ik}	110.33±1.53^{b}	41.33±1.53^{hijk}
小麦粉（对照组）		60.93±0.25^{j}	4.04±0.04^{o}	75.67±2.08^{a}	66.00±3.00^{m}

注：同一列的不同小写字母表示在 $P<0.05$ 水平下具有显著性差异。

由表 4-8 可知，潍坊-伟科 702 吸水率最高，为 58.40%，克山-利合 228 的最低，为 56.53%。但玉米粉面团的吸水率均显著低于小麦粉面团（$P<0.05$），这是由于玉米粉颗粒相对较大，吸水率相对较低，而小麦粉中的面筋蛋白具有较高的吸水性，因此加入玉米粉后混合体系面筋含量下降导致吸水率降低。

稳定时间反映了复配粉所形成面团的耐揉性。潍坊-伟科 702 的稳定时间最长，为 2.71 min，克山-利合 228 的最短，为 2.04 min。玉米面团的稳定时间均显著小于小麦粉面团（$P<0.05$），由此可知，玉米粉的加入降低了混合体系的稳定时间，且不同玉米样品的面团稳定时间也具有一定的差异。原因是玉米粉的添加稀释了小麦粉的面筋蛋白，面筋蛋白的网络结构遭到破坏，使混合体系的稳定性降低。另外，混合粉之间竞争水分，使面筋蛋白的吸水率受到影响，从而使面团稳定时间受

到不同程度的影响。

弱化度反映了面团在搅拌过程中的破坏速率，弱化度越大，面筋越弱，面团越易流变，加工操作性能差。粉质质量指数则是结合形成时间和稳定时间等指标对面团弹性和耐揉性进行综合评价的数值。玉米粉的加入使得混合体系的弱化度变大，粉质质量指数变小，通过吸水率和稳定时间的变化也可以很好地解释弱化度及粉质质量指数的变化。30个玉米样品中宿州-宿单617的弱化度最大，为128.33 FU，潍坊-伟科702的最小，为108.67 FU。莱州-郑单958的粉质质量指数最大，为45.00，克山-利合228的最小，为34.00。

7个地区种植的郑单958样品吸水率和稳定时间变异较小，而弱化度和粉质指数间的差异显著，山东地区（聊城、莱州）种植的郑单958的粉质指数与其他5个地区相比增加了大约17%。在不同地区种植的先玉335、伟科702、登海605等品种吸水率、稳定时间、弱化度、粉质指数等也有不同程度的差异。说明同一品种在不同地区种植，其粉质特性有差异。综上所述，玉米粉与小麦粉的粉质特性差异显著，且不同玉米样品的粉质特性均存在一定的差异，参考面条用小麦粉行业标准，玉米粉粉质特性可作为衡量玉米面条加工适宜性的依据之一。

（十）主栽品种玉米理化特性与粉质特性相关性分析

蛋白质、脂肪、淀粉、膳食纤维、灰分和粉质特性作为评价玉米品质的重要指标，粉质特性也可作为衡量玉米面条加工适宜性的依据之一，因此理化特性与粉质特性之间的相关性也是挑选优质玉米的重要依据。主栽品种玉米理化特性与粉质特性相关性分析结果见表4-9。

表4-9　主栽品种玉米的理化特性与粉质特性相关性分析

	吸水率（%）	稳定时间（min）	弱化度（FU）	粉质质量指数
蛋白质含量	0.107	0.137	−0.234	0.205
脂肪含量	−0.422*	−0.185	0.176	−0.057
淀粉含量	0.379*	0.073	−0.105	0.016
膳食纤维含量	0.483**	0.396*	0.096	0.373*
灰分含量	0.105	0.252	−0.355	0.200

注：＊表示在 $P<0.05$ 水平上显著相关，＊＊表示在 $P<0.01$ 水平上显著相关，颜色的深浅表明相关性的强弱。

从表4-9可知，粉质吸水率与脂肪含量呈显著负相关，与淀粉含量呈显著正相关，与膳食纤维含量呈极显著负相关；这是由于油脂在面团中伸展成片状油膜，油膜的阻隔导致水分不易被吸收，从而粉质吸水率降低。淀粉具有良好的吸水性，其含量的增加导致粉质吸水率的增加，另外，淀粉和脂肪作为占比较大的组分，淀粉含量的增加引起脂肪含量的降低也进一步解释了粉质吸水率升高的原因。膳食纤维具有良好的吸水溶胀性，膳食纤维含量的增加导致粉质吸水率增加，混合体系内部较稳定，粉质质量指数变大。

四、 小结

本节主要针对主栽品种玉米的理化及粉质特性进行检测，并进行相关性分析，结论如下：

主栽品种玉米的理化及粉质特性存在不同程度的差异，30 个主栽品种玉米中：玉米籽粒容重和千粒重的平均值分别为 768.52 g/L 和 318.52 g；玉米粉 L^* 值、a^* 值、b^* 值、蛋白质含量、脂肪含量、淀粉含量、膳食纤维含量和灰分含量的平均值分别为 84.32％、3.92％、31.33％、9.54％、4.24％、74.51％、2.24％ 和 1.31％；粉质特性中吸水率、稳定时间、弱化度和粉质质量指数的平均值分别为 57.50％、2.33 min、118.57 FU 和 398.06。通过显著性分析可知，同一品种在不同地区种植，其淀粉含量、蛋白质含量等营养成分存在一定的差异，粉质特性也存在一定的差异。

根据相关性分析结果可知：淀粉含量与粉质吸水率呈显著正相关；膳食纤维含量与粉质吸水率呈极显著正关，与粉质稳定时间和粉质质量指数呈显著正相关。

第三节 主栽品种玉米淀粉结构和凝胶特性分析

一、 前言

玉米中的营养组分，如淀粉、脂肪、蛋白质、可溶性糖等对玉米的加工适宜性有影响。基于第二节的研究结果可知，本书所选取的 30 个主栽品种玉米淀粉含量的变幅为 70.52％～79.03％，淀粉含量较高，淀粉的理化及加工特性又是研究淀粉的品质及其与面制品相关性建立的常用指标。本书通过分析我国主栽品种玉米淀粉的理化及加工特性，明确淀粉理化及加工特性的关系，可为玉米主食制品的加工以及玉米淀粉的应用提供理论依据和数据支撑。

二、 材料与方法

（一）玉米淀粉的提取方法

同第三章。

（二）淀粉透明度测定方法

将置于 50 mL 离心管中的供试品加入去离子水配制成 1％的淀粉乳，将离心管密封，在沸水浴的条件下准确加热糊化 30 min，加热过程中间歇振摇并保持原有体积不发生变化，冷却至室温，以去离子水作为参比，于波长 620 nm 处测其透光率。

（三）淀粉持水率测定方法

准确称取 0.5 g 供试品（干基），质量记为 m，置于离心管中，称重，质量记录为 m_1；加入 10 mL 去离子水，室温下于振荡器中混匀 30 min，4 000 r/min 离心 30 min，小心弃掉上清液，并吸干附着在管壁上的水分，再称其质量 m_2。持水率表示为每克样品吸收水分的质量。

$$持水率 = \frac{m_2 - m_1}{m} \times 100\%$$

式中：m 为称取供试品的质量（g）；m_1 为离心前管和样品的质量（g）；m_2 为离心后管和样品的质量（g）。

（四）淀粉溶解度及膨胀势测定方法

参考汝远的方法并稍做修改。准确称取 0.5 g 供试品（干基），加入 25 mL 去离子水在离心管中配制 2% 的淀粉乳，置于 95 ℃ 水浴中糊化 25 min，以 3 000 r/min 离心 20 min，将上层清液置于 105 ℃ 恒重干燥的铝盒中，一同置于 105 ℃ 的烘箱中至质量恒定后称重，记录沉淀的质量。计算公式如下：

$$S\ (\%) = \frac{m_1}{m_0} \times 100$$

$$P\ (\%) = \frac{m_2}{m_0\ (1-S)} \times 100$$

式中：S 为溶解度（%）；P 为膨胀度（%）；m_1 为上清液重量（g）；m_0 为样品重量（g）；m_2 为离心管中沉淀物重量（g）。

（五）淀粉凝沉性测定方法

将绝干淀粉配置成质量分数为 1% 的淀粉溶液，在玻璃棒不断搅拌的情况下，95 ℃ 水浴中加热糊化 30 min 后冷却，25 ℃ 分别保温 12 h 后观察并记录上清液体积变化。

（六）直链淀粉测定方法

同第二章。

（七）淀粉粒径分布测定方法

取适宜质量的玉米淀粉将其配制成标准浓度的淀粉悬浮液，按照仪器要求将系统进行校准及循环清洁，随后加入样品直至达到仪器设定的遮光度范围。测试完成后系统对粒度分布情况进行自动分析，得到 $D10$、$D50$、$D90$ 等参数。测试参数：物质折射率为 1.520，遮光度范围为 10%～12%，介质为纯水，介质折射率为 1.333，分析模型为通用。

（八）淀粉糊化特性测定方法

同第三章。

（九）淀粉热特性测定方法

同第三章。

三、 数据与结果分析

（一）主栽品种玉米淀粉的基本组分分析

为了研究 30 个主栽品种玉米的淀粉结构、流变等特性，采用苯酚硫酸法提取样品中的淀粉，提取的淀粉基本组成见表 4-10。

表 4-10 主栽品种玉米淀粉的基本组成

品 种	地 区	淀粉含量（%）	蛋白质含量（%）	脂肪含量（%）
郑单 958	曲靖	96.64±0.43[abc]	0.33±0.02[a]	0.24±0.02[ab]
郑单 958	漯河	97.57±0.73[abc]	0.32±0.03[a]	0.26±0.02[ab]
郑单 958	新乡	97.25±1.10[abc]	0.34±0.03[a]	0.27±0.02[ab]
郑单 958	衡水	97.39±1.55[abc]	0.32±0.05[a]	0.26±0.02[ab]
郑单 958	聊城	97.46±0.51[abc]	0.33±0.06[a]	0.25±0.01[ab]
郑单 958	莱州	96.43±0.80[abc]	0.32±0.08[a]	0.23±0.02[a]
先玉 335	曲靖	96.64±0.43[abc]	0.35±0.02[a]	0.26±0.03[ab]
先玉 335	关中	96.67±0.88[abc]	0.35±0.03[a]	0.23±0.02[a]
先玉 335	哈尔滨	96.44±0.93[abc]	0.33±0.04[a]	0.26±0.04[ab]
先玉 335	漯河	96.78±1.45[abc]	0.35±0.03[a]	0.24±0.03[ab]
先玉 335	长治	97.25±1.33[abc]	0.36±0.03[a]	0.28±0.01[b]
登海 605	济宁	97.73±0.54[abc]	0.36±0.02[a]	0.26±0.02[ab]
登海 605	德州	96.23±0.81[abc]	0.35±0.02[a]	0.25±0.02[ab]
登海 605	莱州	97.56±0.75[abc]	0.35±0.03[a]	0.24±0.03[ab]
伟科 702	石家庄	96.83±1.48[abc]	0.34±0.01[a]	0.27±0.02[ab]
伟科 702	潍坊	97.29±0.76[abc]	0.34±0.04[a]	0.25±0.01[ab]
翔玉 998	洮南	97.74±0.22[abc]	0.33±0.03[a]	0.26±0.02[ab]
翔玉 558	洮南	97.92±0.10[c]	0.36±0.02[a]	0.25±0.01[ab]
丹玉 405	营口	96.63±0.53[abc]	0.32±0.03[a]	0.25±0.01[ab]
良玉 99	营口	97.21±0.97[abc]	0.32±0.02[a]	0.27±0.04[ab]
辽单 565	沈阳	95.94±1.03[ab]	0.32±0.02[a]	0.25±0.01[ab]
辽单 575	沈阳	97.77±0.29[abc]	0.33±0.03[a]	0.24±0.01[ab]
利合 1	赤峰	96.81±0.66[abc]	0.35±0.03[a]	0.26±0.01[ab]
宿单 617	宿州	96.82±1.04[abc]	0.33±0.04[a]	0.25±0.02[ab]
先玉 696	哈尔滨	96.82±1.01[abc]	0.31±0.07[a]	0.24±0.01[ab]
东农 264	绥化	97.78±1.08[bc]	0.36±0.03[a]	0.24±0.03[ab]

（续）

品　种	地　区	淀粉含量（%）	蛋白质含量（%）	脂肪含量（%）
利合 228	克山	97.59±0.62abc	0.37±0.03a	0.23±0.01a
纪元 101	唐山	95.92±1.43a	0.34±0.02a	0.26±0.02ab
新玉 108	保定	97.89±0.53c	0.34±0.02a	0.25±0.01ab
新玉 47	保定	97.69±1.07abc	0.35±0.02a	0.26±0.03ab

从表 4-10 可以看出，主栽品种玉米提取出的淀粉纯度为 95.92%～97.92%，均值为 97.09%。可用于淀粉的理化特性、流变特性以及结构特性的分析。

（二）主栽品种玉米淀粉透明度分析

玉米淀粉糊的透光率表示为淀粉的透明度，淀粉糊的透光率越高透明度越高。影响淀粉糊透明度的内在因素主要是淀粉内部的分子组成与结构，如直链淀粉含量、分子量、链长和淀粉的粒径大小。因此淀粉糊的透明度在反映淀粉结构的同时，也影响着淀粉及淀粉类产品的外观及用途，从而影响到淀粉类产品的可接受程度，是影响产品品质的重要因素之一。淀粉的透明度与加热后淀粉分子的重排程度有关，当重排程度较低时，透明度较高，表明回生程度较小。30 个主栽品种玉米淀粉透明度结果见图 4-3。

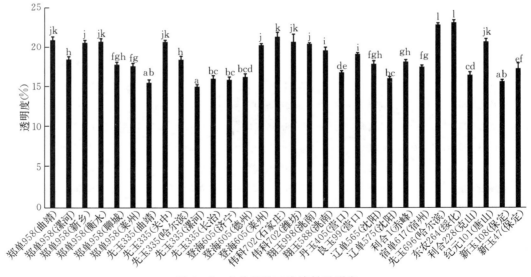

图 4-3　主栽品种玉米淀粉透明度

由图 4-3 可知，主栽品种玉米透明度结果差异显著。透明度的变幅为 15.07%～23.10%，透明度平均数值为 18.61%，变异系数为 12.20%，透明度最高的是绥化-东农 264，透明度最低的是漯河-先玉 335。同一品种在不同地区种植，其淀粉透明度有差异。如在关中地区种植的先玉 335 淀粉透明度显著高于在曲靖、漯河、长治等地区种植的先玉 335 淀粉透明度（$P<0.05$）；伟科 702 的淀粉透明度显著高于登海 605、郑单 958、先玉 335 的淀粉透明度（$P<0.05$）；郑单 958 的淀粉透明度与先玉 335 无显著差异。本试验研究结果表明大量的直链淀粉通常会导致淀粉糊透明度降低，而更多的支链淀粉会增加透明度。

（三）主栽品种玉米淀粉持水率分析

持水性表示在一定条件下淀粉保持水能力的指标，淀粉的持水性与淀粉链之间形成的氢键和共价键的程度有关。30 个主栽品种玉米淀粉持水率见图 4-4。

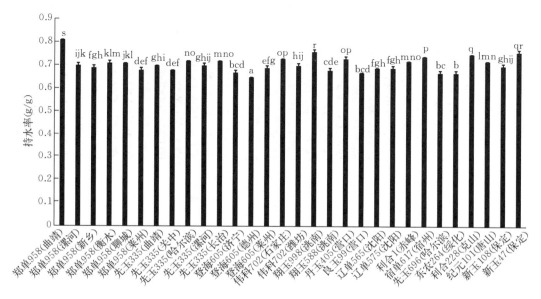

图 4-4　主栽品种玉米淀粉持水率

由图 4-4 可知，持水率结果差异显著不显著。持水率的变幅为 0.65%～0.81%，持水率平均数值为 0.71%，变异系数为 4.77%，持水率最高的是曲靖-郑单 958，持水率最低的是德州-登海 605。同一品种在不同地区种植，其淀粉持水率差异不显著（$P<0.05$），伟科 702、登海 605、郑单 958、先玉 335 的淀粉持水率差异不显著（$P<0.05$），郑单 958 的淀粉透明度与先玉 335 无显著差异。持水率的变化可能与淀粉分子的结构、氢键等有关，当氢键较少时，与水作用力减弱，持水率相对较低。持水率大小代表淀粉分子与水分子之间的相互作用力的大小，相对较高的持水率对食品加工具有很重要的经济意义，因为它在减少水分损失的同时可以延长产品的货架期。

（四）主栽品种玉米淀粉溶解度及膨胀势分析

溶解度表示淀粉发生糊化时在水中溶解的能力，膨胀势表示淀粉在水热过程中淀粉颗粒膨胀的能力，溶解度及膨胀度大小受到直链淀粉的含量、淀粉粒大小、内部非淀粉成分及淀粉形态的影响，种植环境和基因型共同控制着这些因素。30个主栽品种玉米淀粉溶解度与膨胀势结果见图 4-5 和图 4-6。

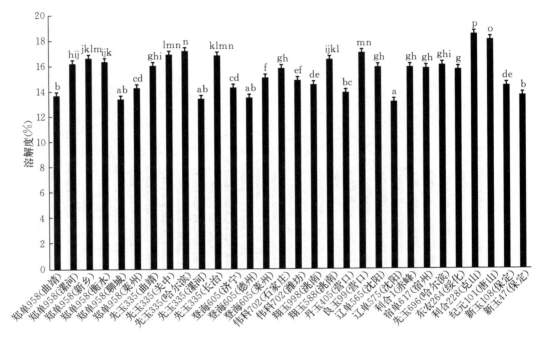

图 4-5　主栽品种玉米淀粉溶解度

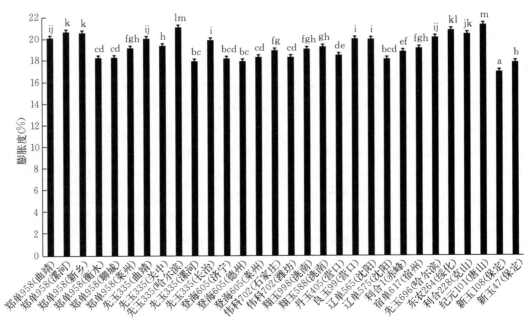

图 4-6　主栽品种玉米淀粉膨胀度

由图 4-5 和图 4-6 可知，溶解度及膨胀势结果差异显著。溶解度的变幅为 13.14%～18.43%，溶解度平均数值为 15.44%，变异系数为 9.42%，溶解度最高的是克山-利合 228，溶解度最低的是沈阳-辽单 575。膨胀度的变幅为 16.90%～21.24%，膨胀度平均数值为 19.21%，变异系数为 5.89%，膨胀度最高的是唐山-纪元 101，膨胀度最低的是保定-新玉 108。登海 605 与先玉 335 淀粉的膨胀势差异显著（$P<0.05$）。同一品种在不同地区种植，其淀粉溶解度和持水性差异显著（$P<0.05$），如在漯河、新乡、衡水地区种植的郑单 958 的淀粉溶解度显著高于在曲靖、聊城、莱州地区种植的溶解度，在漯河、新乡、衡水地区种植的郑单 958 的淀粉溶解度则无差异；种植在哈尔滨、曲靖、关中、长治地区的先玉 335 淀粉溶解度无差异，但这四个地区种植的先玉 335 淀粉溶解度显著高于在漯河种植的样品。溶解度及膨胀度对面条的最佳蒸煮时间及蒸煮损失率具有重要的作用，并且当直链淀粉含量增加呈现出较低的溶解度及膨胀度。

（五）主栽品种玉米淀粉凝沉性分析

凝沉性表示淀粉分子链之间通过氢键发生结合，进而使得淀粉发生溶解度降低的现象，沉降体积的大小反映淀粉凝胶形成的能力强弱及淀粉糊的稳定性。澄清液体积越大表明淀粉糊稳定性越差，澄清液体积越小表明淀粉糊稳定性越好。30 个主栽品种玉米淀粉凝沉性见图 4-7。

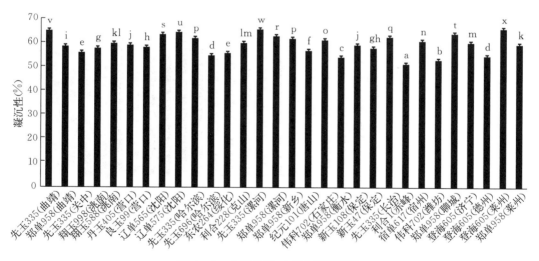

图 4-7　主栽品种玉米淀粉凝沉性

由图 4-7 可知，凝沉性结果差异显著（$P<0.05$）。澄清液体积百分比的变幅为 51.44%～66.00%，平均数值为 59.56%，变异系数为 6.38%。同一品种在不同地区种植，其淀粉凝沉性有差异，如在漯河、新乡、聊城种植的郑单 958 的淀粉凝沉性差异不显著，但其淀粉凝沉性显著高于在曲靖、衡水和莱州种植的郑单 958

（$P<0.05$）；在曲靖、漯河地区种植的先玉335的淀粉凝沉性差异不显著，但与关中地区种植的先玉335相比，凝沉性显著增加（$P<0.05$）。先玉335在曲靖、漯河、长治等地区，其淀粉透明度有显著增加（$P<0.05$）。曲靖地区种植的先玉335和郑单958、哈尔滨地区种植的先玉335和郑单958、漯河地区种植的先玉335和郑单958，淀粉凝沉性差异显著（$P<0.05$）；保定地区种植的新玉108和新玉47淀粉凝沉性差异不显著，营口地区的丹玉405和良玉99差异不显著，沈阳的辽单565和辽单575差异不显著。淀粉的凝沉特性主要与淀粉中直、支链淀粉含量及结构高度相关，直链淀粉的空间位阻较小，分子间裸露的氢键容易重新缔合，形成分子束，易于沉降；而支链淀粉则支链较多，空间位阻大，可以在一定程度上阻止氢键的缔合，减缓沉降。研究发现，如果合理利用淀粉的凝沉特性，在加工相关制品时可以减慢其回生，进而改善产品品质，也可以运用凝沉特点制作粉条、粉丝、粉皮和凉粉等。本试验研究结果表明凝沉性与其直链淀粉含量呈显著负相关。

（六）主栽品种玉米直链淀粉含量分析

直链淀粉含量是影响粮食感官品质和加工特性的关键因素，其含量的高低可作为评价粮食品质的重要指标，且对粮食的合理加工、农业选种和育种具有重要意义。30个主栽品种玉米直链淀粉含量见图4-8。

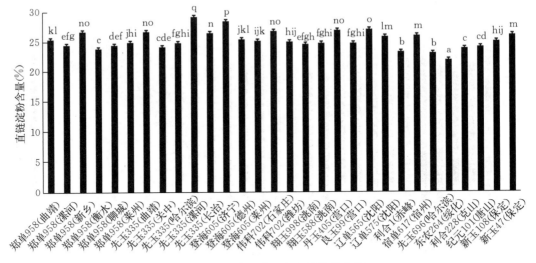

图4-8 主栽品种玉米直链淀粉含量

直链淀粉含量的变幅为21.80%～29.14%，直链淀粉平均含量为25.27%，变异系数为6.16%，直链淀粉含量最高的是漯河-先玉335，直链淀粉含量最低的是绥化-东农264。所选试验用郑单958、先玉335、登海605和伟科702的直链淀粉含量无显著差异（$P<0.05$）；在漯河地区种植的先玉335直链淀粉含量显著高于关中、哈尔滨、长治、曲靖地区先玉335淀粉直链淀粉含量（$P<0.01$），在长治

地区种植的先玉 335 直链淀粉含量显著高于哈尔滨、关中地区先玉 335 淀粉直链淀粉含量（$P<0.01$）。根据 Tester 等研究显示直链淀粉含量低于 15％的为"蜡质"淀粉，直链淀粉含量在 20％～35％的为"普通"淀粉，而直链淀粉含量高于 40％的淀粉为"高直链淀粉"。因此，试验所选取的 30 个供试品均为"普通"淀粉。数据显示黑龙江的玉米供试品直链淀粉含量较低，而河南的玉米供试品直链淀粉含量偏高。直链淀粉含量是影响淀粉理化特性及面条品质的重要物质基础。本书研究结果表明，直链淀粉含量较高的品种，其糊化温度也相对较高，这是因为直链淀粉含量高会延迟膨胀而导致糊化温度升高，从而影响淀粉的糊化特性。因此，直链淀粉的含量是影响玉米食品加工品质的主要因素之一。

（七）主栽品种玉米淀粉粒径分布分析

淀粉颗粒作为相对独立的个体，具有一定的内部结构，颗粒尺寸的差异性造成了淀粉特性的不同，因此其对产品品质的影响也不同。$D10$、$D50$ 和 $D90$ 分别代表淀粉颗粒粒径大小在该粒径以下的累积分布为 10％、50％和 90％。30 个主栽品种玉米淀粉粒径分布见表 4 - 11。

表 4 - 11　主栽品种玉米淀粉粒径分布

品　　种	地　　区	$D10$（μm）	$D50$（μm）	$D90$（μm）	比表面积（m²/kg）
郑单 958	曲靖	3.36±0.02[m]	15.40±0.04[hi]	22.64±0.04[j]	247.77±0.55[gh]
郑单 958	漯河	3.36±0.04[m]	16.37±0.02[p]	23.42±0.02[rs]	240.37±0.58[d]
郑单 958	新乡	3.00±0.03[i]	15.95±0.04[l]	23.26±0.01[p]	249.60±0.30[i]
郑单 958	衡水	3.24±0.04[l]	15.74±0.02[k]	22.95±0.03[m]	246.70±0.87[g]
郑单 958	聊城	3.33±0.06[m]	16.06±0.02[m]	23.31±0.01[q]	243.53±0.64[e]
郑单 958	莱州	2.80±0.02[fg]	14.97±0.02[e]	22.75±0.01[k]	262.93±0.42[n]
先玉 335	曲靖	3.24±0.04[l]	15.43±0.05[i]	21.89±0.02[f]	249.53±0.61[i]
先玉 335	关中	2.49±0.03[c]	16.95±0.04[s]	24.69±0.02[w]	263.03±0.70[n]
先玉 335	哈尔滨	2.79±0.03[f]	14.10±0.05[c]	20.97±0.02[b]	271.47±0.47[p]
先玉 335	漯河	3.67±0.06[o]	17.12±0.04[t]	24.60±0.02[v]	231.13±1.46[a]
先玉 335	长治	3.12±0.03[k]	15.50±0.03[j]	22.85±0.02[l]	251.23±0.59[j]
登海 605	济宁	3.81±0.05[p]	16.93±0.04[s]	24.61±0.02[v]	233.27±0.65[b]
登海 605	德州	2.69±0.02[e]	15.19±0.01[g]	22.99±0.01[m]	266.23±0.49[o]
登海 605	莱州	2.57±0.03[d]	14.42±0.02[d]	21.28±0.01[c]	273.53±0.25[q]
伟科 702	石家庄	3.24±0.02[l]	15.74±0.03[k]	23.19±0.02[o]	247.67±0.42[gh]
伟科 702	潍坊	3.25±0.03[l]	16.13±0.05[n]	23.74±0.04[t]	244.73±0.67[f]
翔玉 998	洮南	3.23±0.05[l]	16.73±0.01[r]	24.24±0.01[u]	240.37±0.45[d]
翔玉 558	洮南	3.08±0.01[ik]	16.17±0.01[n]	23.75±0.02[t]	246.77±0.25[g]
丹玉 405	营口	3.06±0.05[j]	15.17±0.03[g]	21.68±0.02[e]	254.70±0.30[l]
良玉 99	营口	2.97±0.03[i]	15.35±0.03[h]	21.92±0.01[g]	255.13±1.30[l]
辽单 565	沈阳	3.13±0.03[k]	15.12±0.04[f]	21.61±0.02[d]	254.37±0.57[l]

（续）

品　种	地　区	D10 （μm）	D50 （μm）	D90 （μm）	比表面积 （m^2/kg）
辽单 575	沈阳	3.27 ± 0.04^l	15.74 ± 0.03^k	23.40 ± 0.02^r	248.50 ± 0.61^{hi}
利合 1	赤峰	2.06 ± 0.01^b	16.24 ± 0.02^o	25.88 ± 0.03^x	301.50 ± 0.52^t
宿单 617	宿州	2.12 ± 0.01^b	16.68 ± 0.05^r	25.92 ± 0.03^y	295.77 ± 0.68^s
先玉 696	哈尔滨	1.61 ± 0.01^a	12.63 ± 0.05^a	22.16 ± 0.03^h	415.53 ± 0.61^u
东农 264	绥化	2.59 ± 0.01^d	13.35 ± 0.04^b	19.74 ± 0.01^a	281.80 ± 0.46^r
利合 228	克山	2.85 ± 0.01^{gh}	15.18 ± 0.01^g	22.55 ± 0.02^i	258.63 ± 0.31^m
纪元 101	唐山	2.88 ± 0.01^h	15.93 ± 0.03^l	23.28 ± 0.01^p	252.93 ± 1.10^k
新玉 108	保定	3.12 ± 0.01^k	16.26 ± 0.01^o	23.44 ± 0.03^s	244.53 ± 0.35^{ef}
新玉 47	保定	3.62 ± 0.04^n	16.53 ± 0.01^q	24.21 ± 0.01^u	238.17 ± 0.67^c

由表 4-11 可知，主栽品种玉米的 D10、D50、D90 和比表面积结果差异显著。D10 变幅为 1.61～3.81 μm，变异系数为 16.07%；D50 变幅为 12.63～17.12 μm，变异系数为 6.57%；D90 变幅为 19.74～25.92 μm，变异系数为 5.93%；比表面积变幅为 231.13～415.53 m^2/kg，变异系数为 12.91%。同一品种在不同地区种植，其淀粉分子量有差异，如莱州地区种植的郑单 958 淀粉的 D10、D50 显著低于在其他地区种植的郑单 958（$P<0.05$）。在不同地区种植的郑单 958 淀粉的分子量、比表面积差异显著，如在关中和哈尔滨地区种植的先玉 335 淀粉的 D10、D50、D90 显著低于在其他地区种植的先玉 335 淀粉的 D10、D50、D90。在不同地区种植的先玉 335 淀粉的比表面积差异显著（$P<0.05$）。研究发现淀粉颗粒越小，淀粉颗粒比表面积越大，与水分子接触的表面积越大，从而导致产品蒸煮损失的变化，对面条品质研究发现，淀粉颗粒大小会对面条吸水率和损失率造成极显著的影响，这也说明种植环境对玉米淀粉特性及玉米面条品质具有重要影响。

（八）主栽品种玉米淀粉糊化特性分析

糊化是淀粉至关重要的一个性质，淀粉糊在食品工业生产中有着巨大的应用价值，糊化特性直接影响产品品质。影响糊化的因素主要包括水分、碱、盐类、极性高分子有机化合物、脂类和直链淀粉含量。淀粉加入水中形成悬浊液并通过加热蒸煮变成糊状的过程称为糊化。淀粉糊化经历三个过程：第一阶段为加热前期，淀粉颗粒由于少量吸水膨胀，表面变软但没溶解，此时脱水干燥仍可恢复为原状态；第二过程是温度上升到一定时，颗粒迅速膨胀，黏度加大，此时温度为糊化温度；第三阶段是当温度持续上升，颗粒膨胀至成百至上千倍，多数逐步溶解，整体黏度升高，直至变成透明或半透明胶液，糊化完成，此时淀粉处于高能且无定形状态。玉米淀粉中直链淀粉对糊化温度、黏度特性起到很大作用，当含量较少时，直链淀粉对支链淀粉的束缚较弱，淀粉在低温下膨胀，使得支链淀粉分子得到很好的伸展，黏度加大；当含量较多时，直链淀粉对支链淀粉的束缚越趋明显，淀粉分子中长的支链淀粉结晶导致糊化温度升高。另外，直链淀粉与脂质结合也使淀粉难以糊化。直链淀粉分子聚积在颗粒表面，和支链淀粉结合并通过由支链分子形成的结晶区和无定形区所在区域，对糊化产生一定抑制作用。

目前，国内的研究大多集中在对糊化特性的影响因素方面。张凯等通过对不同品种的玉米淀粉糊化特性进行比较，得到结果，糊化特性与直链淀粉含量呈一定相关性。李建珍等研究表明，超高压等手段会对玉米粉糊化度有一定的改变。国外主要研究糊化特性之间的内部因素变化规律及原因。Bertolini Andrea C 等研究表明，直链玉米淀粉的高紧密度结构和脂质复合物的存在被认为是影响其糊化程度的因素。因此，对糊化过程的影响主要是由于直链之间自由形成的网络结构，而不是淀粉中直链淀粉的比例。Ayse Neslihan Dundar 等研究表明，抗性淀粉的糊化特性高于原淀粉，并且随着温度与储存时间的增加，黏度值下降。

30 个主栽品种玉米淀粉糊化特性结果见表 4 - 12。

表 4 - 12　主栽品种玉米淀粉糊化特性

品种	地区	峰值黏度 (mPa·S)	崩解值 (mPa·S)	终值黏度 (mPa·S)	回生值 (mPa·S)	峰值时间 (min)	糊化温度 (℃)
郑单 958	曲靖	4 925.00	2 469.00	3 910.33	1 454.33	3.93	71.92
郑单 958	漯河	4 568.00	2 143.00	4 034.67	1 609.67	3.80	74.02
郑单 958	新乡	4 045.33	1 710.33	4 015.00	1 680.00	3.87	75.18
郑单 958	衡水	4 480.00	2 119.33	4 050.00	1 689.33	3.80	73.57
郑单 958	聊城	4 565.00	2 093.33	4 096.67	1 625.00	3.82	72.68
郑单 958	莱州	4 146.33	1 859.00	3 833.00	1 545.67	3.93	73.08
先玉 335	曲靖	4 469.33	2 059.00	3 974.00	1 563.67	4.33	72.22
先玉 335	关中	4 418.33	1 915.33	4 100.00	1 597.00	4.33	71.78
先玉 335	哈尔滨	4 234.33	1 829.00	3 932.33	1 527.00	4.10	72.72
先玉 335	漯河	4 293.00	1 533.00	4 556.00	1 796.00	4.10	74.32
先玉 335	长治	4 226.00	1 708.33	4 159.00	1 641.33	4.38	73.03
登海 605	济宁	3 807.00	1 308.00	4 328.33	1 829.33	4.00	74.75
登海 605	德州	4 009.33	1 551.33	4 104.00	1 646.00	3.93	74.02
伟科 702	潍坊	4 566.33	2 152.00	4 054.00	1 639.67	3.73	72.72
翔玉 998	洮南	4 470.67	1 909.67	4 169.33	1 608.33	4.40	73.60
翔玉 558	洮南	4 382.00	1 990.33	4 007.33	1 615.67	4.30	73.76
丹玉 405	营口	4 185.00	1 776.67	3 913.33	1 505.00	3.91	73.08
良玉 99	营口	4 205.00	1 970.67	3 721.33	1 487.00	3.87	73.10
辽单 565	沈阳	4 254.00	1 861.67	4 043.33	1 651.00	4.00	74.37
辽单 575	沈阳	4 252.67	1 634.00	4 299.33	1 680.67	4.20	74.30
利合 1	赤峰	4 187.67	1 650.67	4 202.67	1 665.67	4.42	72.67
宿单 617	宿州	3 705.00	1 384.67	3 987.00	1 666.67	4.10	74.72
先玉 696	哈尔滨	4 031.33	1 752.33	3 756.00	1 477.00	4.30	73.10

（续）

品种	地区	峰值黏度 (mPa·S)	崩解值 (mPa·S)	终值黏度 (mPa·S)	回生值 (mPa·S)	峰值时间 (min)	糊化温度 (℃)
东农 264	绥化	4 468.00	2 196.67	3 620.67	1 349.33	3.93	72.25
利合 228	克山	4 939.00	2 467.67	3 903.33	1 432.00	4.10	70.22
纪元 101	唐山	4 667.00	2 270.67	4 047.00	1 650.67	3.93	73.58
新玉 108	保定	4 159.67	1 646.33	4 273.00	1 759.67	4.27	71.82
新玉 47	保定	4 446.67	1 887.00	4 294.67	1 735.00	4.16	73.03

由表 4-12 可知，不同玉米品种间的糊化特性存在显著差异（$P<0.05$）。当淀粉-水分散体在高于其糊化温度的剪切下加热时，发生从有序到无序状态的相变，系统的黏度急剧增加，产生淀粉糊。淀粉糊的性质受直链淀粉链的数量和结晶度、支链淀粉支链的大小和分布以及淀粉颗粒大小和形状的影响。此外，淀粉的糊化特性可作为一种有效的方法，将淀粉的功能性与其结构特征联系起来，并评估其作为增稠剂或黏合剂在工业中的各种潜在应用。对于所有分析的淀粉，在初始阶段，观察到黏度随着温度的升高而逐渐增加，这可以解释为自由水的损失和由于占据更多空间的溶胀颗粒的体积增加而导致的水流量受限后减少。峰值黏度是淀粉充分吸水膨胀后淀粉颗粒之间相互摩擦使得淀粉糊黏度增大，反映了淀粉的膨胀能力。研究结果表明峰值黏度的变幅为 3 705～4 939 MPa·s，平均峰值黏度为 4 320 MPa·s，变异系数为 6.47%，峰值黏度最高的是克山-利合 228，峰值黏度最低的是宿州-宿单 617。此外，峰值黏度通常在最终产品的质量中起着重要的作用。崩解值是样品在加工处理过程中对机械剪切和热处理的抵抗能力，反映了淀粉糊的稳定性。崩解值的变幅为 1 308～2 469 MPa·s，平均崩解值为 1 883 MPa·s，变异系数为 15.11%，崩解值最高的是曲靖-郑单 958，崩解值最低的是济宁-登海 605。此外，还可以看出，较高的崩解值与较高峰值黏度显著相关，这与淀粉颗粒的膨胀程度有关。终值黏度是淀粉在加热冷却后形成黏性糊状物或凝胶的能力，反映了产品的最终状态。终值黏度的变幅为 3 620～4 556 MPa·s，平均崩解值为 4 056 MPa·s，变异系数为 4.69%，终值黏度最高的是漯河-先玉 335，终值黏度最低的是绥化-东农 264。回生值是淀粉糊在冷却过程中的回生程度，主要与直链淀粉的重结晶相关，它通常被用作指示淀粉的胶凝能力或回生趋势的量度。回生值的变幅为 1 349～1 829 MPa·s，平均回生值为 1 619 MPa·s，变异系数为 6.86%，回生值最高的是济宁-登海 605，回生值最低的是绥化-东农 264。在哈尔滨种植的先玉 335 的淀粉终值黏度与关中、漯河和长治地区种植的先玉 335 的差异显著，与曲靖种植的先玉 335 淀粉终值黏度无差异；在漯河种植的先玉 335 的淀粉终值黏度与曲靖、漯河、哈尔滨、长治地区种植的先玉 335 差异显著；而曲靖地区种植的先玉 335 淀粉的终值黏度与哈尔滨和关中地区的先玉 335 差异不显著（$P<0.05$）。在莱州地区种植

的郑单 958 淀粉终值黏度显著低于漯河、新乡、衡水、聊城地区的郑单 958，而与曲靖地区的郑单 958 的淀粉终值黏度差异不显著（$P<0.05$）。峰值时间是淀粉在糊化过程中到达峰值黏度的时间点，在一定程度上反映了淀粉糊化的难易。而糊化温度则是自然晶体结构被破坏，双折射消失时的临界温度。

（九）主栽品种玉米淀粉热力学特性分析

淀粉在过量的水中加热时，淀粉颗粒经历显著的结构和形态变化，包括由于支链淀粉双螺旋的解离而导致的结晶度损失、由于吸水而导致的淀粉颗粒膨胀以及直链淀粉向水相的浸出，这一系列变化通常被称为淀粉糊化。淀粉颗粒不同其糊化特性也出现一定的差异，对淀粉热力学特性的系统分析可以明确淀粉在糊化过程中的各个特性参数，进而为后续的产品加工提供一定的数据及理论支撑。30 个主栽品种玉米淀粉热力学特性结果见表 4-13。

表 4-13　主栽品种玉米淀粉热力学特性

品　　种	地　区	初始温度 T_0（℃）	峰值温度 T_p（℃）	结束温度 T_c（℃）	焓值 ΔH（J/g）
郑单 958	曲靖	65.87 ± 0.06^{r}	70.85 ± 0.13^{r}	78.52 ± 0.10^{n}	10.47 ± 0.12^{jk}
郑单 958	漯河	66.10 ± 0.05^{s}	69.47 ± 0.02^{o}	77.20 ± 0.26^{ij}	11.64 ± 0.15^{q}
郑单 958	新乡	66.56 ± 0.04^{t}	70.04 ± 0.04^{p}	77.54 ± 0.22^{kl}	10.81 ± 0.11^{mn}
郑单 958	衡水	64.95 ± 0.02^{m}	69.15 ± 0.03^{m}	79.34 ± 0.17^{o}	11.14 ± 0.12^{op}
郑单 958	聊城	64.43 ± 0.03^{k}	67.94 ± 0.06^{h}	76.42 ± 0.10^{fg}	11.17 ± 0.06^{op}
郑单 958	莱州	64.53 ± 0.04^{k}	68.97 ± 0.04^{l}	76.50 ± 0.13^{fg}	9.50 ± 0.08^{f}
先玉 335	曲靖	63.16 ± 0.05^{g}	67.26 ± 0.11^{ef}	75.72 ± 0.12^{e}	12.17 ± 0.07^{r}
先玉 335	关中	61.23 ± 0.02^{b}	66.37 ± 0.02^{b}	73.86 ± 0.17^{c}	14.50 ± 0.18^{u}
先玉 335	哈尔滨	62.36 ± 0.03^{d}	66.58 ± 0.04^{c}	72.46 ± 0.10^{b}	9.76 ± 0.17^{gh}
先玉 335	漯河	63.82 ± 0.15^{i}	67.12 ± 0.11^{d}	74.84 ± 0.20^{d}	14.22 ± 0.07^{t}
先玉 335	长治	63.75 ± 0.07^{hi}	68.36 ± 0.02^{i}	76.45 ± 0.22^{fg}	9.64 ± 0.20^{fg}
登海 605	济宁	61.80 ± 0.09^{c}	67.53 ± 0.05^{g}	75.75 ± 0.11^{e}	12.80 ± 0.11^{s}
登海 605	德州	65.21 ± 0.02^{p}	69.22 ± 0.10^{mn}	77.88 ± 0.15^{m}	10.46 ± 0.10^{jk}
登海 605	莱州	65.18 ± 0.05^{op}	68.90 ± 0.09^{l}	77.65 ± 0.17^{klm}	11.16 ± 0.07^{op}
伟科 702	石家庄	65.09 ± 0.03^{no}	68.58 ± 0.11^{k}	76.64 ± 0.08^{g}	10.98 ± 0.04^{no}
伟科 702	潍坊	65.04 ± 0.04^{n}	68.92 ± 0.03^{l}	77.79 ± 0.14^{lm}	10.62 ± 0.06^{kl}
翔玉 998	洮南	62.50 ± 0.07^{e}	67.20 ± 0.02^{de}	75.58 ± 0.03^{e}	11.29 ± 0.11^{p}
翔玉 558	洮南	65.18 ± 0.02^{op}	68.65 ± 0.03^{k}	76.92 ± 0.05^{h}	9.91 ± 0.11^{hi}
丹玉 405	营口	65.63 ± 0.09^{q}	67.37 ± 0.02^{l}	76.26 ± 0.16^{f}	9.28 ± 0.06^{e}
良玉 99	营口	64.18 ± 0.06^{j}	68.87 ± 0.09^{h}	75.60 ± 0.13^{e}	9.15 ± 0.09^{e}
辽单 565	沈阳	64.52 ± 0.01^{k}	70.06 ± 0.05^{pq}	77.43 ± 0.14^{jk}	10.42 ± 0.14^{j}
辽单 575	沈阳	64.63 ± 0.05^{l}	70.14 ± 0.09^{pq}	77.57 ± 0.11^{kl}	11.79 ± 0.13^{q}
利合 1	赤峰	63.19 ± 0.08^{g}	67.16 ± 0.05^{de}	76.90 ± 0.12^{h}	7.51 ± 0.08^{a}
宿单 617	宿州	62.71 ± 0.03^{b}	68.43 ± 0.09^{ij}	76.47 ± 0.13^{fg}	8.94 ± 0.06^{d}

（续）

品　种	地　区	初始温度 T_0 （℃）	峰值温度 T_p （℃）	结束温度 T_c （℃）	焓值 ΔH （J/g）
先玉 696	哈尔滨	65.81±0.06[r]	70.18±0.04[q]	78.52±0.13[n]	11.28±0.16[p]
东农 264	绥化	64.44±0.04[k]	69.32±0.06[n]	76.28±0.23[f]	8.20±0.06[b]
利合 228	克山	60.43±0.02[a]	64.52±0.05[a]	71.78±0.13[a]	8.71±0.09[c]
纪元 101	唐山	64.52±0.05[k]	68.54±0.11[jk]	75.55±0.20[e]	10.79±0.07[lm]
新玉 108	保定	63.70±0.05[h]	68.37±0.02[i]	77.51±0.22[k]	10.08±0.12[i]
新玉 47	保定	64.92±0.07[m]	68.97±0.14[l]	77.15±0.10[hi]	8.94±0.08[d]

由表 4-13 可知，初始温度的变幅为 60.43～66.56 ℃，平均数值为 64.18 ℃，变异系数为 2.29%，最高的是新乡-郑单 958，最低的是克山-利合 228。峰值温度的变幅为 64.52～70.85 ℃，平均数值为 68.43 ℃，变异系数为 1.97%，最高的是曲靖-郑单 958，最低的是克山-利合 228。结束温度的变幅为 71.78～79.34 ℃，平均数值为 76.47 ℃，变异系数为 2.15%，最高的是衡水-郑单 958，最低的是克山-利合 228。T_0 高表明淀粉微晶具有更高的稳定性，并且结构缺陷的数量更少。此外，高糊化温度值表明淀粉糊化的发生需要更多的能量，并且越难糊化，淀粉颗粒越易结晶。相关研究发现淀粉糊化温度的变化可能是由于多种因素造成的，如淀粉组成（直、支链淀粉的数量）、支链淀粉的结构（单位链长、分支程度、分子量和多分散性）及淀粉颗粒的分子结构（结晶与无定型之比）。焓值（ΔH）反映的是双螺旋有序而不是结晶有序的损失。糊化焓值的变幅为 7.51～14.50 ℃，平均数值为 10.58 ℃，变异系数为 14.91%，最高的是关中-先玉 335，最低的是赤峰-利合 1。糊化焓值的变化表明破坏淀粉结晶区内氢键所需能量的差异，较高的糊化焓值表明在加热糊化过程中产生了较好的结晶区，这可能是由于内切淀粉酶的降解。此外，碳水化合物和水之间更强的相互作用以及组织较好的微观结构也可导致更高的 ΔH 值。另外淀粉的糊化焓值通常与面条最佳蒸煮时间呈现一定的联系，一般认为淀粉糊化焓越大，面条最佳蒸煮时间越长。

（十）主栽品种玉米淀粉理化及加工特性相关性分析

直链淀粉含量的不同会导致淀粉颗粒的大小和结晶结构不同，从而影响淀粉的理化特性。直链淀粉由于呈线形结构，空间阻碍小，容易在淀粉分子间形成氢键结合，发生凝沉、回生，其含量增大会使淀粉的溶解度减小，崩解值降低。因此，直链淀粉对淀粉的透明度、凝沉性、溶解度、D10、D50、比表面积、崩解值、回生值、终值黏度、糊化温度和糊化焓值有较大的贡献。淀粉的理化及加工特性影响产品的加工品质，淀粉的各特性之间存在复杂的相互关系，相关性分析结果见表 4-14。

表 4 - 14　主栽品种玉米淀粉理化及加工特性相关性分析

	A	B	C	D	E	F	G	H	I	J	K	L	M	N	O	P	Q	R	S
A	1.000																		
B	-0.580**	1.000																	
C	0.056	0.015	1.000																
D	0.577**	-0.438*	0.022	1.000															
E	-0.371*	0.313	-0.051	-0.126	1.000														
F	-0.325	0.409*	0.077	0.034	0.720**	1.000													
G	0.591**	-0.379*	0.216	0.398*	-0.364*	-0.276	1.000												
H	0.451*	-0.390*	0.230	0.084	-0.192	-0.415*	0.521**	1.000											
I	0.230	-0.254	0.192	-0.186	-0.167	-0.416*	0.059	0.813**	1.000										
J	-0.466*	0.388*	-0.213	-0.342	0.198	0.232	-0.861**	-0.649**	-0.131	1.000									
K	-0.327	0.237	0.504**	-0.082	0.186	0.303	0.318	0.029	-0.187	-0.319	1.000								
L	-0.493*	0.435*	0.385*	-0.174	0.353	0.489*	0.129	-0.198	-0.374*	-0.152	0.923**	1.000							
M	0.584**	-0.514**	0.098	0.282	-0.430*	-0.641**	0.485*	0.691**	0.607**	-0.442*	-0.145	-0.484	1.000						
N	0.581**	-0.380*	-0.108	0.255	-0.318	-0.630**	0.379*	0.628**	0.574**	-0.358	-0.404*	-0.604**	0.875**	1.000					
O	0.509**	-0.041	-0.281	0.285	-0.248	-0.148	0.145	0.217	0.229	-0.073	-0.614**	-0.610**	0.341	0.579**	1.000				
P	0.016	0.334	-0.097	0.001	-0.294	-0.023	0.064	-0.261	-0.258	0.085	-0.015	0.094	-0.153	0.010	0.391*	1.000			
Q	-0.020	0.359	-0.145	-0.029	-0.296	0.012	0.002	-0.262	-0.194	0.160	-0.143	-0.012	-0.171	0.032	0.459**	0.821**	1.000		
R	-0.022	0.251	-0.101	-0.199	-0.422*	-0.345	-0.006	-0.088	0.034	0.155	-0.188	-0.115	0.037	0.243	0.395**	0.773**	0.842**	1.000	
S	0.414*	-0.054	-0.235	0.330	-0.179	-0.167	0.335	0.348	0.203	-0.195	0.002	-0.158	0.468**	0.406**	0.263	-0.084	-0.050	-0.046	1.000

注：* 表示在 $P<0.05$ 水平上显著相关，** 表示在 $P<0.01$ 水平上显著相关，颜色的深浅表明相关性的强弱；A. 直链淀粉；B. 透明度；C. 持水率；D. 凝沉性；E. 溶解度；F. 膨胀度；G. $D10$；H. $D50$；I. $D90$；J. 比表面积；K. 峰值黏度；L. 崩解值；M. 终值黏度；N. 回生值；O. 糊化温度；P. T_0；Q. T_p；R. T_c；S. 糊化焓值。

由表 4－14 可知，淀粉颗粒越小，其比表面积越大，淀粉与水的接触面积加大，导致溶解度及膨胀程度增大。有研究表明，淀粉糊的性质受直链淀粉的数量和结晶度、支链淀粉的大小和分布以及淀粉颗粒大小和形状的影响，因此粒径分布对终值黏度和回生值具有较大的影响。糊化特性中的崩解值是基于峰值黏度和谷值黏度之差获得，回生值基于终值黏度和谷值黏度之差获得，因此糊化特性中各特性之间存在一定的联系。糊化温度与 T_o、Tp 和 Tc 之间呈显著正相关。焓值代表糊化时破坏淀粉双螺旋结构所需能量，衡量淀粉糊化之前淀粉颗粒内部分子链段有序性，反映淀粉颗粒结晶度的重要参数，在糊化过程中，直链淀粉易发生重聚合，导致回生值和糊化焓值增加，这与曾洁等的研究结果相一致。

综上所述，根据淀粉各特性的相关性可以用一种性质推测另一种性质，从大量的淀粉性质测定中找出淀粉的特征性质指标，对于淀粉的应用行业选择专用淀粉原料具有指导作用。

四、 小结

本节主要分析了主栽品种玉米淀粉的理化及加工特性，并对其进行相关性分析。主要结果如下：

1. 主栽品种玉米淀粉的理化及加工特性存在不同程度的差异，直链淀粉含量、透明度、持水率、凝沉性、溶解度、膨胀度、D10、D50、D90、比表面积、峰值黏度、崩解值、终值黏度、回生值、糊化温度、T_o、Tp、Tc 和 ΔH 的平均值分别为 25.27%、18.61%、0.71%、59.56%、15.44%、19.21%、2.99 μm、15.64 μm、23.10 μm、260.38 m^2/kg、4 320.04 MPa·s、1 883.13 MPa·s、4 056.36 MPa·s、1 619.44 MPa·s、73.22 ℃、64.18 ℃、68.43 ℃、76.47 ℃ 和 10.58 J/g。其中，透明度（CV 值：12.20%）、D10（CV 值：16.07%）、比表面积（CV 值：12.91%）、崩解值（CV 值：15.11%）和糊化焓值（CV 值：14.91%）的差异性较大（CV 值＞10.00%）。

2. 根据相关性分析结果可知：直链淀粉含量与凝沉性、D10、终值黏度、回生值和糊化温度呈极显著正相关，与透明度、比表面积和崩解值呈极显著负相关，与 D50 和糊化焓值呈显著正相关，与溶解度呈显著负相关；透明度与终值黏度呈现极显著负相关，与凝沉性、D10、D50 和回生值呈显著负相关，与膨胀度、比表面积和崩解值呈显著正相关；持水性与峰值黏度呈极显著正相关，与崩解值呈显著正相关；凝沉性与 D10 呈显著正相关；溶解度与膨胀度呈极显著正相关，与 D10、终值黏度和 Tc 呈显著负相关；膨胀度与崩解值呈极显著正相关，与终值黏度和回生值呈极显著负相关，与 D50 和 D90 呈显著负相关；除此之外，淀粉的粒径分布、糊化特性和热力学特性的各参数间也呈现出一定的相关性。

第四节　主栽品种玉米加工适宜性评价

一、前言

通过第二节研究发现 30 个主栽品种玉米的淀粉特性具有较大的差异，而淀粉对于玉米食品的品质影响显著，因此，以 30 个主栽玉米供试品为原料加工蒸煮类主食产品，以面条为例，分析玉米面条的加工品质和食用品质，并通过玉米淀粉特性与产品品质的相关性得到影响玉米面条品质的关键指标，并进行综合评分，结合统计学方法，将主栽品种玉米的加工适宜性进行分类。通过对主栽品种玉米的产品品质差异及其品质特性与淀粉特性进行相关性分析，一方面可以明确影响产品品质特性的淀粉关键指标，为玉米主食产品加工品质调控提供理论支撑；另一方面可以得出主栽品种玉米的加工适宜性，从而为玉米的种植、育种及玉米主食产品加工的原料选取提供理论依据。

二、材料与方法

（一）面条的制作

面条原料为玉米粉 25%、小麦粉 75%，加入 2.0% 的食盐水溶液，不断加入蒸馏水和面 10 min。将和好的面团放入 30 ℃ 的发酵箱中醒发 30 min，设置面条机的压面辊轮间距为 2 mm，将面团反复碾压合片 5 次，随后分别以 1.8 mm、1.6 mm、1.4 mm、1.2 mm、1.0 mm 的辊轮间距连续碾压，将面片切割成长宽厚为 20 cm×0.5 cm×0.1 cm 的面条。

（二）面条蒸煮特性的测定方法

将压片完成的面条两端不平整部分切除，使面条长度保持为 20 cm，取 40 根放入 2 000 mL 的沸水中，立即开始计时，每隔 10 s 或 5 s 取一次样置于透明玻璃板上按压，观察面条中间白芯的变化情况，记录白芯刚好消失的时间，即面条的最佳蒸煮时间。

（1）面条干物质吸水率的测定

取 40 根 20 cm 长的鲜湿面条，称重记录为 m_0，随后放入 2 000 mL 微沸水中，煮至最佳蒸煮时间，捞出后过 1 000 mL 的冷水约 30 s，将煮熟的面条放置在滤纸上静置 5 min，将水分吸干，称重记录为 m_1，计算面条的干物质损失率，并对鲜湿面条的水分含量进行测定，记录为 W。面条干物质吸水率公式如下：

$$干物质吸水率（\%）=\frac{m_1-m_0\times(1-w)}{m_0\times(1-w)}\times100$$

（2）面条干物质损失率的测定

将蒸煮之后的热水和冷却水倒入已恒重的烧杯（记为 m_2）中，使用电炉使烧杯中的水蒸发至少量，随后放入烘箱中 105 ℃中干燥至恒重进行称重（记为 m_3）。面条干物质损失率公式如下：

$$干物质损失率（\%）=\frac{m_3-m_2}{m_0\times(1-w)}\times100$$

（3）断条率测定

从制作好的面条中取出 40 根放入盛有 500 mL 微沸水中煮至最佳蒸煮时间后捞出，记录断条的根数，断条率公式如下：

$$断条率（\%）=\frac{n}{20}\times100$$

（三）面条感官评价方法

取适量的干面条放入沸水中，将面条煮至最佳蒸煮时间后捞出，放入冷水中冷却 10 s 后用漏勺捞出放入品评盘中，挑选 10 名专业的食品评价人员按表 4-15 中的标准进行评价打分，评分结果取平均值（各评分项精确至 0.1 分），评价表见表 4-15。评分标准参考 LS/T 3202—1993《面条用小麦粉》。

表 4-15　玉米面条感官评价表

项　　目	分值（分）	评分标准
色泽	10	颜色光亮、面条颜色为黄色、淡黄色，亮度好为 8.5～10 分；颜色适中、亮度一般为 6.0～8.4 分；色发暗、发灰，亮度差为 1～6 分
表观状态	10	表面结构细密、光滑为 8.5～10 分；表面略为粗糙、变形为 6.0～8 分；表面粗糙、膨胀、变形严重为 1～6 分
适口性	20	力度适中得分 17～20 分；稍偏硬或偏软 12～17 分；太硬或太软 1～12 分
韧性	25	咀嚼时有咬劲、富有弹性为 21～25 分；一般为 15～21 分；咬劲差、弹性不足为 1～15 分
黏弹性	25	咀嚼时爽口、不黏牙为 21～25 分；较爽口、稍黏牙为 15～21 分；爽口性差、发黏为 10～15 分
光滑性	5	口感光滑为 4.3～5 分；口感光滑度适中为 3～4.3 分；光滑程度差、较粗糙为 1～3 分
食味	5	具有玉米清香味 4.3～5 分，基本无异味 3～4.3 分；有异味 1～3 分

（四）面条拉伸特性测定方法

利用物性仪对面条拉伸特性进行测定。采用 A/KIE 探头，测试初速度 2 mm/s，测试中速度 3.3 mm/s，测试后速度 10.00 mm/s，测试距离 40 mm。触发力 5.0 g。

（五）面条质构特性测定方法

取长度为 20 cm 的面条 20 根，放入 500 mL 沸水中，煮至最佳蒸煮时间，用吸水纸吸去熟面条表面水分，采用物性仪对面条质构特性进行测定，选用探头

P/36R，测试前、中、后速率分别为 0.8 mm/s、0.8 mm/s、0.8 mm/s，形变量为 70%，感应力为 5 g，两次压缩间隔时间为 1 s，每个样品平行测试 6 次。

三、 数据与结果分析

（一）玉米面条蒸煮特性分析

最佳蒸煮时间是面条蒸煮特性的关键性指标，随着社会发展的不断加快，快消时代进入人们的眼帘，因此易蒸煮的面条越来越受欢迎。加入玉米粉后，小麦粉面筋网络结果被破坏，导致淀粉不易被面筋网络包裹，淀粉颗粒溶出，淀粉更易发生糊化作用，导致玉米面条蒸煮时间变少。以不同品种玉米为原料加工的面条最佳蒸煮时间、干物质吸水率、干物质损失率和断条率见表 4-16。

表 4-16　不同品种玉米粉对面条蒸煮特性的影响

品　　种	地　　区	最佳蒸煮时间（s）	干物质吸水率（%）	干物质损失率（%）	断条率（%）
郑单 958	曲靖	95.00±5.00^{abcd}	154.04±1.41^{de}	9.69±0.79^{cdefg}	5.00±2.50^{ab}
郑单 958	漯河	110.00±0.00^{hij}	169.33±1.73^{ij}	7.97±1.24^{abc}	7.50±2.50^{abcde}
郑单 958	新乡	105.00±5.00^{efgh}	170.78±3.47^{jk}	13.60±1.34^{klm}	8.33±1.44^{bcde}
郑单 958	衡水	93.33±5.77^{abc}	172.30±4.12^{jk}	8.02±1.25^{abc}	5.00±2.50^{ab}
郑单 958	聊城	113.33±2.89^{ij}	165.05±2.04^{ghi}	13.37±0.40^{klm}	10.83±2.50^{de}
郑单 958	莱州	101.67±5.77^{defg}	172.13±1.27^{jk}	10.04±0.84^{cdefgh}	8.33±1.44^{bcde}
先玉 335	曲靖	108.33±2.89^{ghij}	162.81±2.27^{fg}	12.14±1.12^{hijkl}	10.83±1.44^{de}
先玉 335	关中	100.00±5.00^{cdef}	145.23±2.34^{ab}	12.35±1.36^{ijkl}	11.67±1.44^{e}
先玉 335	哈尔滨	95.00±5.00^{abcd}	174.13±2.84^{k}	14.04±0.78^{lm}	7.50±2.50^{abcde}
先玉 335	漯河	105.00±5.00^{efgh}	162.21±1.86^{fg}	12.84±1.33^{ijklm}	10.00±2.50^{cde}
先玉 335	长治	95.00±5.00^{abcd}	163.22±1.68^{fg}	12.88±1.07^{ijklm}	11.67±2.50^{e}
登海 605	济宁	115.00±0.00^{j}	149.16±3.89^{bc}	8.56±1.36^{bcd}	5.00±2.50^{ab}
登海 605	德州	110.00±5.00^{hij}	149.04±0.98^{bc}	10.94±1.97^{efghij}	8.33±3.82^{bcde}
登海 605	莱州	113.33±2.89^{ij}	153.49±2.00^{de}	13.08±2.00^{jklm}	11.67±2.89^{e}
伟科 702	石家庄	111.67±2.89^{hij}	164.71±3.29^{gh}	10.74±2.08^{defghi}	5.83±2.89^{abc}
伟科 702	潍坊	108.33±2.89^{ghij}	165.79±2.24^{ghi}	9.27±0.45^{bcdef}	5.83±1.44^{abc}
翔玉 998	洮南	93.33±2.89^{abc}	156.02±1.44^{e}	7.41±0.50^{ab}	10.00±2.50^{cde}
翔玉 558	洮南	106.67±2.89^{fghi}	151.31±2.41^{cd}	11.55±1.41^{ghijk}	10.83±1.44^{de}
丹玉 405	营口	100.00±0.00^{cdef}	160.14±1.51^{f}	12.91±0.76^{ijklm}	7.50±2.50^{abcde}
良玉 99	营口	101.67±2.89^{defg}	154.05±2.93^{de}	12.91±0.92^{ijklm}	9.17±1.44^{bcde}
辽单 565	沈阳	113.33±2.89^{ij}	165.35±3.18^{ghi}	12.47±1.17^{ijkl}	8.33±1.44^{bcde}
辽单 575	沈阳	115.00±5.00^{j}	151.03±3.36^{cd}	11.35±0.84^{fghijk}	9.17±1.44^{bcde}

（续）

品 种	地 区	最佳蒸煮时间 （s）	干物质吸水率 （%）	干物质损失率 （%）	断条率 （%）
利合 1	赤峰	98.33±2.89^{bcde}	175.26±1.93^{kl}	14.88±1.24^m	5.00±2.50^{ab}
宿单 617	宿州	96.67±7.64^{abcd}	161.79±1.92^{fg}	11.34±1.02^{fghijk}	8.33±3.82^{bcde}
先玉 696	哈尔滨	90.00±5.00^a	170.71±2.25^{jk}	13.25±0.65^{klm}	6.67±1.44^{abcd}
东农 264	绥化	90.00±0.00^a	173.45±1.04^{jk}	8.05±0.89^{abc}	9.17±1.44^{bcde}
利合 228	克山	98.33±2.89^{bcde}	178.33±1.89^l	13.53±0.86^{klm}	10.83±3.82^{de}
纪元 101	唐山	91.67±2.89^{ab}	173.52±1.74^{jk}	9.80±0.48c^{defg}	5.83±2.89^{abc}
新玉 108	保定	106.67±2.89^{fghi}	143.19±1.91^a	9.69±1.22^{cdefg}	5.83±3.82^{abc}
新玉 47	保定	101.67±2.89^{defg}	142.21±2.19^a	9.04±1.22^{bcde}	11.67±1.44^e
小麦粉（对照组）		123.33±2.89	169.04±3.72	6.10±0.81	3.33±1.44

注：同一列的不同小写字母表示在 $P<0.05$ 水平下具有显著性差异。

由表 4-16 可知，最佳蒸煮时间的变幅为 90.00～115.00 s，平均数值为 102.78 s，变异系数为 7.72%，最高的是沈阳-辽单 575，最低的是克山-利合 228 和赤峰-利合 1。试验用登海 605 最佳蒸煮时间显著高于郑单 958 和先玉 335 最佳蒸煮时间（$P<0.05$），伟科 702 最佳蒸煮时间显著高于先玉 335 最佳蒸煮时间（$P<0.05$），登海 605 和伟科 702 的最佳蒸煮时间无显著差异（$P>0.05$）。同一品种在不同地区种植，其最佳蒸煮时间差异显著（$P<0.05$），如聊城、莱州地区郑单 958 的最佳蒸煮时间显著高于曲靖和衡水地区郑单 958 的最佳蒸煮时间。供试品的最佳蒸煮时间均与小麦粉（对照组）无显著性差异（$P<0.05$）。干物质吸水率表示面条蒸煮后的吸水能力，干物质吸水率的变幅为 142.21%～178.33%，平均数值为 161.66%，变异系数为 6.44%，最高的是克山-利合 228，最低的是保定-新玉 47。试验用郑单 958、伟科 702 的干物质吸收率显著高于登海 605 的干物质吸水率（$P<0.05$），先玉 335 和登海 605 的干物质吸水率差异不显著（$P<0.05$）；同一品种在不同地区种植其干物质吸水率差异显著，如哈尔滨地区的先玉 335 干物质吸水率显著高于其他地区先玉 335 的干物质吸水率（$P<0.05$），衡水地区郑单 958 干物质吸水率显著高于曲靖地区干物质吸水率（$P<0.05$）。加入玉米粉后面条的吸水率变化规律不一致，分析原因可能是玉米面条吸水率受淀粉颗粒大小及膳食纤维等成分的影响。

干物质损失率是衡量面条品质的关键性指标，面条的表观状态也受干物质损失率的影响。干物质损失率的变幅为 7.41%～14.88%，平均数值为 11.26%，变异系数为 18.72%，最高的是赤峰-利合 1，最低的是洮南-翔玉 998。试验用登海先玉 335 干物质损失率显著高于郑单 958、登海 605 和伟科 702 干物质损失率（$P<0.05$）。同一品种在不同地区种植，其干物质损失率差异显著（$P<0.05$），如新乡

和聊城郑单 958 的干物质损失率显著高于其他地区郑单 958 的干物质损失率，济宁、德州和莱州地区的登海 605 干物质损失率差异显著（$P<0.05$）。加入玉米粉，导致面筋网络结构弱化，淀粉颗粒不易被包裹，导致干物质损失率加大。另外玉米粉颗粒相对较为粗糙，小麦粉在与其结合时结合效果不佳也是导致干物质损失率加大的原因。

断条率是衡量蒸煮品质好坏较为直观的指标。断条率的变幅为 5.00%～11.67%，平均数值为 8.39%，变异系数为 27.22%，断条率最高的是关中-先玉 335、保定-新玉 47、长治-先玉 335 和莱州-登海 605，断条率最低的是曲靖-郑单 958、赤峰-利合 1、衡水-郑单 958 和济宁-登海 605。试验用登海 605 的断条率显著低于郑单先玉 335、登海 605 和伟科 702 的断条率（$P<0.05$）。同一品种在不同地区种植，其断条率差异显著（$P<0.05$），如曲靖和衡水地区的郑单 958 断条率显著低于聊城和莱州地区的郑单 958 断条率（$P<0.05$）。加入玉米粉后面筋网络结构不稳定是导致断条率加大的重要因素。

（二）玉米面条感官特性分析

不同玉米面条的感官评价结果见表 4-17。由表 4-17 可知，衡水-郑单 958 面条的感官评价总分最高，为 90.00 分，克山-利合 228 面条的最低，为 85.22 分；衡水-郑单 958 面条的色泽得分最高，为 9.51 分，克山-利合 228 面条的最低，为 8.70 分；唐山-纪元 101 面条的表观状态得分最高，为 8.79 分，克山-利合 228 面条的最低，为 8.48 分；哈尔滨-先玉 696 面条的口感得分最高，为 17.83 分，克山-利合 228 面条的最低，为 17.19 分；衡水-郑单 958 面条的韧性得分最高，为 22.39 分，克山-利合 228 面条的最低，为 20.91 分；唐山-纪元 101 面条的黏弹性得分最高，为 22.48 分，克山-利合 228 面条的最低，为 20.93 分；唐山-纪元 101 面条的光滑性得分最高，为 4.72 分，营口-良玉 99 面条的最低，为 4.39 分；衡水-郑单 958 面条的食味得分最高，为 4.74 分，营口-良玉 99 面条的最低，为 4.58 分。综上可知，不同品种玉米面条的感官评价结果存在一定程度的差异，同一品种玉米在不同地区种植其感官特性也存在差异。

（三）玉米面条拉伸特性分析

面条的拉伸特性是指在克服外力时所受到的阻力，通常以拉伸力和拉伸位移表示。拉伸特性也反映了内部结构的稳定性，拉伸位移越大，表明其内部结构比较细腻，体系稳定性也较好。玉米粉对面条拉伸特性的影响见表 4-18。由表 4-18 可知，玉米粉的加入使整个体系中面筋蛋白含量降低，因此拉伸力和拉伸位移都呈现下降趋势。拉伸力的变幅为 57.81～67.07 g，平均数值为 63.75 g，变异系数为 3.94 g，拉伸力最高的是赤峰-利合 1，拉伸力最低的是营口-良玉 99。拉伸位移的变幅为 8.23～12.80 mm，平均数值为 10.91 mm，变异系数为 9.90 mm，拉伸位移

表4-17 玉米面条感官评价结果

品种	地区	色泽	表观状态	口感	韧性	黏弹性	光滑性	食味	总分
郑单958	曲靖	9.13 ± 0.16^{de}	8.54 ± 0.20^{abc}	17.51 ± 0.22^{cde}	21.61 ± 0.23^{defg}	21.83 ± 0.48^{ghi}	4.64 ± 0.18^{defg}	4.65 ± 0.14^{ab}	87.91 ± 0.39^{fghi}
郑单958	漯河	9.15 ± 0.26^{def}	8.52 ± 0.16^{abc}	17.58 ± 0.23^{cdef}	21.48 ± 0.23^{bcde}	21.32 ± 0.23^{bcd}	4.52 ± 0.16^{abcdefg}	4.64 ± 0.13^{ab}	87.21 ± 0.53^{cde}
郑单958	新乡	9.31 ± 0.17^{efgh}	8.57 ± 0.13^{abcd}	17.60 ± 0.18^{cdef}	21.63 ± 0.23^{cdef}	21.35 ± 0.27^{bcd}	4.68 ± 0.16^{efg}	4.70 ± 0.16^{ab}	87.84 ± 0.37^{efghi}
郑单958	衡水	9.51 ± 0.20^{i}	8.68 ± 0.15^{cdef}	17.78 ± 0.26^{fg}	22.39 ± 0.25^{k}	22.21 ± 0.20^{klm}	4.69 ± 0.15^{fg}	4.74 ± 0.14^{b}	90.00 ± 0.52^{n}
郑单958	聊城	9.30 ± 0.12^{efgh}	8.58 ± 0.17^{abcd}	17.53 ± 0.19^{cde}	21.89 ± 0.26^{fghij}	21.95 ± 0.40^{hijkl}	4.68 ± 0.15^{efg}	4.69 ± 0.14^{ab}	88.62 ± 0.52^{jkl}
郑单958	莱州	9.43 ± 0.20^{hi}	8.72 ± 0.15^{def}	17.57 ± 0.26^{cdef}	22.17 ± 0.38^{jik}	22.27 ± 0.44^{klm}	4.62 ± 0.14^{defg}	4.71 ± 0.14^{ab}	89.49 ± 0.57^{mn}
先玉335	曲靖	9.16 ± 0.13^{defg}	8.66 ± 0.24^{bcdef}	17.72 ± 0.18^{efg}	22.05 ± 0.22^{hij}	21.49 ± 0.43^{defg}	4.52 ± 0.23^{abcef}	4.71 ± 0.11^{ab}	88.31 ± 0.62^{ijk}
先玉335	关中	9.21 ± 0.14^{ab}	8.69 ± 0.18^{bcdef}	17.61 ± 0.15^{cdefg}	21.85 ± 0.39^{defgh}	21.85 ± 0.46^{fghi}	4.67 ± 0.19^{efg}	4.67 ± 0.16^{ab}	88.55 ± 0.65^{fghi}
先玉335	哈尔滨	8.85 ± 0.24^{abc}	8.55 ± 0.12^{abc}	17.51 ± 0.23^{cde}	21.31 ± 0.25^{b}	21.68 ± 0.27^{defgh}	4.47 ± 0.22^{abcd}	4.63 ± 0.11^{ab}	87.00 ± 0.67^{cd}
先玉335	漯河	9.19 ± 0.24^{efgh}	8.54 ± 0.16^{abc}	17.43 ± 0.24^{bc}	21.64 ± 0.26^{cdef}	21.86 ± 0.39^{ghijk}	4.68 ± 0.19^{efg}	4.67 ± 0.18^{ab}	88.01 ± 0.76^{ghij}
先玉335	长治	9.26 ± 0.12^{efgh}	8.63 ± 0.13^{abcde}	17.64 ± 0.25^{cdef}	21.87 ± 0.32^{fghi}	21.77 ± 0.30^{defgh}	4.71 ± 0.15^{g}	4.72 ± 0.15^{ab}	88.60 ± 0.65^{jkl}
登海605	济宁	9.28 ± 0.11^{efgh}	8.55 ± 0.16^{abc}	17.42 ± 0.23^{bc}	21.45 ± 0.26^{bc}	21.50 ± 0.37^{defgh}	4.54 ± 0.15^{abcdefg}	4.63 ± 0.12^{ab}	87.37 ± 0.64^{cdefg}
登海605	德州	9.35 ± 0.13^{ghi}	8.63 ± 0.16^{abcde}	17.52 ± 0.20^{cde}	21.77 ± 0.25^{defgh}	21.81 ± 0.47^{fghi}	4.71 ± 0.15^{g}	4.66 ± 0.08^{ab}	88.45 ± 0.74^{ijk}
登海605	莱州	9.28 ± 0.16^{fghi}	8.51 ± 0.17^{ab}	17.35 ± 0.21^{ab}	21.76 ± 0.42^{defgh}	21.12 ± 0.42^{defgh}	4.55 ± 0.14^{abcdefg}	4.59 ± 0.16^{ab}	87.16 ± 0.63^{cdefg}
伟科702	石家庄	9.16 ± 0.15^{defg}	8.58 ± 0.14^{abcd}	17.68 ± 0.29^{defg}	22.05 ± 0.43^{hij}	22.07 ± 0.28^{ijikl}	4.61 ± 0.19^{cdefg}	4.70 ± 0.13^{ab}	88.85 ± 0.73^{kl}

（续）

品种	地区	色泽	表观状态	口感	韧性	黏弹性	光滑性	食味	总分
伟科702	潍坊	9.32±0.13efgh	8.63±0.16abcde	17.57±0.24cdef	22.01±0.32ghij	22.22±0.28klm	4.71±0.17g	4.70±0.13ab	89.16±0.57lm
翔玉998	洮南	9.19±0.15defg	8.65±0.13bcdef	17.61±0.15cdefg	21.69±0.24bcdef	21.61±0.43defgh	4.55±0.16bcdef	4.65±0.14ab	87.95±0.54ghi
翔玉558	洮南	9.30±0.12efgh	8.51±0.14ab	17.47±0.22cd	21.45±0.22bcd	21.37±0.25bcd	4.50±0.17abcde	4.67±0.14ab	87.33±0.37cdef
丹玉405	营口	9.23±0.23efg	8.61±0.13abcd	17.65±0.19cdefg	21.75±0.33defgh	22.16±0.42abcdef	4.52±0.18abcdef	4.70±0.15ab	88.62±0.63jkl
良玉99	营口	9.28±0.27efg	8.52±0.15abc	17.24±0.25cd	21.35±0.26bc	21.46±0.34bc	4.39±0.14a	4.58±0.14a	86.82±0.75c
辽单565	沈阳	9.19±0.13defg	8.53±0.13abc	17.58±0.18cdef	21.97±0.29ghij	22.05±0.43ijkl	4.61±0.15cdef	4.65±0.10ab	88.58±0.87jkl
辽单575	沈阳	9.08±0.18defg	8.61±0.12abcd	17.47±0.19cd	21.45±0.21bcd	21.61±0.26defg	4.56±0.18bcdef	4.59±0.12ab	87.37±0.73cdefg
利合1	赤峰	8.95±0.20bc	8.59±0.14abcd	17.51±0.25cde	21.76±0.26defg	21.39±0.28bcde	4.54±0.15abcde	4.63±0.14ab	87.37±0.98cdef
宿单617	宿州	9.21±0.18efg	8.61±0.12abcd	17.64±0.23cdef	21.80±0.30defgh	21.62±0.19defgh	4.59±0.18cdefg	4.70±0.13ab	88.17±0.42hij
先玉696	哈尔滨	9.29±0.15efgh	8.78±0.17ef	17.83±0.24g	22.19±0.28jk	22.14±0.45jklm	4.65±0.16efg	4.72±0.14ab	89.6±0.55mn
东农264	绥化	9.01±0.14cd	8.53±0.11ab	17.21±0.14a	20.94±0.38a	21.06±0.29ab	4.44±0.19abc	4.65±0.12ab	85.84±0.59b
利合228	克山	8.70±0.13a	8.48±0.10a	17.19±0.15a	20.91±0.41a	20.93±0.36a	4.42±0.18ab	4.59±0.18ab	85.22±0.66b
纪元101	唐山	9.20±0.18efg	8.79±0.13f	17.65±0.19cdefg	22.36±0.40k	22.48±0.29m	4.72±0.18g	4.73±0.16ab	89.93±0.69n
新玉108	保定	9.14±0.27efg	8.53±0.16abc	17.43±0.25cd	21.42±0.23bcde	21.35±0.26bcde	4.63±0.16defg	4.62±0.16ab	87.12±0.34defgh
新玉47	保定	8.78±0.14ab	8.54±0.16abc	17.46±0.24cd	21.78±0.32defgh	21.75±0.23efghi	4.66±0.13efgh	4.64±0.16ab	87.61±0.59defgh

注：同一列的不同小写字母表示在 $P<0.05$ 水平下具有显著差异。

最大的是保定-新玉108，拉伸位移最低的关中-先玉335。不同供试品拉伸位移存在一定的差异，如莱州、聊城、衡水和曲靖地区的郑单958拉伸位移显著高于漯河和新乡的郑单958拉伸位移（$P<0.05$），哈尔滨和漯河地区先玉335拉伸位移显著高于其他地区的先玉335的拉伸位移（$P<0.05$）。这主要是因为玉米粉中的淀粉含量及特性、蛋白质含量和颗粒大小都对面筋网络的形成产生一定的影响。

表 4 - 18 玉米面条拉伸特性

品　　种	地　　区	拉伸力（g）	拉伸位移（mm）
郑单 958	曲靖	66.34±0.77[jklm]	11.77±0.20[hi]
郑单 958	漯河	63.73±0.56[fghi]	10.39±0.17[d]
郑单 958	新乡	64.96±1.58[hijk]	10.38±0.18[d]
郑单 958	衡水	65.34±0.39[ijkl]	11.57±0.41[gh]
郑单 958	聊城	62.70±0.60[cdef]	11.26±0.10[efg]
郑单 958	莱州	61.24±0.99[c]	11.59±0.17[gh]
先玉 335	曲靖	63.34±0.59[defgh]	10.23±0.12[d]
先玉 335	关中	58.34±0.90[ab]	8.23±0.23[a]
先玉 335	哈尔滨	63.95±0.57[fghi]	11.05±0.36[ef]
先玉 335	漯河	63.26±0.94[defg]	11.25±0.11[efg]
先玉 335	长治	62.07±0.85[cde]	9.34±0.20[b]
登海 605	济宁	66.14±0.39[jklm]	10.45±0.20[d]
登海 605	德州	64.08±1.03[fghi]	11.77±0.21[hi]
登海 605	莱州	66.37±1.00[jklm]	12.50±0.18[jk]
伟科 702	石家庄	63.84±0.66[fghi]	10.32±0.10[d]
伟科 702	潍坊	64.48±0.35[ghi]	11.44±0.38[fgh]
翔玉 998	洮南	64.77±0.42[ghij]	9.64±0.14[b]
翔玉 558	洮南	62.07±0.85[cde]	9.54±0.16[b]
丹玉 405	营口	62.44±1.34[cdef]	12.12±0.13[ij]
良玉 99	营口	57.81±0.62[a]	9.75±0.17[bc]
辽单 565	沈阳	66.13±0.47[jklm]	10.48±0.13[d]
辽单 575	沈阳	66.59±1.34[klm]	11.91±0.26[hi]
利合 1	赤峰	67.07±0.64[m]	10.98±0.13[e]
宿单 617	宿州	66.44±0.67[klm]	12.20±0.44[ij]
先玉 696	哈尔滨	66.89±0.70[lm]	11.51±0.52[gh]
东农 264	绥化	61.82±0.98[cd]	9.40±0.38[b]

（续）

品　　种	地　　区	拉伸力（g）	拉伸位移（mm）
利合 228	克山	63.51 ± 1.14^{efgh}	11.56 ± 0.17^{gh}
纪元 101	唐山	66.34 ± 0.77^{jklm}	11.77 ± 0.20^{hi}
新玉 108	保定	59.44 ± 1.46^{b}	12.80 ± 0.20^{k}
新玉 47	保定	61.10 ± 1.01^{c}	10.09 ± 0.12^{cd}
小麦粉（对照组）		66.34 ± 0.77^{jklm}	11.77 ± 0.20^{hi}

注：同一列的不同小写字母表示在 $P < 0.05$ 水平下具有显著性差异。

（四）玉米面条质构特性分析

质构特性可以客观地反映面条的硬度、黏附性、弹性和咀嚼性等品质，其与面条的感官评价显著相关，因此物性分析仪可以较好评价面条的品质。相关研究表明面条较强的硬度对应着较高的吸水率，玉米粉的添加使粉质特性中吸水率降低，因此面条的硬度降低，与该结果是一致的。质构特性测定结果见表 4-19。由表 4-19可知，玉米面条与小麦面条的质构特性差异显著（$P < 0.05$），相关研究表明面条的硬度与吸水率呈正相关，玉米粉的添加使粉质特性中吸水率降低从而面条的硬度降低，与该结果一致。麦醇溶蛋白和麦谷蛋白以二硫键连接，形成特有的网络结构，脂肪、糖类、淀粉和水都包含在面筋骨架的网络之中，玉米粉的添加导致网络结构变得不稳定，这也是导致硬度降低的原因。玉米面条硬度的变幅为 4 155～5 390 g，平均值为 4.873 kg，变异系数为 7.34%，唐山-纪元 101 的硬度最高，营口-良玉 99 的最低。伟科 702 制作的面条硬度显著高于郑单 958、先玉 335 和登海605 制作的面条的硬度（$P < 0.05$）。不同地区同一品种玉米制作的面条硬度有差异，如漯河地区种植的先玉 335 制作的面条硬度显著高于其他地区的先玉 335 制作的面条硬度（$P < 0.05$），聊城地区种植的郑单 958 制作的面条硬度显著高于曲靖和漯河地区的郑单 958 制作的面条硬度（$P < 0.05$）。玉米面条黏附性的变幅为124.021～149.232 g·s，平均值为 136.041 g·s，变异系数为 5.45%，哈尔滨-先玉335 的黏附性最高，潍坊-伟科 702 的最低。郑单 958 制作的面条硬度显著高于伟科 702 制作的面条的硬度（$P < 0.05$）。不同地区同一品种玉米制作的面条黏附性有差异，如哈尔滨地区种植的先玉 335 制作的面条黏附性显著高于漯河、长治和关中地区先玉 335 制作的面条黏附性（$P < 0.05$），漯河地区种植的郑单 958 制作的面条黏附性显著高于衡水地区的郑单 958 制作的面条硬度（$P < 0.05$）。玉米面条弹性的变幅为 0.818～0.882，平均值为 0.852，变异系数为 2.01%，潍坊-伟科702 的弹性最高，克山-利合 228 的最低，不同品种的弹性也存在一定差异。玉米面条内聚性的变幅为 0.647～0.690，平均值为 0.670，变异系数为 1.60%，曲靖-

表 4 - 19 玉米面条质构特性

品种	地区	硬度（g）	黏附性（g·s）	弹性	内聚性	胶黏性	咀嚼性	回复性
郑单958	曲靖	4 901±0.095[igh]	138.909±6.772[defghi]	0.841±0.010[abcdef]	0.676±0.013[bcde]	3 313±0.054[ghijk]	2 786±0.032[ghij]	0.347±0.011[abcde]
郑单958	漯河	4 477±0.107[cd]	145.665±6.873[fghi]	0.857±0.019[bcdefg]	0.671±0.018[abcde]	3 006±0.154[bcd]	2 577±0.188[bcde]	0.353±0.011[abcdefg]
郑单958	新乡	5 157±0.147	138.674±7.102[defghi]	0.828±0.015[abc]	0.678±0.011[bcde]	3 495±0.055[klm]	2 895±0.098[hijk]	0.342±0.009[abc]
郑单958	衡水	5 044±0.101[hijk]	129.232±8.046[abcd]	0.868±0.021[efg]	0.669±0.011[abcde]	3 374±0.058[ijkl]	2 930±0.118[ijkl]	0.379±0.010[i]
郑单958	聊城	5 266±0.115[klm]	135.344±6.773[bcdef]	0.870±0.020[efg]	0.679±0.012[bcde]	3 574±0.036[m]	3 110±0.088[lm]	0.373±0.013[ghi]
郑单958	莱州	5 150±0.150[ijkl]	136.342±7.454[cdefg]	0.875±0.017[fg]	0.672±0.018[abcde]	3 461±0.128[klm]	3 029±0.140[klm]	0.380±0.006[i]
先玉335	曲靖	4 723±0.090[ef]	143.598±6.348[efghi]	0.865±0.013[defg]	0.690±0.013[ef]	3 259±0.061[efghi]	2 819±0.051[ghij]	0.349±0.017[abcde]
先玉335	关中	4 608±0.118[de]	124.444±6.127[ab]	0.855±0.009[bcdefg]	0.668±0.021[abcde]	3 077±0.072[cde]	2 631±0.070[cdef]	0.340±0.017[abc]
先玉335	哈尔滨	4 376±0.100[bc]	149.232±4.916[i]	0.857±0.016[bcdefg]	0.658±0.019[abc]	2 881±0.149[b]	2 468±0.105[abcd]	0.359±0.013[bcdefghi]
先玉335	漯河	5 235±0.103[klm]	131.253±5.295[abcd]	0.849±0.019[abcdefg]	0.668±0.012[abcde]	3 496±0.051[klm]	2 969±0.097[klm]	0.342±0.011[abc]
先玉335	长治	4 598±0.126[de]	128.772±6.876[abcd]	0.852±0.025[abcdefg]	0.678±0.012[bcde]	3 137±0.034[def]	2 655±0.083[defg]	0.355±0.015[abcdefgh]
登海605	济宁	4 945±0.133[fghi]	129.423±5.820[abcd]	0.833±0.017[abcd]	0.673±0.009[abcde]	3 327±0.055[ghijk]	2 773±0.124[efghi]	0.341±0.008[abc]
登海605	德州	4 819±0.134[efgh]	130.098±5.768[abcd]	0.866±0.024[defg]	0.675±0.007[bcde]	3 252±0.062[efghi]	2 817±0.108[fghi]	0.363±0.006[cdefghi]
登海605	莱州	5 000±0.182[ghij]	148.234±3.642[hi]	0.870±0.021[efg]	0.661±0.013[abcd]	3 304±0.061[fghij]	2 874±0.047[hijk]	0.366±0.015[defghi]
伟科702	石家庄	5 276±0.117[lm]	133.563±4.938[bcde]	0.873±0.014[fg]	0.676±0.011[bcde]	3 566±0.035[m]	3 113±0.027[lm]	0.370±0.012[efghi]

（续）

品种	地区	硬度 (g)	黏附性 (g·s)	弹性	内聚性	胶黏性	咀嚼性	回复性
伟科702	潍坊	$5\,386\pm0.101^m$	124.021 ± 5.568^{ab}	0.882 ± 0.010^g	0.660 ± 0.010^{abcd}	$3\,554\pm0.046^{lmn}$	$3\,135\pm0.073^{lm}$	0.380 ± 0.005^i
翔玉998	洮南	$4\,823\pm0.068^{efgh}$	129.654 ± 6.435^{abcd}	0.830 ± 0.021^{abc}	0.659 ± 0.019^{abc}	$3\,179\pm0.135^{defgh}$	$2\,641\pm0.177^{defg}$	0.349 ± 0.011^{abcde}
翔玉558	洮南	$4\,812\pm0.101^{efg}$	137.453 ± 5.486^{defgh}	0.836 ± 0.033^{abcde}	0.678 ± 0.011^{bcde}	$3\,263\pm0.117^{efghi}$	$2\,725\pm0.051^{efghi}$	0.344 ± 0.007^{abcd}
丹玉405	营口	$4\,921\pm0.128^{fgh}$	131.554 ± 2.664^{abcd}	0.837 ± 0.020^{abcde}	0.677 ± 0.013^{bcde}	$3\,331\pm0.040^{ghijk}$	$2\,788\pm0.073^{ghi}$	0.367 ± 0.016^{bcdefghi}
良玉99	营口	$4\,155\pm0.130^a$	145.431 ± 6.617^{fghi}	0.859 ± 0.010^{cdefg}	0.647 ± 0.013^a	$2\,690\pm0.137^a$	$2\,310\pm0.092^a$	0.358 ± 0.010^{defghi}
辽单565	沈阳	$5\,265\pm0.118^{klm}$	134.111 ± 7.158^{bcdef}	0.832 ± 0.023^{abcd}	0.671 ± 0.015^{abcde}	$3\,533\pm0.140^{lmn}$	$2\,941\pm0.187^{jkl}$	0.347 ± 0.012^{abcde}
辽单575	沈阳	$4\,724\pm0.111^{ef}$	125.323 ± 6.106^{abc}	0.857 ± 0.023^{bcdefg}	0.665 ± 0.015^{abcde}	$3\,140\pm0.034^{defg}$	$2\,692\pm0.100^{efgh}$	0.351 ± 0.012^{abcdef}
利合1	赤峰	$4\,388\pm0.123^{bcd}$	136.911 ± 3.619^{cdefgh}	0.843 ± 0.012^{abcdef}	0.658 ± 0.017^{abc}	$2\,888\pm0.136^b$	$2\,435\pm0.142^{abc}$	0.353 ± 0.013^{abcdefg}
宿单617	宿州	$4\,606\pm0.106^{de}$	139.098 ± 6.459^{defgh}	0.843 ± 0.012^{abcdef}	0.677 ± 0.012^{bcde}	$3\,118\pm0.041^{def}$	$2\,629\pm0.068^{cdef}$	0.377 ± 0.010^{hi}
先玉696	哈尔滨	$4\,935\pm0.085^{fghi}$	138.563 ± 4.935^{defgh}	0.855 ± 0.01^{bcdefg}	0.688 ± 0.013^{ef}	$3\,395\pm0.055^{ijklm}$	$2\,902\pm0.025^{hijk}$	0.357 ± 0.012^{bcdefghi}
东农264	绥化	$4\,243\pm0.106^{ab}$	147.321 ± 5.789^{ghi}	0.824 ± 0.017^{ab}	0.686 ± 0.007^{cdef}	$2\,911\pm0.103^{bc}$	$2\,400\pm0.125^{ab}$	0.337 ± 0.015^{ab}
利合228	克山	$4\,425\pm0.115^{bcd}$	145.653 ± 4.662^{efghi}	0.818 ± 0.008^a	0.656 ± 0.015^{ab}	$2\,904\pm0.140^{bc}$	$2\,375\pm0.102^a$	0.331 ± 0.016^a
纪元101	唐山	$5\,390\pm0.108^m$	127.774 ± 5.991^{abcd}	0.875 ± 0.012^{fg}	0.670 ± 0.020^{abcde}	$3\,610\pm0.065^n$	$3\,159\pm0.085^m$	0.379 ± 0.010^i
新玉108	保定	$5\,265\pm0.118^{klm}$	134.111 ± 7.158^{bcdef}	0.832 ± 0.023^{abcd}	0.671 ± 0.015^{abcde}	$3\,533\pm0.140^{lmn}$	$2\,941\pm0.187^{jkl}$	0.347 ± 0.012^{abcde}
新玉47	保定	$4\,724\pm0.111^{ef}$	125.323 ± 6.106^{abc}	0.857 ± 0.023^{bcdefg}	0.665 ± 0.015^{abcde}	$3\,140\pm0.034^{defg}$	$2\,692\pm0.100^{efgh}$	0.351 ± 0.012^{abcdefg}

注：同一列的不同小写字母表示在 $P<0.05$ 水平下具有显著性差异。

先玉335的内聚性最高，营口-良玉99的最低。玉米面条胶黏性的变幅为2 690～3 610，平均值为3 264，变异系数为7.58%，唐山-纪元101的胶黏性最高，营口-良玉99的最低。玉米面条咀嚼性的变幅为2 310～3 159，平均数值为2 782，变异系数为8.52%，唐山-纪元101的咀嚼性最高，营口-良玉99的最低。玉米面条回复性的变幅为0.331～0.380，平均值为0.358，变异系数为4.04%，潍坊-伟科702和莱州-郑单958的回复性最高，克山-利合228的最低。综上可知，不同玉米面条质构特性存在一定程度差异（$P<0.05$）。

（五）玉米面条品质特性的相关性分析

为了探究玉米面条品质特性之间的相关性，对主栽品种玉米制成的玉米面条的质构、蒸煮、拉伸和感官等特性进行相关性分析，相关性分析结果见表4-20。由表4-20可知，硬度与胶黏性、咀嚼性、回复性、色泽、韧性、黏弹性和光滑性呈极显著正相关（$P<0.01$），与弹性、最佳蒸煮时间、拉伸位移、口感和食味呈显著正相关（$P<0.05$），与黏附性呈极显著负相关（$P<0.01$）；黏附性与干物质损失率呈显著正相关（$P<0.05$），与咀嚼性、韧性、黏弹性和光滑性呈极显著负相关（$P<0.01$），与胶黏性、表观状态、口感和食味呈显著负相关（$P<0.05$）。弹性与咀嚼性、回复性、韧性和黏弹性呈极显著正相关（$P<0.01$），与表观状态和口感、光滑性呈显著正相关（$P<0.05$）；内聚性和食味呈极显著正相关（$P<0.01$），与口感呈显著正相关（$P<0.05$）；胶黏性与咀嚼性、色泽、口感、韧性、黏弹性、光滑性和食味呈极显著正相关（$P<0.01$），与回复性、最佳蒸煮时间和拉伸位移呈显著正相关（$P<0.05$）；咀嚼性与回复性、色泽、口感、韧性、黏弹性、光滑性和食味呈极显著正相关（$P<0.01$），与最佳蒸煮时间、拉伸位移和表观状态呈显著正相关（$P<0.05$）；回复性与色泽、表观状态、口感、韧性、黏弹性和食味呈极显著正相关（$P<0.01$），与干物质吸水率、拉伸位移和光滑性呈显著正相关（$P<0.05$）；最佳蒸煮时间与色泽呈显著正相关（$P<0.05$），与干物质吸水率呈显著负相关（$P<0.05$）；干物质吸水率与食味呈极显著正相关（$P<0.01$）；断条率与拉伸位移呈显著负相关（$P<0.05$）；色泽与韧性和食味呈极显著正相关（$P<0.01$），与口感和黏弹性呈显著正相关（$P<0.05$）；表观状态、口感、韧性、黏弹性、光滑性和食味之间呈极显著正相关（$P<0.01$）。综上所述，玉米面条品质特性评价的19个特性指标之间存在显著的相关性，同时各特性指标间相互联系、相互约束。

（六）玉米理化及粉质特性对玉米玉米面条品质的影响

玉米理化及粉质特性对玉米面条品质的影响见表4-21。由表4-21可知，膳食纤维含量与玉米面条干物质吸水率和回复性呈极显著正相关，这是由于膳食纤维具有良好的吸水性，膳食纤维含量的增加会导致玉米面条干物质吸水率的加大，进

表 4-20 玉米面条品质特性相关性分析

	A	B	C	D	E	F	G	H	I	J	K	L	M	N	O	P	Q	R	S
A	1.000																		
B	-0.468**	1.000																	
C	0.379*	-0.228	1.000																
D	0.088	-0.060	-0.047	1.000															
E	0.979**	-0.461*	0.356	0.288	1.000														
F	0.962**	-0.465**	0.554**	0.245	0.975**	1.000													
G	0.472*	-0.208	0.753**	-0.099	0.434*	0.567**	1.000												
H	0.452*	0.030	0.285	0.042	0.441*	0.455*	0.149	1.000											
I	-0.013	0.244	0.173	0.128	0.016	0.062	0.387*	-0.387*	1.000										
J	-0.096	0.374*	-0.048	0.170	-0.055	-0.064	-0.050	0.069	0.207	1.000									
K	-0.277	0.052	0.013	-0.050	-0.280	-0.250	-0.129	0.112	-0.253	0.280	1.000								
L	0.420*	0.138	0.128	-0.067	0.392*	0.380*	0.437*	0.074	0.210	0.040	-0.395*	1.000							
M	0.495**	-0.148	0.349	0.257	0.531**	0.551**	0.515**	0.368*	0.100	-0.078	-0.182	0.288	1.000						
N	0.302	-0.395*	0.431*	0.301	0.352	0.418*	0.468**	-0.272	0.353	-0.067	-0.181	0.103	0.329	1.000					
O	0.435*	-0.401*	0.400*	0.423*	0.505**	0.542**	0.466**	-0.012	0.305	-0.066	-0.159	0.120	0.382*	0.696**	1.000				
P	0.592**	-0.520*	0.727**	0.256	0.623**	0.726**	0.712**	0.049	0.283	-0.130	-0.109	0.204	0.511**	0.744**	0.815**	1.000			
Q	0.611**	-0.621**	0.646**	0.113	0.612**	0.698**	0.709**	-0.021	0.209	-0.086	-0.297	0.208	0.378*	0.695**	0.644**	0.816**	1.000		
R	0.665**	-0.717**	0.438*	0.262	0.692**	0.719**	0.370*	0.093	-0.005	-0.125	-0.068	0.178	0.339	0.499**	0.585**	0.697**	0.655**	1.000	
S	0.430*	-0.372*	0.329	0.641**	0.545**	0.565**	0.473**	-0.143	0.514**	-0.013	-0.226	0.141	0.516**	0.624**	0.706**	0.708**	0.620**	0.543**	1.000

注：* 表示在 $P<0.05$ 水平上显著相关，** 表示在 $P<0.01$ 水平上显著相关，颜色的深浅表明相关性的强弱。A. 硬度；B. 黏附性；C. 弹性；D. 内聚性；E. 胶黏性；F. 咀嚼性；G. 回复性；H. 最佳蒸煮时间；I. 干物质吸水率；J. 干物质损失率；K. 断条率；L. 拉伸位移；M. 色泽；N. 表观状态；O. 口感；P. 韧性；Q. 黏弹性；R. 光滑性；S. 食味。

表 4-21 玉米理化及粉质特性与玉米面条品质相关性分析

	最佳蒸煮时间	干物质吸水率	干物质损失率	断条率	拉伸位移	硬度	黏附性	弹性	内聚性	胶黏性	咀嚼性	回复性	色泽
容重	0.089	0.000	-0.022	0.296	0.181	0.048	0.017	0.214	-0.202	0.007	0.053	0.234	0.088
干粒重	-0.065	0.074	-0.102	0.090	0.070	0.297	-0.285	0.276	-0.030	0.279	0.311	0.333	0.154
蛋白质含量	0.065	0.019	-0.035	0.155	0.120	0.230	-0.214	0.104	-0.179	0.184	0.184	0.337	0.211
脂肪含量	0.160	0.200	0.090	-0.188	0.336	0.093	0.103	-0.035	0.064	0.106	0.088	0.196	0.153
淀粉含量	-0.013	-0.101	-0.052	-0.199	0.038	-0.015	-0.065	0.007	-0.035	-0.022	-0.020	-0.175	-0.121
膳食纤维含量	-0.171	0.497**	-0.011	-0.175	0.334	0.206	-0.107	0.238	-0.088	0.180	0.220	0.548**	0.273
灰分含量	0.182	-0.093	0.021	0.177	-0.124	0.111	0.059	-0.088	0.071	0.114	0.084	-0.074	0.007
L^*值	0.021	-0.095	-0.058	0.179	-0.235	0.115	-0.181	-0.078	0.144	0.138	0.106	-0.201	-0.209
a^*值	0.358	-0.087	-0.251	0.344	0.170	0.297	0.051	0.325	-0.096	0.271	0.315	0.230	0.544**
b^*值	0.231	-0.007	-0.251	-0.332	0.350	0.198	0.058	0.304	-0.104	0.173	0.228	0.338	0.471**
吸水率	0.110	0.149	-0.099	-0.159	0.310	0.463*	-0.167	0.395*	-0.105	0.424*	0.472**	0.326	0.187
稳定时间	0.144	0.100	-0.125	-0.386*	0.436*	0.413*	-0.126	0.356	0.002	0.394*	0.436**	0.465**	0.182
弱化度	-0.335	0.122	0.224	0.150	-0.281	-0.491**	0.212	-0.268	0.280	-0.411*	-0.433*	-0.216	0.050
粉质质量指数	0.228	0.000	-0.199	-0.167	0.507**	0.631**	-0.190	0.541**	-0.102	0.586**	0.652**	0.591**	0.291

注：*表示在 $P<0.05$ 水平上显著相关，**表示在 $P<0.01$ 水平上显著相关，颜色的深浅表明相关性的强弱。

而会使面条内部充分吸水，因此体系内结构相对细腻稳定，从而导致玉米面条回复性增加。从表中还可以看出 a^* 值和 b^* 值与玉米面条的色泽呈极显著正相关，这是因为玉米粉的色泽对玉米面条的色泽具有一定的主导作用。粉质特性可作为衡量玉米面条加工适宜性的重要指标，当粉质体系内部吸水能力较强时，整个内部体系网络结构相对稳定，从而导致玉米面条硬度、弹性、胶黏性和咀嚼性增大。吸水率的增强伴随着稳定时间的延长，面团内部结构较稳定，面团延展性较好，从而导致玉米面条的硬度、胶黏性、咀嚼性、回复性和拉伸位移的增大，同时伴随着断条率的降低。弱化度的增加代表面团品质特性被减弱，内部结构不稳定，从而导致面条的硬度、咀嚼性和胶黏性的降低。粉质质量指数在一定程度上说明了粉质特性的优劣，也是影响面条品质的重要因素。粉质质量指数的增加使玉米面条的拉伸性能有所改善，硬度、弹性、胶黏性、咀嚼性和回复性也逐渐增大。本书研究结果显示玉米中容重、千粒重、蛋白质、脂肪、淀粉和灰分与玉米面条品质之间无显著相关性，这也是继续研究玉米淀粉理化及加工特性对玉米面条品质影响的重要原因。

（七）玉米淀粉理化及加工特性对玉米面条品质的影响

玉米淀粉理化及加工特性对玉米面条品质的影响见表 4 - 22。

1. 透明度、持水率和凝沉性对玉米面条品质的影响

淀粉的透明度、持水率和凝沉性对玉米面条品质的影响见表 4 - 22，透明度与玉米面条品质无相关性。持水率与玉米面条的最佳蒸煮时间呈极显著负相关，这是由于氢键与水发生相互作用时，持水率的增大与亲水位点的增多相关，表明淀粉分子更容易与水结合，因此玉米面条最佳蒸煮时间变短。澄清体积百分比与玉米面条的最佳蒸煮时间呈极显著正相关，这是由于直链淀粉含量增大导致澄清体积百分比增加，直链淀粉含量增高导致最佳蒸煮时间延长，因此澄清体积百分比变大导致玉米面条最佳蒸煮时间变大。澄清体积百分比与玉米面条的干物质损失率、断条率和黏附性呈显著正相关，这是由于澄清体积百分比增大，淀粉的凝沉性降低，淀粉糊的稳定性越差，因此淀粉凝胶网络结构越不稳定，导致淀粉分子容易从网络结构中游离出来，玉米面条干物质损失率变大，黏附性变大，面条品质降低，断条率随之提高。

2. 溶解度和膨胀度对玉米面条品质的影响

从表 4 - 22 中可以看出，淀粉的溶解度与玉米面条的最佳蒸煮时间呈极显著负相关，与干物质吸水率呈显著正相关；淀粉的膨胀度与玉米面条的干物质吸水率呈极显著正相关，与最佳蒸煮时间呈显著负相关；这是因为溶解度和膨胀度越大淀粉颗粒与水分子之间的结合能力更强，玉米面条的干物质吸水率增大，淀粉分子更易糊化，玉米面条熟制速度越快，从而导致玉米面条的最佳蒸煮时间变短。从表 4 - 22 中还可以看出淀粉的溶解度和膨胀度与玉米面条的硬度呈显著负相关，这是因为

表 4 - 22 玉米淀粉理化及加工特性与玉米面条品质相关性分析

	最佳蒸煮时间	干物质吸水率	干物质损失率	断条率	拉伸位移	硬度	黏附性	弹性	内聚性	胶黏性	咀嚼性	回复性
直链淀粉含量	0.487**	-0.220	0.108	0.115	0.053	0.391*	-0.271	0.029	0.021	0.380*	0.337	0.003
透明度	-0.261	0.222	-0.044	-0.266	-0.230	-0.019	0.061	0.112	0.149	0.011	0.041	0.096
持水率	-0.467**	0.091	-0.218	-0.061	0.147	-0.027	-0.092	-0.186	-0.096	-0.045	-0.081	-0.028
凝沉性	0.514**	-0.049	0.418*	0.374*	0.068	0.189	0.389*	0.004	0.020	0.185	0.161	-0.057
溶解度	-0.468**	0.460*	0.233	-0.078	-0.327	-0.387*	0.236	-0.048	-0.072	-0.384*	-0.350	-0.116
膨胀度	-0.417*	0.524**	0.276	-0.112	-0.342	-0.390*	0.440*	-0.088	0.124	-0.349	-0.329	-0.148
$D10$	0.391*	-0.406*	-0.379*	-0.048	-0.122	0.325	-0.272	0.022	-0.124	0.286	0.258	0.102
$D50$	0.149	-0.293	-0.451*	0.238	-0.161	0.196	-0.524**	-0.065	-0.212	0.146	0.112	-0.087
$D90$	-0.030	-0.061	-0.375*	0.164	-0.024	0.128	-0.511**	-0.072	-0.118	0.101	0.072	-0.024
比表面积	-0.272	0.393*	0.390*	-0.145	0.152	-0.202	0.238	-0.003	0.261	-0.140	-0.125	0.059
峰值黏度	-0.298	0.011	-0.248	-0.163	-0.137	-0.005	-0.005	0.041	-0.101	-0.025	-0.004	-0.156
崩解值	-0.340	0.163	-0.148	-0.249	-0.137	-0.088	0.136	0.101	-0.001	-0.084	-0.042	-0.034
终值黏度	0.342	-0.374*	-0.300	0.208	0.102	0.415*	-0.458*	0.029	-0.230	0.350	0.315	-0.082
回生值	0.475**	-0.263	-0.281	0.135	0.171	0.512**	-0.440*	0.205	-0.150	0.461*	0.453*	0.162
糊化温度	0.453*	0.099	-0.038	0.065	0.076	0.349	-0.109	0.169	0.002	0.334	0.331	0.340
T_0	0.291	0.043	-0.044	-0.177	0.221	0.366*	0.027	0.300	0.286	0.410*	0.432*	0.345
T_p	0.318	-0.048	-0.106	-0.199	0.146	0.323	0.045	0.240	0.189	0.346	0.360	0.333
T_c	0.298	-0.090	-0.307	-0.195	0.276	0.406*	-0.181	0.252	0.259	0.441*	0.448*	0.383*
糊化焓值	0.429*	-0.251	0.018	0.029	-0.160	0.398*	-0.275	0.211	0.102	0.403*	0.404*	-0.123

注：* 表示在 $P<0.05$ 水平上显著相关，** 表示在 $P<0.01$ 水平上显著相关。

淀粉与水的结合能力变强，凝胶体系含水量增加，凝胶体系变软，从而导致玉米面条的硬度降低。淀粉的膨胀度与玉米面条的黏附性呈显著正相关的原因可能是因为膨胀性能变大，有部分淀粉颗粒游离出来导致玉米面条的黏附性增加。

3. 直链淀粉含量对玉米面条品质的影响

直链淀粉含量是影响玉米食品品质的重要因素之一，从表 4 - 22 中可以看出，直链淀粉含量与玉米面条的最佳蒸煮时间呈极显著正相关，这是由于玉米淀粉颗粒的外层分布着较多直链淀粉，当煮制玉米面条时，煮制的温度大于开始糊化温度，淀粉颗粒吸水膨胀，直链淀粉容易溶解析出，首先与水分子反应组成网状凝胶结构，这对水分子进入到淀粉颗粒内部产生阻碍作用，因此淀粉颗粒不易发生糊化，玉米面条的最佳蒸煮时间延长。由表 4 - 22 还可以看出，直链淀粉含量与玉米面条硬度和胶黏性呈显著正相关，这是因为直链淀粉分子发生的迁移运动，使分子排列趋于平行，分子链上的羟基距离变小，再通过羟基间的氢键吸引作用构成聚合体，糊化后的直链分子易回生形成双螺旋结构，凝胶体硬度增大，因此玉米面条的硬度和胶黏性增大。

4. 粒径分布对玉米面条品质的影响

淀粉颗粒大小对玉米面条品质有很大的影响，从表 4 - 22 可以看出，淀粉的 $D10$ 与玉米面条的最佳蒸煮时间呈显著正相关，这是因为淀粉颗粒越大越不容易熟制，直链淀粉含量与 $D10$ 呈极显著正相关也进一步证明了此结论的合理性。从表 4 - 22 还可以看出，$D10$ 与玉米面条的干物质吸水率和干物质损失率呈显著负相关；淀粉的比表面积与玉米面条的干物质吸水率和干物质损失率呈显著正相关；这是由于淀粉颗粒越小，淀粉的比表面积越大，淀粉分子与水分子相结合时所吸收的水分越多，因此玉米面条的吸水率变大，与此同时小淀粉颗粒容易从淀粉分子内部游离出来，从而导致玉米面条的干物质损失率增大。淀粉的 $D50$ 和 $D90$ 与面条的干物质损失率和黏附性呈显著负相关，也说明了淀粉颗粒越大，淀粉分子不易溶出，玉米面条的干物质损失率和黏附性变小。

5. 糊化特性对玉米面条品质的影响

从表 4 - 22 可以看出，淀粉的回生值与玉米面条的最佳蒸煮时间和硬度呈极显著正相关，与胶黏性和咀嚼性显著正相关；淀粉的终值黏度与玉米面条的硬度呈显著正相关；这是因为当玉米面条熟制捞出后，冷却后被破坏的直链淀粉及支链淀粉逐渐重排形成有序结构，回生主要是由直链淀粉的重结晶引起的，回生值越大，淀粉凝胶强度越大，从而导致玉米面条的硬度、胶黏性和咀嚼性越大，玉米面条不易制熟，最佳蒸煮时间变长。从表 4 - 22 还可以看出，淀粉的终值黏度和回生值与玉米面条的黏附性呈显著负相关，这是由于回生值越大，回生后重新形成的双螺旋结构更加有序，从而玉米面条表面较为光滑，黏附性降低。淀粉的糊化温度与玉米面条的最佳蒸煮时间呈显著正相关，这是由于淀粉糊化温度越低越易糊化，温度越高越难糊化，因此糊化温度越高玉米面条越难熟制，最佳蒸煮时间延长。

6. 热力学特性对玉米面条品质的影响

淀粉热力学特性是指淀粉颗粒加热过程中分子（双螺旋）有序性的丧失，体现为晶体相转变温度和糊化焓值的变化等，是影响面条品质的重要指标。从表 4-22 可以看出，淀粉的 T_0、T_c 和糊化焓值与玉米面条的硬度、胶黏性和咀嚼性呈显著正相关，这是由于糊化温度和糊化焓值共同反映了淀粉的结晶程度以及微晶结构，糊化温度及糊化焓值越高，说明颗粒内部微晶部分排列紧密且结晶度增加，从而导致淀粉凝胶强度增强，因此面条的硬度、胶黏性和咀嚼性变大。从表 4-22 还可以看出，糊化焓值与玉米面条的最佳蒸煮时间呈显著正相关，这是因为糊化焓值主要反映淀粉糊化时的双螺旋结构发生改变所需要的能量的大小，衡量淀粉颗粒未发生糊化时内部分子的有序性，体现了淀粉颗粒的结晶度。当糊化焓值越大时表示在糊化的过程中所要吸收的能量大，表明糊化完成所需的时间延长，从而导致玉米面条的最佳蒸煮时间加大。

（八）玉米面条品质特性主成分分析

通过 KMO 和 Bartlett's 球状检验进行主成分分析，结果显示，$KMO=0.581>0.5$，显著性为 0.000，满足主成分分析条件。由表 4-23 可知，当提取特征值大于 1 的 5 个主成分时，方差贡献率分别为 42.293%、12.483%、9.727%、8.378% 和 7.697%，累计贡献率可达 80.579%，综合了玉米面条品质特性的主要信息，因此提取的 5 个成分可以反映玉米面条品质总体特征。分析结果见表 4-23。

表 4-23　评价因子的特征值和累计贡献率

成分	初始特征值			提取载荷平方和		
	合计	方差（%）	累计（%）	合计	方差（%）	累计（%）
1	8.036	42.293	42.293	8.036	42.293	42.293
2	2.372	12.483	54.776	2.372	12.483	54.776
3	1.848	9.727	64.503	1.848	9.727	64.503
4	1.592	8.378	72.881	1.592	8.378	72.881
5	1.462	7.697	80.579	1.462	7.697	80.579
6	0.904	4.756	85.335			
7	0.561	2.953	88.288			
8	0.491	2.586	90.874			
9	0.450	2.368	93.242			
10	0.377	1.985	95.227			
11	0.278	1.465	96.692			

（续）

成分	初始特征值			提取载荷平方和		
	合计	方差（%）	累计（%）	合计	方差（%）	累计（%）
12	0.254	1.334	98.026			
13	0.155	0.817	98.843			
14	0.093	0.489	99.332			
15	0.056	0.292	99.625			
16	0.048	0.254	99.879			
17	0.023	0.120	99.993			
18	0.009	0.002	99.999			
19	0.000	0.001	100.000			

（九）玉米面条品质综合评价

通过主成分分析得知前5个主成分累计贡献率为80.579%，因此用这5个主成分评价玉米面条的19个品质指标是可行的。硬度（X_1）、黏附性（X_2）、弹性（X_3）、内聚性（X_4）、胶黏性（X_5）、咀嚼性（X_6）、回复性（X_7）、最佳蒸煮时间（X_8）、干物质吸水率（X_9）、干物质损失率（X_{10}）、断条率（X_{11}）、拉伸位移（X_{12}）、色泽（X_{13}）、表观状态（X_{14}）、口感（X_{15}）、韧性（X_{16}）、黏弹性（X_{17}）、光滑（X_{18}）和食味（X_{19}）分别代表玉米面条各指标标准化后的数据，Y_1、Y_2、Y_3、Y_4、Y_5 和 Y_z分别为代表成分1、2、3、4、5的得分和综合得分。在每个主成分中，成分矩阵越大，表明贡献率越大，由表4-24可知，第一主成分中韧性、咀嚼性和黏弹性等有较高载荷，这表明第一主成分主要反映了这些指标的信息。第二主成分中最佳蒸煮时间和干物质吸水率等有较高的载荷，这表明第二主成分基本反映了这些指标的信息。第三主成分中拉伸位移和黏附性等有较高的载荷，这表明第三主成分基本反映了这些指标的信息。第四主成分中内聚性、干物质损失率和回复性等有较高的载荷，这表明第四主成分基本反映了这些指标的信息。第五主成分中断条率和弹性等有较高的载荷，这表明第五主成分基本反映了这些指标的信息。

表 4-24　主成分分析特征向量

分量	成分				
	第一主成分 PC1	第二主成分 PC2	第三主成分 PC3	第四主成分 PC4	第五主成分 PC5
硬度	0.283	0.310	0.060	−0.048	0.141
黏附性	0.199	0.075	−0.514	0.140	0.108
弹性	0.228	0.024	0.082	0.280	−0.432
内聚性	0.110	−0.184	−0.088	−0.639	0.069
胶黏性	0.294	0.260	0.041	−0.176	0.151

（续）

分量	成分				
	第一主成分 PC1	第二主成分 PC2	第三主成分 PC3	第四主成分 PC4	第五主成分 PC5
咀嚼性	0.316	0.234	0.057	−0.087	0.036
回复性	0.253	−0.042	0.268	0.311	−0.242
最佳蒸煮时间	0.067	0.512	0.131	−0.197	−0.238
干物质吸水率	0.089	−0.444	0.367	0.014	0.014
干物质损失率	0.043	0.080	−0.281	0.370	0.369
断条率	0.098	−0.053	0.216	0.130	0.624
拉伸位移	0.122	0.096	0.478	0.112	0.275
色泽	0.217	0.103	0.192	−0.143	−0.027
表观状态	0.244	−0.321	−0.108	0.059	−0.031
口感	0.270	−0.210	−0.101	−0.112	−0.036
韧性	0.323	−0.116	−0.066	0.083	−0.162
黏弹性	0.306	−0.082	−0.077	0.202	−0.037
光滑性	0.277	0.068	−0.259	−0.037	0.024
食味	0.270	−0.281	−0.007	−0.255	0.071

通过正向化与标准化处理玉米面条的品质指标后，5个新的综合数值用来代替原来的19个指标对玉米面条的品质特性进行分析，这5个主成分因子将原来19个初始指标作线性变换，重新组合成一组新的相互无关的综合指标，线性公式如下：

$$Y_1 = 0.283X_1 + 0.199X_2 + 0.228X_3 + 0.110X_4 + 0.294X_5 + 0.316X_6 + 0.253X_7 + 0.067X_8 + 0.089X_9 + 0.043X_{10} + 0.098X_{11} + 0.122X_{12} + 0.217X_{13} + 0.244X_{14} + 0.270X_{15} + 0.323X_{16} + 0.306X_{17} + 0.277X_{18} + 0.270X_{19}$$

$$Y_2 = 0.310X_1 + 0.075X_2 + 0.024X_3 - 0.184X_4 + 0.260X_5 + 0.234X_6 - 0.042X_7 + 0.512X_8 - 0.444X_9 + 0.080X_{10} - 0.053X_{11} + 0.096X_{12} + 0.103X_{13} - 0.321X_{14} - 0.210X_{15} - 0.116X_{16} - 0.082X_{17} + 0.068X_{18} - 0.281X_{19}$$

$$Y_3 = 0.060X_1 - 0.514X_2 + 0.082X_3 - 0.088X_4 + 0.041X_5 + 0.057X_6 + 0.268X_7 + 0.131X_8 + 0.367X_9 - 0.281X_{10} + 0.216X_{11} + 0.478X_{12} + 0.192X_{13} - 0.108X_{14} - 0.101X_{15} - 0.066X_{16} - 0.077X_{17} - 0.259X_{18} - 0.007X_{19}$$

$$Y_4 = -0.048X_1 + 0.140X_2 + 0.280X_3 - 0.639X_4 - 0.176X_5 - 0.087X_6 + 0.311X_7 - 0.197X_8 + 0.014X_9 + 0.370X_{10} + 0.130X_{11} + 0.112X_{12} - 0.143X_{13} + 0.059X_{14} - 0.112X_{15} + 0.083X_{16} + 0.202X_{17} - 0.037X_{18} - 0.255X_{19}$$

$$Y_5 = 0.141X_1 + 0.108X_2 - 0.432X_3 + 0.069X_4 + 0.151X_5 + 0.036X_6 - 0.242X_7 - 0.238X_8 + 0.014X_9 + 0.369X_{10} + 0.624X_{11} + 0.275X_{12} - 0.027X_{13} - 0.031X_{14} - 0.036X_{15} - 0.162X_{16} - 0.037X_{17} + 0.024X_{18} + 0.071X_{19}$$

依据每个主成分对应的特征值的方差提取贡献率建立综合评价模型：
$$Y_z = 0.422\,9Y_1 + 0.124\,8Y_2 + 0.097\,3Y_3 + 0.083\,8Y_4 + 0.077\,0Y_5$$
按照公式计算不同玉米面条的综合得分，综合得分越高说明玉米面条品质越好，结果见表 4-25。

表 4-25　玉米面条综合得分

样品	地区	指标 Y_1	指标 Y_2	指标 Y_3	指标 Y_4	指标 Y_5	综合得分 Y_z
郑单 958	曲靖	−0.332	0.198	−0.070	−0.034	2.202	0.044
郑单 958	漯河	−2.053	−0.240	0.625	0.261	0.068	−0.810
郑单 958	新乡	0.347	0.090	0.238	−2.640	0.696	0.013
郑单 958	衡水	4.358	−1.749	0.042	1.409	1.094	1.831
郑单 958	聊城	−2.591	1.291	0.773	−1.154	−1.558	1.115
郑单 958	莱州	3.633	−0.759	0.945	0.792	−0.507	1.561
先玉 335	曲靖	0.506	−1.145	−0.087	−2.160	−1.527	−0.236
先玉 335	关中	−1.403	−0.120	−3.902	0.307	−1.676	−1.091
先玉 335	哈尔滨	−3.130	−1.925	1.852	1.148	−0.675	−1.339
先玉 335	漯河	0.562	1.386	−0.301	−0.848	0.112	0.319
先玉 335	长治	0.522	−1.842	−1.985	−1.069	−1.368	−0.397
登海 605	济宁	−1.025	2.178	−0.811	−0.519	1.944	−0.134
登海 605	德州	1.272	1.076	−0.485	0.041	−0.333	0.603
登海 605	莱州	−0.952	2.553	2.324	0.131	−1.932	0.005
伟科 702	石家庄	2.950	0.706	0.195	−0.198	−0.045	1.335
伟科 702	潍坊	4.097	1.149	0.064	1.773	0.293	2.053
翔玉 998	洮南	−1.028	−0.552	−2.205	0.998	0.799	−0.573
翔玉 588	洮南	−1.856	0.928	−0.753	−1.840	−0.391	−0.927
丹玉 405	营口	1.089	−0.680	0.552	−0.539	0.674	0.436
良玉 99	营口	−4.820	0.027	1.004	1.942	−1.846	−1.917
辽单 565	沈阳	1.867	1.775	0.673	0.691	−0.951	1.061
辽单 575	沈阳	−0.825	2.538	1.182	0.920	−0.267	0.139
利合 1	赤峰	−2.544	−1.981	−0.444	1.968	0.520	−1.162
宿单 617	宿州	−0.199	−2.100	1.472	−0.621	−0.905	−0.157
先玉 696	哈尔滨	3.246	−2.724	0.887	−1.661	0.416	1.012
东农 264	绥化	−5.272	−1.204	−0.020	−1.702	0.758	−2.466
利合 228	克山	−6.380	−0.806	1.365	0.530	1.802	−2.483
纪元 101	唐山	5.284	−1.561	−0.127	1.491	0.835	2.217
新玉 108	保定	0.267	2.503	0.010	−0.547	2.469	0.571
新玉 47	保定	−1.172	0.990	−3.010	1.130	−0.701	−0.624

（十）玉米面条综合评价模型检验

对不同玉米面条的感官评价总分与玉米面条品质综合得分标准化后进行相关性分析，由表4-26可知，玉米面条感官评价总分和综合评分的秩相关系数为0.905，达到极显著水平。说明了玉米面条评价模型和人们的可接受水平高度相关，进一步证实了玉米面条综合品质评价模型对玉米面条品质的预测准确可靠，可以明确地反映玉米面条的加工适宜性。

表4-26　玉米面条感官评分与综合评分相关性分析

	感官评分	综合评分
感官评分	1	0.905**
综合评分	0.905**	1

注：* 表示在 $P<0.05$ 水平上显著相关，**表示在 $P<0.01$ 水平上显著相关。

（十一）玉米面条品质聚类分析

通过综合评分的大小对主栽品种玉米面条的加工适宜性进行评价，并采用K-means聚类分析对不同样品加工的适宜性进行分类，使样本的分类更具科学性，设置 $k=3$，最终迭代次数为5，当聚类中心不再改变到达收敛时完成迭代，初始中心间的最小距离为2.348，将30个主栽品种玉米依据玉米面条加工适宜性划分为三类，第一类为最适宜制作玉米面条的主栽品种，第二类为较适宜制作玉米面条的主栽品种，第三类为不适宜制作玉米面条的主栽品种。由表4-27可以看出，Y_z 不小于1.012为最适宜制作玉米面条，Y_z 在 $-0.927\sim1.012$ 为较适宜制作玉米面条，Y_z 在 -0.927 及以下为不适宜制作玉米面条。

表4-27　玉米面条综合品质指标分类

聚类类别	分类标准	样品数量	样品名称
最适宜	$Y_z\geqslant1.012$	8	唐山-纪元101、潍坊-伟科702、衡水-郑单958、莱州-郑单958、石家庄-伟科702、聊城-郑单958、沈阳-辽单565、哈尔滨-先玉696
较适宜	$-0.927<Y_z<1.012$	15	德州-登海605、保定-新玉108、营口-丹玉405、漯河-先玉335、沈阳-辽单575、曲靖-郑单958、新乡-郑单958、莱州-登海605、济宁-登海605、宿州-宿单617、曲靖-先玉335、长治-先玉335、洮南-翔玉998、保定-新玉47、漯河-郑单958
不适宜	$Y_z\leqslant-0.927$	7	洮南-翔玉588、关中-先玉335、赤峰-利合1、哈尔滨-先玉335、营口-良玉99、绥化-东农264、克山-利合228

四、小结

1. 主栽品种玉米制成的玉米面条的质构特性、蒸煮特性和感官特性均存在一定程度的差异，通过对 19 个品质指标进行相关性分析，研究发现玉米面条品质指标之间存在着不同程度的相关性，表明各品质指标之间相互关联、相互约束。

2. 通过建立玉米理化及粉质特性与玉米面条品质的相关性可知：玉米面条的干物质吸水率与膳食纤维含量（$r=0.497^{**}$）呈正相关；玉米面条的断条率与稳定时间（$r=-0.386^{*}$）呈负相关；玉米面条的拉伸位移与稳定时间（$r=0.436^{*}$）和粉质质量指数（$r=0.507^{**}$）呈正相关；玉米面条的硬度与吸水率（$r=0.463^{*}$）、稳定时间（$r=0.413^{*}$）和粉质质量指数（$r=0.631^{**}$）呈正相关，与弱化度（$r=-0.491^{**}$）呈负相关；玉米面条的弹性与吸水率（$r=0.395^{*}$）和粉质质量指数（$r=0.541^{**}$）呈正相关；玉米面条胶黏性与吸水率（$r=0.424^{*}$）、稳定时间（$r=0.394^{*}$）和粉质质量指数（$r=0.586^{**}$）呈正相关，与弱化度（$r=-0.411^{*}$）呈负相关。玉米面条的咀嚼性与吸水率（$r=0.472^{**}$）、稳定时间（$r=0.436^{*}$）和粉质质量指数（$r=0.652^{**}$）呈正相关，与弱化度（$r=-0.433^{*}$）呈负相关；玉米面条的回复性与玉米膳食纤维含量（$r=0.548^{**}$）、稳定时间（$r=0.465^{**}$）和粉质质量指数（$r=0.591^{**}$）呈正相关；玉米面条的色泽与 a^{*} 值（0.544^{**}）和 b^{*} 值（0.471^{**}）呈正相关；玉米中容重、千粒重、蛋白质、脂肪、淀粉、灰分和 L^{*} 值对玉米面条品质无显著影响。

3. 通过建立淀粉理化及加工特性与玉米面条品质的相关性可知：玉米面条的最佳蒸煮时间与直链淀粉含量（$r=0.487^{**}$）、淀粉的凝沉性（$r=0.514^{**}$）、$D10$（$r=0.391^{*}$）、回生值（$r=0.475^{**}$）、糊化温度（$r=0.453^{*}$）和糊化焓值（$r=0.429^{*}$）呈正相关，与淀粉的持水性（$r=-0.467^{**}$）、溶解度（$r=-0.468^{**}$）和膨胀度（$r=-0.417^{*}$）呈负相关；玉米面条的干物质吸水率与淀粉的溶解度（$r=0.460^{*}$）、膨胀度（$r=0.524^{**}$）和比表面积（$r=0.393^{*}$）呈正相关，与淀粉的 $D10$（$r=-0.406^{*}$）和终值黏度（$r=-0.374^{*}$）呈负相关；玉米面条的干物质损失率与淀粉的凝沉性（$r=0.418^{*}$）和比表面积（$r=0.390^{*}$）呈正相关，与淀粉的 $D10$（$r=-0.379^{*}$）、$D50$（$r=-0.451^{*}$）和 $D90$（$r=-0.375^{*}$）呈负相关；玉米面条的断条率与淀粉的凝沉性（$r=0.374^{*}$）呈正相关；玉米面条的硬度与直链淀粉含量（$r=0.391^{*}$）、淀粉的终值黏度（$r=0.415^{*}$）、回生值（$r=0.512^{**}$）、T_0（$r=0.366^{*}$）、Tc（$r=0.406^{*}$）和糊化焓值（$r=0.398^{*}$）呈正相关，与淀粉的溶解度（$r=-0.387^{*}$）和膨胀度（$r=-0.390^{*}$）呈负相关；玉米面条的黏附性与淀粉的凝沉性（$r=0.389^{*}$）和膨胀度（$r=0.440^{*}$）呈正相关，与淀粉的 $D50$（$r=-0.524^{**}$）、$D90$（$r=-0.511^{**}$）、终值黏度（$r=-0.458^{*}$）和回生值（$r=-0.440^{*}$）呈负相关；玉米面条的胶黏性与直链淀粉含量（$r=0.380^{*}$）、淀粉的回生值（$r=0.461^{*}$）、T_0（$r=0.410^{*}$）、Tc（$r=0.441^{*}$）和糊化焓值（$r=0.403^{*}$）呈正相关，与溶解度（$r=-0.384^{*}$）呈负相关；玉米面条的咀嚼性与淀

粉的回生值（$r=0.453^*$）、T_0（$r=0.432^*$），Tc（$r=0.448^*$）和糊化焓值（$r=0.404^*$）呈正相关；玉米面条的回复性与淀粉的 Tc（$r=0.383^*$）呈正相关；玉米淀粉中透明度、峰值黏度、崩解值和 Tp 对玉米面条品质无显著影响。

4. 通过主成分分析法将原有的 19 个品质指标进行降维处理，提出 5 个主成分，这 5 个主成分就可以代表原有 19 个品质指标 80.579% 的信息，通过主成分分析法建立玉米面条品质综合评价模型：$Y_z=0.422\,9Y_1+0.124\,8Y_2+0.097\,3Y_3+0.083\,8Y_4+0.077\,0Y_5$，通过综合评价模型计算出不同玉米面条的综合评分，并采用 K-means 聚类分析法将主栽品种玉米进行加工适宜性分类，最适宜做玉米面条的样品有 8 个，分别为唐山-纪元 101、潍坊-伟科 702、衡水-郑单 958、莱州-郑单 958、石家庄-伟科 702、聊城-郑单 958、沈阳-辽单 565、哈尔滨-先玉 696。

参考文献

陈晓，刘欣，赵力超，等，2008. 竹芋淀粉的性质研究 [J]. 食品科学，29（12）：132-136.

翟娅菲，刘秀妨，张华，等，2017. 藜麦淀粉理化特性研究 [J]. 食品工业科技（24）：48-52.

丁卫英，张玲，韩基明，等，2021. 不同品种玉米淀粉糊化和凝胶特性的研究 [J]. 农产品加工（14）：56-59.

杜双奎，2006. 玉米品种籽粒品质与挤压膨化特性研究 [D]. 杨凌：西北农林科技大学.

高金梅，黄倩，郭洪梅，等，2017. 冻融循环处理对玉米淀粉凝胶结构及颗粒理化特性的影响 [J]. 现代食品科技，33（2）：181-189.

郭爱良，周湘寒，姚亚亚，赵国民，刘孟宜，周晨霞，李慧静，2021. 不同玉米品种理化特性及淀粉品质的研究 [J]. 中国粮油学报，11（1）：1-12.

郭神旺，2012. 甘肃四种杂豆淀粉理化特性分析与应用 [D]. 杨凌：西北农林科技大学.

郭孝源，2013. 油脂对面团及面条品质的影响 [D]. 郑州：河南工业大学.

韩新桐，2018. 玉米籽粒容重相关性状与一般配合力 QTL 定位 [D]. 保定：河北农业大学.

侯汉学，董海洲，宋晓庆，等，2009. 不同品种玉米淀粉的理化性质及相关性研究 [J]. 中国粮油学报（1）：60-64.

李潮鹏，2020. 小麦淀粉粒特性对面片流变学特性及面条品质的影响 [D]. 郑州：河南工业大学.

李春红，2001. 玉米传统食品加工的相关因子研究 [D]. 北京：中国农业科学院.

李立功，2014. 高淀粉玉米新品种选育及其特性分析 [D]. 延边朝鲜族自治州：延边大学.

李莉，2018. 玉米淀粉中直链淀粉含量的分析测定方法研究 [D]. 郑州：河南工业大学.

李明明，霍猛，李南东，等，2014. 玉米质量指标对容重的影响 [J]. 北京农业（21）：357.

李燕，邹金浩，郭时印，等，2019. 紫淮山全粉对面团流变特性及面条质构特性的影响 [J]. 食品工业科技，40（2）：41-46.

李勇，2010. 玉米淀粉结构及膨化和酶制剂影响仔猪日粮消化性研究 [D]. 武汉：华中农业大学.

林金剑，朱科学，钱海峰，等，2008. 杂粮-小麦混合粉流变学特性的研究 [J]. 食品工业科技，29

（7）：72 - 75.

刘卫光，2018. 添加玉米粉对油条品质的影响及其作用机理研究 [D]. 合肥：合肥工业大学 .

刘晓峰，2011. 玉米面条淀粉特性研究 [D]. 郑州：河南工业大学 .

卢晓黎，陈德长，2015. 玉米营养与加工技术 [M]. 北京：化学工业出版社 .

汝远，2015. 热处理对玉米淀粉结构和性质的影响 [D]. 泰安：山东农业大学 .

施建斌，蔡沙，隋勇，等，2017. 鲜马铃薯面条的制备工艺研究 [J]. 湖北农业科学，56（23）：
4582 - 4585.

滕超，张小涵，周明春，等，2021. 不同产地不同玉米品种营养品质差异性分析 [J]. 农产品加工，
（5）：50 - 52.

王刚，2012. 基于机器视觉的玉米千粒重快速检测仪的研制 [D]. 长春：吉林大学 .

王丽，句荣辉，贾红亮，等，2019. 淀粉的功能特性与加工品质间关系的研究进展 [J]. 食品工业，
40（12）：256 - 259.

王瑞，2003. 不同类型小麦品种及其相互间配粉对粉质参数影响初探 [J]. 安徽农业科学，31（6）：
944 - 946.

王晓艳，王宏兹，黄卫宁，等，2011. 高膳食纤维面团热机械学及面包的烘焙特性 [J]. 食品科学，
32（13）：78 - 83.

吴丽丽，2012. 玉米籽粒容重相关性分析 [J]. 现代农村科技（6）：62 - 63.

闫荣，2016. 玉米淀粉与蛋白质组合结构及分离机理研究 [D]. 沈阳：沈阳农业大学 .

杨虓，刘自成，张红霞，等，2014. 陇育号小麦品种（系）粉质特性研究 [J]. 中国食物与营养，20
（11）：26 - 29.

杨宇，方丝云，高嘉星，等，2021. 添加猴头菇粉对面团流变学特性及挂面品质的影响 [J]. 粮食与
油脂，34（3）：17 - 20.

叶为标，2009. 淀粉糊化及其检测方法 [J]. 粮食与油脂（1）：7 - 10.

殷晶晶，赵妍，田晓花，2017. 不同储藏温湿度对玉米中蛋白质的影响 [J]. 食品工业科技，38
（3）：331 - 335.

张春红，黄晓杰，李心欣，等，2006. 高直链玉米淀粉性质的研究 [J]. 食品科技，31（3）：4 - 7.

张景渠，2016. 浅谈小麦粉指标中灰分的应用 [J]. 现代面粉工业，30（1）：3 - 4.

张丽，董树亭，刘存辉，等，2007. 玉米籽粒容重与产量和品质的相关分析 [J]. 中国农业科学，40
（2）：405 - 411.

张庆霞，2019. 玉米粉配比对玉米-小麦混合粉面条品质的影响 [J]. 粮食与油脂，32（12）：38 - 41.

张新，王振华，张前进，2006. 我国玉米主要品质性状的测定与分析 [J]. 玉米科学，14（3）：36 - 39.

张译心，李建立，赵杨，等，2018. 绿茶、洋葱皮水提物对面团粉质特性、面条保鲜效果、蒸煮特性
及抗氧化性能的影响 [J]. 食品工业科技，39（2）：61 - 64，69.

张志伟，2020. 玉米粉的营养复配及其加工品质改良研究 [D]. 杨凌：西北农林科技大学 .

赵博，刘新香，陈彦惠，等，2006. 不同生态环境对玉米杂交种粗脂肪含量的影响 [J]. 河南农业科
学（12）：24 - 25，30.

赵福利，2016. 燕麦品种品质与燕麦发酵乳加工适宜性研究 [D]. 北京：中国农业科学院 .

周显青，宋慧玲，梁彦伟，2021. 储藏温度对蒸谷米糊化特性的影响 [J]. 河南工业大学学报（自然

科学版），42（5）：92-100.

Chen L，Ren F，Zhang Z，2015. Effect of pullulan on the short-term and long-term retrogradation of rice starch [J]. Carbohydrate Polymers，115：415-421.

Cruz B R，Abrao A S，Lemos A M，2013. Chemical composition and functional properties of native chestnut starch（ *Castanea sativa* Mill）[J]. Carbohydrate Polymers，94（1）：594-602.

D Cooke，Gidley M J，1992. Loss of crystalline and molecular order during starch gelatinisation：origin of the enthalpic transition [J]. Carbohydrate Research，227：103-112.

Elkhalifa A E O，Bernhardt R，2010. Influence of grain germination on functional properties of sorghum flour [J]. Food Chemistry，121（2）：387-392.

Guo J，Kong L，Du B，2019. Morphological and physicochemical characterization of starches isolated from chestnuts cultivated in different regions of China [J]. International Journal of Biological Macromolecules，130：357-368.

Lin L，Guo D，Zhao L，2016. Comparative structure of starches from high-amylose maize inbred lines and their hybrids [J]. Food Hydrocolloids，52（1）：19-28.

Ma S，Zhu P，Wang M，2019. Effects of konjac glucomannan on pasting and rheological properties of corn starch [J]. Food Hydrocolloids，89（4）：234-240.

Reddy C K，Fei L，Xu B，2017. Morphology crystallinity，pasting，thermal and quality characteristics of starches from adzuki bean（ *Vigna angularis* L. ）and edible kudzu（ *Pueraria thomsonii* Benth）[J]. International Journal of Biological Macromolecules，105（1）：354-362.

Rosell C M，Rojas J A，Barber C B D，2001. Influence of hydrocolloids on dough rheology and bread quality [J]. Food Hydrocolloids，15（1）：75-81.

Sun Y，Li F，Luan Y，2021. Gelatinization，pasting，and rheological properties of pea starch in alcohol solution [J]. Food Hydrocolloids，112：106331.

Tester R F，Karkalas J，Xin Q，2004. Starch-composition，fine structure and architecture [J]. Journal of Cereal Science，39（2）：151-165.

第五章 玉米食用品质评价

第一节 概　　述

一、 原粮品质评价概述

近年来，关于玉米品质评价标准方面，我国也修订并制定了一些相关的标准。主要包括 GB 1353—2018《玉米》、GB/T 20570—2015《玉米储存品质判定规则》等。其中 GB 1353—2018《玉米》标准于 2019 年 2 月 1 日代替了 GB 1353—2009《玉米》标准，2018 年版与 2009 年版相比，主要技术差异是提高了容重要求，调整了等间差，取消了生霉粒指标限制以及 2009 年版中的附录 A 和附录 B。标准中规定了玉米的术语和定义、分类、质量要求和食品安全要求、检验方法、检验规则、标签标识以及包装、储存和运输的要求。此标准适用于收购、储存、运输、加工和销售的商品玉米。GB/T 20570—2015《玉米储存品质判定规则》标准代替GB/T 20570—2006《玉米储存品质判定规则》，与 2006 年版标准相比，此标准修改了脂肪酸值的宜存指标，修改了附录 A 的部分内容，增加了仪器法。此标准中规定了玉米储存品质的术语和定义、储存品质分类、储存品质指标、检验方法、检验规则及判定规则，适用于评价在安全水分和正常储存条件下玉米的储存品质，指导玉米的储存和适时轮换。

原粮品质评价可归纳为感官品质评价和营养品质评价两个方面。现行的两个国家标准中主要采用容重、不完善粒含量、霉变粒含量、杂质含量、水分含量、色泽、气味和脂肪酸值作为评价指标，关于营养品质评价方面的指标未做深入探究。2017 年，本团队（吉林农业大学）在行业现有玉米品质评价相关标准的基础上，制定了 DB 22/T 2814—2017《食用玉米营养品质评价》，标准中规定了食用玉米营养品质评价的指标要求、检验方法、检验规则、品质判定及包装、储存和运输。此标准填补了食用玉米营养品质评价的空白。

（一）玉米原粮感官品质评价

感官品质评价直接反映了消费者的喜爱程度，玉米原粮感官品质评价包括色泽、气味、蒸煮品评以及储存品质 4 项。玉米原粮在加工、储藏、消费过程中易发生本身性质的改变，从而影响感官品质。在色泽和气味的感官评价中需对玉米在标准规定条件下来进行，主要是其综合颜色、色泽和综合气味的评价，在蒸煮品评中，GB/T 20570—2015《玉米储存品质判定规则》（2015 年 6 月 1 日实施）中将玉米制成玉米粉，在规定条件下做成窝头后，并对其色泽、气味、外观结构、内部形状、滋味等进行了品评试验，结果用品评评分值表示。在存储品质评价中，入库前、储存中，逐批次抽取样品进行检验，并出具检验报告，作为质量档案记录和技术依据。根据色泽、气味、脂肪酸值、品尝评分值指标判断玉米为"宜存""轻度不宜存""重度不宜存"。

（二）玉米原粮营养品质评价

现有玉米营养品质评价研究中，只对脂肪酸值指标范围进行了简单描述，未系统提出有关营养指标的等级标准。此外，对其他影响玉米营养品质的重要指标——亚油酸含量未进行探究，因此，本团队在现有玉米营养品质研究的基础上，进一步制定了吉林省地方标准 DB 22/T 2814—2017《食用玉米营养品质评价》，综合采用容重、粗蛋白、脂肪、脂肪酸值以及亚油酸含量作为食用玉米营养品质的主要指标，可将食用玉米按照各项营养指标的范围要求进行科学的评价。此标准已于2018 年 4 月实施，为今后普通玉米用于食品加工原料的选择提供了可靠的理论依据。

二、 主食专用粉及其制品品质评价概述

（一）主食专用粉评价概述

近两年，新疆维吾尔自治区粮食行业协会相继发布了 T/XJLSXH 1104—2021《新疆好粮油 玉米馕（饼）专用粉》和 T/XJLSXH 1106—2022《新疆好粮油 荞麦馕（饼）专用粉》标准，标准中均规定了玉米和荞麦馕（饼）专用粉的术语和定义、技术要求、检验方法、检验规则和标志、包装、运输、储存和保质期的要求。在此标准之前，关于主食专用粉的标准未见报道。两个标准在附录中均详细介绍了制品馕（饼）的制作与评分，操作性较强，为今后主食专用粉产品品质评价奠定了良好基础。

（二）主食产品品质评价概述

在主食产品品质评价的标准方面，根据目前资料报道，主要是关于小麦粉主食产品加工品质评价的标准相对比较完善，有小麦粉馒头、小麦粉面条、小麦粉饺子皮等国家、行业及团体标准，包括 GB/T 35991—2018《粮油检验 小麦粉馒头加工品质评价》、GB/T 35875—2018《粮油检验 小麦粉面条加工品质评价》和 LS/T 6123—2017《粮油检验 小麦粉饺子皮加工品质评价》等。

1. 馒头品质评价

GB/T 35991—2018《粮油检验　小麦粉馒头加工品质评价》标准中规定了小麦粉馒头加工品质评价的原理、原料、仪器和设备、操作步骤、样品编号和感官评价条件、感官评价方法及结果表述。评价指标包括宽高比、比容、表面色泽、表面结构、内部结构、食味和弹性、韧性和黏性。馒头品质评分项目包括比容、宽高比、弹性、表面色泽、表面结构、内部结构、韧性、黏性、食味。其中弹性主要根据按压回弹性的好坏进行判定，表面光泽和表面结构主要根据馒头表面的亮泽度、光滑程度、是否有皱缩、塌陷、有气泡或烫斑等进行判定；内部结构是根据气孔细腻均匀、是否有气泡、边缘与表皮是否有分离现象、气孔是否均匀、结构粗糙度等进行判定；韧性根据品尝馒头的咬劲强弱来判定；黏性方面根据馒头品尝时是否爽口、黏牙的现象进行评判；馒头食味主要是香味是否浓郁，是否有异味进行评判。详细的评价标准见表5-1。

表5-1　馒头品质评分表

项目	得分标准	参照样品得分	样品编号				
		No.1	No.2	No.3	No.4	No.5	
比容（mL/g）（20分）	比容大于或等于2.8得满分20分；比容小于或等于1.8得最低分5分；比容在1.8~2.8，每下降0.1扣1.5分						
宽高比（5分）	宽高比小于或等于1.40得最高分5分；大于1.60得最低分0分；在1.40~1.60每增加0.05扣1分						
弹性（10分）	手指按压回弹性好：8~10分；手指按压回弹弱：6~7分；手指按压不回弹或按压困难：4~5分						
表面色泽（10分）	光泽性好8~10分；稍暗6~7分；灰暗4~5分						
表面结构（10分）	表面光滑：8~10分；皱缩、塌陷、有气泡或烫斑：4~7分						
内部结构（10分）	气孔细腻均匀：18~20分，气孔细腻基本均匀，有个别气泡：13~17分，边缘与表皮有分离现象，扣1分；气孔基本均匀，但有下列情况之一的：10~12分，过于细密，有稍多气泡，气孔均匀但结构稍显粗糙；气孔不均匀或结构很粗糙：5~9分						
韧性（10分）	咬劲强：8~10分；咬劲一般：6~7分；咬劲差，切时掉渣或咀嚼干硬：4~5分						

(续)

项目	得分标准	参照样品得分	样品编号				
			No. 1	No. 2	No. 3	No. 4	No. 5
黏性（5分）	爽口不黏牙：8～10分；稍黏：6～7分；咀嚼不爽口，很黏：4～5分						
食味（5分）	正常小麦固有的香味5分；滋味平淡4分；有异味2～3分						
综合评分（100分）							

另外，2019年以来，山东、山西等省份发布实施了一批关于馒头的团体标准，主要包括 T/SDAS 71—2019《山东馒头用小麦粉》、T/SDAS 73—2019《山东馒头》、T/NMCY 013—2020《荞面馒头》、T/SXAGS 0025—2021《山西主食糕品馒头》等，目前食品伙伴网上都是暂无文本状态，无法查阅标准的详细内容；但对各地区馒头系列标准的发布，体现了行业对馒头等主食食品生产加工以及产品品质的高度重视，有力推动了主食食品的标准化生产。

近几年，据馒头品质评价研究论文方面的报道，主要有针对小麦粉为主要原料的南方馒头和北方馒头品质评价的相关研究。重点包括基于主成分分析法和多元统计分析方法，建立了品质评价体系。金鑫等运用主成分分析建立南方馒头综合品质评价体系的基础上，构建了南方馒头原料选择模型，并优化南方馒头的加工工艺。闫博文等以17种市售北方馒头为研究对象，基于多元统计分析方法研究其物性指标和感官评价指标间的相互关系，进而建立了适用于北方馒头的品质评价体系。另外，玉米馒头、小米馒头、青稞馒头等玉米及杂粮类的馒头目前还是以产品配方和工艺优化研究为主，评价的方法是感官评分与物性分析仪（TPA）的仪器分析共同评价，且建立了馒头的感官评分与馒头硬度、胶黏性、咀嚼性、内聚性和弹性等指标之间的相关性。尚莲姿等开展了不同处理方式对玉木耳特性的影响，以及玉木耳对玉米馒头粉糊化特性、流变特性和质构特性的影响，通过响应面优化试验筛选出玉木耳-玉米馒头的配方，并进行玉木耳-玉米馒头品质评价。张爱霞等研究了小米馒头混合粉的营养价值，利用物性分析仪对小米面团和馒头进行了 TPA 检测，并对馒头感官品质进行了评价。李梁等利用青稞馒头的质构特征指标进行主成分分析，建立青稞馒头品质综合评价模型，可有效评价青稞馒头的品质。以上相关研究均为今后玉米及杂粮馒头等标准的建立奠定了坚实的理论基础。

2. 面条品质评价

在 GB/T 35875—2018《粮油检验 小麦粉面条加工品质评价》，关于小麦粉面条的评价方法中，主要从坚实度（10分）、弹性（25）、光滑性（20分）、食味

（5分）、表面状态（10分）、色泽（30分）等方面进行了量化评分。坚实度主要根据小麦粉面条产品的软硬程度进行评价；弹性根据小麦粉面条产品是否具有弹性进行评价；光滑性根据熟制小麦粉面条产品是否光滑爽口进行评价；食味根据小麦粉面条产品是否具有应有的麦香味以及有无异味进行评价；表面状态根据表面是否光滑、是否有明显的透明质感进行评价；色泽根据亮度以及明暗进行评价。并且每个指标都分为三个等级，进行过专业培训的感官评分人员会根据评价的结构进行评分。详细的评分标准见表5-2。

表5-2　面条感官评分项目及评分标准

评价指标	满分	评价方法	参照样品得分	样品编号				
			No.1	No.2	No.3	No.4	No.5	
坚实度	10分	软硬合适（8～10分）						
		稍软或稍硬（7分）						
		很软或很硬（4～6分）						
弹性	25分	弹性好（21～25分）						
		弹性一般（16～20分）						
		弹性差（10～15分）						
光滑性	20分	光滑爽口（17～20分）						
		较光滑（13～16分）						
		不爽口（9～12分）						
食味	5分	具有麦香味（5分）						
		基本无异味（4分）						
		有异味（2～3分）						
表面状态	10分	表面光滑、有明显透明质感（8～10分）						
		表面较光滑、透明质感不明显（7分）						
		表面粗糙、明显膨胀（4～6分）						
色泽	30分	亮白或亮黄（26～30分）						
		亮度一般或稍暗（20～25分）						
		灰暗（14～19分）						
综合得分								

面条产品品质评价的标准除GB/T 35875—2018《粮油检验　小麦粉面条加工品质评价》之外，农业农村部、榆林市农产品市场流通协会、山西省粮食行业协会、青岛市食品工业协会等也陆续发布了NY/T 3521—2019《马铃薯面条加工技术规范》、T/HTMS 0037—2019《和田传统美食　玉米面条制作技艺》、T/GGI 007—2017《兴仁薏仁面条加工技术规范》、T/YLNX 0011—2021《杂粮面条（挂面）》、T/SXAGS 0027—2021《山西主食糕品　鲜湿面条》、T/SXAGS 0028—2021

《山西主食糕品 鲜湿面条加工技术规范》、T/QFIA 002—2021《特色干面条》系列的行业标准、团体标准等，且均是近三年发布的，足以体现行业发展之迅速。

根据近几年的研究论文发现，关于荞麦、马铃薯等面条的加工及品质特性的报道较多。丁香丽等基于苦荞面条的色泽、蒸煮品质、质构品质和感官品质，利用主成分分析法建立全苦荞面条综合品质评价模型。杨晓清等以大豆分离蛋白和超声波协同作用的调制马铃薯全粉为研究对象，通过不同比例调质粉与小麦粉混合体系的稳态流变特性及蒸制熟面条的拉伸特性、质构特性及感官评价，进行了综合评价。方东路等通过外源添加葡萄糖氧化酶和转谷氨酰胺酶，分析熟化后面片的色泽和质构特性，确定最佳酶法改性工艺，并对产品进行营养与风味评价。符梅霞等制备了全荞麦冷冻挤压面条，研究了水冷却处理、冷冻温度、冻融循环以及储藏时间对全荞麦冷冻挤压面条品质特性的影响。

关于玉米面条的研究方面，主要是玉米面条的加工工艺优化及品质提升方面的研究较多。李晓娜等以植物乳杆菌发酵改性玉米粉为原料，在谷朊粉添加量、沙蒿胶添加量、黄原胶添加量3个单因素试验的基础上，进行正交试验。通过对玉米面条穿刺功的测定与感官评价，确定发酵玉米粉制作玉米面条的最佳工艺配方。侯普馨等将玉米粉和小麦粉混合，添加谷朊粉和酵母等辅料，制作了玉米发酵面条。王亚运等研究并确定了玉米面条的最佳生产及改良工艺，且进一步采用低场核磁共振和电子扫描电镜研究复合添加剂对玉米面条冻藏期间水分迁移状态及微观结构的影响。综上可得出，针对玉米面条品质评价方面的研究并不深入。因此，关于玉米面条产品的品质评价方面还需进一步补充基础数据，完善目前玉米及杂粮等面条产品的标准评价体系。

三、 品质评价方法概述

（一）感官评价法

感官评价是一项综合性指标，是一种测量、分析、解释由食品与其他物质相互作用所引发的，能通过人的味觉、触觉、视觉、嗅觉和听觉进行评价的一门科学。感官评定涉及人的五大感官器官，包括味觉评定、触觉评定、视觉评定、嗅觉评定和听觉评定。食品的感官评价一般包括产品形态、组织结构、食味等因素，由感官评价员根据评分标准对产品进行品质评价。许睦农等综合考虑产品的色泽、组织结构等方面，对发糕类产品进行了品质评价，并以鲜玉米粒为主要原料，配以大米、面粉、糖、水，通过正交试验以鲜玉米粒添加量为基准，确定了口感和风味最佳的玉米发糕用料比：大米40%、面粉15%、水20%、糖5%、酵母1%。刘远洋等综合考虑产品的内部结构、弹韧性、黏性等方面，对杂粮馒头进行感官评价，并利用超微粉碎技术对5种杂粮进行处理，通过正交试验研究了绿豆、红小豆、小米、芸豆、高粱对杂粮馒头感官品质的影响，得到了最佳配方，即当小麦粉100 g时，绿豆用量 4 g，红小豆用量 6 g，小米用量 8 g，芸豆用量 6 g，高粱用量 8 g。Cox Gin-nefer 等对 7 个新的食谱和 16 个现有食谱进行感官评估，研究了感官评价法在营养教育中的作用，得到感官评价有助于食谱的开发、测试和修改，也符合低收入人群对营养独特的感官偏好的结论。陈朝军等以添加不同比例甘薯粉的汤圆粉团为研究对象，使用物性分析仪分析，并结合感官评价探讨二者相关性。结果表明添加不同比例甘薯粉后汤圆粉团的质构指标和感官指标具有差异性，对甘薯粉汤圆粉团的品质做较全面的评价。焦镭等以感官评价作为评价指标，研究银条添加量、糖添加量、玉米淀粉添加量和柠檬汁添加量对戚风蛋糕感官评分和比容值的影响，采用 L_9（3^4）正交试验对工艺进行优化。试验结果表明以感官评分为评价指标，影响感官评分因素的先后顺序分别为银条添加量＞柠檬汁添加量＞淀粉添加量＞糖添加量，最佳配比为银条添加量 30 g，糖添加量 90 g，玉米淀粉添加量 30 g，柠檬汁添加量 20 g。

（二）全质构分析法

质构是食品感官品质评价中的重要指标之一。利用物性分析仪测定食品的质构具有客观、灵敏、方便的优点。TPA 法是模拟人的咀嚼运动的分析方法，将人体的一些主观感受转化成客观的、可量化、具体的电子数字信号，从而提高试验结果的准确性和可信性。丁志理等用物性分析仪测定不同蒸制条件对馒头品质的影响，结果表明在蒸制功率为 1 200 W 时，馒头的比容、白度、弹性及感官值较高，硬度则较低，馒头品质较好；在蒸制的过程中，馒头的比容、白度及感官呈现先上升、后下降的趋势，在 25 min 时达到较大值；硬度呈现先下降、后上升的趋势，在 25 min 时达到较低值，此时馒头品质较好；蒸锅与蒸柜结果对比表明，馒头蒸制过程中各指标变化趋势是一致的。高瑾等研究了两款菠萝风味戚风蛋糕产品的制作方法和成品质量特征。将菠萝汁或者菠萝渣作为辅料添加至蛋糕制作工艺，优选合适的辅料添加方式和添加量。利用感官评定的方法评价蛋糕成品的品质，通过物性分析仪的 TPA 模式测定成品的质构特性。结果表明，在戚风蛋糕制作的基础配方中添加 10 g 菠萝汁或者 10 g 菠萝渣时得到的蛋糕产品感官评价分值最高，因此，菠萝辅料的添加不但没有改变戚风蛋糕的外观和组织结构，而且增加了菠萝的风味和香气，提高了蛋糕中膳食纤维、维生素等营养价值，可以用于开发新资源食品。胡茂岑等通过正交试验优化紫菜馒头的配方，并探究紫菜馒头质构的影响因素。结果表明紫菜馒头的最佳制作配方为紫菜添加量 1.0%、白砂糖添加量 2.0%、色拉油添加量 5.0%。通过质构分析可以得出，紫菜的添加量在一定范围会降低馒头的弹性，色拉油的添加量对紫菜馒头的质构影响最大。Lan Chen 等讨论了感官评定与食品质构测量的关系，说明了多学科协作在食品质构检测中的重要性。

（三）色差分析法

色差分析是用于直接测量物体表面色度学指标的方法，色差仪有测量速度快、精度高的特点。发糕的颜色往往会影响消费者的购买欲望，所以，发糕的颜色也是品质评价的一项重要指标，客观的评价发糕的颜色是很有必要的。颜色指标多采用色差仪和电子眼，通过测定 L^* 代表亮度值、a^* 表示红绿值、b^* 表示黄蓝值来评价发糕的颜色。L^* 值越高表明颜色越亮，反之颜色越暗；a^* 值越高表明颜色越红，反之颜色越绿；b^* 值越高表示颜色越黄，反之颜色越蓝。张辉等重点研究了马铃薯全粉和早籼米配比、不同食品添加剂以及挤压参数对马铃薯复配米色泽、质构特性、蒸煮特性和感官品质等的影响，并比较了马铃薯复配米和市售籼米、粳米的营养成分和风味物质的差异。首先对马铃薯全粉和早籼米粉的最佳配比进行了研究，以色泽、质构特性、蒸煮特性和感官品质 4 种指标进行综合评定。结果表明，随着马铃薯全粉含量的增加，复配米的 L^* 值呈降低趋势，b^* 值呈升高趋势，硬度和黏力先升高再下降，蒸煮损失呈升高趋势，感官品质呈下降趋势，综合各方面考虑，马铃薯全粉含量为 40% 时，既保证了复配米中马铃薯全粉有较高的含量，又使其具有较佳的食用品质。屈玟珊等采用 CR-410 型色彩色差计测定不同产地西洋参样品粉末的总色值，计算不同产地西洋参样品的总色值范围，并以 SPSS 统计软件分析不同产地西洋参样品颜色的影响。结果表明色彩色差仪可以为不同产地西洋参的外观颜色差异提供客观的色彩数据，可以作为快速鉴别进口与国产西洋参的检测方法，也可为区分产地提供参考依据。任凯等以速溶绿茶样品为研究对象，采用微型可见光谱仪采集样品原始光谱数据，分别使用 3 种色差计算方法，对被测样品的色差进行测定和分析。结果表明不同浓度茶汤之间的原始光谱在波长 400 nm 处有较为明显的吸收差异，该点对应黄绿色溶液的特征吸收波长点，表明可应用于茶汤浓度的区分。

（四）粉质特性分析法

粉质特性是目前国内分析评价面食产品的重要指标之一，一般是通过产品的筋力强度和吸水量高低来确定产品的品质及适宜用途。粉质特性可以反映面团的强度、弹性、耐揉性等流变学特性，为评价产品品质提供重要的信息。稳定时间是其重要指标之一，代表了面团内部结构抗机械外力的能力，可用来判断产品强弱筋类型。研究面团粉质特性对面制品改良加工具有深刻的意义。魏壹纯等运用粉质特性分析法研究了彩色谷物营养分析及复配技术在馒头食品中的应用，通过对于感官评分以及白度的单因素分析确定大致的响应因素范围，再通过响应面法分析各响应因素对感官评价的影响程度，以及各个响应因素之间的交互作用对于感官评价的影响。结果表明，当采用 44% 加水量、16 min 和面时间以及 21 ℃ 加水温度时，馒头感官评分达到最佳值。巴瑞新等采用粉质仪、拉伸仪、吹泡仪和面筋仪分别对 56 种具有代表性的小麦粉样品进行检测，研究小麦粉的粉质特性、拉伸特性、吹泡特性和面筋特性等流变学品质指标间的关系。结果表明粉质特性、拉伸特性、吹泡特性和面筋特性有些指标之间存在显著或极显著相关关系，部分指标各自具有特异性。小麦和面粉进行品质检测时，应根据其检测目的和食品用途选择使用合适的指标进行评价，提高研究和检测效率。陈凤莲等采用粉质仪和拉伸仪等，从各种市售小麦粉中筛选出一种质量较好的高筋粉，再通过该手段对粳米-小麦混合粉体系的粉质特性、拉伸特性的变化规律及其与各种粳米粉组成成分的相关性进行分析。结果表明不同品种的粳米粉添加到小麦粉中后，其吸水率有的上升，有的下降；总体来说，混合粉的面团形成和稳定时间、评价值、延伸性、面团抗拉伸阻力、最大抗拉伸阻力以及拉伸比值均下降，弱化度呈上升趋势。

第二节　玉米籽粒品质评价体系构建

一、概述

玉米作为食品原料，营养组分和品质差异较大，储藏条件和储藏方式直接影响玉米的营养品质和食用品质。目前，我国在玉米原粮的干燥和储藏技术研究方面开展了大量研究，关于营养和加工特性以及食用品质等方面的研究却不够深入，缺乏玉米营养和食用品质的基础研究与数据积累，导致玉米食品新产品设计与研发滞后于市场需求，造成玉米食品科技含量低、产品质量不稳定、产品单一、食用和加工品质低等缺点，严重影响了玉米食品加工技术研究与开发以及玉米主食工业化发展。

目前，在粮食安全方面注重的主要是如何保证储藏品质，大多数采用不同方法从玉米储藏、加工、成品指标入手，对玉米品质进行了大量的研究，缺乏对玉米成分变化的深入研究，而成分变化对玉米营养品质变化影响很大。国内现有 GB/T 20570—2015《玉米储存品质判定规则》中以脂肪酸值成分对玉米是否宜存进行了判定；NY/T 519—2002《食用玉米》中对食用的品质进行了分级，仅仅是采用玉米中的粗蛋白等几种基础成分进行三个分级，所以，采用玉米中的营养性指标来评价食用营养品质的评价标准还需进一步完善，且国内外对玉米主食类产品食品品质没有国家标准和评价方法。针对玉米原粮营养品质评价，采用现代仪器分析与感官评定相结合的方法，改进之前仅用理化指标和人为感官粗放评价方式，更科学地评价玉米原粮的营养品质、玉米馒头和玉米面条等玉米主食专用粉的品质及其玉米主食的产品品质，具有一定的可行性和先进性，有力推动了玉米主食工业化的高质量发展。

二、材料与方法

（一）试验材料与试剂

1. 试验原料

玉米品种选用东北地区主栽玉米品种。普通玉米品种郑单 958 和先玉 335，种植在中国吉林省辽源市金洲乡。种植方法和田间管理条件均相同,玉米成熟度一致,收获时的水分含量为 35%±3% 时收获。试验原料样品采用所选两个普通品种的玉米籽粒。

2. 所用试剂

氢氧化钾(分析纯),甲醇(色谱纯),石油醚(分析纯),α-亚油酸甲酯(标准品,纯度 99%),0.5 mol/L 氢氧化钾-甲醇溶液。

(二)仪器与设备

核磁共振仪(NMI20,上海纽迈电子科技有限公司),电子天平(BSA224S,德国赛多利斯有限公司),冻干机(Alpha1-4Ldplus,德国 Christ 公司),高效液相色谱仪(1260,美国 Agilent 公司),酶标仪(Multiskan FC,美国 Thermo 公司),高速冷冻离心机(Z36HK,德国 Hermle Labortechnik GmbH 公司),紫外分光光度计(TU-1810,北京普析通用仪器有限责任公司),超低温冷冻储存箱(ULT2186-4-V47,美国 Thermo 公司),漩涡混合器(XW-80A,上海精科实业有限公司),电热鼓风干燥箱(101A-BT,上海实验仪器厂有限公司),pH 计(PHS-3C,上海精密科学仪器有限公司),超声波清洗器(JK 3200B,合肥金尼克机械制造有限公司),电热恒温水浴锅(DZK2-D-1,北京市永光明医疗仪器厂),近红外谷物分析仪(Infratec TM,丹麦福斯分析仪器有限公司),恒温恒湿培养箱(HWS,宁波东南仪器有限公司),低温冷冻研磨机(JXFSTPRP-II,中国上海净信仪器有限公司),果蔬呼吸测定仪(GXH-3051,北京均方理化科技研究所)。气相色谱仪-氢火焰离子化检测器(布鲁克,456GC),BR-5 0.25 mm×0.25 mm×30 m。索氏提取器,旋转蒸发仪 RE-52AA(上海亚荣生化仪器厂)。

(三)试验方法

1. 玉米营养成分的测定

(1)淀粉的测定

同第二章。

(2)还原糖与非还原糖的测定

同第三章。

(3)粗蛋白的测定

同第三章。

(4)氨基酸的测定

同第三章。

(5)粗脂肪的测定

同第三章。

（6）脂肪酸值的测定

同第三章。

（7）碘蓝值的测定

取 0.25 g 样品，加入 50 mL 蒸馏水研磨至均匀的糊状，过滤取 10 mL 滤液，加入 0.5 mL 0.1 mol/L 的 HCl 及 0.5 mL 碘试剂，用蒸馏水定容至 50 mL 用分光光度计于 620 nm 波长下比色，读取吸光度值，即为面条碘蓝值。空白采用在蒸馏水中加入 0.5 mL 0.1 mol/L 的 HCl 和 0.5 mL 碘试剂，并定容至 50 mL。

（8）色泽、气味测定

采用 GB/T 5492—2008《粮油检验　粮食、油料的色泽、气味、口味鉴定》进行测定。

（9）脂肪酸的测定

采用气相色谱法进行测定。目前，对油脂中不饱和脂肪酸含量测定主要有气相色谱、气相色谱-质谱、高效液相、高效液相-质谱，现有 GB/T 17376—2008《动植物油脂　脂肪酸甲酯制备》、GB/T 17377—2008《动植物油脂　脂肪酸甲酯的气相色谱分析》对动物油脂中脂肪酸进行分析检测。本团队研究发现，玉米中主要营养物质不饱和脂肪酸-亚油酸含量在玉米储藏过程中与营养品质显著相关。所以，我们以现有国家标准为基础，参考国内外亚油酸检测方法，优化前处理步骤，建立了玉米亚油酸含量的测定方法，并制定了相应标准。

1）玉米原粮中亚油酸含量测定方法。

a. 气相色谱条件。色谱柱：BR-5，0.25 mm×0.25 mm×30 m。载气：高纯氮气（99.99%）。进样口温度：230 ℃。分流比：20∶1。检测器温度：250 ℃。柱温箱温度：初始温度 140 ℃，保持 5 min，以 4 ℃/min 升温至 240 ℃，保持 15 min。载气流速：30 mL/min，柱流速：1.0 mL/min。氢气流速：30 mL/min。空气流速：300 mL/min。

b. 标准系列溶液的配制。精密称取 α-亚油酸甲酯 25 mg，石油醚稀释至 10 mL（含 α-亚油酸甲酯 2.5 mg/mL）。以 2.5 mg/mL α-亚油酸甲酯为母液，用石油醚分别稀释为 0.5、1、1.5、2、2.5 mg/mL。

c. 线性关系考察。将 α-亚麻酸甲酯标准系列溶液，经 0.22 μm 微孔滤膜过滤后，进样 1 μL，进行气相色谱分析，记录色谱图，以标准品浓度为横坐标，标准品峰面积为纵坐标，绘制标准曲线，求得回归方程。

d. 样品处理。玉米籽粒经低温粉碎，全部过 40 目筛，10.00 g 玉米粉用石油醚回流提取 6 h。旋转蒸发浓缩近干。精密称取 50 mg 油脂于 15 mL 离心管中。加 0.5 mol/L 氢氧化钾-甲醇溶液 2 mL。超声振荡反应 15 min 后，加去离子水定容到 10 mL。静置 30 min 后，取上层有机相约 1 mL，过 0.22 μm 有机滤膜，置于色谱小瓶中，4 ℃冰箱中备用。

三、 数据与结果分析

（一）新收获玉米籽粒采后（0～60 d）品质性状评价

1. 新收获玉米籽粒采后（0～60 d）品质性状变化分析

新收获玉米采后其籽粒内部发生了一系列的生理生化变化，其中既有呼吸作用的变化，又包括物质代谢及淀粉消化特性等方面的变化。为了全面而准确地分析和描述这些复杂的变化，进一步探明玉米籽粒储藏过程中变化机理，将所测得的主要代表性相关指标进行相关性分析，采用主成分分析方法，建立新收获玉米籽粒储藏品质性状评价模型。

（1）玉米采后储藏过程中各指标间的相关性分析

对两个品种玉米，在各储藏条件下，储藏 60 d 内的水分含量、T_{21} 和 A_{21}、呼吸速率及相关酶活性、糖类物质及淀粉酶活性、脂肪酸值、总淀粉含量、千粒重、淀粉消化性各指标间进行 Pearson 相关性分析。将郑单 958 玉米和先玉 335 玉米自然存放条件下，各参数的相关性分析列于表 5 - 3 至表 5 - 10，结果表明：两个品种玉米采后储藏过程中，随着储藏时间的延长，各主要生理生化和营养品质指标间具有显著的相关性。可以采用主成分分析法，对众多指标进行归类分析，以期得到玉米采后储藏过程中籽粒性状的评价模型。

两种新收获玉米具有相同的变化规律，质子横向弛豫时间 T_{21} 与弛豫面积 A_{21} 呈极显著负相关（$P < 0.01$）。T_{21} 与籽粒水分含量呈极显著相关（$P < 0.01$），T_{21} 减小说明籽粒内的氢质子自由度和水分流动性在逐渐降低，水分子与淀粉结合力逐渐增强。两种玉米中 A_{21} 与总水分含量相关性很大，呈显著负相关（$P < 0.05$）。T_{21} 与总水分含量极显著相关（$P < 0.01$），A_{21} 与总水分含量显著相关（$P < 0.05$）。利用 T_{21} 弛豫时间分布曲线上准结合水下降程度，判定玉米干燥情况，要比 14％安全水更准确。可以利用 LF - NMR 技术研究籽粒中水分状态情况，并且可以精确判断玉米采后干燥进程，是进一步了解籽粒中大分子结构特性变化有力工具。在自然条件下储藏，郑单 958 玉米籽粒呼吸速率与总淀粉含量呈现极显著负相关（$P < 0.01$）。呼吸速率与过氧化氢酶（CAT）和过氧化物酶（POD）活性均极显著相关（$P < 0.01$），与 α-淀粉酶活性和 β-淀粉酶活性极显著相关（$P < 0.01$），并与脂肪酸值、千粒重、淀粉消化性极显著相关（$P < 0.01$）。同时，试验结果表明，相关性受到品种和储藏条件的影响。

（2）各指标标准化结果及主成分分析

将 4 种储藏条件下，两个玉米品种 18 个指标的原始数据进行 SPSS 分析和标准化处理，结果见表 5 - 11。分析两个品种玉米采后生理生化指标主成分贡献率和

表 5-3 郑单 958 玉米采后自然储藏条件下各参数相关性分析

	水分含量	T_{21}	A_{21}	呼吸速率	还原糖含量	可溶性糖含量	α-淀粉酶活性	β-淀粉酶活性	CAT活性	POD活性	HK活性	IDH活性	脂肪酸值	总淀粉	千粒重	RDS	SDS
T_{21}	0.929**																
A_{21}	-0.973**	-0.873**															
呼吸速率	0.963**	0.986**	-0.923**														
还原糖含量	-0.388	-0.120	0.468*	-0.261													
可溶性糖含量	-0.614**	-0.503*	0.717**	-0.539*	0.284												
α-淀粉酶活性	0.458*	0.680**	-0.344	0.616**	0.400	0.032											
β-淀粉酶活性	-0.733**	-0.658**	0.819**	-0.718**	0.427	0.776**	-0.109										
CAT活性	-0.961**	-0.915**	0.968**	-0.955**	0.400	0.691**	-0.397	0.878**									
POD活性	0.643**	0.795**	-0.536*	0.737**	0.329	-0.206	0.897**	-0.335	-0.585**								
HK活性	-0.663**	-0.819**	0.621**	-0.809**	0.093	0.225	-0.659**	0.503*	0.714**	-0.543*							
IDH活性	-0.701**	-0.803**	0.674**	-0.784**	0.089	0.329	-0.426	0.643**	0.764**	-0.627**	0.642**						
脂肪酸值	0.943**	0.927**	-0.903**	0.960**	-0.427	-0.465*	0.529*	-0.612**	-0.901**	0.593**	-0.802**	-0.685**					
总淀粉	-0.857**	-0.813**	0.873**	-0.864**	0.436*	0.482*	-0.364	0.732**	0.888**	-0.396	0.831**	0.617**	-0.877**				
千粒重	0.940**	0.832**	-0.888**	0.858**	-0.334	-0.611**	0.366	-0.650**	-0.874**	0.557**	-0.549**	-0.503*	0.839**	-0.789**			
RDS	-0.344	-0.317	0.351	-0.305	0.177	0.272	0.104	0.060	0.285	0.124	0.363	0.235	-0.430	0.469*	-0.349		
SDS	0.932**	0.775**	-0.928**	0.826**	-0.531*	-0.690**	0.183	-0.646**	-0.865**	0.382	-0.485*	-0.517*	0.869**	-0.786**	0.925**	-0.533*	
RS	-0.939**	-0.766**	0.962**	-0.837**	0.567**	0.743**	-0.218	0.779**	0.909**	-0.450*	0.440*	0.524*	-0.834**	0.767**	-0.905**	0.261	-0.947**

注：* 表示在 0.05 水平上（双侧）显著相关；** 表示在 0.01 水平上（双侧）显著相关；*** 表示在 0.001 水平上显著相关。

T_{21}：贮藏时间；A_{21}：贮藏面积；CAT：过氧化氢酶；POD：过氧化物酶；HK：红细胞己糖激酶；IDH：异柠檬酸脱氢酶；RDS：快速消化淀粉；SDS：缓慢消化淀粉；RS：抗性淀粉。

表 5－4　郑单 958 玉米采后 15 ℃储藏条件下各参数相关性分析

	水分含量	T_{21}	A_{21}	呼吸速率	还原糖含量	可溶性糖含量	α-淀粉酶活性	β-淀粉酶活性	CAT活性	POD活性	HK活性	IDH活性	脂肪酸值	总淀粉	千粒重	RDS	SDS
T_{21}	0.953**																
A_{21}	-0.923**	-0.797**															
呼吸速率	0.943**	0.977**	-0.790**														
还原糖含量	-0.549**	-0.710**	0.407	-0.687**													
可溶性糖含量	-0.576**	-0.740**	0.444*	-0.695**	0.966**												
α-淀粉酶活性	0.798**	0.832**	-0.749**	0.792**	-0.663**	-0.646**											
β-淀粉酶活性	-0.145	0.062	0.508*	0.058	-0.149	-0.114	-0.132										
CAT活性	-0.941**	-0.910**	0.938**	-0.897**	0.691**	0.716**	-0.836**	0.329									
POD活性	0.231	0.494*	0.106	0.468*	-0.686**	-0.691**	0.340	0.777**	-0.193								
HK活性	-0.781**	-0.813**	0.620**	-0.785**	0.478*	0.596**	-0.428	-0.160	0.688**	-0.445*							
IDH活性	-0.817**	-0.906**	0.598**	-0.919**	0.814**	0.803**	-0.636**	0.277	0.784**	-0.649**	0.811**						
脂肪酸值	0.896**	0.859**	-0.722**	0.877**	-0.332	-0.379	0.546*	0.140	-0.715**	0.311	-0.836**	-0.781**					
总淀粉	0.926**	0.989**	-0.762**	0.959**	-0.730**	-0.746**	0.864**	0.085	-0.891**	0.522*	-0.753**	-0.882**	0.811**				
千粒重	0.942**	0.968**	-0.746**	0.943**	-0.622**	-0.643**	0.742**	0.172	-0.836**	0.491*	-0.828**	-0.902**	0.918**	0.958**			
RDS	0.773**	0.642**	-0.915**	0.618**	-0.242	-0.276	0.747**	-0.650**	-0.817**	-0.269	-0.355	-0.326	0.520*	0.643**	0.558**		
SDS	0.872**	0.780**	-0.967**	0.757**	-0.442*	-0.484*	0.824**	-0.553**	-0.931**	-0.083	-0.524*	-0.526*	0.613**	0.771**	0.689**	0.967**	
RS	-0.882**	-0.788**	0.978**	-0.771**	0.451*	0.503**	-0.805**	0.550**	0.942**	0.072	0.569**	0.553**	-0.636**	-0.766**	-0.695**	-0.947**	-0.995**

注：* 表示在 0.05 水平上（双侧）显著相关；** 表示在 0.01 水平上（双侧）显著相关。

表 5 - 5　郑单 958 玉米采后 20 ℃储藏条件下各参数相关性分析

	含水量	T_{21}	A_{21}	呼吸速率	还原糖含量	可溶性糖含量	α-淀粉酶活性	β-淀粉酶活性	CAT活性	POD活性	HK活性	IDH活性	脂肪酸值	总淀粉	千粒重	RDS	SDS
T_{21}	0.978**																
A_{21}	-0.903**	-0.906**															
呼吸速率	0.985**	0.954**	-0.921**														
还原糖含量	-0.510*	-0.412	0.342	-0.534*													
可溶性糖含量	-0.575**	-0.529*	0.577**	-0.605**	0.892**												
α-淀粉酶活性	0.658**	0.623**	-0.444*	0.594**	-0.028	0.100											
β-淀粉酶活性	0.689**	0.581**	-0.465*	0.644**	-0.401	-0.234	0.842**										
CAT活性	-0.945**	-0.946**	0.933**	-0.931**	0.435**	0.595**	-0.462*	-0.510*									
POD活性	-0.009	-0.125	0.319	-0.087	-0.071	0.284	0.502*	0.656**	0.170								
HK活性	-0.216	-0.033	0.039	-0.247	0.532*	0.261	-0.231	-0.655**	0.121	-0.674**							
IDH活性	-0.888**	-0.814**	0.734**	-0.855**	0.500*	0.468*	-0.625**	-0.784**	0.874**	-0.302	0.516*						
脂肪酸值	0.957**	0.932**	-0.768**	0.900**	-0.521*	-0.515*	0.712**	0.742**	-0.881**	0.183	-0.243	-0.899**					
总淀粉	-0.780**	-0.658**	0.680**	-0.807**	0.802**	0.757**	-0.360	-0.692**	0.713**	-0.177	0.659**	0.805**	-0.745**				
千粒重	0.925**	0.869**	-0.770**	0.909**	-0.556**	-0.525*	0.728**	0.867**	-0.808**	0.267	-0.465*	-0.887**	0.910**	-0.822**			
RDS	-0.271	-0.196	0.402	-0.282	0.057	0.180	-0.236	-0.359	0.324	-0.003	0.261	0.362	-0.145	0.242	-0.261		
SDS	0.960**	0.954**	-0.922**	0.976**	-0.558**	-0.670**	0.532*	0.583**	-0.899**	-0.182	-0.147	-0.763**	0.868**	-0.769**	0.892**	-0.220	
RS	-0.858**	-0.843**	0.808**	-0.881**	0.602**	0.683**	-0.310	-0.372	0.842**	0.239	0.132	0.695**	-0.804**	0.789**	-0.718**	-0.081	-0.876**

注：* 表示在 0.05 水平上（双侧）显著相关；***表示在 0.01 水平上（双侧）显著相关。

表5-6 郑单958玉米采后30℃储藏条件下各参数相关性分析

	水分含量	T_{21}	A_{21}	呼吸速率	还原糖含量	可溶性糖含量	α-淀粉酶活性	β-淀粉酶活性	CAT活性	POD活性	HK活性	IDH活性	脂肪酸值	总淀粉	千粒重	RDS	SDS
T_{21}	0.986**																
A_{21}	-0.846**	-0.778**															
呼吸速率	0.856**	0.881**	-0.552**														
还原糖含量	-0.296	-0.183	0.527*	-0.128													
可溶性糖含量	-0.423	-0.420	0.315	-0.670**	0.432												
α-淀粉酶活性	-0.732**	-0.789**	0.384	-0.924**	-0.017	0.720**											
β-淀粉酶活性	-0.823**	-0.781**	0.933**	-0.610**	0.447*	0.490*	0.506*										
CAT活性	-0.879**	-0.881**	0.753**	-0.857**	0.358	0.724**	0.817**	0.880**									
POD活性	0.721**	0.786**	-0.296	0.934**	0.185	-0.511*	-0.927**	-0.360	-0.682**								
HK活性	-0.491*	-0.396	0.565**	-0.176	0.786**	0.205	0.048	0.520*	0.446*	0.054							
IDH活性	-0.880**	-0.854**	0.735**	-0.646**	0.364	0.283	0.514*	0.758**	0.789**	-0.509*	0.740**						
脂肪酸值	0.967**	0.948**	-0.916**	0.781**	-0.281	-0.382	-0.674**	-0.878**	-0.850**	0.626**	-0.403	-0.783**					
总淀粉	0.150	0.242	-0.092	0.351	0.467*	-0.174	-0.419	-0.139	-0.187	0.422	0.703**	0.250	0.283				
千粒重	0.958**	0.931**	-0.878**	0.813**	-0.349	-0.366	-0.606**	-0.814**	-0.809**	0.638**	-0.443*	-0.804**	0.944**	0.210			
RDS	-0.696**	-0.597**	0.882**	-0.369	0.634**	0.326	0.252	0.862**	0.681**	-0.103	0.762**	0.748**	-0.728**	0.291	-0.657**		
SDS	0.968**	0.952**	-0.879**	0.816**	-0.340	-0.444	-0.716**	-0.831**	-0.849**	0.661**	-0.430	-0.769**	0.983**	0.271	0.944**	-0.679**	
RS	-0.961**	-0.940**	0.865**	-0.859**	0.379	0.588**	0.787**	0.870**	0.928**	-0.691**	0.452*	0.784**	-0.964**	-0.217	-0.905**	0.741**	-0.969**

注：*表示在0.05水平上（双侧）显著相关；**表示在0.01水平上（双侧）显著相关。

表 5-7　先玉 335 玉米采后自然储藏条件下各参数相关性分析

	水分含量	T_{21}	A_{21}	呼吸速率	还原糖含量	可溶性糖含量	α-淀粉酶活性	β-淀粉酶活性	CAT活性	POD活性	HK活性	IDH活性	脂肪酸值	总淀粉	千粒重	RDS	SDS
T_{21}	0.989**																
A_{21}	-0.939**	-0.927**															
呼吸速率	0.993**	0.992**	-0.950**														
还原糖含量	-0.335	-0.327	0.174	-0.342													
可溶性糖含量	-0.570**	-0.558**	0.523*	-0.569**	0.792**												
α-淀粉酶活性	-0.864**	-0.849**	0.968**	-0.888**	0.140	0.466*											
β-淀粉酶活性	0.874**	0.881**	-0.693**	0.848**	-0.329	-0.432	-0.541*										
CAT活性	-0.928**	-0.916**	0.802**	-0.928**	0.497	0.531*	0.740*	-0.823**									
POD活性	0.976**	0.971**	-0.894**	0.973**	-0.348	-0.514*	-0.831**	0.894**	-0.907**								
HK活性	-0.341	-0.383	0.169	-0.394	0.658**	0.321	0.141	-0.388	0.604**	-0.382							
IDH活性	-0.394	-0.428	0.168	-0.420	0.607**	0.402	0.112	-0.497	0.593*	0.449*	0.874**						
脂肪酸值	0.905**	0.888**	-0.722**	0.887**	-0.521*	-0.525*	-0.635**	0.892**	-0.965**	0.918**	-0.569**	-0.645**					
总淀粉	-0.811**	-0.753**	0.663**	-0.783**	0.605**	0.630**	0.601**	-0.698**	0.898**	-0.788**	0.501*	0.591**	-0.918**				
千粒重	0.963**	0.965**	-0.979**	0.971**	-0.176	-0.482*	-0.935**	0.786**	-0.834**	0.936**	-0.211	-0.215	0.774**	-0.646**			
RDS	0.870**	0.879**	-0.872**	0.870**	-0.298	-0.642**	-0.764**	0.759**	-0.733**	0.784**	-0.181	-0.148	0.663**	-0.559**	0.891**		
SDS	0.874**	0.866**	-0.927**	0.871**	0.134	-0.260	-0.898**	0.677**	-0.705**	0.833**	0.006	-0.073	0.648**	-0.534**	0.936**	0.768**	
RS	-0.923**	-0.914**	0.978**	-0.926**	0.076	0.475*	0.922**	-0.701**	0.775**	-0.847**	0.109	0.126	-0.688**	0.619**	-0.964**	-0.903**	-0.949**

注: * 表示在 0.05 水平上（双侧）显著相关; ** 表示在 0.01 水平上（双侧）显著相关。

表5-8 先玉335玉米采后15℃储藏条件下各参数相关性分析

	水分含量	T_{21}	A_{21}	呼吸速率	还原糖含量	可溶性糖含量	α-淀粉酶活性	β-淀粉酶活性	CAT活性	POD活性	HK活性	IDH活性	脂肪酸值	总淀粉	千粒重	RDS	SDS
T_{21}	0.980**																
A_{21}	−0.950**	−0.897**															
呼吸速率	0.985**	0.994**	−0.915**														
还原糖含量	−0.548*	−0.503*	0.656**	−0.527*													
可溶性糖含量	−0.875**	−0.814**	0.931**	−0.844**	0.625**												
α-淀粉酶活性	−0.760**	−0.715**	0.840**	−0.751**	0.518*	0.880**											
β-淀粉酶活性	0.569*	0.553*	−0.410	0.514*	0.118	−0.294	−0.041										
CAT活性	−0.891**	−0.945**	0.787**	−0.947**	0.375	0.715**	0.684**	−0.409									
POD活性	0.774**	0.852**	−0.603*	0.837**	−0.213	−0.427	−0.422	0.517*	−0.906**								
HK活性	−0.368	−0.440	0.316	−0.445*	0.303	0.160	0.375	0.214	0.610**	−0.666**							
IDH活性	0.055	−0.040	−0.129	−0.029	−0.382	−0.246	0.165	0.196	0.215	−0.377	0.588**						
脂肪酸值	0.946**	0.931**	−0.899**	0.946**	−0.540*	−0.899**	−0.713**	0.547*	−0.832**	0.672**	−0.179	0.207					
总淀粉	0.433	0.369	−0.366	0.349	−0.254	−0.417	−0.265	0.555**	−0.094	0.082	0.427	0.330	0.492*				
千粒重	0.941**	0.954**	−0.838**	0.945**	−0.501*	−0.694**	−0.624**	0.536*	−0.918**	0.899**	−0.593**	−0.104	0.818**	0.279			
RDS	0.931**	0.889**	−0.909**	0.903**	−0.439*	−0.932**	−0.801**	0.571**	−0.767**	0.573**	−0.081	0.153	0.955**	0.571**	0.762**		
SDS	0.912**	0.860**	−0.898**	0.873**	−0.379	−0.924**	−0.813**	0.575**	−0.742**	0.540*	−0.065	0.126	0.918**	0.553**	0.738**	0.993**	
RS	−0.923**	−0.878**	0.931**	−0.897**	0.429	0.952**	0.859**	−0.490*	0.789**	−0.563**	0.153	−0.095	−0.927**	−0.444*	−0.755**	−0.985**	−0.988**

注：* 表示在0.05水平上（双侧）显著相关；**表示在0.01水平上（双侧）显著相关。

表5-9 先玉335玉米采后20℃储藏条件下各参数相关性分析

	水分含量	T_{21}	A_{21}	呼吸速率	还原糖含量	可溶性糖含量	α-淀粉酶活性	β-淀粉酶活性	CAT活性	POD活性	HK活性	IDH活性	脂肪酸值	总淀粉	千粒重	RDS	SDS
T_{21}	0.995**																
A_{21}	-0.912**	-0.915**															
呼吸速率	0.989**	0.989**	-0.912**														
还原糖含量	0.560**	0.558**	-0.288	0.536*													
可溶性糖含量	-0.565**	-0.568**	0.541*	-0.582**	-0.584**												
α-淀粉酶活性	0.300	0.268	-0.165	0.229	0.351	-0.285											
β-淀粉酶活性	0.559**	0.520*	-0.379	0.454*	0.316	-0.135	0.736**										
CAT活性	-0.949**	-0.947**	0.927**	-0.950**	-0.338	0.495*	-0.096	-0.477*									
POD活性	0.662**	0.636**	-0.450*	0.610*	0.727**	-0.645**	0.834**	0.738**	-0.466*								
HK活性	0.246	0.261	-0.101	0.273	0.252	0.240	-0.604**	-0.150	-0.289	-0.278							
IDH活性	-0.562**	-0.524*	0.439*	-0.485*	-0.287	0.410	-0.625**	-0.877**	0.562**	-0.738**	0.284						
脂肪酸值	0.942**	0.947**	-0.823**	0.936**	0.658**	-0.498*	0.065	0.394	-0.889**	0.515*	0.512*	-0.371					
总淀粉	-0.857**	-0.847**	0.852**	-0.902**	-0.427	0.694**	-0.162	-0.271	0.860**	-0.539**	-0.118	0.443*	-0.774**				
千粒重	0.990**	0.990**	-0.892**	0.994**	0.549*	-0.552*	0.280	0.499*	-0.934**	0.639**	0.264	-0.495*	0.932**	-0.856**			
RDS	0.902**	0.916**	-0.851**	0.941**	0.477*	-0.443*	0.057	0.226	-0.865**	0.420	0.399	-0.222	0.901**	-0.819**	0.939**		
SDS	0.432	0.409	-0.188	0.422	0.528	-0.397	0.835**	0.588**	-0.239	0.857**	-0.336	-0.560**	0.249	-0.372	0.468*	0.328	
RS	-0.867**	-0.860**	0.792**	-0.902**	-0.521**	0.639**	-0.413	-0.419	0.800**	-0.710**	-0.010	0.524*	-0.741**	0.929**	-0.885**	-0.839**	-0.648**

注：* 表示在0.05水平上（双侧）显著相关；**表示在0.01水平上（双侧）显著相关。

表5-10 先玉335玉米采后30℃储藏条件下各参数相关性分析

	水分含量	T_{21}	A_{21}	呼吸速率	还原糖含量	可溶性糖含量	α-淀粉酶活性	β-淀粉酶活性	CAT活性	POD活性	HK活性	IDH活性	脂肪酸值	总淀粉	千粒重	RDS	SDS
T_{21}	0.986**																
A_{21}	−0.957**	−0.945**															
呼吸速率	0.959**	0.978**	−0.918**														
还原糖含量	−0.032	−0.121	0.074	−0.280													
可溶性糖含量	−0.683**	−0.705**	0.672**	−0.820**	0.658**												
α-淀粉酶活性	−0.890**	−0.918**	0.893**	−0.966**	0.387	0.869**											
β-淀粉酶活性	0.696**	0.698**	−0.571**	0.705**	−0.226	−0.609**	−0.654**										
CAT活性	−0.850**	−0.889**	0.865**	−0.939**	0.459*	0.869**	0.990**	−0.666**									
POD活性	0.752**	0.804**	−0.685**	0.885**	−0.405	−0.793**	−0.899**	0.613**	−0.869**								
HK活性	−0.012	−0.019	0.152	0.017	−0.240	−0.235	0.002	0.666**	−0.040	0.031							
IDH活性	−0.830**	−0.862**	0.818**	−0.943**	0.548*	0.951**	0.966**	−0.638**	0.958**	−0.893**	−0.067						
脂肪酸值	0.990**	0.963**	−0.946**	0.923**	0.087	−0.621**	−0.850**	0.649**	−0.797**	0.714**	−0.055	−0.772**					
总淀粉	−0.586**	−0.605**	0.688**	−0.716**	0.615**	0.849**	0.829**	−0.481	0.856**	−0.709**	−0.059	0.845**	−0.523*				
千粒重	0.900**	0.946**	−0.845**	0.979**	−0.379	−0.808**	−0.949**	0.715**	−0.938**	0.913**	0.057	−0.938**	0.845**	−0.702**			
RDS	0.884**	0.860**	−0.776**	0.779**	0.305	−0.395	−0.680**	0.588**	−0.624**	0.578**	−0.029	−0.566**	0.913**	−0.214	0.720**		
SDS	0.894**	0.911**	−0.809**	0.964**	−0.361	−0.890**	−0.940**	0.777**	−0.914**	0.905**	0.211	−0.951**	0.856**	−0.704**	0.952**	0.730**	
RS	−0.923**	−0.931**	0.901**	−0.967**	0.278	0.868**	0.970**	−0.694**	0.945**	−0.868**	−0.084	0.943**	−0.896**	0.789**	−0.931**	−0.739**	−0.958**

注: *表示在0.05水平上（双侧）显著相关; **表示在0.01水平上（双侧）显著相关。

表 5-11 标准化处理结果

条件	时间	水分含量 X1	T_{21} X2	A_{21} X3	呼吸速率 X4	还原性糖 X5	可溶性糖 X6	α-淀粉酶活性 X7	β-淀粉酶活性 X8	CAT活性 X9	POD活性 X10	HK活性 X11	IDH活性 X12	脂肪酸值 X13	总淀粉 X14	千粒重 X15	RDS X16	SDS X17	RS X18
自然	0	2.01	1.896	-2.129	1.826	-0.389	-1.062	-0.482	-0.103	-1.157	0.535	-0.073	-0.679	1.61	-0.148	1.158	0.915	1.252	-1.597
	10	1.057	1.223	-0.741	1.077	-0.547	-0.323	-0.146	-0.051	-0.811	0.258	-1.682	-1.146	1.463	-0.374	0.556	-0.265	0.19	0.355
	20	0.343	0.707	0.234	0.396	0.047	-0.334	0.274	0.103	-0.372	-0.131	-0.91	-1.291	1.021	0.288	-0.046	-0.101	-0.359	0.993
	30	-0.294	0.08	0.572	-0.342	0.983	-0.422	0.171	-0.257	0.289	-0.382	0.008	-0.711	-0.516	1.183	-0.084	0.132	-0.719	1.351
	40	-0.479	-0.458	0.685	-0.649	0.471	0.802	0.018	-0.308	0.227	-0.616	0.559	0.326	-0.455	1.228	-0.135	0.551	-0.745	1.183
	50	-0.476	-0.565	0.61	-0.844	0.578	0.322	-0.232	-0.231	0.56	-0.707	1.541	0.146	-0.546	1.141	-0.151	-0.847	-0.316	1.295
	60	-0.484	-0.615	0.61	-0.851	-0.065	-0.419	-0.065	-0.154	0.515	-0.802	1.15	1.485	-0.51	1.027	-0.086	-0.078	-0.496	1.161
15℃	0	2.01	1.896	-2.129	1.867	-0.389	-1.062	-0.482	-0.103	-1.157	0.535	-0.073	-0.679	1.61	-0.148	1.158	0.915	1.252	-1.597
	10	0.77	0.926	-0.216	0.869	-0.027	0.565	-0.485	1.026	0.183	1.185	-0.661	-1.057	0.931	-0.837	0.93	-1.412	-1.372	0.705
	20	-0.281	0.153	0.685	0.283	0.241	0.609	-0.433	0.693	0.675	0.882	0.429	-0.818	-0.293	-1.139	-0.282	-1.412	-1.449	0.805
	30	-0.536	-0.368	0.647	-0.634	0.552	0.449	-0.486	0.436	1.064	0.38	0.384	-0.388	-1.27	-1.447	-0.374	-1.535	-1.392	0.79
	40	-0.583	-0.705	0.497	-0.702	0.638	1.359	-0.573	0.077	1.525	-0.218	1.043	-0.423	-1.183	-1.503	-0.567	-1.5	-1.577	1.015
	50	-0.635	-0.744	0.497	-0.833	1.411	1.822	-0.538	0.257	1.718	-0.56	0.919	0.282	-1.062	-1.628	-0.7	-1.493	-1.567	0.998
	60	-0.633	-0.862	0.497	-0.851	1.852	1.761	-0.6	0.051	1.855	-0.742	0.895	0.961	-0.405	-1.716	-0.778	-1.37	-1.558	0.928

（续）

条件	时间	水分含量 X1	T21 X2	A21 X3	呼吸速率 X4	还原性糖 X5	可溶性糖 X6	α-淀粉酶活性 X7	β-淀粉酶活性 X8	CAT活性 X9	POD活性 X10	HK活性 X11	IDH活性 X12	脂肪酸值 X13	总淀粉 X14	千粒重 X15	RDS X16	SDS X17	RS X18
20 ℃	0	2.01	1.896	-2.129	1.826	-0.389	-1.062	-0.482	-0.103	-1.157	0.535	-0.073	-0.679	1.61	-0.148	1.158	0.915	1.252	-1.597
	10	0.961	0.651	-1.341	0.777	-0.924	-0.747	0.048	1.103	-0.495	1.406	-1.982	-0.761	0.701	-0.063	0.772	0.23	1.188	-1.184
	20	0.265	-0.027	0.572	0.166	-1.133	-0.621	-0.084	0.385	-0.048	1.579	-1.623	-0.578	0.533	0.217	0.384	0.26	1.158	-1.159
	30	-0.198	-0.318	0.61	-0.681	-0.35	-0.472	-0.412	-0.026	0.027	1.28	-0.975	-0.383	0.517	0.836	0.069	0.034	0.857	-0.659
	40	-0.501	-0.553	0.572	-0.731	0.135	0.962	-0.602	-0.462	0.001	0.38	-0.584	-0.054	0.03	1.167	-0.044	0.192	0.751	-0.596
	50	-0.731	-0.772	0.572	-0.836	-0.163	0.355	-0.649	-1.334	0.186	0.098	-0.626	0.267	-0.212	1.176	-0.136	-0.001	0.816	-0.588
	60	-0.84	-0.817	0.572	-0.853	-0.741	-0.654	-0.822	-2.334	0.327	-0.166	-0.641	0.725	-0.249	0.852	-0.173	0.32	0.834	-0.766
30 ℃	0	2.01	1.896	-2.054	1.732	-0.389	-1.062	-0.482	-0.103	-1.157	0.535	-0.073	-0.679	1.61	-0.148	1.158	0.915	1.252	-1.597
	10	-0.136	0.158	0.46	0.823	-0.557	-0.913	-0.186	0.693	-0.818	0.41	0.775	0.135	-0.587	-0.132	0.165	0.819	0.432	-0.481
	20	-0.69	-0.744	0.31	0.257	-0.538	-0.907	0.676	0.333	-0.577	-0.205	0.783	0.989	-0.669	0.058	-0.452	0.791	0.345	-0.355
	30	-1.014	-0.867	0.385	-0.687	0.16	0.35	1.072	0.026	-0.456	-0.902	0.443	1.5	-0.767	0.233	-0.852	0.817	0.078	-0.019
	40	-1.033	-1.007	0.272	-0.721	0.038	0.24	2.003	-0.59	-0.305	-1.352	0.137	1.2	-0.9	0.217	-0.811	0.756	-0.066	0.198
	50	-0.966	-1.03	0.422	-0.83	-0.108	0.427	2.021	0.282	-0.302	-1.512	0.358	1.24	-0.981	0.02	-0.888	0.696	-0.063	0.336
	60	-0.925	-1.03	0.46	-0.854	-0.398	0.036	1.958	0.693	-0.339	-1.703	0.551	1.07	-1.031	-0.215	-0.947	0.756	0.024	0.081

其特征向量，KMO - Bartlett 检验中，Kaiser - Meyer - Olkin 取样适当性量数为 0.718，Bartlett 的球形检验近似卡方 3 590.952，*df* 为 153，显著性为 0.000，主成分分析得到特征值，由表 5 - 12 可知，特征值前五主成分累计贡献率为 81.975%，符合主成分分析方法的要求，可以使用这五个主成分的变化趋势代替整体数据的变化趋势，选取五种主成分进行分析。

表 5 - 12　主成分分析特征值

主成分	特征值	贡献率（%）	累计贡献率（%）
1	7.754	43.077	43.077
2	2.920	16.222	59.299
3	1.639	9.104	68.402
4	1.351	7.504	75.906
5	1.092	6.069	81.975
6	0.823	4.570	86.544
7	0.678	3.764	90.308
8	0.537	2.984	93.293
9	0.305	1.697	94.990
10	0.239	1.329	96.319
11	0.191	1.061	97.380
12	0.125	0.696	98.076
13	0.114	0.636	98.712
14	0.110	0.613	99.325
15	0.046	0.253	99.579
16	0.043	0.237	99.815
17	0.021	0.114	99.930
18	0.013	0.070	100.000

由表 5 - 13 数据可知，在第一主成分中，以 $X1$、$X4$ 和 $X13$ 为最高，这三项分别对应的是水分含量、呼吸速率和脂肪酸值，并且系数都为正值，它们反映了籽粒不耐储藏品质，系数越大，水分含量越大，呼吸速率越高，脂肪酸值越大说明籽粒储藏稳定性越小，从而不耐储藏，将第一主成分总结为不耐储因子。第二主成分中，以 $X9$、$X10$ 和 $X14$ 较高，这三项分别对应的是 CAT 活性、POD 活性和总淀粉含量，它们反映了籽粒后熟不稳定性，系数越大，CAT 活性和 POD 活性越高，总淀粉含量越低，后熟过程越不稳定，后熟完成性越差，从而总淀粉含量越小，将第二主成分总结为后熟不稳定因子。

表 5-13 主成分分析特征向量

分量		第一主成分	第二主成分	第三主成分	第四主成分	第五主成分
X_1	水分含量	0.327	0.171	0.159	−0.063	0.086
X_2	T_{21}	0.318	0.186	0.182	−0.052	0.070
X_3	A_{21}	−0.305	−0.056	−0.206	0.054	−0.156
X_4	呼吸速率	0.320	0.115	0.234	0.020	0.025
X_5	还原性糖	−0.180	0.209	0.214	−0.234	0.457
X_6	可溶性糖	−0.244	0.177	0.100	−0.345	0.114
X_7	α-淀粉酶活性	−0.058	−0.372	0.370	0.161	−0.353
X_8	β-淀粉酶活性	0.006	0.185	0.211	0.687	−0.113
X_9	CAT 活性	−0.260	0.300	−0.242	0.056	0.105
X_{10}	POD 活性	0.176	0.309	−0.366	0.176	0.071
X_{11}	HK 活性	−0.194	0.006	0.293	0.277	0.482
X_{12}	IDH 活性	−0.168	−0.359	0.239	−0.074	0.266
X_{13}	脂肪酸值	0.319	0.107	0.038	−0.136	−0.028
X_{14}	总淀粉	0.052	−0.374	−0.207	−0.213	0.021
X_{15}	千粒重	0.249	−0.009	0.312	−0.242	−0.115
X_{16}	RDS	0.154	−0.344	−0.081	0.266	0.431
X_{17}	SDS	0.264	−0.274	−0.263	0	0.139
X_{18}	RS	−0.277	0.120	0.232	−0.091	−0.257

第三主成分中，以 X_7、X_{11} 和 X_{12} 较高，这三项分别对应的是 α-淀粉酶、HK 活性和 IDH 活性，它们反映了糖代谢过程，系数越大，α-淀粉酶活性、HK 活性和 IDH 活性越高，可将第三主成分总结为糖代谢因子。

第四主成分中，以 X_6、X_8 和 X_{11} 为最高，这三项分别对应的是可溶性糖、β-淀粉酶活性和 HK 活性，系数越大，可溶性糖含量越高、β-淀粉酶活性和 HK 活性越大，它们反映了籽粒生理生化特征，将第四主成分总结为生理生化特征因子。

第五主成分中，以 X_5、X_{11} 和 X_{16} 为最高，分别对应的是还原糖含量、HK 活性和 RDS，系数越大，还原糖含量越高、HK 活性越高和 RDS 含量越大，它们可以反映籽粒消化特征，将第五主成分总结为消化特征因子。

（3）新收获玉米籽粒采后（0～60 d）主要性状综合评价模型构建

对玉米后熟过程中18种指标随时间变化数据进行标准化处理，主成分选取结果可知，5种主成分保留了玉米籽粒生理生化及品质变化的主要信息，可以用5个变量去代替原来的18个指标来衡量玉米籽粒采后生理生化及品质性状特征，得出

5 种主成分变化的线性方程分别为：

$Z_1 = 0.327Z$（水分含量）$+ 0.318Z$（T_{21}）$- 0.305Z$（A_{21}）$+ 0.32Z$（呼吸速率）$-$ $0.18Z$（还原性糖）$- 0.244Z$（可溶性糖）$- 0.058Z$（α-淀粉酶活性）$+ 0.006Z$（β-淀粉酶活性）$- 0.26Z$（CAT 活性）$+ 0.176Z$（POD 活性）$- 0.194Z$（HK 活性）$-$ $0.168Z$（IDH 活性）$+ 0.319Z$（脂肪酸值）$+ 0.052Z$（总淀粉）$+ 0.249Z$（千粒重）$+$ $0.154Z$（RDS）$+ 0.264Z$（SDS）$- 0.277Z$（RS）

$Z_2 = 0.171Z$（水分含量）$+ 0.186Z$（T_{21}）$- 0.056Z$（A_{21}）$0.115Z$（呼吸速率）$+$ $0.209Z$（还原性糖）$+ 0.177Z$（可溶性糖）$- 0.372Z$（α-淀粉酶活性）$+ 0.185Z$ （β-淀粉酶活性）$+ 0.300Z$（CAT 活性）$+ 0.309Z$（POD 活性）$+ 0.006Z$（HK 活性）$- 0.359Z$（IDH 活性）$+ 0.107Z$（脂肪酸值）$- 0.374Z$（千粒重）$- 0.009Z$ （RDS）$- 0.274Z$（SDS）$+ 0.120Z$（RS）

$Z_3 = 0.159Z$（水分含量）$+ 0.182Z$（T_{21}）$- 0.206Z$（A_{21}）$+ 0.234Z$（呼吸速率）$+ 0.214Z$（还原性糖）$+ 0.100Z$（可溶性糖）$+ 0.370Z$（α-淀粉酶活性）$+$ $0.211Z$（β-淀粉酶活性）$- 0.242Z$（CAT 活性）$- 0.366Z$（POD 活性）$+ 0.293Z$ （HK 活性）$+ 0.239Z$（IDH 活性）$+ 0.038Z$（脂肪酸值）$- 0.207Z$（总淀粉）$+$ $0.312Z$（千粒重）$- 0.081Z$（RDS）$- 0.263Z$（SDS）$+ 0.232Z$（RS）

$Z_4 = -0.063Z$（水分含量）$- 0.052Z$（T_{21}）$+ 0.054Z$（A_{21}）$+ 0.02Z$（呼吸速率）$- 0.234Z$（还原性糖）$- 0.345Z$（可溶性糖）$+ 0.161Z$（α-淀粉酶活性）$+$ $0.687Z$（β-淀粉酶活性）$+ 0.056Z$（CAT 活性）$+ 0.176Z$（POD 活性）$+ 0.277Z$ （HK 活性）$- 0.074Z$（IDH 活性）$- 0.136Z$（脂肪酸值）$- 0.213Z$（总淀粉）$-$ $0.242Z$（千粒重）$+ 0.266Z$（RDS）$+ 0Z$（SDS）$- 0.091Z$（RS）

$Z_5 = 0.086Z$（水分含量）$+ 0.07Z$（T_{21}）$- 0.156Z$（A_{21}）$+ 0.025Z$（呼吸速率）$+ 0.457Z$（还原性糖）$+ 0.114Z$（可溶性糖）$- 0.353Z$（α-淀粉酶活性）$-$ $0.113Z$（β-淀粉酶活性）$+ 0.105Z$（CAT 活性）$+ 0.071Z$（POD 活性）$+ 0.482Z$ （HK 活性）$+ 0.266Z$（IDH 活性）$- 0.028Z$（脂肪酸值）$+ 0.021Z$（总淀粉）$-$ $0.115Z$（千粒重）$+ 0.431Z$（RDS）$+ 0.139Z$（SDS）$- 0.257Z$（RS）

同时，以选取的第 1、2、3、4、5 主成分的方差贡献率 a_1、a_2、a_3、a_4、a_5 作为权重，构建玉米采后品质性状评价模型：$F = a_1 Z_1 + a_2 Z_2 + a_3 Z_3 + a_4 Z_4 + a_5 Z_5$，其中，$F$ 为玉米采后品质性状评价指标，分别将通过计算得到的 Z_1、Z_2、Z_3、Z_4、Z_5 带入评价模型，得到各品种在储藏条件下的 F 值，见表 5 - 14。根据表 5 - 14 的数据分析，各储藏条件下，各品种玉米在采后 F 值呈规律变化，玉米生命活动应随着后熟的完成呈下降趋势并保持稳定，籽粒性状逐渐达最佳和稳定状态。本试验条件下，玉米采后储藏过程中，F 值呈下降趋势，由 222.306～250.746 降至最低达到稳定，可认为后熟完成，此时，F 值为 -80～-70 最佳。

表 5 - 14　综合评价变量和 F 值

储藏条件	品种	时间 (d)	Z_1	Z_2	Z_3	Z_4	Z_5	F 值
自然	郑单 958	0	5.326	−0.407	1.129	−1.274	0.098	224.125
		10	3.101	0.465	1.150	−2.016	−1.504	127.357
		20	1.439	0.124	1.028	−1.452	−0.915	56.922
		30	−0.726	−0.374	1.363	−1.084	0.849	−27.905
		40	−1.331	−1.612	0.674	−0.253	0.597	−75.636
		50	−1.762	−0.757	0.746	−0.544	−0.061	−85.858
		60	−1.723	−1.569	0.953	−0.539	0.195	−93.859
	先玉 335	0	4.838	1.100	0.317	1.242	2.027	250.746
		10	2.425	1.648	−0.595	0.601	−1.262	122.636
		20	0.282	1.175	−0.651	0.799	−1.619	21.448
		30	−1.540	0.282	−1.262	0.206	−1.391	−80.152
		40	−2.444	0.235	−0.285	−0.965	0.122	−110.576
		50	−2.798	0.478	−0.189	−0.492	0.695	−113.985
		60	−2.352	−0.782	−0.188	0.469	0.509	−109.123
15 ℃	郑单 958	0	5.386	−0.394	1.170	−1.281	0.123	227.389
		10	1.929	2.998	1.375	−0.027	−1.833	132.902
		20	−0.598	2.187	0.857	0.928	−1.34	16.364
		30	−1.954	1.465	0.473	0.754	−1.128	−57.273
		40	−3.404	1.729	1.506	−0.069	0.142	−104.524
		50	−4.039	2.287	1.786	−0.980	0.767	−123.318
		60	−4.177	2.527	2.057	−1.661	1.557	−123.227
	先玉 335	0	4.804	1.096	0.295	1.251	2.005	248.968
		10	0.008	3.052	0.307	−0.280	−0.832	45.516
		20	−2.075	2.948	−0.319	0.004	−0.129	−45.233
		30	−3.020	2.888	−0.330	−0.024	0.026	−86.271
		40	−3.189	2.910	−0.779	−0.085	−0.298	−99.692
		50	−3.595	2.321	−0.241	0.227	0.086	−117.178
		60	−3.566	1.749	−0.161	0.263	0.222	−123.385
20 ℃	郑单 958	0	5.372	−0.399	1.160	−1.282	0.122	226.594
		10	4.075	0.162	−0.285	−0.473	−1.564	162.55
		20	2.936	−0.701	−1.581	−0.540	−1.772	85.883
		30	1.356	−0.894	−1.622	−1.070	−0.723	16.698
		40	−0.242	−1.010	−1.119	−2.633	0.983	−50.775
		50	−0.535	−1.545	−1.219	−2.478	0.132	−77.009
		60	−0.110	−2.676	−1.740	−2.175	0.244	−78.836

（续）

储藏条件	品种	时间（d）	Z_1	Z_2	Z_3	Z_4	Z_5	F 值
20 ℃	先玉 335	0	4.792	1.092	0.286	1.251	2.004	248.276
		10	2.944	0.642	−1.264	1.901	−0.323	138.023
		20	0.993	0.463	−2.370	1.700	−0.187	40.341
		30	0.130	0.370	−2.417	1.067	−0.071	−2.812
		40	−0.428	−0.212	−2.067	0.776	−0.289	−36.602
		50	−0.609	−0.738	−2.655	−0.132	0.318	−61.434
		60	−0.619	−0.948	−2.895	−0.664	0.359	−71.207
30 ℃	郑单 958	0	5.294	−0.419	1.105	−1.276	0.096	222.306
		10	0.659	−0.821	0.794	1.183	0.455	33.922
		20	−0.134	−2.584	1.337	1.463	−0.228	−25.935
		30	−1.318	−2.852	1.322	1.150	−0.167	−83.378
		40	−1.628	−3.198	2.108	1.086	−0.945	−100.394
		50	−1.745	−3.016	1.984	1.372	−1.381	−104.095
		60	−1.527	−2.936	1.646	1.746	−2.064	−97.831
	先玉 335	0	4.764	1.082	0.265	1.249	2.002	246.696
		10	0.939	−0.459	−0.704	1.807	0.464	42.957
		20	−0.684	−0.999	−1.076	1.314	0.902	−40.129
		30	−2.264	−1.448	−0.510	−0.237	1.165	−120.391
		40	−2.324	−1.986	−0.828	−0.899	0.605	−142.96
		50	−2.731	−1.802	−0.081	0.110	0.802	−141.923
		60	−2.598	−1.937	0.239	0.966	1.353	−125.711

玉米采后在相同储藏条件下，品种间 F 值变化存在差异，说明不同玉米品种后熟作用表现不同。相同品种在不同储藏条件下 F 值同样存在差异，说明储藏条件对玉米后熟作用和进程具有影响，结合 F 值的大小和降低速率共同判定玉米后熟时间和后熟品质。结合团队前期的研究结果，新收获玉米在自然储藏条件下，郑单 958 玉米在储藏 40 d 时，F 值降为 −75.636，进一步储藏 F 值下降速率出现转折，可以判定后熟时间为 40 d。而先玉 335 玉米在储藏 30 d 时降为 −80.152，进一步储藏 F 值下降速率出现转折，可以判定后熟时间为 30 d。

新收获玉米在 15 ℃ 储藏条件下，郑单 958 玉米在储藏 40 d 时，F 值降为 −104.524，达到稳定，可以判定后熟时间为 40 d，但 F 值比自然条件下后熟完成值 F 值要低，可以说明后熟品质较低。而先玉 335 玉米在储藏 30 d 时 F 值降为 −86.271，可以判定后熟时间为 30 d，但是继续储藏，F 值仍在逐渐降低，说明籽粒的品质性状不稳定。

新收获玉米在 20 ℃储藏条件下，郑单 958 玉米在储藏 50 d 时，F 值达到稳定，可判定后熟时间为 50 d，与自然条件下后熟完成值相接近。而先玉 335 玉米在储藏 50 d 时 F 值达到稳定，可判定后熟时间为 50 d。

新收获玉米在 30 ℃储藏条件下，两种玉米在储藏 30 d 时，F 值已降到－80 以下，随着继续储藏 F 值继续下降，40 d 时，郑单 958 玉米 F 值达到最低并保持稳定，F 值为－100.394，可判定后熟时间为 40 d；先玉 335 玉米在 30 d 之后 F 值下降速率出现转折，可判定先玉 335 玉米后熟时间为 30 d。F 值与自然条件下后熟完成值相比，数值降低较大，说明该储藏条件下，玉米籽粒性状 30 d 之后仍不稳定，继续储藏将导致玉米的籽粒和储藏品质下降。

新收获玉米采后储藏过程中，生理生化活动的继续进行导致了玉米营养组分和加工特性的变化，同时导致了淀粉分子结构的变化。储藏条件对后熟过程存在显著影响，通过相关性分析，表明各指标间具有显著相关性。采用主成分分析方法，建立了玉米籽粒后熟品质评价模型。根据所建立的玉米籽粒后熟品质评价模型中的 F 值高低和变化，可以判定新收获玉米在自然储藏条件下，郑单 958 玉米后熟时间为 40 d，先玉 335 玉米后熟时间为 30 d。本试验条件下，新收获玉米在 15 ℃储藏条件下，郑单 958 玉米后熟品质较低，而先玉 335 玉米籽粒的品质性状不稳定。新收获玉米在 20 ℃储藏条件下，郑单 958 玉米和先玉 335 玉米后熟期均为 50 d。新收获玉米在后熟初期，较高的温度条件 30 ℃将有助于籽粒后熟的进行，但是，后期又将加速营养物质的消耗。较低温度 15 ℃条件下，不利于新收获玉米籽粒的后熟。因此，在 15 ℃储藏条件下的玉米籽粒，因前期没有良好后熟，进而继续储藏籽粒品质也不佳。如在玉米收获时短期内适宜温度脱水，后期低温、低湿储藏，籽粒将具有良好的营养和储藏品质。

（二）玉米原粮品质性状评价

在新收获玉米采后籽粒品质性状评价模型建立的基础上，结合 GB/T 20570—2015《玉米储存品质判定规则》、GB 1353《玉米》、GB 2715—2016《食品安全国家标准　粮食》和 NY/T 519—2002《食用玉米》等相关国家标准及行业标准，明确了储藏不同时期品质的差异和影响品质的主要因素，选择确定了玉米原粮品质评价的标志性指标，建立了适合玉米原粮营养品质评价的方法，增加了玉米亚油酸含量检测项目，规范了玉米中亚油酸含量检测方法的样品预处理、试验步骤和结果分析等，并建立了《玉米原粮亚油酸含量测定方法》。在这些方法建立的基础上，制定了吉林省地方标准，即 DB22/T 2814—2017《食用玉米营养品质评价》（标准文本附后）。

1. 玉米原粮中亚油酸含量测定方法的建立

（1）检出限（LOD）

检出限为信噪比 $S/N=3$ 时对应的待分析浓度，将亚油酸甲酯标准溶液逐级稀

释进样，得到亚油酸的检出限为 0.004 0 mg/mL。

（2）重复性

平行 6 份供试品中亚油酸含量相对标准偏差（RSD）均小于 5%，结果表明方法重复性良好。

（3）色谱条件与系统试用性

色谱柱：BR-5，0.25 mm×0.25 mm×30 m。进样口温度：230 ℃。分流比：20：1。检测器温度：250 ℃。柱温箱温度：初始温度 140 ℃，保持 5 min，以 4 ℃/min 升温至 240 ℃，保持 15 min。在该优化条件下，亚油酸甲酯与其他脂肪酸甲酯在 30 min 内得到较好的分离效果。

（4）精密度试验结果

分别精密量取亚油酸甲酯标准溶液，连续进样 6 针，以测得的峰面积响应值作为评价标准，计算 RSD（%）。结果表明，6 个样品的 RSD 均小于 5.0%，表明在本方法仪器条件下，仪器精密度良好。

（5）稳定性试验结果

亚油酸甲酯溶液在 4 ℃条件下存放 48 h 内峰面积 RSD 都在 1.0% 以内，表明溶液在 48 h 内稳定。

（6）回收率试验结果

亚油酸甲酯在 3 个不同浓度添加水平 9 份样品中的平均回收率分别为 105.33%、104.78%、95.46%、99.75%、96.39%、97.36%、105.48%、104.87%、106.10%，RDS 小于 5%。

（7）样品测定

在设定条件下，30 min 内实现样品中亚油酸甲酯的分离和检测。分离效果良好，不会受到其他杂质峰的影响。

本方法通过石油醚对玉米粉进行脂肪提取，经氢氧化钾-甲醇溶液处理，进气相色谱，可以对玉米中亚油酸含量进行定量检测。通过测定其线性范围、检出限、精密度和回收率，结果满意。表明该方法适合用于测定玉米中亚油酸的含量。

2. 玉米原粮品质评价指标选择

（1）安全储藏水分和脂肪酸值

玉米原粮在储藏过程中，水分含量是影响玉米籽粒品质变化的最重要的影响条件之一，水分含量大，玉米呼吸强度大，营养物质变化就越大。玉米储藏时的水分不得高于 14%，储藏时间对水分含量有显著影响（$P<0.01$），在储藏初期，由于储藏湿度较大，导致玉米水分含量较高，玉米的水分含量可达到 14%～16%，随着储藏时间的延长，玉米含水量逐渐下降（$P<0.01$），在储藏第 30 d，玉米含水量达到了安全水分，在储藏第 150 d 时，水分含量下降 25%～33%，随后由于储藏

温度和湿度趋于稳定，玉米的含水量趋于稳定，水分含量在 10.6% 左右保持恒定。

脂肪酸值和粮食酸败密切相关，游离脂肪酸的含量是反映储藏期间粮食劣变的重要指标，储藏时间对脂肪酸值有显著影响（$P<0.05$），随着储藏时间的延长，玉米籽粒中饱和脂肪酸值呈逐渐上升趋势。在储藏第 150 d 发生显著上升，玉米籽粒的脂肪酸值较储藏初期分别上升了 38.94%～45.84%，之后随储藏时间的延长，变化趋于稳定。在储藏第 270 d，玉米籽粒的脂肪酸值较储藏初期分别上升了 46.88%～54.24%。玉米含水率和脂肪酸值在不同品种间，不同储藏时间差异极显著。

（2）组分与营养品质的关系

采用高效液相色谱法、气相色谱法、氨基酸自动分析仪等对玉米原粮中淀粉、可溶性糖、蛋白质、氨基酸、脂肪、脂肪酸含量进行测定。结果表明：随着储藏时间的延长，玉米原粮中总淀粉、直链淀粉、总可溶性糖、还原糖和蔗糖含量呈下降趋势，与储藏初期相比，在储藏第 270 d 时，总淀粉含量降低了 1.75%～2.84%。总可溶性糖含量降低了 54.15%～55.5%，还原糖含量降低了 52.34%～56.76%，蔗糖含量降低了 56.25%～54.80%。

随着储藏时间的延长，玉米原粮中脂肪含量呈下降趋势，与储藏初期相比，在储藏第 270 d 时，脂肪含量降低 12.19%～14.28%。脂肪酸组成中，棕榈酸和硬脂酸含量随储藏时间的延长呈先上升后下降趋势，两个品种中棕榈酸含量分别在储藏第 90 d 和 60 d 达到最大值，较储藏初期分别上升 11.8% 和 5.6%，在储藏第 270 d 较储藏初期下降 12.68%～15.04%。硬脂酸含量在储藏第 90 d 达到最大值，较储藏初期上升 5.8%～5.6%，在储藏第 270 d 较储藏初期下降了 19.49%～22.06%。油酸、亚油酸和亚麻酸含量呈下降趋势，与储藏初期相比，在储藏第 270 d 时，油酸下降 35.14%～40.03%，亚油酸下降 49.05%～51.17%，亚麻酸下降 76.45%～75.51%。

随着储藏时间的延长，玉米原粮中蛋白质含量无显著变化（$P>0.05$）。氨基酸组成中，均是谷氨酸含量最高，占总氨基酸的 20.14%～21.66%。Asp、Thr、Tyr、Cys、Gly、Pro 和 Arg 含量呈先上升后下降趋势，Met 变化不明显，Ser、Ala、Val、Ile、Leu、Phe、Lys、His 和 Arg 含量呈下降趋势，玉米原粮中必需氨基酸含量逐渐减少，在储藏第 270 d 时分别下降 20.5%～32.28%。

采用氨基酸比值系数法和主成分分析法分别对储藏过程中玉米原粮的蛋白质营养品质和脂肪营养品质进行评价，结果表明：玉米原粮的第一限制氨基酸均是赖氨酸。随着储藏时间的延长，蛋白质的营养品质呈下降趋势，氨基酸比值系数分（SRC）分别在储藏第 180 d 和 150 d 显著下降，较储藏初期分别下降 4.07% 和 3.56%。在储藏过程中，玉米原粮脂肪的营养品质呈下降趋势，储藏第 150 d 时，玉米原粮中脂肪品质开始劣变，储藏第 180 d 后脂肪劣变速度加快，可认为，当储藏期超过 150 d，玉米原粮已不适合用于提取玉米油。

采用主成分分析法对玉米原粮的食用品质进行评价，结果表明：在储藏第 120 d 时，玉米原粮的品质开始劣变，储藏第 150 d 后，玉米原粮品质的劣变速度加快，两个品种玉米原粮的营养品质下降，可认为，当储藏期限超过 120 d，玉米原粮已不适合食用。

在第一主成分中，1（总淀粉）、2（脂肪）、3（蛋白质）、4（亚油酸）、5（赖氨酸）、6（可溶性糖）和 7（水分）的系数都为正值，它们反映了玉米籽粒的营养品质，系数越大，说明玉米籽粒在储藏过程中的营养品质越好；而 8（脂肪酸值）的系数为负值，它系数的绝对值越大，说明玉米籽粒在储藏过程中的营养品质越差；可见，第一主成分应该总结为营养品质因子。

在第二主成分中，1（总淀粉）、4（亚油酸）、6（可溶性糖）的系数为负值，并且它们的值都较小，说明它们对储藏品质的影响不显著，而 2（脂肪）、3（蛋白质）、5（赖氨酸）、7（脂肪酸值）和 8（水分）的系数均为正数，系数越大，说明对储藏品质的影响越大；因此，第二主成分应该总结为储藏品质因子。得出 2 个主成分变化的线性方程分别为：

$Z_1 =（0.330\pm0.025）Z（总淀粉）+（0.366\pm0.023）Z（脂肪）+（0.304\pm0.019）Z（蛋白质）+（0.374\pm0.010）Z（亚油酸）+（0.377\pm0.010）Z（赖氨酸）+（0.355\pm0.020）Z（可溶性糖）+（0.344\pm0.010）Z（水分）-（90.376\pm0.006）Z（脂肪酸值）$

$Z_2 =-（0.517\pm0.140）Z（总淀粉）+（0.268\pm0.200）Z（脂肪）+（0.594\pm0.025）Z（蛋白质）-（0.187\pm0.030）Z（亚油酸）+（0.023\pm0.050）Z（赖氨酸）-（0.347\pm0.100）Z（可溶性糖）+（0.366\pm0.100）Z（水分）+（0.133\pm0.050）Z（脂肪酸值）$

同时，以选取的第 1、2 主成分的方差贡献率 a_1、a_2 作为权数，构建综合评价模型：$F=a_1\times Z_1 + a_2\times Z_2$。其中，$F$ 为综合评价指标，分别代入 Z_1 和 Z_2，得出 10 个 F 值。

表 5 - 15　综合评价变量及 F 值

储藏时间（d）	Z_1	Z_2	F 值
0	4.727 ± 0.016	1.011 ± 0.171	416.686 ± 3.110
30	3.251 ± 0.141	0.780 ± 0.390	287.322 ± 11.260
60	1.787 ± 0.229	-0.999 ± 0.351	145.212 ± 26.984
90	0.856 ± 0.163	-1.357 ± 0.547	61.719 ± 7.236
120	-0.178 ± 0.047	-0.754 ± 0.199	-22.060 ± 4.597

（续）

储藏时间（d）	Z_1	Z_2	F 值
150	-0.853 ± 0.422	-0.438 ± 0.420	-77.508 ± 40.678
180	-1.462 ± 0.051	-0.106 ± 0.606	-127.020 ± 6.454
210	-2.138 ± 0.132	0.570 ± 0.113	-179.342 ± 8.223
240	-2.756 ± 0.069	0.695 ± 0.093	-231.516 ± 0.127
270	-3.233 ± 0.097	0.598 ± 0.344	-273.493 ± 16.819

从表 5 - 15 可看出，玉米原粮在储藏过程中，其品质随着储藏时间的延长而呈下降趋势，在储藏第 120 d 时，F 值为负值，说明玉米的营养品质逐渐下降，储藏第 150 d，F 值显著下降，说明玉米品质劣变的速度加快，品质迅速下降，玉米进入了陈化阶段，而农业行业标准 NY/T 519—2002 对食用玉米的规定中指出，脂肪酸值≤40 mg/100 g（以 KOH 计）。试验结果显示，储藏第 150 d 时，脂肪酸值已经达到了 41.66 mg/100 g（以 KOH 计），试验结果说明，在储藏第 120 d 后，储藏的玉米原粮不符合食用玉米的标准，已不适于食用。

（3）各评价指标权重分配及评分

通过对储藏过程中玉米各成分分析结合实际可行性研究，在 GB/T 20570—2015《玉米储存品质判定规则》基础上我们将脂肪、蛋白质含量、亚油酸含量、赖氨酸含量、水分、脂肪酸值作为评价储藏品质的指标，并根据贡献率高低结合国家标准制定出评分标准，见表 5 - 16。

表 5 - 16 玉米原粮评价指标权重分配及评分标准

项目内容	指　标	分　值	评分标准		
储藏安全性	水分（%）	20	15～18 分 12～14	18～20 分 10～12	20 分 ≤10
	脂肪酸值 （mg/100 g， 以 KOH 计）	20	15～18 分 35～40	18～20 分 30～35	20 分 ≤30
营养品质	色泽、气味	10	≤8 分 基本正常	8～10 分 正常	10 分 正常
	粗蛋白（g/100 g）	10	≤8 分 9	8～10 分 9～10	10 分 ≥10
	粗脂肪（g/100 g）	10	≤8 分 ≤3.8	8～10 分 3.8～4.1	10 分 ≥4.1
	亚油酸含量（%）	20	15～18 分 ≤30	18～20 分 30～40	20 分 ≥40

每种品质由多个品质亚性状组成，将所有的品质亚性状得分后求和，即为该玉米品质综合得分（TQN）。根据总评分结果，将产品划分为三个等级：优良（≥70分）、中（65～69分）、差（＜65分）。优良：分数≥70分，玉米中主要营养元素含量高，具有较高营养品质；中：65分≤分数≤69分，玉米中主要营养元素含量较高，具有一定的营养品质；差：分数＜65分，玉米中主要营养元素含量较低，营养品质较差。

附：《食用玉米营养品质评价》(DB22/T 2814—2017) 全文如下：

1 范围

本标准规定了食用玉米营养品质评价的指标要求、检验方法、检验规则、品质判定及包装、储存和运输。

本标准适用于普通玉米食用品质的评价。

2 规范性引用文件

下列文件对于本文件的应用是必不可少的。凡是注日期的引用文件，仅所注日期的版本适用于本文件。凡是不注日期的引用文件，其最新版本（包括所有的修改单）适用于本文件。

GB 1353 玉米

GB 2715—2016 食品安全国家标准 粮食

GB 2761 食品安全国家标准 食品中真菌毒素限量

GB 2762 食品安全国家标准 食品中污染物限量

GB 2763 食品安全国家标准 食品中农药最大残留限量

GB 5009.3 食品安全国家标准 食品中水分的测定

GB 5009.6—2016 食品安全国家标准 食品中脂肪的测定

GB 5009.168—2016 食品安全国家标准 食品中脂肪酸的测定

GB/T 5490 粮油检验 一般规则

GB 5491 粮食、油料检验 扦样、分样法

GB/T 5492 粮油检验 粮食、油料的色泽、气味、口味鉴定

GB/T 5498 粮油检验 容重测定

GB/T 15684 谷物碾磨制品 脂肪酸值的测定

GB/T 20570—2015 玉米储存品质判定规则

NY/T 519—2002 食用玉米

3 术语和定义

GB 2715—2016、GB/T 20570—2015 和 NY/T 519—2002 界定的以及下列术语和定义适用于本文件。为了便于使用，以下重复列出了 GB 2715—2016、GB/T

20570—2015 和 NY/T 519—2002 中的一些术语和定义。

3.1 普通玉米 common corn

除糯玉米、甜玉米等特用玉米之外的籽粒玉米。

3.2 色泽 color

玉米在标准规定条件下的综合颜色和光泽。

[GB/T 20570—2015，定义 3.1]

3.3 气味 odor

玉米在规定条件下的综合气味。

[GB/T 20570—2015，定义 3.2]

3.4 粗蛋白 crude protein

含氮量乘以一定系数之积，本标准中为玉米籽粒总氮量乘以 6.25。

[NY/T 519—2002，定义 3.2]

3.5 脂肪酸值 fatty acid value

中和 100 g 谷物及其制品中游离脂肪酸所需氢氧化钾的毫克数。

[NY/T 519—2002，定义 3.4]

3.6 亚油酸含量 linoleic acid

每 100 g 玉米脂肪中含有的亚油酸的克数。

3.7 霉变粒 moldy kernel

粒面明显生霉并伤及胚或胚乳或子叶、无食用价值的颗粒。

[GB 2715—2016，定义 2.6]

4 要求

4.1 感官

4.1.1 具有玉米固有的色泽、气味，无异味。

4.1.2 杂质含量应按 GB 1353 的规定执行。

4.1.3 霉变粒不得检出。

4.2 品质食用玉米营养品质评价指标见表1。

表 1 食用玉米营养品质评价指标

项 目	Ⅰ级	Ⅱ级	Ⅲ级
水分含量（%）		≤14.0	
容重（g/L）	≥720	690≤容重<720	650≤容重<690
粗蛋白（g/100 g 干基）	≥11.0	9.5≤粗蛋白<11.0	9.0≤粗蛋白<9.5
脂肪（g/100 g 干基）	≥4.2	3.8≤脂肪<4.2	3.4≤脂肪<3.8
脂肪酸值（KOH/干基）(mg/100 g)		≤40	
亚油酸含量（g/100 g 油脂）	≥55	50≤亚油酸含量<55	45≤亚油酸含量<50

4.3　安全

4.3.1　有毒有害菌类应按 GB 2715 的规定执行。

5　检验方法

5.1　扦样、分样应按 GB 5491 的规定执行。

5.2　色泽、气味鉴定应按 GB/T 5492 的规定执行。

5.3　水分检验应按照 GB 5009.3 的规定执行。

5.4　容重检验应按照 GB 5498 的规定执行。

5.5　粗蛋白检验应按照 NY/T 519—2002 的规定执行。

5.6　脂肪检验应按 GB 5009.6—2016 中第二法酸水解法的规定执行。

5.7　脂肪酸值检验应按 GB/T 15684 的规定执行。

5.8　亚油酸含量检验应按 GB 5009.168—2016 的规定执行。

玉米油脂中亚油酸含量按式（1）计算：

$$X_{18} = F_{18} \times \frac{A_{18}}{A_{11}} \times \frac{\rho_{11} \times \nu_{11} \times 1.006\,7 \times 0.952\,7}{m} \times 100 \qquad (1)$$

式中：

X_{18}——试样中亚油酸含量，单位为克每百克油脂（g/100 g）；

F_{18}——亚油酸甲酯的响应因子；

A_{18}——试样中亚油酸甲酯的峰面积；

A_{11}——试样中加入的内标物十一碳酸甲酯峰面积；

ρ_{11}——十一碳酸甘油三酯浓度，单位为毫克每毫升（mg/mL）；

ν_{11}——试样中加入十一碳酸甘油三酯体积，单位为毫升（mL）；

1.006 7——十一碳酸甘油三酯转化成十一碳酸甲酯的转换系数；

0.952 7——亚油酸甲酯转化亚油酸的系数；

m——油脂的质量，单位为毫克（mg）；

100——将含量转换为每 100 g 试样中含量的系数。

亚油酸甲酯的响应因子 F_{18} 按式（2）计算：

$$F_{18} = \frac{\rho_{s18} \times A_{11}}{A_{s18} \times \rho_{11}} \qquad (2)$$

式中：

F_{18}——亚油酸的响应因子；

ρ_{s18}——标样中亚油酸甲酯的浓度，单位为毫克每毫升（mg/mL）；

A_{s18}——十一碳酸甲酯峰面积；

A_{11}——亚油酸甲酯的峰面积；

ρ_{11}——标样十一碳酸甲酯浓度，单位为毫克每毫升（mg/mL）。

6　检验规则

6.1　一般规则

应按 GB/T 5490 的规定执行。

6.2　食用品质检验

检验批为同品种、同等级、同批次、同收获年份、同储存条件。

7　品质判定

品质Ⅰ级、Ⅱ级、Ⅲ级，按表 1 相应规定指标判定。

8　包装、储存和运输

包装、储存和运输应按 GB 1353 的规定执行。

第三节　玉米主食专用粉品质评价

一、概述

近十几年来，随着经济的发展，人们生活水平的不断提高，营养价值高的谷物食品越来越受到重视。其中，玉米在传统主食方面的应用逐渐增多，以此来改善营养不均衡的饮食习惯。玉米作为世界性的粮食作物，以产量高、营养丰富、储存性稳定等特点而倍受人们青睐。随着科学技术及经济的不断发展，玉米的营养和保健价值也逐渐得到认可，因此将玉米应用于传统主食开发具有重大意义。著名的营养学家于若木说："玉米是一种长寿粮食作物，具备制作主食的资格。"玉米在主食方面的应用主要有玉米重组米、玉米面包、玉米馒头、玉米饼、玉米面条、玉米方便面、玉米水饺和玉米方便粥等。

玉米粉具有很高的营养价值和保健功能，但由于玉米口感粗糙、缺乏黏弹性等特点，在传统主食方面加工受到很大限制。目前国内市场对部分玉米粉进行了物理及生物改性，但加工品质差仍没有得到实质解决。本团队应用场辅助生物修饰技术研究和开发了玉米主食专用粉，保留其原有色泽、风味和营养价值，并对其各指标进行了品质评价。

二、材料与方法

（一）试验材料

玉米粉，市售一级品。

（二）仪器与设备

快速黏度分析仪（RVA‐Tec MasterTM，澳大利亚 Perten 公司），差示扫描量热仪（Q‐2000 型，美国 TA 公司），冷冻干燥机（AlPhal‐4LDPlus，德国 Christ 公司），物性测定仪（TA‐XT Plus 型，英国 Stable Micro Systems 公司）。

（三）测试方法

1. 加工特性测试方法

（1）糊化特性测定

利用快速黏度分析仪分别对玉米粉、专用粉峰值黏度、谷底黏度和最终黏度等指标进行测定。参考美国谷物化学师协会操作规程中的标准程序，采用升温-降温循环式在快速黏度分析仪中进行测定。准确称取 3 g 样品于 RVA 铝盒中加入 25 mL 去离子水均匀混合，按照美国谷物化学协会规定方法 Standard 2 在快速黏度分析仪中进行测定。程序如下：在 50 ℃下保持 1 min，以 12 ℃/min 在 3.75 min 内升温到 95 ℃，在 95 ℃下保持 2.5 min，然后在 3.75 min 内下降到 50 ℃，继续保温 2 min。前 10 s 内搅拌速率为 960 r/min，而后以 160 r/min 搅拌速率进行测定。每组样品重复测定 3 次。

（2）凝胶特性测定

采用物性分析仪对凝胶特性进行测定，选用柱形探头 P/0.5R 圆柱形探头。参数设置为：测前速度 1.5 mm/s，测试速度 2.0 mm/s，测后速度 2.0 mm/s，测试距离 10.0 mm，触发力为 5 g，触发类型为自动，每组样品重复测定 10 次，得到质构参数。

（3）老化特性测定

采用差示扫描量热仪测定玉米粉及产品的老化特性，取待测样品 5 mg 放到 DSC 坩埚中，压盖密封。扫描温度范围为从 30～120 ℃，在 100 ℃分别保温 1 min，升温速率均为 10 ℃/min。以空坩埚作为参比，载气为氮气，流速 20 mL/min。每组样品重复测定 3 次。

（4）粉质特性测定

同第四章。

2. 品质特性测试方法

（1）质构测定

同第四章。

（2）蒸煮品质测定

1）吸水率测定。同第四章。

2）蒸煮损失率测定。同第四章。

3）断条率测定。同第四章。

（3）感官测定

同第四章。

三、　数据与结果分析

（一）玉米主食专用粉品质评价方法建立

1. 玉米主食专用粉品质评价指标选择

糊化特性是评价不同食品加工特性的重要指标，影响着产品的口感与储藏特性，淀粉经过升温、降温和回生三个阶段完成糊化过程，通过测定这三个阶段黏度值的变化来反映糊化特性的变化，在储藏过程中，玉米淀粉发生不同程度的降解，淀粉颗粒的大小和结构发生变化。试验结果表明，储藏 270 d 期间，淀粉的糊化特性未受到显著影响。

采用粉质仪、快速黏度分析仪结合感官评价测定玉米面条专用粉和玉米馒头专用粉的品质特性。在 4 ℃ 与室温条件下，测定 20 种玉米专用粉的糊化特性和粉质特性，研究表明，粉粒度、糊化曲线中回生值与面条专用粉品质成显著负相关，粉质曲线稳定时间与面条专用粉品质成显著正相关。专用粉全部通过 CB 36 号筛，粉质曲线稳定时间（min）馒头专用粉为 ≥3.0，面条专用粉 ≥4.0；馒头专用粉回生值（cP）≤1 600，面条专用粉 ≤1 400。将粗细度、回生值和粉质曲线稳定时间作为评价专用粉的评价指标，根据相关性及贡献率确定评分标准。

2. 各评价指标权重分配及评分

主食专用粉评价指标权重分配及评分标准见表 5 - 17。

表 5 - 17　主食专用粉评价指标权重分配及评分标准

项目内容	指标	分值	评分标准		
馒头专用粉	粗细度（目）	40	32～35 分 90～100	35～39 分 100～110	39～40 分 110～120
	稳定时间（min）	30	24～26 分 3.0～5.0	26～28 分 5.0～7.0	28～30 分 7.0～9.0
	回生值（cP）	30	22～26 分 1 200～1 300	26～28 分 1 100～1 200	28～30 分 ≤1 100
面条专用粉	粗细度（目）	40	32～35 分 60～70	35～39 分 70～80	39～40 分 80～90
	稳定时间（min）	30	24～26 分 3.0～5.0	26～28 分 5.0～7.0	28～30 分 7.0～9.0
	回生值（cP）	30	22～26 分 1 200～1 300	26～28 分 1 100～1 200	28～30 分 ≤1 100

每种品质由多个品质亚性状组成，将所有的品质亚性状得分后求和，即为该专用粉品质综合得分（TQN）。根据总评分结果，将产品划分为三个等级：优良（≥70 分）、中（65～69 分）、差 ＜65 分。优良：分数 ≥70 分，专用粉较好满足各项指标要求，具有较高加工品质；中：65 分 ≤分数 ≤69 分，专用粉满足各项指标要求，可以生产出相应产品，加工品质中等；差：分数 ＜65 分，专用粉满足各项指标要求，可以生产出相应产品，加工品质较差。

（二）玉米馒头专用粉加工特性和品质评价

1. 玉米馒头专用粉粉质特性

利用 Brabender 粉质仪，按照 GB/T 14614—2016 方法测定，分析了玉米馒头专用粉的粉质特性，并以小麦粉的粉质特性进行对比，结果见表 5-18。

表 5-18　玉米馒头粉粉质参数测试结果

样品	吸水率（%）	形成时间（min）	稳定时间（min）	弱化度（FU）	粉质指数
小麦粉	66.4	4.2	9.5	27	106
玉米馒头专用粉	59	3.6	4.5	52	90

由表 5-18 可知，玉米馒头专用粉的形成时间和稳定时间都比小麦粉短，弱化度比小麦粉的大，主要是因为玉米馒头专用粉中面筋蛋白含量低，导致专用粉稳定性差。但其稳定时间＞3 min，吸水率≥56%，按照 GB 17302—2013 中的要求，达到中筋粉的标准，可用于制作馒头。

2. 玉米馒头专用粉糊化特性

采用快速黏度分析仪进行测定，结果见表 5-19。

表 5-19　玉米馒头专用粉 RVA 参数测试结果

样品	峰值黏度（cP）	谷值黏度（cP）	终值黏度（cP）	峰值时间（min）	糊化温度（℃）	衰减度（cP）	回生值（cP）
小麦粉	3 731.67	1 466.33	3 926.33	6.2	66.9	2 265.34	2 460
玉米馒头专用粉	3 083.67	1 608.33	3 439.33	5.38	73.2	1 475.34	1 831

玉米馒头专用粉的峰值黏度、衰减度、回生值、峰值时间与小麦粉的各项指标接近，说明淀粉与水的结合能力强，玉米馒头专用粉的热稳定性优于小麦粉而耐剪切性稍差，抗回生能力强，在同样加热条件下，玉米馒头专用粉比小麦粉更易糊化。

3. 玉米馒头质构特性

馒头蒸熟后常温放置 1 h 后，纵切成厚度为 25 mm 的薄片，进行 TPA 测试，结果见表 5-20。

表 5-20　玉米馒头质构特性测试结果

样品	硬度（g）	黏附性（g·s）	弹性	胶黏性	咀嚼性	回复性
小麦馒头	2 494.95	0.836	0.958	−0.58	1 986.727	0.426
玉米馒头	2 316.52	0.613	0.853	−33.322	1 659.96	0.313

以玉米馒头专用粉所制作的馒头最为接近小麦馒头品质，具有较低的硬度、黏附性，较好的弹性，适当的咀嚼性。

4. 玉米馒头感官品质

玉米馒头感官评分结果见表5-21。

表5-21　玉米馒头感官评分结果

样品	外部（35分）		内部（65分）					总分（分）
	比容（mL/g）	外观形状	色泽	结构	弹韧性	黏牙	气味	
小麦馒头	18	15	10	15	18	14	5	95
玉米馒头	15	12	10	12	18	14	5	86

用小麦粉商业标准（SB/T 10139—1993）中对小麦馒头的评分标准，对馒头进行感官评价并进行评分。小麦馒头的外部和内部特征最好，评分最高；玉米专用粉中由于面筋蛋白含量低，所以玉米馒头醒发后易塌陷。

（三）玉米面条专用粉加工特性和品质评价

1. 玉米面条专用粉粉质特性

对玉米面条专用粉进行了粉质特性的测定，结果见表5-22。

表5-22　玉米面条专用粉粉质参数测试结果

样品	吸水率（%）	形成时间（min）	稳定时间（min）	弱化度（FU）
玉米面条	67.0±0.8	3.82±0.47	4.80±0.67	88±7
小麦面条	60.3±0.6	4.20±0.39	5.40±0.41	68±3

由表5-22可知，玉米面条专用粉形成时间和稳定时间都比小麦粉短，弱化度也比小麦粉大，主要是因为小麦粉中富含面筋蛋白，所形成面团的弹性、耐揉性和耐破坏性都比较好。通过粉质测试结果发现，玉米面条专用粉虽与小麦粉仍有差距，但已在很大程度上改善了玉米粉原有的加工特性。

2. 玉米面条专用粉糊化特性

对玉米面条专用粉进行糊化特性的测定，结果见表5-23。

表5-23　玉米面条专用粉RVA参数测试结果

样品	峰值黏度（cP）	谷值黏度（cP）	衰减度（cP）	终值黏度（cP）	回生值（cP）	出峰时间（min）	糊化温度（℃）
玉米面条专用粉	1 240±19	920±7	320±12	2 111±22	1 191±16	4.87	75.80±0.31
小麦粉	2 970±21	1 968±33	1 002±12	3 331±28	1 363±19	6.42	67.17±0.58

由表5-23可知，玉米面条专用粉峰值黏度、衰减度、终值黏度和回生值都比小麦粉小，说明玉米面条专用粉在加工过程中的凝胶性及最终产品的品质仍不及小

麦粉，但在热稳定性和回生品质方面都有所改善。玉米面条专用粉的出峰时间比小麦粉短，糊化温度要比小麦粉高 10 ℃左右。

3. 玉米面条（生）拉伸特性

以玉米面条专用粉为原料制备玉米面条，采用物性分析仪对其最大拉力和拉伸位移进行测定，玉米面条的最大拉力为 40.26 g，拉伸位移为 7.06 mm；小麦粉面条的最大拉力为 76.21 g，拉伸位移为 8.47 mm。由此可知，玉米面条的拉伸力是小麦面条的 50%左右，虽然仍与小麦粉有一定差距，但相较普通玉米粉，加工特性已得到了明显改善。拉伸特性能够直观反映面条的弹性和韧性，是评价面条品质的重要指标。同时，泊松比是横向应变与纵向应变值的绝对值，表现弹性拉伸变形的物理参数，以玉米面条专用粉为原料制作的玉米面条与普通玉米粉制得的玉米面条相比，泊松比提高了 64.6%。

4. 玉米面条蒸煮特性

以玉米面条专用粉为原料制备玉米面条，煮至面条白芯消失，对玉米面条的各项蒸煮指标进行测定，测试结果见表 5-24。

表 5-24 玉米面条蒸煮特性测试结果

品种	吸水率（%）	蒸煮损失率（%）	断条率（%）	最佳蒸煮时间（min）	感官评分（分）
玉米面条	78.28±1.28	8.47±0.46	15±5	4.50±0.33	89±3
小麦面条	84.31±1.94	7.30±0.59	0±0	3.50±0.17	100±0

由表 5-24 可知，玉米面条的吸水率比小麦面条低，蒸煮损失率也比小麦面条大，但与小麦粉差距已经很小。以玉米面条专用粉生产的面条在品质上已经跟小麦面条很接近，感官评分也都达到了优秀以上的水平，证明玉米面条专用粉可以加工成品质良好的面条。

5. 玉米面条蒸煮品质质构特性

玉米面条质构参数测试结果见表 5-25。

表 5-25 玉米面条质构参数测试结果

	硬度（g）	黏附性（g·s）	弹性	胶黏性	咀嚼性	回复性
玉米面条	5 753.470	−93.663	0.813	3 506.958	2 449.104	0.421
小麦面条	5 711.317	−81.858	0.898	3 905.233	2 426.766	0.568

由表 5-25 可知，玉米面条蒸煮硬度、弹性、咀嚼性都与小麦面条接近，总体指标与小麦面条相差很小，说明玉米面条专用粉具有与小麦粉很相似的加工特性，适合制作玉米面条。

根据上述研究，在揭示老化机理的前提下，集成前期科研成果，优化了玉米馒头和玉米面条专用粉的配方设计，并对其主食产品的粉质特性、糊化特性进行了测定。结果表明，玉米主食专用粉的粉质特性、糊化特性、质构特性和蒸煮特性均与小麦粉接近。说明优化设计的玉米主食专用粉配方，改善了加工特性及食用品质，适合用作主食加工的原料。因此，采用微波场辅助、生物修饰以及双螺杆挤压改性等技术，结合各组分复配制备的玉米主食专用粉可有效实现抗老化。优化结果较普通玉米粉，凝胶泊松比提高了 64.6%，焓值降低了 41.8%。

第四节　玉米食品品质评价

一、概述

玉米原料品质和玉米专用粉的品质直接决定了玉米食品品质的优劣，目前，我国对玉米主食产品尚缺乏科学严谨的评价方法，大多采用人为感官评价方法，严重制约了玉米主食工业化发展。针对此现状，本节在玉米馒头和玉米面条两种主食产品品质评价方面做了大量基础研究，将仪器分析与感官评价有机结合，确定了影响玉米食品品质因素，对玉米主食代表性产品进行了评价。本节以玉米馒头和玉米面条产品为例，采用快速黏度分析仪、物性分析仪、差示扫描量热仪、X-射线衍射仪等现代科学的分析手段与感官评定相结合的方法，改变以往传统的理化指标和人为感官评价的粗放评价方式，对玉米馒头和玉米面条的产品进行更科学的品质评价，建立了《玉米面条品质评价方法》和《玉米馒头品质评价方法》，具有一定可行性和先进性。

二、材料与方法

（一）试验材料
玉米粉，市售一级品。

（二）仪器与设备
快速黏度分析仪（RVA-Tec MasterTM，澳大利亚 Perten 公司），差示扫描量热仪（Q-2000 型，美国 TA 公司），冷冻干燥机（AlPhal-4LDPlus，德国 Christ 公司），物性测定仪（TA-XT Plus 型，英国 Stable Micro Systems 公司），X-射线衍射仪（D/MAX2500，日本理学公司）。

（三）测试方法
1. 加工特性测试方法
（1）糊化特性测定
同第三章。
（2）凝胶特性测定
同第三章。

（3）老化特性测定

同第三章。

（4）结晶度测定

X-射线衍射仪测定结晶度，所用测试条件为：管压 36 kV，管流 20 mA，扫描速度 4°/min，扫描区域 3°～40°，狭缝系统为 DS/RS/SS＝1°/0.16 mm/1°，采样步宽 0.03°，扫描方式为连续，并进行结晶度的计算。采用 MDI Jade 5.0 软件进行数据处理，结晶度表示为结晶区的积分面积/总积分面积。

2. 品质特性测试方法

（1）质构测定

同第四章。

（2）感官评定

同第四章。

3. 玉米主食食品制作方法

（1）玉米馒头制作

馒头制作和感官评价方法参照 SB/T 10139—1993 中的附录 A，GB/T 17320—1998 中的附录 B 和澳大利亚面包研究所（BRI）中国北方馒头评价方法并做适当修改。称取 1 kg 玉米专用粉，分别计算加水量，加入含有 10 g 干酵母的温水（约 38 ℃）约 550 mL，发酵 60 min，用压面机压面 5 次后成型（每个馒头重 85 g±2 g），置于醒发箱中醒发 15 min，醒发温度 38 ℃、相对湿度为 85%，直至馒头体积发至 2 倍大，放入蒸锅中蒸 20 min。取出后盖上干纱布冷却 50 min。将冷却后的馒头用天平称重，用千分尺量高，体积仪测量体积，计算比容。采用物性分析仪对馒头进行测定，纵切成厚度为 25 mm 薄片，进行 TPA 测试。使用的探头为 P/36R。

（2）玉米面条制作

将浓度为 2% 的盐水加入原料粉中，和面 5 min 左右，将面团装入密封袋中静置 30 min 进行保湿熟化；醒发后的面团在面条机 1.2 mm 轨距处压延 1 次，将面片折叠后再反复压延 5 次，然后依次在轨距 1.0 mm 与 0.8 mm 处压延 5 次，将 0.8 mm 厚度的面片切条，面条宽为 3 mm，长度为 20 cm，然后在沸水中蒸煮 3 min，此时硬芯完全消失，待冷却后，使用聚乙烯塑料袋包装面条，然后移入冰箱中 4 ℃ 贮存，待用。

三、 数据与结果分析

（一）玉米馒头品质评价方法

1. 玉米馒头品质评价指标的选择

采用物性分析仪、面包体积测定仪结合感官评分对玉米馒头各指标进行测试，并进行相关性分析。

物性分析仪测试指标与感官品质指标间的相关系数见表 5 - 26。馒头感官总评分与弹性呈极显著正相关，与黏附性显著相关。馒头比容与硬度、胶黏性和咀嚼性呈极显著负相关，与弹性和回复性呈极显著正相关，还与内聚性呈显著正相关，说明物性分析仪测试的硬度、胶黏性和咀嚼性反映馒头感官评价的外观性状和内部结构。

表 5 - 26　TPA 与感官品质指标间的相关性分析

	延展率（直径/高度）	硬度	黏附性	弹性	内聚性	胶黏性	咀嚼性	回复性
比容	0.201	−0.398**	0.160	0.370**	0.261*	−0.327**	−0.324**	0.355**
高度	−0.462**	0.134	−0.034	−0.014	−0.192	0.101	0.099	−0.103
弹性	0.075	−0.099	0.154	0.508*	0.138	−0.084	−0.064	0.136
韧性	0.054	0.176	0.153	0.141	0.005	0.167	0.194	0.120
黏性	0.031	0.104	0.170	0.195	0.065**	0.105	0.127	0.162
感官评分	−0.076	0.061	0.245*	0.333**	0.141	0.078	0.109	0.184

注：**在 0.01 水平（双侧）上显著相关；*在 0.05 水平（双侧）上显著相关。

结合小麦馒头制作和感官评价方法 SB/T 10139—1993 中的附录 A、GB/T 17320—1998 中的附录 B 和澳大利亚面包研究所（BRI）中国北方馒头评价方法，可以选择比容、色泽、延展率、弹性、黏性、质地性状（硬度×胶黏性×咀嚼性）和压缩张弛性（弹性×内聚性×回复性）7 个品质指标对馒头进行品质评价。

2. 各评价指标权重分配及评分

运用统计学方法来确定玉米馒头评价体系各指标的权重，根据相关性高低、正负，结合现有小麦馒头国家标准 SB/T 10139—1993 和 GB/T 17320—1998 对玉米馒头各评价指标的权重分配如下：比容（30 分）、色泽（5 分）、质地性状（10 分）、黏性（15 分）、压缩张弛性（10 分）、弹性（20 分）、延展率（10 分），此评价体系总分设置采用 100 分制，见表 5 - 27。

表 5 - 27　玉米馒头评价指标权重分配及评分标准

指　标	分　值	评分标准		
比容（mL/g）	30	28～30 分	30～33 分	33～35 分
		≤1.7	1.7～2.3	≥2.3
色泽	5	3～5 分	4～5 分	5 分
		暗黄	黄色	亮黄
延展率	10	6～8 分	8～9 分	9～10 分
		≤1.45	1.45～1.65	1.65

（续）

指　标	分　值	评分标准		
弹性（g）	20	14～16 分	16～18 分	18～20 分
		≤0.800	0.800～0.958	≥0.958
黏性	15	10～13 分	12～13 分	13～15 分
		≤14 000	10 000～14 000	≤10 000
质地性状（×10⁹ g³）	10	6～8 分	8～9 分	9～10 分
		≥1 000	10～1 000	≤10
压缩张弛性（g³）	10	6～8 分	8～9 分	9～10 分
		≤0.1	0.1～0.5	≥0.5

　　每种品质由多个品质亚性状组成，将所有的品质亚性状得分后，分别乘以各自的加权系数，再求和，即为该食品品质综合得分（TQN）。根据总评分结果，将产品划分为三个等级：优良（≥70 分）、中（65～69 分）、差（<65 分）。优良：分数≥70 分，产品较好满足各项指标要求，具有较高食用品质，口感优良；中：65分≤分数≤69 分，产品满足各项指标要求，具有一定食用品质，口感一般；差：分数<65 分，产品满足各项指标要求，食用品质和口感较差。

（二）玉米面条品质评价方法

1. 玉米面条品质评价指标的选择

　　采用物性分析仪分析玉米粉面条质构特性和面条品质关系。差示扫描量热仪（DSC）、X-射线衍射仪、快速黏度分析仪检测玉米粉面条的老化特性。采用 SB/T 10137—1993 中小麦粉面条的感官评定标准，对玉米粉面条进行了感官评价。在4 ℃与室温条件下，玉米粉面条的 DSC 图谱呈现吸热状态，DSC 测定焓值在 72 h 之内增加；X-射线结晶度 72 h 之内分别增加了 17.24%、7.64%，焓值、结晶度、回生值与贮存时间呈正相关。

　　由表 5-28 可知，采用质构、感官评价、直链淀粉含量以及碘蓝值测定玉米粉面条的品质特性。在 4 ℃与室温条件下，玉米粉面条的质构特性中硬度、胶黏性、咀嚼性与贮存时间呈正相关，黏附性、弹性、内聚性、回复性与贮存时间呈负相关；感官评分、碘蓝值与贮存时间呈负相关。

表 5-28　玉米粉面条的质构分析

	贮存时间（h）	硬度（g）	黏附性（g·s）	弹性	内聚性	胶黏性	咀嚼性	回复性
4 ℃	0	2 980.09	−27.84	0.93	0.75	2 084.16	1 356.04	0.56
	6	3 366.60	−51.44	0.80	0.66	2 466.57	1 628.85	0.49

（续）

	贮存时间 （h）	硬度 （g）	黏附性 （g·s）	弹性	内聚性	胶黏性	咀嚼性	回复性
	12	3 588.95	−49.58	0.81	0.65	2 288.27	1 862.02	0.42
4 ℃	24	4 106.28	−157.89	0.73	0.69	2 984.89	2 601.51	0.40
	72	5 389.55	−203.58	0.73	0.64	3 418.63	3 141.44	0.37
	0	2 800.09	−25.04	0.94	0.85	2 113.73	1 056.81	0.54
	6	3 099.20	−52.23	0.88	0.78	2 585.78	1 736.46	0.51
室温	12	3 305.13	−88.06	0.85	0.72	2 611.21	2 191.69	0.44
	24	3 414.81	−101.33	0.85	0.70	2 699.54	2 255.88	0.43
	72	3 763.58	−179.37	0.77	0.69	3 078.24	2 213.51	0.36

由表 5-29 可知，感官评分与直链淀粉含量、硬度、咀嚼性呈极显著负相关，与碘蓝值、胶黏性呈显著负相关，相关系数为 −0.913、−0.951，与黏附性、回复性呈显著正相关。直链淀粉含量与黏附性呈显著负相关，与胶黏性、咀嚼性呈显著正相关，而与硬度呈极显著正相关，相关系数为 0.994。碘蓝值与弹性、咀嚼性分别呈正负相关，与回复性呈极显著正相关，相关系数为 0.998。硬度与黏附性呈显著负相关，与胶黏性、咀嚼性呈正相关。黏附性与胶黏性、咀嚼性呈极显著负相关。弹性与回复性呈显著正相关。胶黏性与咀嚼性呈极显著正相关。咀嚼性与回复性呈显著负相关。

表 5-29　质构特性与感官品质相关性分析

	感官评分	直链淀粉	碘蓝值	硬度	黏附性	弹性	内聚性	胶黏性	咀嚼性	回复性
感官评分	1									
直链含量	−0.986**	1								
碘蓝值	−0.913*	0.837	1							
硬度	−0.992**	0.994**	−0.859	1						
黏附性	0.950*	−0.929*	0.849	−0.944*	1					
弹性	0.831	−0.731	0.929*	−0.790	0.833	1				
内聚性	0.635	−0.565	0.737	−0.616	0.446	0.750	1			
胶黏性	−0.951*	0.927*	−0.843	0.956*	−0.986**	−0.866	−0.543	1		
咀嚼性	−0.985**	0.958*	−0.914*	0.970**	−0.986**	−0.859	−0.551	0.974**	1	
回复性	0.903*	−0.827	0.998**	−0.848	0.821	0.921*	0.770	−0.820	−0.895*	1

注：**在 0.01 水平（双侧）上显著相关；*在 0.05 水平（双侧）上显著相关。

由表 5-30 可知，熔值与结晶度、回生值、硬度、咀嚼性呈显著正相关，与弹性呈显著负相关，与回复性呈极显著负相关，相关系数为 −0.989。结晶度与胶黏性、咀嚼性呈显著正相关，与黏附性呈显著负相关，与回生值、硬度呈极显著正相关，相关系数分别为 0.996、0.994。回生值与黏附性呈显著负相关，与胶黏性呈显著正相关，与硬度、咀嚼性呈极显著正相关。硬度与黏附性、胶黏性分别呈显著负相关与显著正相关，与咀嚼性呈极显著正相关。黏附性与胶着性、咀嚼性呈极显著负相关。胶着性与咀嚼性呈极显著正相关。咀嚼性与回复性呈显著负相关。

表 5 - 30　相关性分析

	焓值	结晶度	回生值	硬度	黏附性	弹性	内聚性	胶黏性	咀嚼性	回复性
焓值	1									
结晶度	0.912*	1								
回生值	0.913*	0.996**	1							
硬度	0.901*	0.994**	0.995**	1						
黏附性	−0.859	−0.915*	−0.943*	−0.944*	1					
弹性	−0.936*	−0.773	−0.786	−0.790	0.833	1				
内聚性	−0.801	−0.645	−0.600	−0.616	0.446	0.750	1			
胶黏性	0.875	0.923*	0.940*	0.956*	−0.986**	−0.866	−0.543	1		
咀嚼性	0.923*	0.958*	0.977**	0.970**	−0.986**	−0.859	−0.551	0.974**	1	
回复性	−0.989**	−0.869	−0.875	−0.848	0.821	0.921*	0.770	−0.820	−0.895*	1

注：**在 0.01 水平（双侧）上显著相关；*在 0.05 水平（双侧）上显著相关。

由表 5 - 31 可知，焓值与硬度呈显著正相关，与碘蓝值呈极显著负相关，相关系数为−0.969。结晶度与碘蓝值呈显著负相关，与硬度、直链淀粉含量呈极显著正相关，相关系数分别为 0.965、0.994，与感官评分呈极显著负相关。硬度与感官评分、碘蓝值呈极显著负相关，相关系数为−0.977、−0.966，与直链淀粉含量呈显著正相关。感官评分与碘蓝值呈显著正相关，与直链淀粉含量呈极显著负相关，相关系数为−0.986。

表 5 - 31　老化特性指标与品质指标间的相关性分析

	焓值	结晶度	回生值	硬度	感官评分	直链含量	碘蓝值
焓值	1						
结晶度	0.884	1					
回生值	−0.428	−0.019	1				
硬度	0.941*	0.965**	−0.183	1			
感官评分	−0.857	−0.993**	−0.010	−0.977**	1		
直链含量	0.785	0.994**	0.086	0.935*	−0.986**	1	
碘蓝值	−0.969**	−0.882*	0.271	−0.966**	0.915*	−0.841	1

注：**在 0.01 水平（双侧）上显著相关；*在 0.05 水平（双侧）上显著相关。

选择碘蓝值、弹性、黏附性、质地性状（硬度×胶黏性×咀嚼度）和压缩张弛性（弹性×内聚性×回复性）5 个指标对玉米面条进行品质评价。

2. 各评价指标权重分配及评分

运用统计学方法来确定玉米面条评价体系各指标的权重，根据相关性高低，对玉米面条各评价指标的权重分配如下：碘蓝值（30）、弹性（20）、黏附性（20）、质地性状（10）、压缩张弛性（20），此评价体系总分设置采用 100 分制（表 5 - 32）。

表 5 - 32 玉米面条评价指标权重分配及评分标准

指标	分值	评分标准		
碘蓝值	30	20～24 ≤0.6	24～27 分 0.6～0.8	27～30 分 ≥0.8
弹性	20	12～16 分 ≤0.75	16～18 分 0.75～0.85	18～20 分 ≥0.85
黏附性（g·s）	20	12～16 分 ≤-150	16～18 分 -150～-80	18～20 分 ≥-80
质地性状 （×10⁹ g³）	10	6～8 分 ≤30，≥70	8～9 分 30～40，60～70	9～10 分 40～60
压缩张弛性（g³）	20	12～16 分 ≤0.1	16～18 分 0.1～0.5	18～20 分 ≥0.5

每种品质由多个品质亚性状组成，将所有的品质亚性状得分后求和，即为该食品品质综合得分（TQN）。根据总评分结果，将产品划分为三个等级：优良（≥70 分）、中（65～69 分）、差（<65 分）。优良：分数≥70 分，产品较好满足各项指标要求，具有较高食用品质，口感优良；中：65 分≤分数≤69 分，产品满足各项指标要求，具有一定食用品质，口感一般；差：分数<65 分，产品满足各项指标要求，食用品质和口感较差。

本章主要在本团队关于玉米原粮、玉米主食专用粉及其玉米馒头和玉米面条等前期研究基础上，制定并发布了吉林省地方标准《食用玉米营养品质评价》，建立了新收获玉米采后品质评价模型，提出了玉米馒头专用粉、玉米面条专用粉及其玉米馒头和玉米面条的品质评价方法。后续我们还将会在此数据基础上，进一步结合国内外的相关研究及国家标准、行业标准、团体标准、地方标准等，制定玉米主食类产品评价标准，为玉米主食化工业的发展提供理论依据。

参考文献

巴瑞新，于素平，冯丽英，等，2019. 小麦粉流变学特性品质指标间的关系研究［J］. 粮油食品科技，27（6）：81-85.

陈朝军，刘嘉，刘永翔，2019. 甘薯粉汤圆质构特性和感官评价相关性分析 [J]. 食品研究与开发，40（24）：33-37.

玉米储存品质判定规则：GB/T 20570—2015 [S]. 北京：中国标准出版社.

丁香丽，张莉莉，王涛，等，2021. 全苔麸面条品质评价及影响因素分析 [J]. 美食研究，38（4）：84-89.

丁志理，刘长虹，2019. 不同蒸制条件对馒头品质的影响 [J]. 粮食加工，44（2）：1-5.

方东路，马晓惠，赵明文，等，2021. 添加灰树花粉面团的酶法改性及面条品质评价 [J]. 食品科学，42（10）：23-31.

冯海霞，2010. 玉米种子的贮藏特性及要点 [J]. 中国种业（S1）：115.

符梅霞，2021. 全荞麦冷冻挤压面条的制备及品质特性研究 [D]. 南京：南京财经大学.

高瑾，蔡敏，2018. 菠萝风味戚风蛋糕的研制及质构分析 [J]. 湖北工程学院学报，38（6）：47-50.

龚魁杰，许金芳，吴建军，2003. 中国玉米食品加工业的现状与发展对策 [J]. 粮食科技与经济，28（3）：43-44.

贵州省地理标志研究会，2019. 兴仁薏仁面条加工技术规范：T/GGI 007—2017 [S].

国家粮食局科学研究院，中国国家标准化管理委员会，2018. 粮油检验小麦粉面条加工品质评价：GB/T 35875—2018 [S]. 北京：中国标准出版社.

国家粮食局中华人民共和国粮食行业标准，2017. 粮油检验-小麦粉饺子皮加工品质评价：LS/T 6123—2017 [S].

国家市场监督管理总局，中国国家标准化管理委员会，2017. 玉米：GB 1353—2018 [S]. 北京：中国标准出版社.

韩萍，李海燕，侯长希，等，2007. 中国玉米生产30年回顾 [J]. 中国农学通报，23（11）：202-206.

和田地区美食文化协会，2017. 和田传统美食 玉米面条制作技艺：T/HTMS 0037—2019 [S].

贺晓鹏，朱昌兰，刘玲珑，等，2010. 不同水稻品种支链淀粉结构的差异及其与淀粉理化特性的关系 [J]. 作物学报（2）：276-284.

侯普馨，靳烨，侯艳茹，等，2018. 玉米发酵面条的研制 [J]. 食品科技，43（3）：154-159.

胡茂芩，徐向波，何晓芳，等，2019. 紫菜馒头的配方优化及质构探究 [J]. 粮食与油脂，32（4）：51-54.

吉林省质量技术监督局，2017. 食用玉米营养品质评价：DB 22/T 2814—2017 [S].

贾玉涛，2007. 不同来源淀粉的提取及糊化性质研究 [D]. 泰安：山东农业大学.

焦镭，蒋小锋，魏楠，等，2019. 银条戚风蛋糕工艺优化及品质分析 [J]. 河南农业（21）：56-59.

金鑫，2020. 南方馒头品质评价、原料选择及工艺研究 [D]. 长沙：湖南农业大学.

亢霞，张雪，2008. 我国农户储粮损失的影响因素探讨 [J]. 粮食储藏，37（4）：53-54.

兰盛斌，郭道林，严晓平，等，2008. 我国粮食储藏的现状与未来发展趋势 [J]. 粮油仓储科技通讯，24（4）：2-6.

蓝慎善，张有林，王若瑒，2008. 臭氧处理对小麦储藏品质影响的研究 [J]. 食品工业科技（3）：257-259.

李昊，刘景圣，王浩，等，2014. 鲜食糯玉米贮藏过程中可溶性糖含量变化的研究 [J]. 中国食物与营养，20（3）：23-27.

李梁，张文会，刘振东，等，2018.青稞馒头的制备及品质评价方法研究［J］.粮食与油脂，31（12）：50-53.

李宁波，王晓曦，于磊，等，2008.面团流变学特性及其在食品加工中的应用［J］.食品科技，38（8）：35-38.

李晓娜，亓鑫，赵卉，等，2019.植物乳杆菌改性玉米粉制作玉米面条的工艺及品质分析［J］.食品与发酵工业，45（5）：185-189.

李银生，白海平2006.玉米种子的贮藏管理［J］.河北农业科技（2）：45.

李永刚，2012.低温储粮智能控制系统的研究与实现［D］.成都：西华大学.

李玉田，1984.玉米的综合利用［J］.农业新技术（6）：007.

廖丽莎，刘宏生，刘兴训，等，2014.淀粉的微观结构与加工过程中相变研究进展［J］.高分子学报（6）：761-773.

廖卢艳，吴卫国，2014.不同淀粉糊化及凝胶特性与粉条品质的关系［J］.农业工程学报，30（15）：332-338.

刘建军，何中虎，杨金，等，2003.小麦品种淀粉特性变异及其与面条品质关系的研究［J］.中国农业科学，36（1）：7-12.

刘巧瑜，赵思明，熊善柏，等，2003.稻米淀粉及其级分的凝胶色谱分析［J］.食品科学，24（3）：105-108.

刘侠，2009.粮食在贮藏过程中品质变化分析［J］.粮食加工，34（1）：72-74.

刘雪珂，李继红，王顺领，2013.浅谈玉米贮藏技术［J］.农家参谋（种业大观）(7)：49.

刘远洋，孙岩琳，林欣梅，2019.超微杂粮粉复配制作杂粮馒头的配方研究［J］.农产品加工（8）：9-11，15.

吕军仓，2006.面团流变学及其在面制品中的应用［J］.粮油加工与食品机械（2）：66-68.

农业农村部，2019.马铃薯面条加工技术规范：NY/T 3521—2019［S］.

乔文传，丁建武，2002.浅谈中央储备粮仓储管理技术应用和发展方向［J］.粮油仓储科技通讯（2）：7-9.

青岛市食品工业协会，2021.特色干面条：T/QFIA 002—2021［S］.

屈玫珊，李林媛，戴全宽，等，2018.不同产地西洋参的色彩色差分析［J］.广东化工，45（5）：18-19.

任凯，陈通，陆道礼，等，2020.基于微型可见光谱仪的茶汤色差的研究［J］.江苏农业科学，48（2）：201-206.

任夏，邱军，段苏珍，等，2014.色差仪在烤烟烟叶颜色检测中的应用［J］.江苏农业科学，42（7）：335-337.

山东标准化协会，2019.山东馒头：T/SDAS 73—2019［S］.

山东标准化协会，2019.山东馒头用小麦粉：T/SDAS 71—2019［S］.

山西省粮食行业协会，2021.山西主食糕品 馒头：T/SXAGS 0025—2021［S］.

山西省粮食行业协会，2021.山西主食糕品 鲜湿面条：T/SXAGS 0027—2021［S］.

山西省粮食行业协会，2021.山西主食糕品 鲜湿面条加工技术规范：T/SXAGS 0028—2021［S］.

盛宝龙，蔺经，程进，等，2010.套袋对翠冠梨果实外观色泽及糖、酸含量的影响［J］.江西农业大学学报，32（4）：705-709，728.

孙秀萍，于九皋，刘延奇，2003. DSC 分析方法在淀粉凝胶化研究中的应用 ［J］. 化学通报，66（32）：1-7.

王俊，许乃章，金天明，等，2012. 贮藏中谷物水分温度变化的模拟研究 ［J］. 商品与质量：学术观察（9）：316-316.

王垒，郭祯祥，马洪娟，2011. 不同温湿条件下小麦粉储藏期营养品质变化规律研究 ［J］. 粮食与油脂（4）：43-45.

王亚运，2016. 冷冻玉米面条加工技术及冻藏期间品质变化的研究 ［D］. 郑州：河南农业大学.

王中荣，2007. 不同直链淀粉含量的玉米淀粉理化性质及其应用研究 ［D］. 重庆：西南大学.

魏壹纯，2015. 彩色谷物营养分析及复配技术在馒头食品中的应用研究 ［D］. 郑州：河南工业大学.

肖建文，张来林，金文，等，2010. 充氮气调对玉米品质的影响研究 ［J］. 河南工业大学学报（自然科学版），31（4）：57-60.

新疆维吾尔自治区粮食行业协会，2021. 新疆好粮油 玉米馕（饼）专用粉：T/XJLSXH 1104—2021 ［S］.

新疆维吾尔自治区粮食行业协会，2022. 新疆好粮油 荞麦馕（饼）专用粉：T/XJLSXH 1106—2022 ［S］.

修琳，刘景圣，蔡丹，等，2011. 鲜玉米中可溶性糖含量的测定 ［J］. 食品科学，32（4）：174-176.

修琳，闵伟红，刘景圣，2012. 我国玉米粉改性的研究现状及展望 ［J］. 食品工业（12）：152-154.

徐金星，2003. 不同类型玉米籽粒营养品质形成和高油玉米产量调控规律研究 ［D］. 哈尔滨：东北农业大学.

许崇香，2003. 黑龙江省中早熟玉米淀粉和百粒重积累规律的研究 ［D］. 哈尔滨：东北农业大学.

许梅，翟爱华，2009. 不同乳酸菌发酵对玉米粉性质的影响研究 ［J］. 中国酿造，204（3）：53-55.

许睦农，李茂顺，2015. 鲜玉米发糕制作的研究 ［J］. 食品科技，40（8）：179-181.

闫博文，管璐静，赵建新，等，2019. 基于多元统计分析方法建立北方馒头品质评价体系 ［J］. 食品工业科技，40（1）：214-219，224.

杨晓清，徐茹，2021. 调质马铃薯全粉的稳态流变特性及面条品质评价 ［J］. 粮油食品科技，29（6）：131-138.

殷贵华，于林平，朱京立，等，2007. 常温仓低温仓储存小麦品质变化规律研究 ［J］. 粮油加工（7）：93-95.

游玉明，陈井旺，2008. 面团流变学特性研究进展 ［J］. 面粉通讯（3）：46-48.

榆林市农产品市场流通协会，2021. 杂粮面条（挂面）：T/YLNX 0011—2021 ［S］.

袁鹏，潘琤，周林，等，2010. 玉米淀粉深加工产品的应用 ［J］. 粮食与食品工业，17（4）：23-25.

张爱霞，刘敬科，赵巍，等，2017. 小米馒头质构分析和品质评价 ［J］. 食品科技，42（6）：156-161.

张辉，2016. 马铃薯复配米配方及工艺优化 ［D］. 长沙：中南林业科技大学.

张秋会，宋莲军，黄现青，等，2017. 质构仪在食品分析与检测中的应用 ［J］. 农产品加工（24）：52-56.

张世煌，田清震，李新海，等，2006. 玉米种质改良与相关理论研究进展 ［J］. 玉米科学（1）：1-6.

张玉荣，温纪平，周显青，2003. 不同储藏温度下玉米品质变化研究 ［J］. 粮食储藏，32（3）：7-9.

张玉荣，周显青，王东华，等，2003. 稻谷新陈度的研究（三）-稻谷在储藏过程中 α-淀粉酶活性的变化及其与各储藏品质指标间的关系 ［J］. 粮食与饲料工业（10）：12-14.

赵同芳，1983. 粮食品质研究概述 [J]. 粮食储藏（6）：24.

中国国家标准化管理委员会，2018. 粮油检验小麦粉馒头加工品质评价：GB/T 35991—2018 [S]. 北京：中国标准出版社.

周国燕，胡琦玮，李红卫，等，2009. 水分含量对淀粉糊化和老化特性影响的差示扫描量热法研究 [J]. 食品科学（19）：89 - 92.

周建新，张瑞，王璐，等，2011. 储藏温度对稻谷微生物和脂肪酸值的影响研究 [J]. 中国粮油学报，26（1）：92 - 95.

Aghamirzaei M，Peighambardoust S H，Azad - marddamirchi S，et al，2015. Efects of grape sed powder as a functional ingredient on flour physicochemical characteristics and dough rheological properties. [J]. Journal of Agricultural Science & Technology，17（2）：365 - 373.

Chávez - Murillo C E，Wang Y J，Bello - Pérez L A，2008. Morphological，physicochemical and structural characteristics of oxidized barley and corn starches [J]. Starch - Stärke，60（11）：634 - 645.

Chrastil J，1990. Influence of storage on enzymes in rice grains [J]. Journal of Agricultural and Food Chemistry，38（5）：1198 - 1202.

Ganguli S，Sen - Mandi S，1993. Effects of ageing on amylase activity and scutellar cell structure during imbibition in wheat seed [J]. Annals of Botany，71（5）：411 - 416.

Gerard C，Colonna P，Buleon A，et al，2001. Amylolysis of corn mutant starches [J]. Journal of the Science of Food and Agriculture，81（13）：1281 - 1287.

Jayas D S，White N D G，2003. Storage and drying of grain in Canada：low cost approaches [J]. Food control，14（4）：255 - 261.

Sandhu K S，Singh N，Lim S T，2007. A comparison of native and acid thinned normal and waxy corn starches：Physicochemical，thermal，morphological andpasting properties [J]. LWT - Food Science and Technology，40（9）：1527 - 1536.

Keeling P L，Bacon P J，Holt D C，1993. Elevated temperature reduces starch deposition in wheat endosperm by reducing the activity of soluble starch synthase [J]. Planta，191（3）：342 - 348.

Lehner A，Mamadou N，Poels P，et al，2008. Changes in soluble carbohydrates，lipid peroxidation and antioxidant enzyme activities in the embryo during ageing in wheat grains [J]. Journal of Cereal Science，47（3）：555 - 565.

Li S，Wang J，Song C，et al，2011. Effects of different drying methods on physicochemical and sensory characteristics of instant scallop [J]. Transactions of the Chinese Society of Agricultural Engineering，27（5）：373 - 377.

Mamadou N A，Poels P，2008. Changes in soluble carbohydrates，lipid peroxidation and antioxidant enzyme activities in the embryo during ageing in wheat grains [J]. Journal of Cereal Science，47（3）：555 - 565.

Paraginski R T，Vanier N L，Moomand K，et al，2014. Characteristics of starch isolated from corn as a function of grain storage temperature [J]. Carbohydrate Polymers，102：88 - 94.

Reed C，Doyungan S，Ioerger B，et al，2007. Response of storage molds to different initial moisture contents of corn（corn）stored at 25 ℃，and effect on respiration rate and nutrient composition [J].

Journal of Stored Products Research，43（4）：443－458.

Rupollo G，Vanier N L，da Rosa Zavareze E，et al，2011. Pasting，morphological，thermal and crystallinity properties of starch isolated from beans stored under different atmospheric conditions［J］. Carbohydrate Polymers，86（3）：1403－1409.

Sánchez D A S，Moreno M E，Angeles V L M，2003. Study of denaturation of corn proteins during storage using differential scanning calorimetry［J］. Food Chemistry，83（4）：531－540.

Sandhu K S，Singh N，Kaur M，2004. Characteristics of the different corn types and their grain fractions：physicochemical，thermal，morphological，and rheological properties of starches［J］. Journal of Food Engineering，64（1）：119－127.

Setiawan S，Widjaja H，Rakphongphairoj V，et al，2010. Effects of drying conditions of corn kernels and storage at an elevated humidity on starch structures and properties［J］. Journal of Agricultural and Food Chemistry，58（23）：12260－12267.

Strong R G，Sbur D E，1960. Influence of grain moisture and storage temperature on the effectiveness of malathion as a grain protectant［J］. Journal of Economic Entomology，53（3）：341－349.

Tan B，Tan H Z，Tian X H，et al，2010. Physical，gelatinized and retrog raded pr operties of sta rches from twenty broad bean varieties in China［J］. Journal of Food Science and Biotechnology，29（1）：64－70.

Tefera T，Kanampiu F，De Groote H，et al，2011. The metal silo：An effective grain storage technology for reducing post－harvest insect and pathogen losses in corn while improving smallholder farmers' food security in developing countries［J］. Crop Protection，30（3）：240－245.

Timóteo T S，Marcos－Filho J，2013. Seed performance of different corn genotypes during storage［J］. Journal of Seed Science，35（2）：207－215.

Yoo S H，Jane J，2002. Structural and physical characteristics of waxy and other wheat starches［J］. Carbohydrate Polymers，49（3）：297－305.

Yuan R C，Thompson D B，Boyer C D，1993. Fine structure of amylopectin in relation to gelatinization and retrogradation behavior of corn starches from three wx－containing genotypes in two inbred lines［J］. Cereal Chemistry，70：81.

《玉米采后营养与品质》

附　录

刘景圣研究团队及其与粮食有关的科研工作基础

一、团队主要成员及工作经历

1. 刘景圣，男，1964年10月出生，博士，博士生导师，一级教授。吉林农业大学副校长，小麦和玉米深加工国家工程实验中心主任，国家玉米产业体系玉米深加工研究室主任兼岗位科学家，中国食品科学技术学会常务理事，中国食品科学技术学会面制品分会理事长，吉林省食品学会理事长，教育部食品科学与工程类专业教学指导委员会委员。先后荣获国家百千万人才工程人选，国家有突出贡献中青年专家，国务院政府特殊津贴获得者，首批全国粮食行业领军人才，国家级课程思政教学名师，吉林省首批"长白山学者"特聘教授，吉林省高级专家，吉林省师德先进个人，吉林省高校首批学科领军教授，吉林省拔尖创新人才（一层次），吉林省创新创业杰出人才等多项荣誉称号。带领的团队被评为科技部"玉米和杂粮精深加工技术创新与产业化应用重点领域创新团队"，"玉米主食工业化生产关键技术及其产业化示范"吉林省重大科技项目研发人才团队，"玉米精深加工与功能性食品研究"吉林省创新团队，全国高校黄大年式教师团队，吉林好人·最美教师暨黄大年式好老师团队。

多年来，主要从事粮食精深加工方面的研究与开发工作，"十一五"以来先后主持国家"十三五"重点研发计划重点专项"方便即食食品制造关键技术开发研究及新产品创制"、国家"十二五"科技支撑计划项目"玉米主食工业化生产关键技术及其产业化示范"、国家公益性行业（粮食）科技专项"玉米食品品质变化机理研究与品质评价体系构建"、国家自然科学基金项目"玉米后熟过程淀粉与蛋白质互作对加工品质影响机理研究"、"鲜食玉米品质变化机理及质构特性研究"、国家"863"计划现代农业领域重大专项"玉米绿色供应链技术创新与装备研制"、吉林省"双十"工程重大专项"杂粮健康主食加工关键技术研究与产品开发"、吉林省省长基金重大项目"玉米淀粉生产结晶麦芽糖及其糖醇产业化关键技术研究"等国家、省部级重大科研项目 25 项，取得重大科研成果 20 项。作为第一完成人，先后荣获国家科技进步二等奖 1 项，中华农业科技一等奖 1 项，吉林省科技进步一等奖 4 项，中国食品科学技术学会科技进步一等奖 1 项。

五年来，主持"十三五"国家重点研发计划重点专项项目（2 500 万元）、"十二五"科技支撑计划、国家公益性行业（粮食）科技专项、国家自然科学基金项目、吉林省"双十"工程重大专项等国家、省部级重大科研项目 5 项，纵向科研经费 4 675 万元。获得国家科技进步二等奖 1 项，中华农业科技一等奖 1 项，吉林省科技进步一等奖 2 项；获得国家发明专利 4 件。发表学术论文 100 余篇；培养博士后、博士、硕士研究生 60 余人。

2. 郑明珠，女，1979 年 2 月出生，博士，教授，硕士生导师。2010 年毕业于吉林农业大学食品科学与工程学院，获博士学位。现任吉林农业大学食品科学与工程学院副院长。主要从事粮食深加工、功能性食品等方面的教学与科研工作。

主持"十四五"国家重点研发计划课题"玉米食品精准加工关键技术研发及新产品创制"、吉林省科技发展计划"鲜食玉米加工关键技术与新产品开发"。主持完成了"十三五"国家重点研发计划重点专项子课题"中华传统蒸制糯性谷物食品工业化加工关键技术研究与产品开发"，吉林省产业技术创新战略联盟项目"玉米食品品质提升关键技术研究与中试示范"。参与完成国家"十二五"科技支撑计划、国家自然科学基金项目、国家公益性（粮食）行业科研专项、国家农业科技成果转化资金项目、吉林省"双十"重大科技攻关项目等国家、省部级重大课题 10 余项；先后荣获国家科技进步二等奖 1 项，中华农业科技奖一等奖 1 项，吉林省科技进步奖一等奖 4 项，吉林省自然科学学术成果二等奖 2 项。发表相关学术论文 20 余篇，获得国家授权专利 5 件。作为团队骨干成员，先后荣获科技部重点领域创新团队、全国高校黄大年式教师团队、吉林省重大科技项目研发人才团队、吉林好人·最美教师暨黄大年式好老师团队。

3. 蔡丹，女，1980 年 6 月出生，博士，教授，硕士生导师，美国佛罗里达大学、美国波特兰州立大学访问学者。中国畜产品加工研究会青年工作委员会委员，吉林省食品学会常务理事。

主要从事粮食加工副产物领域的研究工作，近五年，主持完成"十三五"国家重点研发计划项目子课题 1 项、吉林省科技发展计划项目 1 项，主持"十四五"国家重点研发计划项目子课题 1 项、吉林省科技发展计划项目 1 项；获国家科技进步二等奖 1 项，省部级科技进步一等奖 5 项；授权国家发明专利 1 件；发表论文 16 篇，其中 SCI 收录 5 篇、EI 收录 2 篇。

4. 刘回民，男，1984 年 1 月出生，博士，副教授，硕士生导师，吉林省拔尖创新人才（三层次），中国食品科学技术学会青年工作委员会委员，吉林省食品学会副秘书长，吉林省营养协会理事，中国粮油学会玉米深加工分会会员。

主要从事分子营养和食品化学领域的研究工作，在天然植物活性成分的分离提取、功能研究和递送方面取得了系列创新性成果。主持承担国家"十三五"重点研发计划子课题、吉林省自然基金项目等国家、省部级项目 6 项，在 *Journal of Agriculture and Food Chemistry*，*Food Chemistry*，*Food & Function*，*Nutrients*，*Food Control*，《食品科学》等国内外学术期刊发表论文 50 余篇，获得省部级科研奖励 8 项，副主编教材 1 部。担任 *Journal of Agricultural and Food Chemistry*，*Food Research International*，*Phytomedicine*，*Food & Function*，*Journal of Functional Foods* 等国际期刊审稿人。

5. 修琳，女，1979 年 3 月出生，博士，讲师。2012 年毕业于吉林农业大学，获博士学位，主要从事玉米和杂粮精深加工方面的工作，完成了玉米和杂粮系列主食食品开发、玉米和杂粮加工品质和营养品质提升等方面的研究。

主持完成吉林农业大学博士启动基金项目"场辅助生物修饰玉米粉关键技术研究"。参与完成了国家自然基金、国家"863"计划、国家"十二五"科技支撑计划、国家科技重大专项、现代农业产业技术体系、吉林省科技发展计划等国家及省市项目 10 余项。发表论文 20 余篇。获中华农业科技奖一等奖 1 项、吉林省科技进步奖一等奖 3 项。

6. 许秀颖，女，1980 年 2 月出生，食品科学博士，副教授，硕士生导师。2006—2007 年于日本岩手大学农学部公派留学。专业领域为玉米杂粮精深加工与功能性食品。主要从事玉米杂粮加工品质评价及其食用品质提升方面的研究。

主持完成吉林省教育厅"大豆蛋白-不同链/支比玉米淀粉凝胶形成机制研究"项目 1 项，主持吉林省科技厅"吉林省农产品加工业科技特派员扶贫技术团队科技服务"项目 1 项。参与"十三五"国家重点研发计划项目、吉林省科技厅等省部级项目 5 项，参与制定地方及企业标准 16 项，获授权国家发明专利 6 件，以第一作者和通讯作者在 *Journal of Texture Studies*、*Food Science & Nutrition*、《食品科学》《中国食品学报》《食品科学技术学报》等杂志发表学术论文 12 篇。其中 SCI/EI 收录 10 篇。获国家科技进步二等奖 1 项，吉林省科技进步一等奖 3 项。

7. 张浩，男，1985 年 5 月出生，副教授，博士生导师。全国创新创业优秀博士后，长白山青年拔尖人才。2013 年毕业于北京化工大学研究生院获博士学位，2019—2020 年赴美国罗格斯大学开展国家公派访学研究，专业领域为粮食深加工与副产物高值化利用，主要从事蛋白质、多糖及多功能组分聚集体设计、构建与应用研究工作。

先后主持国家自然科学基金"多组分蛋白微聚集体构建及其互作控释机制研究

（32072169）"、"场辅助玉米醇溶蛋白微观形貌与理化特性调控机制研究（31801477）"、吉林省科技发展计划"玉米纤维素基、蛋白基环境友好材料的合成及其机理研究（20150520132JH）"等科研课题 8 项；第一或通讯作者发表 SCI/EI 检索高质量论文代表作 10 篇，授权专利 6 件，主持获得首届全国博士后创新创业大赛铜奖 1 项、参与获得吉林省科技进步一等奖 2 项。

8. 赵城彬，男，1987 年 8 月出生，副教授，硕士生导师。2016 年毕业于东北农业大学食品学院，获博士学位，现在吉林农业大学食品科学与工程学院工作，兼任吉林省食品学会副秘书长。多年来一直从事粮食蛋白功能修饰与高值化利用方面的研究，主要包括蛋白质乳液、凝胶及其对活性成分递送研究，蛋白质与其他组分相互作用研究等。

主持"十四五"国家重点研发计划子课题"玉米精准配粉关键技术研发及新产品创制（2021YFD2101001-1）"、吉林省博士后择优资助项目"全营养玉米方便即食食品制造关键技术研究及新产品创制"、吉林省科技发展计划优秀青年人才基金项目"超声-高静压改善大豆蛋白冷致凝胶机制及凝胶缓释作用研究（20190103121JH）"、吉林省教育厅科学技术研究项目"大豆蛋白-低聚糖共建稳定乳液凝胶及活性成分保护与递送研究（JJKH20220348KJ）"等科研项目 5 项，参与国家自然科学基金面上项目"玉米后熟过程淀粉与蛋白质互作对加工品质影响机理研究（32072217）"、"十三五"国家重点研发计划重点专项"方便即食食品制造关键技术开发研究及新产品创制（2016YFD0400700）"等国家、省部级科研项目 4 项。获吉林省科技进步一等奖 1 项（第九完成人）；参与申请国家发明专利 10 项，其中授权 5 项；参与制定《食用玉米营养品质评价》吉林省地方标准 1 项；副主编出版"油脂加工与精炼工艺学"规划教材 1 部；在 *Food Hydrocolloids*、*Food Control*、*LWT-Food Science and Technology*、*Food Bioscience*、*International Journal of Food Science and Technology*、《农业工程学报》《食品科学》《中国食品学报》等学术期刊上发表学术论文 30 余篇，其中 SCI 收录 11 篇。

9. 吴玉柱，男，1986 年 10 月出生，博士，讲师，硕士生导师。2017 年毕业于吉林大学生物与农业工程学院，获工学博士学位，专业领域为粮食干燥及储藏。重点研究玉米及杂粮在干燥及储藏过程中，淀粉、蛋白质、脂肪等不同组分变化情况对其食用品质及加工特性的影响。

主持吉林省科技厅自然科学基金项目"不同干燥方式对玉米品质影响机制研究"1 项，吉林省教育厅项目"热风干燥过程中积温对粮食品质特性的影响研究"1 项。参与国家科学自然基金面上项目"玉米后熟过程淀粉与蛋白质互作对加工品质影响机理研究"、"国家玉米产业技术体系"项目、部省联动项目"玉米精准配粉关键技术研发及新产品创制"等省部级项目 5 项，申请国家发明专利 3 项，以第一

作者和通讯作者在 *Journal of Analytical Methods in Chemistry*、《中国粮油学报》等杂志和会议发表学术论文 6 篇。

10. 刘美宏，女，1992 年 6 月出生，中共党员，博士，硕士生导师，2019 年毕业于吉林农业大学食品科学与工程学院，主要从事粮食深加工与功能性食品等领域的研究工作。

参与国家自然科学基金、吉林省科技发展计划等项目 5 项，在 *Food & Function*、*Food Chemistry*、*Journal of Agricultural and Food Chemistry* 等期刊发表论文 10 余篇，其中以第一作者发表一区 SCI 论文 4 篇、EI 论文 1 篇；获得 2020 年中国食品科学技术学会科技创新奖技术进步一等奖"玉米食用品质提升关键技术与应用"（第七完成人）、2021 年吉林省科学技术进步一等奖"杂粮健康食品加工关键技术与应用"（第六完成人）；为科技部创新人才推进计划重点领域"玉米和杂粮精深加工技术创新与产业化应用"创新团队核心成员。

二、与粮食加工有关工作基础

（一）承担的相关项目

1. "十三五"国家重点研发计划重点专项"方便即食食品制造关键技术开发研究及新产品创制"，2 500 万元。

2. 国家自然科学基金面上项目"鲜食玉米品质变化机理及质构特性研究"，46 万元。

3. "十二五"国家科技支撑计划"玉米主食工业化生产关键技术及其产业化示范"，902 万元。

4. 农业部现代农业产业技术体系玉米专项"国家玉米产业技术体系深加工技术及副产物利用任务"，490 万元。

5. 国家公益性行业（粮食）科技专项"玉米食品品质变化机理研究与品质评价体系构建"，439 万元。

6. 国家 863 计划现代农业领域重大专项"玉米绿色供应链技术创新与装备研制"，877 万元。

7. "十四五"国家重点研发计划项目课题"玉米食品精准加工关键技术研发及新产品创制"，869 万元。

8. "十四五"国家重点研发计划项目子课题"玉米加工副产物生物转化关键技术研究及新产品创制"，70 万元。

9. "十三五"国家重点研发计划子课题"中华传统蒸制糯性谷物食品工业化加工关键技术研究与产品开发"，95 万元。

10. 吉林省"双十工程"重大科技攻关项目"杂粮健康主食加工关键技术研究

与产品开发"，300 万元。

11. 吉林省重大项目"玉米淀粉生产结晶麦芽糖及其糖醇产业化关键技术研究"，70 万元。

12. 吉林省重大科技项目研发人才团队专项"玉米主食工业化生产关键技术及其产业化示范"，100 万元。

13. 吉林省科技发展重点项目"鲜食玉米加工关键技术与新产品开发"，40 万元。

14. 吉林省科技发展计划项目"玉米加工副产物生物脱毒与高值化利用关键技术研究及产品开发"，30 万元。

15. 吉林省产业技术创新战略联盟项目"玉米食品品质提升关键技术研究与中试示范"，40 万元。

16. 吉林省科技发展计划项目"玉米醇溶蛋白生物高效转化关键技术与开发研究"，18 万元。

（二）发表相关论文

1. Lipid oxidation and in vitro digestion of pickering emulsion based on zein-adzuki bean seed coat polyphenol covalent crosslinking nanoparticles，Food Chemistry. 2022.

2. Protection by Hosta ventricosa polysaccharides against oxidative damageinduced by t-BHP in HepG2 cells via the JNK/Nrf2 pathway，International Journal of Biological Macromolecules. 2022.

3. Influence of modification methods on physicochemical and structural properties of soluble dietary fiber from corn bran，Food Chemistry X. 2022.

4. Ultrasound-induced red bean protein-lutein interactions and their effects on physicochemical properties，antioxidant activities and digestion behaviors of complexes，LWT-Food Science and Technology，2022（IF：6.056）.

5. Pickering emulsion stabilized by zein/adzuki bean seed coat polyphenol nanoparticles to enhance the stability and bioaccessibility of astaxanthin. Journal of Functional Foods. 2022.

6. The effect of lactic acid bacteria and co-culture on structural，rheological，and textural profile of corn dough，Food Science & Nutrition，2022.

7. Structure and acid-induced gelation properties of soy protein isolate-maltodextrin glycation conjugates with ultrasonic pretreatment，Food Hydrocolloids，2021（IF：9.147）.

8. Physicochemical properties and in vitro digestibility of proso millet starch

after addition of proanthocyanidins，international journal of biological macromolecules，2021.

9. Zeaxanthin promotes browning by enhancing mitochondrial biogenesis through the PKA pathway in 3T3 - L1 adipocytes, Food & Function，2021.

10. Zeaxanthin ameliorates obesity by activating the beta3 - adrenergic receptor to stimulate inguinal fat thermogenesis and modulating the gut microbiota，Food & Function，2021.

11. Dietary antioxidant anthocyanins mitigate type II diabetes through improving the disorder of glycometabolism and insulin resistance. Journal of Agricultural and Food Chemistry，2021.

12. Ultrasound heat treatment effects on structure and acid - induced cold set gel properties of soybean protein isolate，Food Bioscience，2021（IF：4. 240）.

13. Antibacterial mechanism of adzuki bean seed coat polyphenols and their potential application in preservation of fresh raw beef，International Journal of Food Science & Technology，2021.

14. Effect of adding zein，soy protein isolate and whey protein isolate on the physicochemical and in vitro digestion of proso millet starch，International Journal of Food Science and Technology，2020.

15. Effects of heat - moisture，autoclaving，and microwave treatments on physicochemical properties of proso millet starch，Food Science & Nutrition，2020.

16. Zeaxanthin promotes mitochondrial biogenesis and adipocyte browning via AMPKα1 activation，Food & Function，2019.

17. Changes of moisture distribution and migration in fresh ear corn during storage，Journal of Integrative Agriculture，2019.

18. Influence of multiple freezing/thawing cycles on a structural，rheological，and textural profile of fermented and unfermented corn dough，Food Science & Nutrition，2019.

19. Characterization of microstructure，physicochemical and functional properties of corn varieties using different analytical techniques，International Journal of Food Properties，2019.

20. Anti - obesity effects of zeaxanthin on 3T3 - L1 preadipocyte and high fat induced obese mice，Food & Function，2017.

21. Intelligent monitoring and control of grain continuous drying process based on multi - parameter corn accumulated temperature model，International Conference

on Smart Grid and Electrical Automation，2017.

22．Research on numerical simulation of circulated rice drying process of constant rate，International Conference on Robots & Intelligent System，2016.

23．Computational study on substrate specificity of a novel cysteine protease 1 precursor from *zea mays*，International Journal of Molecular Sciences，2014.

24．热风干燥温度对糯玉米理化特性的影响，食品科学，2020.

25．超声波辅助提取玉木耳多糖及其抗氧化活性分析，食品工业科技，2020.

26．绿豆蛋白对荞麦淀粉糊化和流变特性的影响，食品科学，2019.

27．玉米黄素调控肥胖小鼠肝脏脂质及能量代谢作用，中国食品学报，2019.

28．同轴静电纺丝玉米醇溶蛋白和聚环氧乙烷不同核壳纤维的性能，高分子材料科学与工程，2019.

29．新采收玉米籽粒中水分状态对淀粉热特性的影响，食品科学，2018.

30．不同分子质量葡聚糖对玉米醇溶蛋白糖基化产物结构和功能性的影响，食品科学，2018.

31．葡聚糖分子量对玉米醇溶蛋白接枝物结构和乳化性的影响，农业工程学报，2018.

32．鲜食糯玉米贮藏过程中淀粉含量及相关酶活性变化的研究，中国粮油学报，2017.

33．玉米蛋白组分分离及其构相研究，食品工业，2017.

34．储藏时间对玉米原粮中脂肪酸组成的影响，中国粮油学报，2016.

35．玉米贮藏技术研究进展，中国食物与营养，2016.

36．实验室模拟越夏贮藏条件对玉米籽粒中淀粉及淀粉酶活性的影响，粮食与饲料工业，2016.

37．复配改良剂对玉米面条老化特性的影响，食品工业，2016.

38．反应型挤出法制备玉米专用粉工艺研究，食品工业，2016.

39．实验室模拟越夏贮藏条件对玉米籽粒中淀粉及淀粉酶活性的影响，粮食与饲料工业，2016.

40．实验室模拟越夏贮藏条件对玉米籽粒中淀粉及淀粉酶活性的影响，粮食与饲料工业，2016.

41．高温高湿贮藏对玉米淀粉合成关键酶的影响，中国粮油学报，2015.

42．玉米原粮贮藏过程中相关酶活性的变化，食品工业，2015.

43．改性对玉米粉饼干品质影响的研究，中国食物与营养，2014.

44．鲜食糯玉米贮藏过程中可溶性糖含量变化的研究．中国食物与营养，2014.

45. 玉米贮藏过程中营养成分的变化，食品工业，2014.

46. 鲜食玉米贮藏期关键酶活性变化及淀粉含量关系研究概况，中国食物与营养，2013.

47. 谷物中总淀粉含量的测定方法，中国食物与营养，2013.

48. 鲜食玉米淀粉脱分支酶活性测定方法的建立，食品工业，2013.

49. 鲜食玉米物性测定及食用温度研究，食品科学，2011.

50. 鲜玉米中可溶性糖含量的测定，食品科学，2011.

51. 速冻玉米的微波解冻温度变化规律及能量利用研究，食品科学，2011.

52. 即食玉米质构的感官评定与仪器分析，食品科技，2011.

53. 鲜食糯玉米的生产现状及保鲜技术，农产品加工，2010.

（三）培养学生论文

1. 贮藏条件对新收获玉米后熟过程中籽粒品质和淀粉结构影响机制研究，吉林农业大学博士学位论文，2017.

2. 鲜食玉米采后成分变化及对食用品质的影响研究，吉林农业大学博士学位论文，2016.

3. 代表性主栽玉米品种组分分析与加工适宜性评价，吉林农业大学硕士学位论文，2020.

4. 贮藏条件对新收获玉米后熟过程中籽粒品质和淀粉结构影响机制研究，吉林农业大学硕士学位论文，2017.

5. 新收玉米后熟期蛋白质结构变化及热特性研究，吉林农业大学硕士学位论文，2017.

6. 玉米原粮贮藏过程中淀粉及其相关酶活性变化规律的研究，吉林农业大学硕士学位论文，2015.

7. 玉米原粮在贮藏过程中成分变化对营养品质的影响，吉林农业大学硕士学位论文，2015.

8. 玉米发酵面团品质特性研究，吉林农业大学硕士学位论文，2015.

9. 玉米粉面条老化控制工艺研究，吉林农业大学硕士学位论文，2014.

10. 鲜食玉米贮藏过程中淀粉含量及结构变化规律的研究，吉林农业大学硕士学位论文，2014.

11. 鲜食玉米贮藏过程中 SBE、DBE 的活性变化规律研究，吉林农业大学硕士学位论文，2013.

12. 鲜食玉米贮藏过程中淀粉合成酶活性变化规律研究，吉林农业大学硕士学位论文，2013.

13. 微波辅助加热在即食玉米生产中的应用研究，吉林农业大学硕士学位论文，2011.

14. 鲜玉米采后品质变化机理及保鲜技术研究，吉林农业大学硕士学位论文，2010.

（四）获奖

1. 2019 年，"玉米精深加工关键技术创新与应用"获国家科学技术进步二等奖.

2. 2021 年，"杂粮健康食品加工关键技术与应用"获吉林省科技进步一等奖.

3. 2020 年，"玉米食用品质提升关键技术与应用"，获中国食品科学技术学会科技进步一等奖.

4. 2018 年，"玉米主食工业化生产关键技术研发与产业化示范"获吉林省科技进步一等奖.

5. 2015 年，"玉米精深加工关键技术研究与产业化应用"获农业部中华农业科学技术一等奖.

6. 2014 年，"玉米绿色供应链关键技术研究与产业化应用"获吉林省科技进步一等奖.

7. 2010 年，"蜜环菌深层发酵工艺优化与产业化应用研究"获吉林省科技进步一等奖.